I0046184

R

423926

LA

CHIMIE NOUVELLE

PARIS. — IMPRIMERIE SIMON RAÇON ET COMP. RUE D'ERFURTH, 1.

LA CHIMIE
NOUVELLE

APPUYÉE SUR

DES DÉCOUVERTES IMPORTANTES

QUI MODIFIENT PROFONDÉMENT
L'ÉTUDE DE L'ÉLECTRICITÉ, DU MAGNÉTISME,
DE LA LUMIÈRE, DE L'ANALYSE ET DES AFFINITÉS CHIMIQUES

AVEC UNE

HISTOIRE DOGMATIQUE DES SCIENCES PHYSIQUES

PHYSIQUE, CHIMIE, PHYSIOLOGIE, MÉDECINE, HISTOIRE NATURELLE, ETC.

PAR

LOUIS LUCAS

Auteur de L'ACOUSTIQUE NOUVELLE.

La plus grande difficulté que rencontre l'esprit humain dans l'étude des principes naturels est justement l'extrême simplicité de ces principes. Le savant ne veut pas y croire, et il passe outre!...

PARIS
ÉDITÉE PAR L'AUTEUR
RUE SAINT-MARC, 28, A L'ANGLE DE LA RUE RICHELIEU

1854

BIBLIOTHÈQUE IMPÉRIALE — IMPR.

PRÉAMBULE

Omnia in mensurâ et pondere et numero disposuisti.
(*Livre de la Sagesse.*)

Vers la fin d'une belle nuit d'été, le hasard nous conduisit sur un des monticules qui couronnent Paris du côté du nord. Là, du haut d'un tertre élevé connu de tous les visiteurs, nous nous prîmes à contempler l'immense panorama dont on jouit à cet endroit. Dans la brume matinale se découpaient déjà en silhouette les monuments de la gloire humaine répandus pêle-mêle dans la grande cité. On voit poindre, au milieu, la figure de bronze d'un empereur qui laissa un Code civil et des bulletins de victoires gigantesques ; à droite, l'aiguille de granit des Pharaons déroulant ses mystères hiéroglyphiques en face de l'ancien palais des rois très-chrétiens ; à gauche, Notre-Dame !... Pandémonium de souvenirs mystiques ; alchimiste par son portail, muséum d'architecture moyen âge par ses innombrables raccords de construction ; encyclopédie complète de tous les progrès depuis des siècles par ses boiseries, ses vitraux, ses peintures ; plus loin, le Panthéon, champ d'asile que se disputent les saints du passé et les saints de l'avenir.

Mêlée à tant de monuments fameux, l'industrie élève dans les airs les innombrables minarets des usines à vapeur ; sans Ulémas,

1

elle convie tous ses enfants à la grande prière du travail, sanctifiée par Jésus-Christ lui-même. La matière, arrachée au sommeil par l'inventeur impatient, tordue en spirales, écrasée en plateaux, emprisonnée par la fonte, adoucie par le tour, vaincue et asservie, joint ainsi sa voix puissante à l'hosannah de la création.

Lorsqu'on dirige les regards au delà des masses noires qui limitent la ville, on peut y surprendre la vie des champs dans tous ses détails; bien mieux, l'œil, suivant les replis de la Seine, qui disparaît bientôt sous la verdure des grands arbres, dirige involontairement la pensée du côté de la mer où le fleuve va se perdre, porté par les océans, vers les rivages lointains. Si alors on trouve le tableau de la vie assez complet, qu'on fasse un seul mouvement, on aura le tableau de la mort, dans le cimetière Montmartre qui s'étend aux pieds de l'observateur. Il est vrai qu'on n'aperçoit pas vite le changement, tant est servile la reproduction des mêmes idées, souvent des mêmes passions qui dominent sur terre.

Car là, pas plus que dans la ville, il ne manque rien : chapelles, rues, places, jardins; pas même les traces de la folie humaine, des caprices de famille, des exigences de coteries religieuses et politiques. Entrez dans le premier sentier venu, n'y trouverez-vous pas des personnalités vivantes? Le bon fils qui honore la cendre de son père, le mauvais fils qui déserte sa tombe et la laisse insulter par le temps et par la ruine. Et ces femmes qui prétendent gâter encore un enfant chéri, en accablant sa sépulture de toutes les fantaisies puériles qu'une mère seule sait découvrir et entasser. Nous ne disons rien du faste, c'est ici le maître du logis; un cimetière, surtout dans les villes, est un temple à la vanité. Là, ce qui dépasse le sol n'est le plus souvent que mensonges ou prétexte à mensonges.

Pulvis es, et in pulverem reverteris!...

Voilà ce que nous dit l'Écriture; la pratique de nos misères ne fait assez que confirmer la parole religieuse. *Pulvis es :* au bout d'un certain temps, qui n'est pas toujours très-long, suivant les circonstances, il ne reste plus rien de notre poussière !.. Un acide a passé par là, et vous, grand homme de guerre, de plume ou de cour, qui étiez tombé à n'être plus qu'un simple oxyde d'aluminium, de calcium, de potassium ou de tout autre métal basique, l'acide vous étreint dans ses serres cruelles, vous dévore, ronge votre dernière, pauvre, chétive et misérable individualité; vous avez définitivement vécu; car de vous il ne reste rien, plus rien, pas même un nom, propre à désigner vos imperceptibles restes; *carbonate d'ammoniaque*, de *chaux* ou de *potasse*!... C'est ainsi qu'il est écrit sur le bocal qui vous renferme aujourd'hui, dans cette rue où vous passâtes autrefois peut-être, vêtu de la pourpre ou porté sur les épaules d'une foule en délire. Là-bas, dans la ville, la vie avec ses jouissances et ses misères, ses travaux et ses loisirs; ici, la mort, la destruction progressive de la matière organisée, jusqu'au néant de l'individualité.

Mais le soleil monte sur l'horizon, sa lumière inonde l'espace de rayons infinis, puissants comme le souffle de Dieu; la nature s'anime, il se fait un mouvement indicible dans la matière, que notre organisme partage en recevant cette chaleur vivifiante qui donne des forces contre la tristesse des tombeaux, et semble l'éternel arc-en-ciel de la vie. Ses rayons, obéissant à un éréthisme bizarre, s'en vont réveiller le moucheron endormi dans la corolle des fleurs; les tiges des plantes, appesanties par la rosée ou brisées par la fraîcheur de la nuit, se relèvent avec vigueur; comme si, au contact de la lumière, elles aspiraient une liqueur alcoolique. Par l'influence des rayons solaires, le caillou et les sables du chemin chassent l'humidité qui les avait envahis sous le couvert de la nuit, et bientôt ils font jaillir le feu rebondissant sur leurs innombrables facettes. L'oiseau chanteur et remuant que la nuit effraye et paralyse secoue la torpeur de ses ailes; son gosier, obéissant à un mouvement mystérieux, semble l'instrument passif du grand musicien Soleil.

Quelque habitué qu'on soit à ce phénomène étrange que tous les jours ramènent, il est impossible de ne pas être frappé nonseulement de sa grandeur, mais encore de son importance universelle. Le laboureur y voit des moissons, le commerçant des cargaisons, le soldat des étapes, le savant des théories. La nature tout

entière en est souverainement impressionnée; depuis le minéral
inerte jusqu'au rêveur impatient; depuis le sauvage que le soleil
conduit vers la proie des grèves, jusqu'à l'astronome en quête de
parallaxes. C'est ici que commencent les sciences, c'est la base sur
laquelle elles reposent ou doivent reposer sous peine d'erreur.
L'antiquité des premiers temps de l'histoire nous apparaît pros-
ternée corps et âme, religieusement, politiquement, devant le soleil. Si nous ne disons pas *scientifiquement*, c'est parce que nous
sommes convaincu que les idées scientifiques de cette époque ne
sont pas venues directement jusqu'à nous, ainsi que nous allons
essayer de le faire comprendre. La seule chose qui en ait percé,
c'est la doctrine de Pythagore; et elle établit formellement, sans
faire tort au génie de Copernic, que le soleil est le centre du
monde. Aujourd'hui, les idées doivent nécessairement prendre un
autre cours, touchant le soleil, que du temps de Zoroastre ou de
Pythagore. Le soleil ne peut constituer, à l'égard des grands faits
naturels, qu'un phénomène tout passif qui a sa source et sa direction ailleurs. Mais il n'en reste pas moins pour nous le sujet d'une
énigme que nos efforts doivent tendre à deviner. Chose singulière! même dans le peu d'années qu'eut à parcourir la civilisation grecque, les éléments de cette doctrine physique se perdi-
rent, et c'est près de deux mille ans après la déchéance de ce
système qu'on le voit reparaître avec Copernic.

La science moderne a accepté cette doctrine en s'appuyant sur
les travaux de Galilée, mandataire glorieux de Copernic, fidèle à
son maître jusqu'au martyre; puis sur les observations de Tycho-
Brahé, entreprises d'abord contre ce système, et servant, au contraire, à Kepler pour découvrir les trois grandes lois que Newton
compléta par ces trois propositions correspondantes, qui ont
amené le système entier à la perfection relative que nous lui accordons aujourd'hui.

Mais, nouvelle bizarrerie, la science moderne en acceptant
cette doctrine, a relégué l'importance du phénomène *solaire* dans
une partie de son empire que l'on appelle l'astronomie; et ce
grand roi Soleil, qui s'appelait autrefois en Perse le père du roi
des rois, n'est plus aujourd'hui que le préfet d'une province, sous
le despotisme d'une dynastie absolue, l'*attraction*, qui détrôna,

il y a deux cents ans, une autre famille nommée *tourbillons*, dont on rencontre, hélas! aujourd'hui les descendants dans de vieilles boîtes pourries, que les bouquinistes étalent sur les quais par la pluie et par le vent. Après cela, faites donc des théories!...

Telles étaient les réflexions qui se croisaient dans notre pensée, et nous nous demandions s'il serait impossible dans la science, malgré nos énormes préjugés, de revenir à un point de départ indépendant, élémentaire, qui fît remonter les études à la hauteur de la pensée antique, tout en leur conservant la richesse des expériences modernes; en un mot, de concilier la profondeur des vues théoriques avec la rectitude et la puissance de l'expérimentation moderne.

Il nous sembla qu'on pourrait y parvenir, en se jetant ardemment dans le travail avec la foi vive qui caractérise les grands chercheurs des siècles passés.

Mais la foi est morte!... répète-t-on à l'envi. Non, la foi n'est pas morte. L'enthousiasme de l'homme est éternel comme sa pensée; et la pensée n'est-elle pas l'absolu par rapport au monde extérieur contingent et relatif qui se mire dans le cerveau humain, comme les ramées ombreuses de la rive se mirent dans l'onde des eaux limpides?

L'esprit de l'homme, semblable à l'onde qui coule, passe à travers les âges, à travers les générations, gardant son individualité, son type immuable, et la foi, qui est au mouvement intellectuel de la pensée ce que la gravitation est au mouvement physique de la matière, s'écoule en progressant vers le ciel, sa mer à elle, vers ce collectif inconnu où s'épanchent nos âmes quand la mort, de son souffle fatal, brise le vase où la matière retenait enchaîné le sublime arcane qui nous donne la vie et la pensée.

La foi est le mouvement de l'intelligence; et si cette foi semble parfois s'amoindrir et disparaître, ne vous en prenez qu'à la stérilité ou à la nullité du monde extérieur, qui devrait, au contraire, l'enrichir de ses grandes images. Tour à tour, n'a-t-on pas vu passer dans le miroir du mouvement humain, la foi zoologique des Hindous et des Égyptiens, la foi artistique et cosmique des Grecs, la foi monothéiste des Juifs poussée jusqu'à la folie de l'exclusivisme de famille et d'origine, la foi conquérante de Rome, la foi des barbares, pour lesquels cette Rome, magasin bien rempli de toutes les spoliations de l'univers, était une sorte de Californie; enfin, la foi chrétienne de l'égalité devant Dieu et devant les hommes, si ce n'est devant la loi, coupant en deux la trame des seules chroniques que nous possédions encore aujourd'hui sur l'histoire de nos longues pérégrinations à travers les siècles, dont il soit resté quelque trace dans ces chroniques, depuis le dernier cataclysme qui a détruit la mémoire du passé ou qui l'a fortement affaiblie? L'ère chrétienne a donné naissance elle-même à la foi des miracles, à la foi de la panacée universelle et de la transmutation des métaux, à la foi des découvertes dans de nouveaux hémisphères, à la foi de l'Encyclopédie, à la foi jacobine, à la foi militaire, à la foi d'une restauration dans le monde religieux et politique de la part des têtes couronnées, à la foi d'une restauration sociale de la part des peuples; enfin, à la foi en l'avenir chez nous et chez bien d'autres.

Le mouvement de l'intelligence humaine est vague et, si nous osions le dire, incolore comme l'onde qui passe. La pensée n'a conscience d'elle-même que par ce qu'elle reflète, comme l'onde n'est saisissable que par la réflexion de ce qui l'entoure. Mais la pensée a sur l'onde la supériorité que l'intelligence a sur la matière. Loin d'être astreinte à un mouvement fatal, déterminé par les lois aveugles de la gravitation, si la pensée ne sait absolument atteindre l'avenir, elle peut au moins dépasser quelquefois les limites du présent par une sorte d'intuition sublime qu'elle tire d'un effort violent de travail, de probité et de foi scientifiques. Portée sur l'aile des rêveries historiques, elle va saisir la sensation jusqu'à la source des premières légendes humaines, et de là, se laissant mollement glisser le long des rives du passé, elle revit une seconde fois de la même vie que ceux qui l'ont précédée; elle évoque les mêmes émotions, pour enrichir sa sensibilité acquise de nouvelles expériences. Bien d'autres avant nous ont parcouru l'antiquité en tous sens pour en sonder le caractère et les richesses; par là, on peut comprendre de combien la pensée s'agrandit et s'élève.

Mais, quelques délicieux souvenirs que nous laissent les âges défunts, quelques trésors qu'ils nous révèlent, les morts sont bien morts, et aucune puissance humaine ne peut galvaniser assez puissamment ce que renferme le tombeau pour, avec cela, en reconstituer la vie qui est le mouvement, le mouvement qui amène la foi, la foi qui donne le bonheur!... La foi ou l'enthousiasme et le bonheur sont identiques pour nous, et ceux qui cherchent ce dernier avec un cœur froid, avec une âme glacée, nous semblent des gens bien mal rencontrés. Ici, nous ne nous adressons ni aux sceptiques par ignorance, ni aux vaniteux jeunes ou vieux, qui prétendent à l'excentricité par une contradiction aveugle, nous nous adressons aux hommes de bonne foi, aux *chercheurs* intéressés à trouver le repos de leurs fatigues, et qui prennent le bonheur au sérieux, comme l'antiquité tout entière l'avait pris elle-même, avec cette volonté inflexible qui a produit chez elle des chefs-d'œuvre d'art et de science. Pendant les jours brûlants de la jeunesse, des passions caressées outre mesure peuvent quelquefois contenter les âmes médiocres; mais il faut d'autres appuis pour traverser les dernières années de la vie; et la foi, qui, à cette heure suprême, nous tend encore la main pour nous aider à descendre doucement dans la tombe, est assise sur d'autres bases que sur les jouissances de l'égoïsme et de l'indifférence. Aujourd'hui que la mode de l'athéisme est passée, on peut avancer sans crainte que la science est le vestibule de la piété sincère : *Cœli enarrant gloriam Dei!...*

Nous l'avons dit, l'enthousiasme de l'homme est éternel comme sa pensée. Il faut qu'il se fasse jour à tout prix, sauf à ne pas être difficile sur les moyens et les résultats, sauf à admettre tour à tour et à préconiser les choses les plus bizarres, souvent les moins vraisemblables. Si l'on tentait d'en faire le dénombrement, il faudrait entreprendre l'histoire de toutes les folies humaines, depuis l'illuminisme, l'alchimie, la magie, la sorcellerie, jusqu'aux fastes de cet habitué de police correctionnelle qu'on appelle le magnétisme. Les dernières commotions philosophiques, politiques et sociales, sont évidemment le produit de la foi, de l'enthousiasme humain qui tendait à se faire jour; car tout le monde ne peut pas se contenter du somnambulisme. Si nous voulons pénétrer la cause de cette violence intellectuelle qui a fait une trouée dans la politique, surtout par les classes lettrées, nous ne pouvons trouver d'autre raison que l'aridité scientifique dans laquelle nous laissent les études actuelles.

L'industrie, qui envahit le monde, appelle la science à grands cris sur les pas de ses incessantes conquêtes; mais la science la suit mollement, d'un air ennuyé, fatiguée, comme une mercenaire qui ne met aucun entrain à son travail. Pourquoi la science est-elle aussi froide et aussi difficile à aborder? C'est qu'elle n'est encore aujourd'hui, quoi qu'on dise, qu'un recueil d'exceptions qu'il faut apprendre par cœur, sous peine de ne rien pouvoir ni comprendre, ni exécuter, et tout le monde n'a pas de la mémoire. Si, au lieu de cela, les savants, moins dispersés dans d'infimes détails qui seront les seuls passe-temps de l'avenir, se mettaient à s'enquérir des règles générales, des grands chemins de la science, le public craindrait moins de se piquer aux broussailles de l'instruction, et tout le monde y gagnerait : l'ignorant un peu de science, le savant beaucoup d'élèves. Or il est impossible que Dieu ne nous ait pas donné les moyens de saisir les grands principes de la nature, puisqu'il en étale les phénomènes avec tant de profusion devant nos yeux. Frappé de l'ennui invincible qui menace d'envelopper les générations actuelles, si elles ne se hâtent de se retremper dans la foi; et convaincu que cet état déplorable provient du peu d'attrait que rencontrent les âmes ardentes dans l'étude aride des mosaïques scientifiques, nous revînmes de notre promenade avec la pensée bien arrêtée de rappeler de ce côté, dans la mesure de nos faibles moyens, la foi, le mouvement et l'enthousiasme; en recherchant avec plus de soin qu'on ne le fait depuis quelque temps les principes généraux qui, seuls, font aimer les sciences, font aimer la vie, et produisent de grandes choses. Si nous faisons fausse route, qu'on nous pardonne en faveur de l'intention.

LA

CHIMIE NOUVELLE

COUP D'ŒIL GÉNÉRAL

sur l'histoire des causes premières.

Depuis la publication du Cosmos, nous avons souvent réfléchi à l'importance que M. de Humboldt attribue historiquement à l'hypothèse de races et de civilisations détruites. Il y avait longtemps que nous poursuivions cette même pensée au milieu de documents délaissés ; nous avons été agréablement surpris de trouver un concours aussi puissant dans l'opinion du célèbre voyageur. Ne se pourrait-il pas, en effet, qu'un cataclysme physique, plus influent sur la civilisation d'alors, que ne le fut plus tard le déluge moral de l'invasion des barbares sur le vieux monde païen, ait englouti les connaissances humaines, ne laissant sur la terre, pour nous transmettre les ressources accumulées du travail et de l'intelligence de nos pères, que des gens point ou peu versés dans ces connaissances qu'il nous importait tant de recueillir ? C'est là l'opinion que s'en formaient les prêtres égyptiens ; ils essayèrent de faire comprendre à Platon que plusieurs fois les sciences humaines avaient été perdues et retrouvées à la suite de révolutions terrestres, et que notamment les Grecs, en fait de sciences, n'étaient que des enfants. L'école des premiers âges hindous, égyptiens, grecs, etc., très-peu connue, à peine étudiée, si ce n'est avec cette curiosité d'antiquaire qui suffit à elle seule pour tuer une idée, nous semble trop grande, trop distinguée, pour qu'elle ne soit pas l'écho lointain d'une science très-profonde et très-avancée. Que de grandes doctrines et que de grands hommes on a ainsi enterrés tout vivants dans les biographies historiques, en les couchant de force sous cette pierre du tombeau qu'on appelle une analyse littéraire! L'antiquité grecque surtout a été traitée de la manière la plus révoltante et, nous osons le dire, la plus perfide. Ouvrez au hasard une biographie ou une histoire de la philosophie, cette fosse commune de toutes les connaissances anciennes, et cherchez-y le nom de Pythagore, par exemple; voici, en somme, comment le plus souvent on s'exprime sur son compte : « Pythagore fut le chef d'une école importante; il croyait à la métempsycose et il mourut pour ne pas avoir osé traverser un champ de fèves. »

Après cela, tout est dit; et il ne nous reste qu'à classer le doyen de la physique grecque dans le salon de Curtius, à côté de Démocrite, « *qui riait toujours, et d'Héraclite, qui pleurait sans cesse.* »

Dans l'immense voyage que nous avons entrepris à travers les siècles, nous le confessons ici hautement, quand nous avons eu la patience de fouiller sous le sol factice des travaux modernes, quand nous avons bien voulu recourir aux originaux et réparer par la pensée les injures que font à l'auteur des copies infidèles, des commentaires stupides, des interpellations indignes et intéressées, il est rare que nous n'ayons pas découvert une doctrine saine ou touchant au vrai par plus d'un côté. Voilà, dans l'ordre des idées, ce qui se passe; dans l'ordre des faits, en est-il autrement?... Non, bien loin de là. Tous les savants de bonne foi avouent que les alchimistes ont connu la majeure partie des corps que nous *découvrons* aujourd'hui; bien mieux, qu'ils en appréciaient souvent les propriétés d'une manière fort nette. Ce qui les sépare particulièrement de nous, c'est donc notre rare talent de bavardage et de mise en scène théorétique.

Il est bien entendu que, dans cette réprobation générale, il existe des exceptions, rares il est vrai, mais qui confirment la règle.

Notre première parole ici, nous voulons le proclamer hautement, c'est que nous n'apportons rien ou presque rien de neuf
dans cet ouvrage, mais seulement, de notre mieux, la quintes-
sence des connaissances immenses répandues dans tous les âges,
et dont nous nous sommes servis comme d'un marchepied pour
élever cette pyramide d'une doctrine synthétique dont les matériaux appartiennent légitimement à tous nos devanciers[1]. Le temps
est passé de ce dénigrement perpétuel où il était d'usage de ra-
valer ses rivaux en leur déclarant une guerre acharnée, au point

---

[1] Ce que nous devons annoncer avant tout en commençant ce livre, c'est qu'il
est écrit dans un esprit analytique; en outre, il suffit de lire l'*Essai sur l'acoustique*, que nous avons publié dès 1849, pour se convaincre que dans le présent travail, nous avons été conduit par une pensée homogène, qui a éprouvé si peu de
modifications, que nous pouvions, dès 1849, dans l'*avertissement* qui précède
l'*Acoustique nouvelle*, annoncer l'ouvrage que nous présentons seulement aujour-
d'hui. Notre procédé de travail a consisté constamment à réunir le plus grand
nombre de phénomènes observés, — et généralement incontestés, — pour asseoir
des analogies; puis nous consultions les théoriciens les plus célèbres, pour apprendre jusqu'à quel point ils donnent raison à nos vues, en se rapprochant ou en
s'éloignant des principes que nous essayons de fonder. Ainsi, après plusieurs découvertes, que nous croyons nôtres, nous nous sommes trouvé bien souvent
poussé de retranchement en retranchement, par la lecture de faits déjà observés.
Donc, quoique nous ayons beaucoup découvert, au moyen de la méthode que nous
avons employée, depuis les éléments jusqu'à la conception la plus générale, nous
ne savons en vérité, dans tout cela, ce qui nous reste.

Est-ce parce que ces idées ont été empruntées aux autres? La connexion du
système établit surabondemment le contraire. Nous n'avons pu que leur demander
la consécration de nos vues, mais parce que la vérité est elle-même si harmonieuse, qu'un travail réel ne peut dorénavant justifier de sa supériorité que par le
consensus universel qui en sera l'affirmation la plus patente et la plus irrécusable.

Chassé ainsi de toutes les petites positions qu'on croit s'être ménagées dans les
faits de détail, il faut s'habituer à ces contre-temps, qui, dans le commencement,
ne laissent pas que d'apporter de très grands découragements; mais la vérité, la
loi, poussent en avant, et l'on finit par se contenter des plus faibles restes. La faute
en est aux livres d'enseignement en général, qui marquent toujours l'heure en
retard sur le cadran des connaissances humaines, de sorte que, très-avancé à l'égard
de tel ou tel ouvrage officiel, vous vous trouvez en arrière sur les travaux particuliers peu connus. N'est-ce pas ce qui arrive aussi dans le domaine des faits, où les
Mémoires contrarient si souvent, par leur modeste franchise, les draperies étudiées
et guindées de la prétentieuse histoire?

Notre livre de 1849, sur l'acoustique, contient la théorie présente, au moins aussi
claire, aussi bien développée philosophiquement que celui-ci, moins les applications spéciales, au point même que nous devons nous y référer pour la partie déductive, indépendante, qu'on ne peut introduire dans un ouvrage de physique, sous
peine de s'éloigner trop souvent des phénomènes.

que l'auteur ne pouvait arriver au triomphe qu'en marchant sur les cadavres de tous les savants qui l'avaient précédé dans la carrière.

Notre plus grand désir serait de donner de la valeur aux savants actuels, et de réhabiliter beaucoup de grands noms anciens traînés ignominieusement aux gémonies, en montrant que les premiers, semblables aux mineurs impatients, ne savent pas extraire tout l'or contenu dans leurs travaux; en prouvant, pour les anciens, que l'indolence ou la sotte vanité est la seule cause du mauvais parti que nous avons tiré de leurs ouvrages. Ainsi ne ferons-nous pas de polémique. La polémique surcharge un ouvrage de détails fastidieux qui, dix ans après sa publication, sont complétement inutiles, soit que le système ait prévalu, soit qu'il ait succombé définitivement. Nous pensons qu'il est indispensable de déclarer, dès à présent, dans quel esprit nous entendons agir.

Cette déclaration nous est bien facile, à nous qui n'avons jamais éprouvé à l'égard des savants qu'une très-vive et très-sincère reconnaissance pour ce que nous leur devons personnellement. Et si nous attaquons souvent la méthode scientifique, nous nous inclinons constamment devant des faits observés et classés avec une exactitude qui ne fait que s'accroître tous les jours.

Cette position conciliante vis-à-vis des personnes nous permet toute sévérité pour les doctrines, dont l'appréciation appartient au public complétement et absolument. N'ayant donc qu'à louer généralement les travaux de détail et d'application, qu'on nous permette la critique de l'ensemble avec toute l'indépendance qui fait la dignité des recherches scientifiques.

Aujourd'hui les efforts des savants doivent tendre uniquement à la construction de l'édifice des principes généraux, dont chaque pierre portera le nom d'un grand homme, bienfaiteur de l'humanité; les véritables architectes se reconnaîtront bien moins au caractère de destructeurs qu'à celui de restaurateurs du passé, conservateurs du présent et organisateurs de l'ensemble, en vue de l'avenir. Les doctrines les plus incohérentes, les plus ridicules en apparence, renferment quelquefois d'excellents matériaux; mais il faut les tailler comme la pierre extraite de la carrière, il faut trouver leur point de jonction le plus convenable avec le reste : à ce compte, que d'auteurs déchus ne reparaîtront-ils pas dignement dans le temple scientifique que l'intelligence élève à la grandeur de Dieu, si on souffle à ces auteurs le peu qui leur manque pour arriver à la vérité!

De la manière d'entendre les Anciens.

Moïse, Thalès, Pythagore, et toute la série des philosophes grecs avant Socrate, dont les doctrines se classent dans la première époque des monuments écrits, nous semblent avoir puisé à la même source de cette antique civilisation brisée. Reprenez, en effet, les doctrines qui nous restent de cette première école, tous particulièrement physiciens, comme de Socrate à l'école d'Alexandrie, ils furent particulièrement moralistes et dialecticiens; vous verrez, avec un peu de bonne volonté et beaucoup de bonne foi, que leurs connaissances scientifiques sur les points de haute doctrine, sur les principes généraux en un mot, diffèrent de ce que nous savons et de ce que nous professons aujourd'hui, comme un à peu près antique peut différer d'un à peu près moderne. Ce qui a fait dire à un auteur, avec beaucoup de justesse, que, si les modernes avaient découvert, les anciens avaient beaucoup deviné de choses dans la physique.

Leurs copistes et leurs commentateurs ont entortillé les idées les plus grandes, les plus sublimes, dans des systèmes vulgaires mis à la mode par une spéculation quelconque, comme maintenant nos idées saines sont confondues avec des systèmes en vogue dont nous ne voyons pas plus aujourd'hui le ridicule ou l'insuffisance; que les hommes les plus distingués de l'Europe n'ont aperçu tour à tour l'extravagance des perruques, de la poudre, des paniers et des manches à gigot. Chaque époque est forcée de faire des concessions à la marotte du jour, elle paye un tribut à ce qui l'a précédée, et dont la puissance veut au moins partager le sceptre de l'opinion pour se rendre au nouveau venu. C'est ce qui fait que les doctrines scientifiques sont rarement pures de tout alliage passé ou présent

L'homme honnête et courageux s'arrache difficilement aux enseignements de ses maîtres; l'intrigant ne vise qu'à conquérir l'héritage des auteurs en vogue, il descend aux bassesses, et s'arrange pour se faire céder le terrain au moins de frais et de difficultés possibles. Voilà ce qui donne la clef de ces superfétations inouïes, souvent en contradiction avec l'idée première, qui assigne à un auteur, d'ailleurs homme de génie, les idées d'un fou ou du dernier des imbéciles. Ainsi, pour continuer à nous servir de l'exemple de Pythagore, parce que cet exemple est plus saillant que tout autre, Pythagore méconnu du public, et par ce dernier rayé du rang des hommes sérieux, n'a plus d'individualité que chez Séraphin, où l'on voit son âme passer alternativement par le corps de toutes les bêtes de la création. Or supposons un instant que certaines sottises des systèmes philosophiques, tels qu'on nous les donne aujourd'hui, se soient glissées dans la série des ouvrages anciens, comme les mille âneries que la chronique débite sur Virgile, magicien au moyen âge, sur Albert le Grand, doyen de la sorcellerie, et sur tant d'autres hommes si voisins de nous, que l'on a peine à comprendre comment, en si peu de temps, l'ignorance et les légèretés du vulgaire ont pu dénaturer la mémoire de tels hommes; serions-nous déjà tant dans l'invraisemblable?

Les travaux des penseurs illustres, débarrassés de cette enveloppe de mensonges populaires qui s'attache aux vieux noms, comme la rouille et la mousse s'attachent aux vieux monuments, apparaîtraient à nos yeux sous leur vrai jour, avec le lustre d'une éminente doctrine.

Plus tard nous examinerons un à un les systèmes de cette école de physiciens qui ont précédé Socrate. Nous espérons alors démontrer, en rectifiant le sens de traductions infidèles, entreprises par des hommes incapables de donner à ces idées une vraie signification : *traductore, traditore*, que le siècle de Louis XIV, où Thésée était représenté sur la scène de Racine en bas de soie, en perruque et très-enrubané, n'était pas plus ridicule que nous-mêmes lorsque nous habillons les physiciens de la première civilisation à la Descartes, à la Leibnitz ou à la Newton. Quand on traduit un mot original, presque absolu dans sa valeur antique, par un mot de convention, relatif et transitoire comme le système dont il sort, n'affuble-t-on pas Thésée d'une perruque et de rubans ?

De même qu'aujourd'hui nous ne pouvons habituer notre susceptibilité bourgeoise aux costumes de Louis XIV, de même aussi c'est à peine si nous pouvons saisir l'analyse d'un corps, écrite avec la nomenclature des phlogisticiens, dont la défaite date de soixante ans au plus. Avons-nous une langue pour traduire les idées des siècles passés? Nous avons la langue du *phlogistique*, celle des *tourbillons*, celle de l'*attraction*, mais nous n'avons pas la langue scientifique, abstraite, qui seule peut donner la forme aux conceptions des vieux maîtres.

C'est seulement quand la science, débarrassée de systèmes tyranniques, pourra s'appuyer sur des vues générales de l'ordre purement physique, qu'on pourra compter sur la vraie traduction, l'intelligence exacte de ces grandes écoles devant lesquelles nous ne saurions trop nous incliner.

Après ces réflexions, on pourrait se demander pourquoi les anciens n'ont pas abordé d'une manière plus sérieuse la théorie expérimentale des sciences. Nous devons l'attribuer d'abord à leur penchant prononcé pour la spéculation absolue, ensuite à la pensée très-arrêtée chez eux qu'il est impossible de rien fonder de stable, en physique, avant d'avoir trouvé le principe supérieur qui régit les phénomènes. Partagés en nombre d'écoles, dont deux très-exclusives, celle qui n'admettait la matière que comme une spécification multiple (Aristote, Leibnitz) d'une forme supérieure et radicale ; celle qui, partant d'une existence réelle et définie de la matière, attribuait la variété de la création au plus et au moins de matière réunie en groupes figurés et compliqués à l'infini (Épicure, Descartes); nous ne sachons pas qu'il soit venu à l'esprit d'un seul de ces penseurs de terminer le débat en séparant, comme nous entendons le professer aujourd'hui, la question métaphysique d'avec la question vraiement physique ou phénoménale, de façon à montrer que, pour nos appréciations sensibles et dans le domaine des observations quotidiennes, la matière, quelque origine et quelque nature qu'on lui assigne, passive dans ses manifestations, ne revêt ses qualités générales que sous l'influence d'un agent extérieur, antagoniste, qui est le mouvement ; en un mot, qu'elle ne doit son étendue, son impénétrabilité, sa divisibilité, sa mobilité relatives qu'à cet agent, et en proportion de son antagonisme avec ce dernier. C'est cependant ainsi que nous sommes amenés à conclure, en partant de l'étendue de la divisibilité et de la porosité de la matière. Pour nous, la physique n'est que l'étude des phénomènes apperceptibles soit mécaniquement, soit au moyen d'inductions tirées très-prochainement des phénomènes. Nous abandonnons très-volontiers le reste à la psychologie.

Idéalisme, matérialisme.

Avant de poursuivre l'exposé des doctrines que nous venons d'ébaucher, qu'il nous soit permis de développer un peu plus ce fait de la plus haute importance, qui domine les auteur de toutes les époques : c'est que, dans les temps reculés comme dans les temps modernes, les systèmes se sont toujours divisés en deux branches bien distinctes, ceux qui prétendent expliquer les phénomènes physiques par des causes métaphysiques, comme Pythagore, Platon, Newton, Leibnitz ; ceux qui s'en rapportent au hasard des arrangements moléculaires pour grouper les combinaisons multiples de la nature, comme Leucippe, Démocrite, Épicure, et, plus tard, Descartes.

Newton, Leibnitz, dans les temps modernes, répondent à Pythagore et aux métaphysiciens, comme Descartes et ses élèves répondent à Leucippe, à Démocrite et à Épicure dans les temps anciens. Les modernes n'ont pas fait un pas de plus dans ces grandes et sublimes spéculations de l'infini. Donc, après Épicure, le dernier des physiciens atomistiques, arrive immédiatement Descartes, le premier et le dernier des philosophes dont l'idée ait eu un effet important sur la synthétique physique , dans le sens moléculaire. Nous ne parlons point ici des travaux récents, parce que les vues atomiques qu'ils contiennent sont complétement la reproduction de l'idée cartésienne avec quelques modifications nouvelles. Kepler et Newton, dont le premier admettait des courants subtils, et le second les mouvements improuvés de l'*attraction*, se rapprochent beaucoup de Thalès, de Pythagore, d'Héraclite surtout et d'Empédocle, qui soutenaient que l'*attraction* et la *répulsion* étaient la cause des phénomènes naturels; d'Anaximandre, qui s'appuyait sur l'éther pour expliquer la physique; enfin, de toute la série des idéalistes. Donc, entre Pythagore et Newton, d'un côté, Démocrite, Épicure et Descartes de l'autre, nous ne voyons que des systèmes de détail, ou des écrits qui ne sont pas parvenus à fixer l'attention du monde savant assez pour qu'on doive s'en occuper sérieusement. Les hommes les plus illustres, les têtes les mieux organisées, depuis près de deux mille ans, se sont rangés d'un côté ou de l'autre de ces deux doctrines :

Causes occultes, hasard moléculaire.

Le plus grand nombre même, par insuffisance de génie, par tempérament ou par une modestie singulière, s'est placé humblement sous la bannière de chefs d'école qui professaient de plus ou moins loin les idées que nous venons de présenter. L'école socialiste, dans ces derniers temps, par un instinct singulier, mais mal justifié devant les faits, a cependant, avec Fourier, invoqué l'harmonie musicale, si spirituellement critiquée par Proudhon dans son livre de l'*Ordre;* et ce dernier, pythagoricien par ses idées de nombre, analyste profond au point de vue de l'*entendement,* n'a pas osé aborder les phénomènes, qui, aux catégories dogmatiques, opposent les séries normales et effectives de la matière.

Voilà la question simplifiée, en ce sens que nous n'avons réellement à étudier, pour le moment et dans le domaine des sciences naturelles, d'une manière sérieuse, que le système atomique et le système des agents surnaturels, au moins des *agents présumés.*

Si nous disions aujourd'hui que ces deux grandes écoles, toujours en guerre, toujours rivales, constituent positivement le couple nécessaire d'où la science doit naître, peut-être trouverait-on cette conclusion au moins très-prématurée; et cependant nous ne croyons pas sortir de la vérité. La théorie de la matière engendrée suivant les molécules atomiques, divisibles ou non, mais s'accrochant, au dire d'Épicure, ou se créant des formes multiples par le frottement suivant Descartes, ne couvre au fond qu'un matérialisme aveugle et inconscient, qui limite la grandeur, la puissance et même l'existence d'un Dieu souverain créateur des êtres. Les théories métaphysiques de Pythagore, de Platon, de Leibnitz, de Malebranche, arrangeur de Descartes, de Newton, reculent la question sans l'expliquer.

Il eût suffi à Newton de démontrer la connexion qui relie les sphères entre elles dans des mesures proportionnelles, pour ouvrir une voie assez large à l'étude de la physique, sans y mêler ce mot d'attraction, qui non-seulement n'a rien ajouté à ses calculs et à ses démonstrations, mais qui retarde le progrès des autres sciences depuis deux cents ans, en trompant les hommes de bonne foi sur l'importance de ce levier scientifique, ou en fournissant un prétexte dangereux au quiétisme des savants.

Nous voyons, par l'analyse brutale de l'histoire des progrès scientifiques et de la bibliographie des systèmes, que la nature ne fournit pas souvent des hommes complétement originaux dans leurs créations; de Pythagore, de Platon, de Démocrite, d'Épicure, à Descartes, à Newton, à Leibnitz, il y a loin. Et cependant nous ne pouvons nous figurer que Dieu n'ait pas mis dans les hommes bien organisés, — sous peine d'injustice ou d'inconséquence, — la force qu'il faut à chaque époque, à chaque jour, pour créer de belles choses et pour arriver à la connaissance de la vérité.

Ce qui manque dans cette grande recherche ne peut venir que de nous, de nos passions, courant incessant et presque invincible qui nous détourne des nobles inspirations pour nous entraîner vers le culte d'un étroit égoïsme. Que de sacrifices ne faut-il pas faire, en effet, pour entrer dans le rude sentier des principes abstraits! Sur la route de la science, les hommes de détail, habiles, réussissent seuls à atteindre la fortune et à plaire; l'auteur voué aux principes généraux doit, en commençant son travail, être complétement désillusionné sur l'importance du fruit qu'il en retirera, quand il n'a pas à s'armer encore d'un nouveau courage pour combattre les dangers qui naîtront de ses écrits. Il faut surtout, comme les anciens, se trouver

Parvi contentus,

et marcher en avant avec cette gaieté du pauvre qui s'abrite derrière la médiocrité de ses désirs.

De la certitude philosophique.

Quand il s'agit d'aborder l'explication des causes premières, on ne rencontre qu'écueils de tous côtés. Restez-vous dans les données purement expérimentales?... votre travail est frappé de stérilité, parce que du *particulier* ne peut naître le *général,* ou il faut abstraire; ce qui veut dire qu'on quitte alors la physique pour entrer dans la métaphysique. Mais la métaphysique a perdu elle-même toute créance depuis longtemps, et le public hausse les épaules quand on lui offre, dans le domaine des faits, une solution philosophique. Pourquoi cela?... Hélas! parce que la philosophie, dans sa partie ontologique, a commis de tout temps les plus grands abus physiologiques. Par un orgueil insensé, repoussant l'expérience, l'ontologie a prétendu tirer la *connaissance* de son propre fond, du fond purement subjectif, même quand, avec les sensualistes, elle professait : *Nihil est in intellectu, quod prius non fuit in sensu.* La physique expérimentale a horreur de la métaphysique, et, par cela même, des idées abstraites. Elle traite les philosophes de songe-creux. Les philosophes, à leur tour, se défiant du monde extérieur, se renferment dans le subjectif, et n'ont de confiance qu'aux déductions du plus pur entendement.

En se barricadant de la sorte chacun de son côté, il est difficile de penser que les physiciens et les métaphysiciens arriveront jamais à se donner la main. Comment sortir de là?... Nous pensons que la difficulté est moins grande qu'on ne le suppose. Il suffit de rentrer dans les voies de la saine logique, de cette analyse rationnelle qui a fait la gloire des hommes les plus éminents.

L'analyse rationnelle!... Qu'est-ce que c'est que cela, et quel degré de parenté a-t-elle donc avec la philosophie?... Nous avouons que la réponse pour nous ne manque pas de gravité, notre opinion formelle, d'accord en cela avec l'instinct populaire, étant qu'en dehors de cette analyse rationnelle il n'existe pas de vraie philosophie métaphysique.

Tout le monde connaît là-dessus l'opinion de Lavoisier, si compétent en pareille matière. On peut la regarder comme sans appel. Mais est-il le seul de son sentiment? Loin de là!... Kant, l'immortel Kant, a voué son existence à la démonstration des degrés de certitude en matière d'analyse, et Kant, comme philosophe, n'est pas un homme qu'on puisse facilement récuser!

M. Renouvier a dit, en parlant de ce grand penseur, que souvent le meilleur moyen de se faire philosophe était de vouloir combattre la philosophie. Malheureusement nous connaissons mal, très-mal en France, les travaux du célèbre analyste. Ceux qui se sont chargés de l'expliquer n'ont cherché, dans ses travaux, que ce qui appuyait leurs idées systématiques, d'ontologie. Il n'est pas moins vrai que la révolution entreprise par Kant en métaphysique est un des plus grands événements intellectuels que l'histoire de la philosophie puisse enregistrer. Kant, résumant dans une synthèse hardie la méthode d'Aristote avec la critique de Bayle et de Hume, a prouvé clairement que la subjectivité ou l'objectivité, autrement dire l'idéalisme et le matérialisme, restaient frappés d'aveuglement quand ils se tenaient réciproquement dans leurs doctrines exclusives, et que l'étude des phénomènes naturels ne pouvait être fécondée que par l'alliance du *phénomène* et du *noumène*. Après ces conclusions admirablement déduites de faits incontestables, Kant, disons-nous, le critique si lucide et si méthodiste, est rentré lui-même dans l'ontologie systématique qu'il avait dénoncée chez les autres au monde savant, donnant ainsi à l'Allemagne un fâcheux exemple qu'elle n'a pas tardé à suivre en l'exagérant outre mesure, selon sa tendance bien connue au mysticisme. Mais c'est à tort qu'on fait sortir *nécessairement* le scepticisme des écoles du professeur de Kœnigsberg. En démontrant l'impuissance dogmatique de l'ontologie, ne délivre-t-il pas, au contraire, le sentiment, la foi, du joug écrasant d'une philosophie parfois aussi ignorante que tyrannique? Pour

s'être ainsi trompé sur le fond des doctrines kantiennes, il ne
faut s'en prendre qu'à ces paniques inexplicables que toutes les
écoles *formées* éprouvent à l'approche d'une œuvre puissante,
paniques qui se traduisent en fait par des actions révoltantes, indignes de la science et funestes au développement de l'intelligence
humaine. Si la religion avait besoin d'un appui dans les sciences
analytiques, ce qui n'est pas, Kant, mieux compris, serait l'homme
auquel elle devrait le plus. Pour l'observateur sérieux, les travaux
de Kant se divisent en deux parties très-distinctes : la critique de
la raison pure et l'ontologie qu'il a cru pouvoir en déduire.

Les écrivains qui se sont occupés de Kant jusqu'ici sont tous ou
presque tous des philosophes de profession; il n'est donc pas étonnant que ce grand homme ne les ait intéressés que dans les points
de sa doctrine qui touchent à l'ontologie, à la psychologie et aux
autres points de philosophie proprement dite, en vogue pour le
moment où ils écrivaient et avec lesquels ils pouvaient espérer d'intéresser le public. Mais sa critique de la certitude philosophique,
pense-t-on qu'ils en aient donné la clef au public? Pas le moins du
monde! Ils avaient bien garde de le faire, c'était la condamnation
la plus sévère de leur impuissance scientifique; ils l'ont traitée de
scepticisme, et tout a été dit. Accusé d'ontologie utopique, Kant a
été enterré vif par les hommes dont il venait de proclamer la déchéance. Il est vrai que rien n'a manqué à ses funérailles. Les
grands du parti ont conduit le deuil avec une pompe digne d'un
penseur, dont le génie a pu avoir des égaux, mais, à coup sûr,
n'a jamais rencontré de supérieurs. C'est payer bien cher un instant de faiblesse ontologique!

Que conclure de tout cela?... Il faut en conclure que le livre de Kant, *dans sa partie critique*, démontre à tout jamais la
vanité des méthodes philosophiques en ce qui concerne l'explication des phénomènes de haute physique, et laisse voir
la nécessité où l'on se trouve de faire constamment marcher
de front l'abstraction avec l'observation des phénomènes; con-
damnant irrévocablement d'avance tout ce qui resterait dans
le phénoménalisme ou le rationalisme purs. En effet, jetons un
coup d'œil rétrospectif sur ces discussions devenues si fameuses,
que les diverses écoles philosophiques ont tour à tour entreprises

sur le *mouvement*, la *matière*, l'*étendue*, le *temps*, et enfin sur les points de physique qu'il importe le plus de connaître aujourd'hui comme autrefois. Nous resterons immédiatement convaincus, d'après les observations que nous avons faites plus haut, que le défaut de liaison entre l'objectif et le subjectif, entre les phénomènes et l'appréciation analytique qui devait en être faite, a amené les tristes résultats que nous connaissons tous : un mépris énorme pour la philosophie. Au sortir des beaux enseignements de Kant sur la *certitude*, l'Allemagne, avons-nous dit, s'est lancée dans une course échevelée à travers toutes les ontologies antiques, surtout les panthéistes qu'elle a rhabillés à la moderne. En France, les écoles de la Restauration avaient mis en vogue la philosophie écossaise ; celle-ci dut son succès à des faux airs de physiologie qu'il est bien facile de démasquer.

La génération actuelle subit la conséquence de cet engouement, et, en fait de philosophie analytique, elle ne connaît absolument rien de sérieux, ballottée qu'elle est entre le panthéisme allemand et le demi-sensualisme écossais. De Kant et de sa *critique* il n'est plus question ; on préfère nier carrément l'utilité de la philosophie que d'en rechercher les vrais errements là où ils doivent particulièrement se rencontrer : dans l'analyse rationnelle. C'est, du reste, ce qui était déjà arrivé dans l'ancien monde, et Kant, l'analyste sévère, a été dépassé par les panthéistes, les psychologues, les éclectiques ; comme toutes les écoles antiques vinrent se fondre dans le syncrétisme alexandrin, sans qu'on eût égard aux divers points d'arrêt qu'une saine critique avait déjà ménagés à l'entendement humain.

Et cependant, en philosophie pas plus qu'en religion, il ne faut condamner le principe, parce que l'application se montrerait défectueuse. L'analyse rationnelle survivra à toutes les erreurs qui ont obscurci temporairement sa lumière. La physique trouve un *criterium* assuré dans l'*observation*, aidée d'une bonne métaphysique ; et ici, par métaphysique, nous entendons ce que le mot n'aurait jamais dû cesser d'exprimer, une abstraction physique, une généralisation du particulier, et non pas une ontologie romanesque sortant tout armée des cerveaux dogmatiques, pédante comme une Minerve de collége. Tels qu'on entendait autrefois le

mouvement et la matière, il était impossible de ne pas en tirer
une double négation, parce que le point de vue était choisi trop
roide et trop exclusif pour qu'il en fût autrement. Mais aujour-
d'hui répugne-t-il de supposer une force créatrice de matière, de
façon que le mouvement se confonde avec cette matière dans
un point de départ unique possédant des apparences et des effets
variés à l'infini? Non, sans doute!...

Depuis Priestley, Scheele et Lavoisier, la chimie pneumatique
nous a façonnés à ses allures à un point tel, qu'on conçoit parfaitement qu'un agent invisible paraisse et disparaisse à volonté aux
yeux de l'expérimentateur, en revêtant tantôt la forme solide,
tantôt la forme gazeuse. Cette glace, si résistante qu'on a pu en
bâtir des palais dans un hiver rigoureux, en creuser des canons,
ne se compose-t-elle pas de deux gaz invisibles, qui semblent si
peu participer à la forme des solides que l'antiquité en a ignoré
la nature et l'existence? Aujourd'hui, les connaissances chimiques sont bien autrement avancées que dans les époques dont
nous venons de parler, et cependant la présence de l'oxygène et
de l'hydrogène n'est guère saisissable encore que par la *résistance*
qu'ils opposent aux corps qu'on leur présente.

Ne peut-il pas se concevoir des corps perdant à l'infini ce peu
de résistance que nous reconnaissons en ce moment aux fluides
aériformes, au point qu'il soit impossible de la poursuivre et de
l'atteindre au moyen de nul agent corporel? Alors le mouvement,
force pure, se séparera de la matière, ou résistance passive, par
si peu de différences réelles, que les deux cas se confondront presque en un seul, unique, identique, ne se diversifiant que par des
changements de quantité.

Il ne resterait qu'un mot à ajouter pour donner plus de poids encore à cette opinion, et, pour cela, nous invoquerons les phénomènes électriques, réputés fluides impondérables par la science actuelle. N'a-t-il pas été dit depuis longtemps que, dans la tension
statique, on sentait se dégager de certaines surfaces, des espèces de
courants qui rappellent le toucher des toiles d'araignées?

Guidés par ces précédents, si l'on prend une bouteille de verre,
prismatique surtout, et qu'on la remplisse de chaux en poudre,
au milieu de laquelle on introduira un tube de verre de moins

d'un centimètre de diamètre, sortant à cinq centimètres de l'orifice de la bouteille, de façon à recueillir l'électricité par contact avec un condensateur de machine électrique, la bouteille se chargera dans son pourtour d'une telle quantité d'électricité ambiante, que la condensation du mouvement arrive à être tangible, et que les doigts semblent englués dans un liquide visqueux, rappelant au moins le sentiment qu'on éprouve en touchant les fils des arachnides et de certains lépidoptères. Cette nouvelle bouteille de Leyde étant construite sans condensateur métallique, on ne reçoit et on n'accumule que du fluide extérieur, ce qui permet d'agir sans aucun danger d'explosion, de commotion ou de tout autre choc résolutif. Mais il ne faut pas néanmoins abuser d'une semblable expérience, car nous avons souffert des douleurs intolérables, identiques avec celles que produit la goutte, pour avoir exagéré le phénomène. Nous verrons, en traitant de la physique médicale, quel parti on peut tirer de cet appareil d'une puissance peu connue. Il y a mieux : dans cette bouteille sans condensateur métallique du mouvement, introduisez quelques grains de plomb, immédiatement l'électricité augmentera de consistance, jusqu'au point où elle deviendra semblable à celle que produit une bouteille de Leyde sans armature extérieure. Par ce moyen, on peut donc à volonté augmenter ou diminuer la force de condensation électrique par la combinaison de surfaces condensatrices, ainsi que nous le développerons plus amplement au chapitre de l'électricité.

Croit-on donc avoir bien compris jusqu'ici ce que c'est que le mouvement, et, en général, ce que sont les forces? Cela n'apparaît pas très-clairement. La définition du mouvement a été calquée sur les seuls phénomènes du déplacement des solides, dans lesquels le corps déplacé reste le plus souvent si étranger à toute modification intime.

1° L'antagonisme du mouvement en chacune de ses parties qui le crée *actif* et *passif*; 2° la constance de *sa tension*, établissant une différence immense entre les phénomènes du mouvement simple, élémentaire, interne, avec ceux du mouvement de translation externe et complexe ; 3° le rayonnement *incessant*, d'où dépendent les équilibres de chaleur et d'électricité, restent dans une obscurité et une confusion déplorables, si l'on s'en tient aux doctrines actuelles.

Les expériences elles-mêmes sont loin d'être disposées d'une façon philosophique. On se passe comme un héritage, des instruments toujours construits de la même manière, vraies collections de bric-à-brac, de façon à pétrifier l'idée des expérimentateurs. Le seul moyen d'apporter quelque originalité dans les recherches n'est-il pas justement cet impromptu du travail qui nous met aux prises avec la nécessité? La découverte de la conduction indéfinie de l'électricité, par un simple accident, en est la preuve historique la plus frappante entre mille. Excepté dans les leçons de quelques hommes éminents, où il se fait des expériences nouvelles, chaque appareil classique vient se placer à son heure, à son ordre, dans le grand casse-tête chinois qu'on appelle un cours de physique. De telle sorte qu'il suffit aux élèves d'avoir le moindre penchant à l'imitation, par flânerie ou autrement, pour que les leçons qu'ils doivent recevoir soient perdues pour le public, à qui, en somme, il ne profite guère qu'un ou dix mille hommes puissent, en physique, reproduire le même phénomène.

Il n'en est pas de cette science comme de la linguistique; tous les efforts tentés par la société, à l'égard des études naturelles, sont en vue d'un enfantement prochain, d'où sorte l'explication rationnelle des phénomènes qui préoccupent le monde depuis sa naissance. Quand la nation envoie cent de ses enfants chez un professeur de grec ou de latin, elle ne demande rien autre chose sinon que tous les cent ils puissent s'entendre dans le langage de Démosthènes ou de Cicéron, et en faire entendre d'autres encore. Mais dans la physique en est-il de même? Est-ce pour que les cent élèves de physique sachent charger et décharger artistement une batterie électrique, que le pays s'impose les budgets relativement considérables qu'on met entre les mains de l'enseignement? Nous ne devons guère le supposer. Loin de là, elle recommande aux professeurs comme aux élèves de s'inspirer mutuellement et séparément, de façon à trouver la voie nouvelle que la curiosité humaine attend toujours sans pouvoir l'atteindre. Ce n'est plus cent élèves parlant comme un seul homme une langue ancienne ou moderne, qu'elle exige de nos doctrines; en physique, elle ne demande qu'un seul sujet sur cent, sur cent mille, sur cent millions, un seul!..... entendez-vous bien?..... Et n'est-ce pas assez? la presse fera le reste.

Qu'arrivera-t-il avec les habitudes d'enseignement qu'on suit aujourd'hui?... La science, pour se constituer, prendra son temps; voilà tout.

Conclusion philosophique sur les principes généraux en physique.

Nous venons d'indiquer sommairement quelle a été l'opinion des plus grands philosophes sur les principes généraux que suit la nature dans ses arrangements physiques; n'est-il pas nécessaire de faire une pause à cet endroit, pour nous entendre une bonne fois sur la route que nous devons suivre nous-mêmes, au milieu de ce Méandre inextricable des idées philosophiques? Nous pensons, en effet, que l'étude de l'histoire est fort aride et reste le plus souvent sans fruit, quand on ne la parcourt pas un fanal à la main. Devrait-on se tromper une fois de plus après cent mille fois déjà, qu'on en tirerait des conclusions plus valides qu'en marchant au hasard à travers un chaos dogmatique, sans issue pour l'écrivain qui a négligé de se munir du fil préservateur. Berthollet a dit : « Pour tenter des expériences, il faut avoir un but, être guidé par une hypothèse. (Introduction à la *Statique chimique*, p. 5). On est arrivé aujourd'hui à un tel point d'indifférence ou de mépris pour ce qui est des principes philosophiques, que les ouvrages de physique, de chimie et d'astronomie ne contiennent que quelques banalités sur les propriétés générales de la matière qu'on se copie de l'un à l'autre, empressé qu'on se montre d'entrer vite dans le champ des formules mathématiques. Nous pensons qu'il n'est pas de la dignité de la physique, cette reine des études, ainsi que l'ont témoigné les philosophes de tous les siècles, de repousser ce qui fait la certitude dans les jugements. Autrement, les physiciens sembleraient beaucoup trop donner leur démission de ce qui est grand et important dans l'établissement de leur science. Nous savons qu'en voulant accorder une place à la philosophie dans la physique, on risque toujours de lui en livrer une trop étendue, tant la philosophie est envahissante de sa nature ! Nous ne pouvons pas croire qu'il soit impossible de garder un juste milieu, et d'établir, une fois pour toutes, non-seulement la place que l'idée philosophique doit garder dans la physique, mais encore la position et l'importance qu'on doit attacher aux divers systèmes de physique qui ont attiré tour à tour l'attention du monde savant. Nous verrons combien il y a à gagner dans cette étude, fort ardue sans doute, mais qui nous conduira à des découvertes radicales dans l'explication des phénomènes. Du reste, le titre d'*Histoire dogmatique*, que nous avons mis en tête de cet ouvrage, nous oblige à prendre un parti à l'égard des théories générales.

Les livres de physique commencent par poser la *matière* comme objet unique de leur science ; puis ils développent les propriétés générales, en s'étayant de forces particulières qu'ils appellent *attraction, force centrifuge, électricité, lumière, calorique, magnétisme*, etc. ; forces qu'on n'explique ni par la voie matérialiste ni par la voie idéaliste, de façon à n'offrir jusqu'ici qu'une étude purement diffuse et inconsciente.

C'est, après Descartes, à Newton, à Euler et à Huygens, à l'école des géomètres enfin, que nous devons particulièrement cette tendance matérialiste vers laquelle la physique inclina au dix-septième siècle. Nous disons cette tendance matérialiste, et nous conservons au mot *matérialiste* sa signification vulgaire qui touche à l'athéisme, comme sa signification primitive et scientifique qui convertit tous les effets de la nature en une dépendance de la matière proprement dite.

Aujourd'hui qu'on a eu le temps de se régaler des idées géométriques ; aujourd'hui que les matérialistes les plus ardents du siècle dernier ont tourné et retourné la matière en tous sens, sans pouvoir en tirer aucune puissance efficace pour annihiler la puissance de Dieu sur la création, il est permis de douter un peu de l'existence de la matière comme agent unique, nécessaire dans toute combinaison sensible. En effet, considérons une à une chacune des propriétés générales qu'on attribue à la matière, et avec bonne foi, avec discernement, choisissons parmi ces qualités celle qui nous offre le plus de ressources pour expliquer les complications singulières que l'électro-magnétisme, l'électro-chimie, l'optique nouvelle, ont apportées dans la science; il est évident qu'en présence de l'étendue, de l'impénétrabilité, de la divisibilité, de la mobilité, de la porosité de la matière, c'est à cette dernière propriété, la porosité, que nous donnerons encore la préférence, en la rapprochant de la divisibilité.

Mais, si nous accordons à la porosité des corps une certaine extension et une variation en plus et en moins, nous arrivons justement à une modification de l'étendue affectée à la matière sous le point de vue de sa figure sensible, ce qui suppose, pour établir l'explication des phénomènes, un agent actif, externe à cette matière, qui dirige ses propriétés générales : étendue, pénétrabilité, divisibilité, porosité, etc.

Or, cet agent actif, quel autre peut-il être que le mouvement radical de la mobilité?

Longtemps nous n'avons connu la physique que par les décisions ou conclusions de la théodicée et de la métaphysique. Un livre de physique, — quand il n'était pas un article de foi, — présentait un recueil de syllogismes avec lesquels tel auteur prouvait que la matière est impénétrable, indivisible, immobile, tandis que tel autre prouvait, au contraire, que la matière est divisible, pénétrable, mobile, etc. Survenait un troisième argumentateur, qui démontrait, à son tour, que la matière ne peut être ni pénétrable ni impénétrable, ni divisible ni indivisible, ni mobile ni immobile, et l'on passait à d'autres questions sur lesquelles le débat finissait par le même procédé, et ainsi de suite. Lavoisier a écrit dans le Discours préliminaire des *Éléments de chimie :* « Tout ce qu'on peut dire sur le nombre et sur la nature des éléments (propriétés générales de la matière) se borne, suivant moi, à des discussions purement métaphysiques : ce sont des problèmes indéterminés qu'on se propose de résoudre, qui sont susceptibles d'une infinité de solutions, mais dont il est très-probable qu'aucune en particulier n'est d'accord avec la nature. »

Les physiciens modernes se sont efforcés, avec un courage des plus louables, d'entrer dans la voie expérimentale, non pas, comme on le croit trop souvent, sur les conseils uniques de

Bacon, mais par une intuition providentielle dont l'heure avait sonné pour les sciences naturelles, ainsi que le témoignent nombre d'ouvrages édités plus de cent années avant les écrits du chancelier de Vérulam. Comment se fait-il alors qu'on rencontre encore aujourd'hui, dans les traités de physique les plus nouveaux, les traces trop profondes de cette ère funeste aux études scientifiques : l'impénétrabilité et la divisibilité de la matière? On ne peut répondre à cette question qu'en songeant à la puissance immense des vieilles autorités, des vieilles routines. Dans un ouvrage d'imagination, de psychologie, par exemple, l'impénétrabilité de la matière, sa divisibilité ou sa non-divisibilité sont des choses qui ont leur excuse; car la matière, vue absolument, par la raison pure, peut fournir des arguments pour ou contre cette doctrine, selon les idées préconçues du discuteur ou son genre de dialectique. Mais, pour un physicien expérimentateur qui est censé raisonner et conclure seulement en présence des phénomènes, que signifie l'impénétrabilité de la matière?

Qui de nous a vu de la matière impénétrable? Est-ce le chimiste qui fait disparaître l'or, le platine et les autres métaux à travers la limpidité des dissolutions salines? Est-ce le physicien qui opère tous les jours le transport inouï, merveilleux, de substances si variées, à travers des corps réputés infranchissables à tous les agents les plus énergiques; et cela, par une simple décharge électrique, ou par ce courant voltaïque qu'on pourrait produire dans un verre à boire? Le diamagnétisme a donné le dernier coup à la physique matérialiste, en dévoilant ces mutations moléculaires et même physiques, sous l'influence du seul agent impondérable magnétique.

Pour prouver l'impénétrabilité de la matière, on portera ma main sur un bloc de marbre, et l'on me demandera si ma main peut le pénétrer facilement? Ici, ce n'est qu'un jeu de mots, fondé sur une modalité, toute relative à la nature du marbre et à celle de ma main. Or, qui ne sait qu'une propriété essentielle exclut toute modalité? En effet, si ma main ne pénètre pas le marbre, un poinçon le fera avec la plus extrême facilité.

Mais ceci est une division, me répondra-t-on encore. Oui, sans doute; mais continuons avec d'autres agents de pénétrabilité, sans

parler de l'électricité; prenons les acides : nous allons voir une
partie de ce marbre passer dans l'air à l'état d'acide carbonique,
ou prendre une limpidité de dissolution la plus complète après sa
transformation en oxyde de calcium. Enfin, par le dernier dédoublement que nous connaissions à cette heure, l'oxygène, le
calcium et le carbone, nous arrivons à des volatilisations si inconnues, que cela nous fait prévoir en quelque sorte les métamorphoses élémentaires; et nous nous trouvons justement portés à nous
défier de cette qualité d'impénétrabilité qui, en dernière analyse,
acceptée même comme incontestable, n'a pas moins pour premier
effet sur l'élève de lui imprimer une fausse idée de la matière,
regardée par lui comme trop arrêtée, trop fixée dans les combinaisons pourtant si relatives des corps fortement résistants.

L'expérience en physique, dans toute sa sincérité, ne démontre
pour les corps qu'une RÉSISTANCE, ce qui est bien différent de l'impénétrabilité; la résistance est un fait complexe sur lequel l'expérimentateur n'a pas à s'expliquer; il prouve rien que par le seul
attouchement, comme Diogène entendit prouver le mouvement à
Zénon d'Élée, qui le niait, en se promenant devant lui. Mais l'expérimentateur qui prouvera si vite la résistance des corps se trouvera immédiatement confondu s'il veut, à cette propriété complexe
et indiscutable, substituer l'idée absolue, métaphysique, d'impénétrabilité, parce qu'il rencontrera sur son chemin des démentis
continuels tirés de ses propres expériences. Le fait de résistance
est un terrain neutre, une sorte de compromis, où toute dispute
sur l'*absolu* cesse, parce que ce n'est vraiment qu'un fait d'apparence qui réserve les droits de tous les partis; hors de là, nous
ne voyons que guerre et confusion. Si, en commençant cet ouvrage, nous nous hâtons d'avertir les physiciens modernes des
principes dangereux qu'ils ont admis dans leur enseignement, ce
n'est pas pour faire un acte d'érudition inutile ou de critique
acerbe, c'est que nous attachons une importance majeure à l'examen des derniers vestiges de la scolastique. N'est-ce pas cette
confusion de la métaphysique et de la physique expérimentale,
réminiscence malheureuse des atomes d'Épicure, qui a produit la
théorie atomique en chimie, aujourd'hui bientôt délaissée, et qui,
contenant déjà une aspiration, vague il est vrai, des lois de la

série, fût arrivée d'un jet à la perfection, sans cette confusion déplorable qui l'a jetée dans l'erreur la plus évidente? Donc, aujourd'hui que les faits se sont substitués dans la science aux suppositions gratuites des gens de plume, la porosité des corps, à peine soupçonnée alors, a envahi le champ tout entier de la science expérimentale, entraînant avec elle comme conclusion nécessaire la divisibilité et la pénétrabilité.

Ce n'est plus l'impénétrabilité et l'indivisibilité de la matière qu'il s'agit de prouver; au contraire, l'avenir des sciences naturelles est entièrement basé sur les progrès qu'on fera faire à cette divisibilité, qui sera le refoulement des séries supérieures pour arriver jusqu'aux séries plus élémentaires, c'est-à-dire vers ce qui est encore l'inconnu aujourd'hui pour nous. La porosité, autrefois regardée et traitée comme une qualité très-secondaire des corps, est, comme on le voit, la base de toute nouveauté dans la série des phénomènes.

Nous ne comprenons pas, après les travaux critiques du raisonnement, entrepris avec tant de génie par Kant et quelques-uns de ses successeurs, qu'il soit permis de confondre ainsi dans la science l'abstrait et le concret, l'absolu et le relatif, le noumène et le phénomène. Il faut choisir entre la psychologie et la physiologie, entre l'ancienne métaphysique, qui n'était le plus souvent que l'antiphysique, et la voie expérimentale; car tout rapprochement entre ces deux ordres d'idées est aussi impossible que celui du fini et de l'infini ; ils sont séparés par le même abîme. Moins que tout autre, nous avons le droit de mal parler de la métaphysique, puisque nous avons passé de longues années en sa société; mais la vérité nous impose le devoir de dire notre façon de penser à son égard. La physique expérimentale, vouée uniquement à l'étude des corps définis, peut-elle sans erreur se rapprocher de l'absolu, de cet absolu qui ne tient compte d'aucun accident relatif, contingent et phénoménal? En acceptant ces quelques bases métaphysiques de l'impénétrabilité, de l'étendue, de la divisibilité de la matière, la physique a commis une faute énorme qui ne tend à rien moins qu'à la faire dévier des vrais principes d'expérience sur lesquels seule elle devait s'appuyer. M. Pouillet n'est pas tombé dans cette faute, lorsqu'il a écrit : « On n'a pas raison de dire que la matière a deux propriétés essentielles : l'étendue, l'impénétrabilité; ce ne sont pas des propriétés, c'est une définition. On conçoit l'impénétrabilité; on l'appelle matière, et voilà tout. » Donc, au lieu de revêtir la matière de propriétés qu'on peut tout au plus lui supposer abstractivement, il faut songer qu'aujourd'hui les théories sont purement expérimentales, c'est-à-dire attachées à des faits, à des phénomènes; par conséquent, qu'il s'agit bien moins d'établir des principes abstraits et absolus que des principes qui régissent directement ces phénomènes, qui s'appliquent directement à la nature vraie, animée, que nous avons sous les yeux ou entre les mains. Alors on eût vu l'idée absorbante et dominatrice de matière, disparaître complétement devant l'importance du *mouvement*, son antagoniste et son régisseur.

En effet, la matière, résultat passif, tout passif, ne revêt-elle pas pour nous expérimentalement son étendue, sa forme, sa divisibilité, sa mobilité, enfin, toutes les propriétés générales qu'on lui accorde jusqu'ici, sous l'influence unique, et du mouvement qui la dilate ou qui la contracte, et de la quantité de ce mouvement qui la fait passer par les états les plus variés, depuis la solidification métallique si résistante, jusqu'à la volatilisation la plus ténue et la plus insaisissable ?

Or, en bonne analyse, qu'est-ce qu'une chose qui change exactement et proportionnellement sous l'influence d'une autre chose? Cela s'appelle une MODALITÉ, et cette chose qui opère le changement? la *cause principale*.

La *matière* n'est donc qu'une *modalité* du *mouvement*!

Frappés alors de cette suprématie du mouvement, qui ne laisse à la matière qu'une existence inconnue, insaisissable et sans utilité pratique, on eût en quelque sorte relégué l'idée de matière dans le domaine des entités, et l'on se fût hâté d'étudier avec énergie les lois de ce mouvement devant lequel tout s'efface en ce monde, et qui domine les phénomènes naturels au point d'en absorber entièrement l'intérêt.

Au lieu de cela, les sciences physiques, sur la foi des géomètres, — géomètres qui croyaient avoir besoin de la matière, vue ainsi, pour établir les rapports de figure qui naissent de leur science, et surtout cette loi d'*inertie* qu'on introduisit à cette époque une seconde fois dans la physique, — les sciences physiques, disons-nous, ayant accepté la matière avec des propriétés essentielles et polyédriques, se trouvent enveloppées aujourd'hui dans des corps définis, immobiles, ou d'une transformation malaisée, inconsciente, incertaine ; ce qui empêche tout rapprochement logique avec cette nouvelle école du mouvement, le polymorphisme, qui cherche à s'élever et qui ignore elle-même pourquoi elle se trouve si étrangère au foyer de sa mère, la physique expérimentale. C'est qu'expérimentalement la matière toute passive, comme nous l'avons dit, réduite en quelque sorte à l'abstraction, n'existe pour nous que par le mouvement, qui la modifie activement et despotiquement en l'étendant, la divisant et la déplaçant.

Le matérialisme en physique, autrement dire l'habitude de classer les phénomènes en des catégories définies, limitées, sous le chef d'une matière multiple, mais *individualisée*, a donné lieu, en dehors de cette fausse idée imprimée à l'élève, à une impossibilité de connexion contre laquelle on se heurte à mesure qu'on avance dans la prétendue science. Cette individualité rigide accordée à chaque corps, bien mieux à chaque modification des corps, empêche toute tentative de déduction, de cette déduction qui est l'essence, la base des sciences ; puisque l'art ne diffère de la science exactement que par son côté moins déductif. Le mouvement, compris comme modificateur de la matière et installé comme tel dans les traités, peut constituer seul cette propédeutique physique uniforme et discursive, qui fait qu'un phénomène sort d'un autre phénomène, comme on voit en géométrie sortir une démonstration éloignée de démonstrations précédentes, appuyées elles-mêmes sur des axiomes réellement apodictiques. Quel sera donc, au jour de la physique de l'avenir, le premier chapitre des sciences naturelles ? Le voici :

Du mouvement et de ses modifications !...

Au point de vue où nous avons envisagé et où nous envisagerons les propriétés générales, non plus des corps seulement, mais de la nature tout entière, nous pouvons dire qu'*utilement, scientifiquement*, la matière n'est rien, le mouvement est tout.

M. Pouillet, qui a fort bien compris ce qu'est la matière, a dit, en parlant de la divisibilité, de la porosité, etc. : « Nous remarquerons qu'elles dépendent de la structure des corps et de l'arrangement intérieur de leurs parties constituantes. Si les corps n'étaient pas composés, ils ne seraient pas divisibles, ni poreux, ni compressibles, et ils ne pourraient pas non plus avoir le ressort qui constitue l'élasticité, ni la faculté d'augmenter de volume, qui constitue la dilatabilité. C'est pour cette raison qu'il ne serait pas exact de dire que ces propriétés sont des propriétés générales de la matière ; car elles ne peuvent en aucune sorte appartenir aux atomes, tels que nous les pouvons comprendre et tels que nous les avons définis : ce sont *des propriétés de l'ensemble*, et non des propriétés *des éléments*. »

Or qui régit l'ensemble, si ce n'est le mouvement relatif des corps?

Qu'est-ce donc que le mouvement?...

Le mouvement... c'est le souffle de Dieu en action parmi les choses créées ; c'est ce principe tout-puissant qui, un et uniforme dans sa nature et dans son origine peut-être, n'en est pas moins la cause et le promoteur de la variété infinie de phénomènes qui composent les catégories indicibles des mondes ; comme Dieu, il anime ou flétrit, organise ou désorganise, suivant des lois secondaires qui sont la cause de toutes les combinaisons et permutations que nous observons autour de nous.

LE MOUVEMENT.

Antagonisme, incessance, série.

Le souffle de Dieu dans la création suffit pour expliquer tous les phénomènes. Ce mouvement, sublime et mystérieux, d'abord égal et identique dans sa nature peut-être, s'est fait équilibre à lui-même par un antagonisme qui lui est propre, constituant des groupes diversement contractés et dilatés dont nous retrouvons partout le type suprême dans la lumière, dans la chaleur, dans l'électricité et même dans la hiérarchie des corps matériels qui composent la nomenclature chimique. Cet antagonisme sériel, hiérarchique, n'a pas besoin de sortir d'hypothèses plus ou moins heureuses ; nous le voyons agir partout, et à toute heure, dans la nature ; il n'est pas un phénomène général qui ne le reproduise. De la différence de ses condensations et des combinaisons ultérieures qui ont pu s'en former, est né ce que nous appelons la *matière*, mal définie encore aujourd'hui ; qui ne présente et ne doit présenter, comme nous venons de le faire voir, qu'une résistance relative par antagonisme, une résistance... c'est-à-dire une FORCE !

Car les forces seules sont capables de résistance, et, par cette considération, la matière divulgue son origine unitaire, identique avec le mouvement initial et élémentaire.

Le mot *matière* exprime la passivité du mouvement, comme le mot *force* en désigne l'activité. C'est ainsi que souvent l'homme, dans sa paresse analytique, pare d'expressions ronflantes les simples modalités d'un même phénomène. Maintenant, de quelque façon qu'on conçoive la matière, une fois mise en marche par le mouvement excédant et libre, ses parties, fuyant la densité inerte, se sont avancées les unes vers les autres, de manière à se limiter, non pas suivant les lois d'une *attraction* inexplicable par les principes de la physique et de la métaphysique, mais suivant les lois de ce même équilibre normal, sériel, dont l'attraction présumée n'est qu'une apparente explication, comme la gravitation et la pesanteur, telles que nous les comprenons, ne sont que les résultats de la limitation et de la construction sérielle.

Dans l'acte de cette limitation, les parties de la matière n'ont pas marché suivant des distances moléculaires uniformes ; elles ont constitué rapidement les séries, résultat de la loi de limitation, inhérente à tout ce mouvement élémentaire, comme nous pouvons en prendre l'idée en examinant la construction des types formés de parties dilatées et d'autres parties condensées. Dans le mouvement, la résistance, ou limitation par antagonisme, a produit la série composée d'autres groupes contractés et d'appen-

dices, ou d'intervalles dilatés, qui forment entre deux noyaux
une sorte d'arc-boutant élastique.

Mais, par le fait d'un mouvement incessant de condensation et
de dilatation, la disposition sérielle qui, sans doute, n'est nullement imposée par Dieu à la matière, peut se rompre plus ou
moins en gagnant l'équilibre dans des mesures infinies par leur
différence. Or, c'est justement cette liberté entière du mouvement, tantôt en série, tantôt en équilibre, qui forme la multiplicité de la création, et l'extrême indépendance que Dieu a donnée
à son œuvre, depuis l'âme humaine jusqu'au mouvement des
corps inorganiques. Il est impossible de fonder autrement la diversité de la création et la liberté de l'intelligence, qu'en supposant que Dieu, ayant créé l'âme avec de bons penchants, qui sont
les mouvements normaux de l'intelligence, n'a cependant pas
soustrait l'ensemble aux règles générales de la liberté de ce mouvement, qui d'abord, excité à la série par la limitation, a le pouvoir, dans certains cas d'une condensation particulière, d'acquérir, de constituer un équilibre ou des sériations contingentes
supérieures, relatives à la position spéciale qu'occupe chaque
corps organique ou inorganique dans la nature, et en proportion de l'accumulation de son mouvement.

Dieu, en effet, n'avait que deux voies à suivre en créant le
mouvement physique et intellectuel. La première eût consisté à
créer un tout défini, arrêté, immuable dans sa marche et dans
ses rapports bons ou mauvais, comme le voulaient les partisans
de l'harmonie préétablie. Dans ce système, il ne subsiste ni
liberté à l'esprit ni chances de diversité pour la matière, à moins
que Dieu ne restât constamment à l'œuvre en se portant l'intermédiaire obligé entre la matière et l'esprit pour toute la création,
depuis le ciron infime jusqu'au plus grand génie humain, ainsi
que le prétendait Descartes par son système des *causes occasion
nelles*, et Malebranche par celui de l'*harmonie préétablie*.

Mais alors cette liberté réside dans Dieu, et non dans la création, ce qui laisse à Dieu la responsabilité de tout ce qui se passe
en ce monde.

La seconde voie à suivre était au contraire, en donnant au
mouvement une tension *incessante*, de lui laisser la faculté de

constituer des séries normales par la limitation de son antagonisme et de son accumulation occasionnelle, et de tendre ainsi à
l'équilibre non sériel dans de certaines circonstances amenées
par la diversité, la multiplicité des combinaisons physiques
ou intellectuelles. La nature tout entière, intellectuelle ou physique, est donc partagée entre ces trois mouvements : 1° la série;
2° l'équilibre occasionnel non sérié; 3° le retour à la série; en
un mot, entre ce va-et-vient constituant deux états qui sont tirés
de l'essence même du mouvement, et qui établissent la liberté de
l'intelligence, comme les voies diversifiantes de la matière. Si l'on
se pénètre bien de l'essence du mouvement par ce que nous pouvons saisir de ses effets tangibles dans nos connaissances physiques, nous nous convaincrons d'une manière positive que l'équilibre dans la matière n'est qu'occasionnel, contingent, relatif,
plus ou moins éphémère; la contraction et la dilatation *incessante*
est une nécessité du mouvement qui, tendant constamment à se
développer, se trouve livré à un effort perpétuel de contraction
à l'endroit où deux efforts opposés se rencontrent ; tandis qu'entre d'autres noyaux de contraction, d'autres *ventres*, comme on
dit pour les ondes sonores, la dilatation se trouve être l'état actuel de la matière.

L'équilibre individualisé est le résultat, le plus souvent, d'un
déterminatif organisant. Dans la construction de la coque terrestre, des couches géologiques, en un mot, la série domine
complétement, quoique les couches externes soient loin de présenter, à cause de leur position spéciale, l'homogénéité et la hiérarchie qui est sans doute la base des arrangements intérieurs;
malgré cela, ce que nous apercevons de dérangé, d'interverti
dans ces séries extérieures, est presque nul eu égard à la grosseur
de la planète, offrant ainsi le résultat de circonstances fortuites
et violentes, les éruptions volcaniques, les déluges, les combinaisons immenses des corps simples avec les gaz atmosphériques.
Il en est de même des êtres vivants organisés, équilibrés, qui
habitent sa surface. Quelle valeur comparative peut-on leur assigner en les mettant en présence de l'ensemble du globe ? De cet
équilibre occasionnel non sérié résulte évidemment l'existence de
tout ce qui est organisé ; en effet, quelque force qu'on suppose

à la puissance qui arrache l'organisme à la série normale pour le soumettre à l'équilibre occasionnel non sérié, le mouvement sériel finit par avoir raison des obstacles, et la vieillesse, qui n'est chez l'homme que la faiblesse accroissante du premier déterminatif équilibrant, finit par conduire l'homme à la normale sérielle, dans laquelle il rentre par la mort, cessation de l'équilibre individuel, et par la putréfaction, *retours partiels* à ces séries normales.

Non-seulement l'équilibre non sériel n'est qu'occasionnel dans les phénomènes généraux, bien mieux, il n'est jamais qu'approximatif, éphémère, oscillatoire, et souvent même apparent. C'est ce qu'indiquent les balances dans la matière rigide, les phénomènes de chaleur et l'électricité latentes, et surtout les combinaisons de la chimie dans la matière en mouvement ; combinaisons qui s'opèrent par le défaut d'équilibre existant entre les corps soumis à la combinaison. Aussitôt qu'en chimie on détruit l'équilibre d'un composé, immédiatement des groupes sériels se forment, groupes incompris, mal étudiés, qui constituent, comme nous le verrons, une des parties les plus importantes de cette science.

Euler avait donc tort lorsqu'il cherchait à substituer son *repos normal* de la matière, son *inertie*, au mouvement normal et persistant de Wolf et de Leibnitz. Les connaissances spéciales et très-remarquables d'Euler en mécanique, le charme de ses ouvrages, surtout ses *Lettres à une princesse d'Allemagne*, ont contribué fortement à introduire le principe de l'*inertie* normale dans les études, et retardé l'intelligence des grands phénomènes naturels, que l'*inertie* frappe d'obscurité.

Le mouvement de la matière est loin de consister, comme l'enseignent encore trop aujourd'hui les physiciens, dans un ensemble d'ondes égales constituant des séries *proportionnelles*. Nous ne savons en vérité d'où ils ont tiré cette observation, contredite par les expériences de tout ce que nous pouvons percevoir en mouvement. Les verges, les plaques, les cordes qui vibrent, l'eau mise en mouvement, la cristallisation, tout montre une série croissante ou décroissante, suivant l'obstacle, le moteur, l'impulsion.

Chacun ne peut-il pas vérifier ces faits, qui apparaissent surtout d'une manière convaincante lorsqu'on examine dans le premier tube venu les ondes de cette eau agitée. Qu'on forme une sorte de *niveau d'eau* composé d'un fort tube de verre sans armature, et qu'on le fasse aller en haut et en bas, de façon à suivre le mouvement élastique de la liqueur et les divisions qui s'opèrent dans ses parties, on apercevra, même dans ce mouvement de va-et-vient, qui est tout extérieur à la matière, et par conséquent nullement sériel, la matérialisation du mouvement des corps, et l'on se convaincra que là pas plus qu'ailleurs le mouvement n'est subdivisé également. Les premières ondes, d'abord plus étendues, vont en diminuant à l'infini. Frappez sur une table où vous aurez placé un vase rempli d'un liquide fortement coloré, vous verrez immédiatement apparaître des anneaux concentriques coupés au centre par un rudiment de cette croix, si célèbre dans les expériences de haute optique. Mais ces anneaux ne sont pas égaux; ils sont disposés suivant une hiérarchie que nous aurons plus tard l'occasion d'étudier en détail.

Le mouvement étant de sa nature incapable de rester en place, autrement que soumis à une limitation énergique, tend constamment à s'étendre pour chercher la plus forte limitation possible. Mais, au moment où il s'étend ainsi, il rencontre d'autres forces qui s'équilibrent diversement, inégalement avec lui, et en *donnant* une *résultante*, généralisent les deux mouvements séparés en un collectif qui reprend la nature et les habitudes d'un premier mouvement élémentaire, avec lequel ils s'élèvent à des effets composés qui ne diffèrent en rien, quant aux principes, des effets simples et élémentaires.

Nous défions qu'on explique par un autre principe que celui du *mouvement* INCESSANT les phénomènes si multiples de sériation, d'équilibration occasionnelle et de permutation qui font l'objet des sciences naturelles. C'est l'ignorance de cette *constance dans le mouvement*, c'est l'oubli des combinaisons qu'elle peut produire, qui a arrêté l'humanité dans ses développements scientifiques, que le principe d'*inertie*, apporté par l'école des géomètres, n'a fait que consacrer. La science ne fera un pas de plus en avant qu'en revenant aux principes immuables que Dieu a réellement imposés à la nature.

Lorsque M. Mitscherlich constate la variation des cristaux intérieurs, par une différence de température, par l'action de la lumière, de l'électricité, etc., il est loin d'être descendu aux limites extrêmes de ces mutations incessantes. Qui nous dit que les cristaux visibles pour nous dans cette transmutation ne jouent pas à leur tour, pour des changements inférieurs, le rôle que joue pour eux la coque supérieure de la première enveloppe cristalline ? Celle-ci, à nos yeux, ne paraît éprouver aucun changement.

Idée du type normal quant à son côté formel.

Nous venons de voir que la matière, ou portion de mouvement rendue *passive* par une certaine condensation des forces élémentaires, ne revêt pas une forme incohérente ou même égale dans ses divisions, lorsqu'elle se trouve opposée à un mouvement libre qui l'équilibre convenablement. Les anneaux colorés, lumineux ou électriques, l'arc-en-ciel, le spectre solaire, sont les garants de ce fait général. Il n'est pas une partie de la physique et de la chimie, avons-nous dit, où l'on ne retrouve cette faculté sérielle inhérente à la matière, de quelque façon qu'on l'envisage et qu'on la définisse du reste. Or, comme nous prétendons que l'infini des mondes est exactement dans le cas d'une équilibration relative de la matière qui les compose, en face du mouvement libre qui les soutient, nous pourrions, dès à présent, avancer que les phénomènes planétaires et les phénomènes sériels, chimiques, lumineux, électriques, calorifiques, sont tout un, et nous aider des phénomènes astronomiques pour expliquer le spectre solaire, les anneaux électriques, la formation des corps simples; comme nous pourrions, par contre, tirer des conséquences du spectre, des anneaux et des corps simples, pour expliquer les grands points du système planétaire. Voilà la première idée qui peut venir à celui qui admet de tels principes. Mais il faut aller plus loin...

Nous fondant sur l'identité typique des séries lumineuses, électriques, calorifiques et chimiques, avec celles de l résonnance acoustique dans lesquelles on rencontre aujourd'hui d'immenses ressources de rapprochement, nous emploierons souvent cette

dernière dans le développement des phénomènes, par la raison
que la théorie acoustique est sûre et claire, tandis qu'on peut
regarder comme bien moins connues celles de la lumière et de
la chaleur. Nous nous efforcerons d'indiquer ailleurs comment
les astres se soutiennent dans l'espace et pourquoi ils gravitent
avec tant de régularité; ici, nous ne devons avoir en vue que leur
mode de formation. Recherchons donc ce que nous enseigne l'a-
coustique.

Si l'on met en mouvement une corde tendue, on la verra bientôt
tôt s'infléchir, par un déplacement oscillatoire qui affecte la forme
ellipsoïde dans sa figure générale, comme le mouvement lui-
même engendre en apparence, au moins comme résultat totalisé,
un bruit unique qu'on appelle son, lorsque le mouvement se
trouve tomber dans la loi du choc, autrement dire, quand ce
mouvement a pris une intensité assez grande pour se trouver
perçu par nos sens à l'état de diffusion. Mais dans le bruit totalisé, comme dans la forme extérieure de l'ellipse, il y a des divisions qu'on reconnaît bientôt avec un peu d'attention ; et l'on
voit que le son total n'est qu'une résultante d'une série infinie
d'autres intonations, partant depuis ce qu'on a appelé les octaves, jusqu'aux demi-tons et au delà, en passant par les
quintes, les tierces, etc.; donnant ainsi dans un seul mouvement vibratoire, le modèle de la série infinie, peut-être jusqu'aux limites imperceptibles des divisions moléculaires. C'est
à peu près l'effet d'un écho multiple, qui irait en s'éloignant jusqu'aux bornes extrêmes de la perception. De même, l'oscillation
elliptique se décompose en une infinité d'autres figures pareilles
à la plus grande, qui doivent également se poursuivre dans la
résonnance jusqu'aux limites des séries les plus élémentaires.

La décomposition symétrique et progressive du mouvement
est un des faits les plus capitaux qu'il nous soit donné d'observer dans l'état de nos découvertes, et, bien compris, il donne la
clef des plus grandes difficultés qui enrayent la science aujour-
d'hui. Ce phénomène important a été peu fécondé dans les études
physiques; on n'a pas su le généraliser assez pour en tirer le parti
qu'il promet, en partant de ce point par induction pour arriver
jusqu'au mouvement de la matière libre dans l'espace. La corde

qui vibre est composée d'un ensemble de molécules très-étroite-
ment jointes entre elles, et qui, par cette raison, sont soumises à
une force restrictive qui limite arbitrairement le mouvement, et
peut-être même quelquefois la composition, la division des séries
essentielles. Mais, élevant notre intelligence à la hauteur des sphères, à la hauteur de cette matière excitée sous la puissance de Dieu,
ne voyons-nous pas les astres se mouvoir suivant une résonnance
normale, qui les soutient non-seulement dans l'espace par la
seule force et la seule loi de la vibration sériée, mais qui leur
assigne la place, la direction, la régularité, l'intensité et la per-
pétuité de mouvement que nous leur reconnaissons par nos études astronomiques ?

Il suffit pour cela de jeter un coup d'œil sur la figure générale que présente notre système planétaire, si remarquablement
divisé en trois parties distinctes qui reproduisent la série.

Il y a longtemps que ce rapprochement a été effectué par tous les
chercheurs, astronomes ou non; Kepler en a tiré l'*harmonique du
monde*; seulement, l'acoustique en mouvement n'étant pas connue
de tous ces savants, l'idée importante qu'elle recèle est aussi restée dans l'ombre. Ce n'est pas une gamme qu'il faut chercher dans
les sept planètes anciennes, auxquelles tous les jours on en joint
de nouvelles, ce sont des groupes sériels dont la gamme, en musique, n'est pas toujours la vraie représentation. Pour distinguer
clairement ces faits, ne faut-il pas commencer évidemment par
apprendre ce qu'est la vraie série acoustique ?

Dieu a dit : Que la lumière soit, et la lumière fut.

Aussitôt le mouvement, qui est la lumière abstraite, obéissant
à la volonté du souverain créateur, a immédiatement animé le
chaos privatif d'ordre et de série. Les astres, molécules infiniment
petites d'un monde infiniment grand, se sont rangés comme par
enchantement suivant une vibration générale, normale, absolue,
qui est dans la matière le sceau de la création divine. De là cette
harmonie des mondes qui effraye l'intelligence humaine, et qui
pourtant est le moyen le plus sûr que Dieu ait employé pour élever notre âme vers lui, par la contemplation des grandeurs et des
merveilles de sa toute-puissance !

Certes, ce n'est pas une corde tendue qu'il faut voir à cette heure

dans les espaces animés par le souffle de Dieu, c'est un ensemble
de sphères, molécules aussi chétives à ses yeux que celles qui
composent, pour nous, les anneaux galvaniques des oxydes irisés
qu'on fait naître sous l'action d'un courant dynamique; de même,
le mot *vibration* rend peut-être aussi très-mal notre pensée; le
mouvement sériel suffit sans vibration pour expliquer les phénomènes; nous nous servons donc ici du mot vibration à défaut de
mieux et pour abréger les explications.

On croit beaucoup trop que l'idée des infiniment petits est l'œuvre des modernes entièrement, malgré la déclaration formelle de
Leibnitz, qui assure n'avoir fait qu'étendre le principe d'Archimède
dans sa méthode d'*exhaustion*. Mais Platon allait plus loin, philosophiquement au moins; car ce grand géomètre avait rêvé la possibilité de tout rapporter à des divisions de triangle; cette idée
radicale en mathématiques n'est pas moins féconde dans les phénomènes de physique, pour cette résonnance notamment, où elle
arrive à une décomposition complète des figures vibrantes. Il
n'est pas un philosophe créateur de systèmes importants, ou
même simplement avancé dans la connaissance des théories physiques, dont la première pensée n'ait été de s'appuyer sur les
principes de la résonnance, se jetant même sur la musique à défaut d'une théorie assez rationnelle de l'acoustique générale. Dans
ce fait qui marche parallèlement avec l'instinct des peuples, le
sens commun, nous ne pouvons comprendre qu'on n'ait pas saisi
une certaine révélation.

Les idées de Pythagore sur la musique ont été poussées jusqu'à
l'extrême, et certes, dans l'antiquité, les doctrines cosmiques du
chef de l'école d'Italie ont joui cependant d'assez de considération.

Cependant les lois d'harmonie, en physique, basées sur une
acoustique plus ou moins intelligente, sont loin de prendre leur
point de départ à Pythagore, à Platon ou à Timée de Locres, selon
qu'on croit ou qu'on ne croit pas à l'individualité réelle de ce dernier philosophe. Admettre que les Grecs, et Pythagore en particulier, découvrirent l'harmonie physico-acoustique, c'est commettre
la plus lourde, la plus fâcheuse des erreurs; car c'est se fermer d'un
seul trait l'intelligence des dogmes antiques, fondés certainement

sur les phénomènes de la résonnance; ainsi qu'on peut s'en convaincre en lisant très-attentivement le travail de Plutarque sur Isis et Osiris, et plutôt encore, en reprenant soi-même les symboles antiques quels qu'ils soient, hindous, perses, assyriens, grecs, chinois, etc.

Pythagore, — à supposer que l'histoire du forgeron ait quelque vérité, — ne fit qu'établir une explication, à lui, de la résonnance acoustique, sans préjudice de celles qui avaient été trouvées et admises bien avant, et dont la doctrine ézotérique lui était inconnue dans ses innombrables conceptions.

Pythagore, les Grecs en général, doivent représenter pour nous la *vulgarisation*, l'*exotérisme* de la science, *aux risques et périls des philosophes*. Aussi ne comprenons-nous que très-mal aujourd'hui la position dangereuse que se sont créée les vrais physiciens de cette époque, lorsqu'ils s'avisaient de livrer au public les idées qui touchaient de trop près le mystère vénéré, dont la divulgation était toujours enveloppée d'*une peine de mort*. La fin malheureuse de Pythagore ne peut pas être entendue autrement; nous ne sommes point assez reconnaissants de ce que nous devons à ces hardis chercheurs. Est-ce qu'on a jamais persécuté dans ces temps, si mal connus historiquement, les gens qui faisaient de la rhétorique, ou même de la prédication immorale quant à l'individu? La prospérité des sophistes et des optimistes est là pour prouver le contraire. On persécutait ceux qui touchaient à la doctrine ézotérique, voilà tout. Maintenant, quelle était cette doctrine? que contenait-elle? C'est ce dont il est impossible de se rendre compte aujourd'hui, si ce n'est par des suppositions et des rapprochements de détail. Mais le moyen âge, vraiment alchimiste, nous fournit quelques données suffisantes pour nous mettre sur la voie. Nous prétendons, nous, que les alchimistes de l'époque sérieuse, furent les derniers restes de la société mystique du monde ancien; et que, traditions scientifiques, idées cosmiques, idées religieuses même, ils ont tout conservé, *jusqu'aux menaces de mort*. Puis des circonstances historiques inappréciées sont venues rompre, sans doute, en Europe, la chaîne de ces traditions parfaitement antiques. Ceci soit dit en faisant toutes réserves sur la valeur intrinsèque des doctrines alchimiques.

Pythagore, Timée ou Platon ne sont donc pas les seuls, et surtout les premiers représentants de l'idée acoustique; au contraire, nous pensons qu'ils ont vi~ié cette idée première, en y cousant les applications maladroites tirées d'une conception fautive et insuffisante des vrais principes de l'acoustique. L'astronomie de Timée ne souffre pas d'examen, et la sériation de nombre, attribuée généralement à Pythagore, constitue un exemple de ce que peut la rêverie humaine dogmatisant dans le domaine des chiffres. Ces rapports de nombre sont tirés essentiellement de leur nature multipliante ou divisante, selon qu'on prend la série *crescendo* ou *decrescendo*. Le travail acoustique, en bonne physique, peut-il consister à créer soi-même les rapports par une convenance de goût et de tempérament, ou à consulter la nature? Or, les Grecs ne devaient guère apercevoir en musique ce que nos musiciens modernes n'aperçoivent pas encore, eux qui font tant abus de l'harmonie composée; aujourd'hui on est encore à se demander si les Grecs ont employé réellement la marche harmonique dans leurs créations. Les pythagoriciens ont traité l'acoustique, l'*expérience*, la *physique*, répétons-le encore, — car acoustique et physique ne diffèrent pas autrement entre elles que la partie ne diffère du tout, — les pythagoriciens, disons-nous, ont traité l'acoustique comme les autres philosophes grecs ont traité l'*entendement*, en présence du monde extérieur : ils l'ont construit à leur façon. C'est ce dont Platon se plaignait déjà dans sa *République*, au livre VII; tout grand géomètre qu'il était, il se moquait cependant de ceux qui *s'arrêtaient aux accidents des choses, qui parlaient sans cesse de carrer, de prolonger, d'ajouter, au lieu de s'attaquer directement à la connaissance en soi.*

Les pythagoriciens, pour avoir trop abandonné l'acoustique réelle, et s'être jetés, à son propos, dans des calculs hypothétiques, n'ont pas mieux établi la doctrine expérimentale, que les modernes n'y arrivent eux-mêmes, en restant enchaînés dans l'idée mathématique. Il faut à toute force que la physique sorte de la physique, du *phénomène*, et non pas d'une division quelle qu'elle soit, mathématique ou mystique, dont la base n'a rien de phénoménal. L'acoustique, née de la matière ou de ses sériations, a une base physique; les mathématiques, purement subjectives, n'en ont pas. De là, la différence des deux instruments de travail. Que nous reste-t-il donc à faire, en garde des fautes passées des pythagoriciens, en garde des fautes présentes des algébrisants? Il faut remanier l'acoustique, au point de la rendre seulement et uniquement physique; puis partir de là, ainsi que des autres voies phénoménales, pour étudier la nature.

Platon avait fait écrire sur la porte de l'Académie : « Nul n'entre ici, s'il n'est géomètre et musicien. » Euclide, le père de la géométrie pédagogique, a fait un traité de musique tel, que nous n'en avons pas encore un pareil aujourd'hui, pour la logique et la forme des démonstrations. Descartes, Mersenne, Kepler, ont fait aussi des traités de musique; Kepler, le plus grand astronome que la terre ait peut-être jamais produit. Enfin, Newton doit les fondements de son optique à des séries musicales, ainsi qu'il le dit et le prouve dans cet ouvrage; cachant même la pensée fondamentale qui l'a conduit sur cette voie, par une sorte de restriction égoïste qui a retardé plus qu'on ne le pense le progrès des sciences naturelles. Lors donc que l'historiographe de Berlin attribue à Euler le rapprochement que fit ce dernier des sons avec la lumière, on voit bien qu'il n'avait pas lu l'*Optique*. Euler a été jusqu'à expliquer les aurores boréales et les queues des comètes par la musique (*Mémoires de l'Académie de Berlin*, 1746, p. 135), de même que Rumford comparait le froid aux tons bas, le chaud aux tons aigus dans ses *Recherches sur la chaleur* (Paris, Didot, 1804). Et cependant l'acoustique, cette partie de la physique qu'Euler croyait appelée à révolutionner les sciences, a été et est encore étudiée avec une négligence impardonnable, pour ne pas dire avec un mépris insultant; aussi avons-nous résolu de répondre aux légèretés qu'on pourrait se permettre à cet égard, comme le fit un ancien, dans un cas analogue :

.... Frappe, mais écoute !

Les phénomènes brillants et prestigieux de l'électricité, de la lumière, du calorique, absorbent entièrement aujourd'hui l'attention des travailleurs et des corps savants. Reniant l'induction, cette mère de toutes les sciences, on est prosterné aujourd'hui servilement devant l'idolâtrie des phénomènes de la matière, comme autrefois les hommes, oubliant le vrai Dieu, la pensée métaphysique de l'Être suprême, se livrèrent à la matérialisation des passions, et créèrent autant de dieux qu'ils aperçurent de mouvements distincts dans leur imagination. Admirer, recueillir, et utiliser surtout les effets de l'électricité, ainsi que ceux des autres fluides impondérables, nous concevons cela et nous nous y associons de grand cœur; mais oublier la généralisation, la physique discursive pour un phénomène spécial, si beau, si grand qu'il soit, nous semble trop déraisonnable.

La science est unitaire, harmonieuse, compacte et reliée dans ses parties comme la création elle-même; si on prétend la faire progresser, il faut absolument perdre l'idée de la pousser en avant d'une manière sérieuse, si l'ensemble ne participe pas au mouvement des parties. Sans cela *la science* serait *les sciences*, comme on l'exprime trop souvent, ce qui implique disjonction d'abord et souvent même antagonisme.

Jusqu'ici, l'acoustique développée dans les traités est une dissection de la nature morte; c'est l'étude d'un cadavre. Les physiciens d'aujourd'hui, comme ceux du temps où les doctrines platoniciennes florissaient avec le plus d'éclat, généralement voués aux mathématiques, c'est-à-dire au travail des divisions, n'ont pas su entrer dans la résonnance en mouvement; la résonnance vivante, qu'on ne peut rencontrer que dans l'étude de ce qu'on appelle vulgairement la composition musicale. Malheureusement, il n'existe pas un seul ouvrage sur la musique qui ait traité des mouvements du son d'une manière vraiment rationnelle, au point de vue de la physique. Nous avons cherché à démontrer ce fait dans notre ouvrage sur les principes abstraits de la musique, qui a pour titre l'*Acoustique nouvelle*.

Les traités sur la musique sont comme les codes, comme beaucoup de livres sur la physique, un ensemble de phénomènes rangés par ordre de physionomie, contenant des généralités, à côté d'exceptions sans nombre, qui engloutissent et défigurent ce que le pseudo-principe pourrait avoir de général et d'utile. Or les physiciens ne sont qu'à moitié coupables de s'être laissé rebuter par cet art, qui s'affiche si impudemment comme science dans les traités. Tout le monde n'a pas le courage de passer sa vie, ainsi que que nous l'avons fait, à l'élucidation de ce logogriphe inextricable.

C'est en poursuivant un problème de physique musicale, dans son application à l'harmonie des mondes, que Kepler découvrit les trois lois à jamais célèbres qui ont changé la face des connaissances naturelles. Kepler, assez riche d'une si immense découverte, se reposa, très-content de son lot en face de la postérité. Newton aussi, sans doute, se crut assez riche après avoir composé son *Optique*, car il ne poussa pas l'exploitation de l'induction physique, basée sur les lois de l'acoustique, au delà de ce qui était vulgaire de son temps dans cette dernière partie, et ses inductions ne sortent évidemment que de l'échelle mathématique des sons, c'est-à-dire de la base déjà exploitée, mais moins heureusement par Descartes, Mersenne, et, avant ces derniers, par toute l'antiquité. Nous l'avons déjà dit, si fructueuse que cette base se soit montrée à Pythagore, à Kepler et à Newton, ce n'est que la partie la moins riche du magnifique filon contenu dans les études de l'acoustique en mouvement. La métaphysique de la composition musicale est la géométrie des sciences naturelles; les savants le reconnaîtront certainement du jour où ils pourront trouver la clef de ce nouveau jardin des Hespérides, gardé par le dragon de l'ignorance et de la confusion.

Dans l'optique, l'électricité et la chimie, les phénomènes frappent la vue d'une façon saisissante. Mais par les lois de l'acoustique, on poursuit la combinaison de ces phénomènes intellectuellement jusqu'à des profondeurs inespérées; voilà pourquoi nous accordons un si grand intérêt à l'acoustique, dans la vue des travaux de l'avenir. Au milieu des investigations de l'analyste, la matière disparaît en quelque sorte pour faire place à un *substractum* du mouvement, qui conduit la pensée à travers le domaine de l'absolu, avec cette facilité, cette indépendance de direction, qu'elle rencontre seulement dans les conceptions purement déductives de l'algèbre transcendantale. Rien ne peut donner aux savants de notre époque, si éloignée encore de ce genre de connaissances, l'idée des richesses qui les attendent, lorsqu'ils voudront bien se mettre de nouveau à l'œuvre, guidés par de tels enseignements.

L'acoustique va donc, avec le temps, s'enrichir d'un titre nouveau à la reconnaissance des physiciens, et prendre la place qui lui est due dans la physique générale, qu'elle guidera par induction parallèle vers l'achèvement des autres parties de cette science. Nous disons, nous, par induction parallèle, parce que nous regardons la création entière comme soumise à un phénomène prédominant et unique, quoique multiple dans ses divisions, le mouvement. Malgré les bifurcations que font subir les sens à notre perception, chaque sens n'ayant à reproduire qu'un fait unitaire selon sa nature particulière, il n'impose au fait primitif qu'une partie *formelle* assez peu prépondérante, et ce que nous appelons acoustique, optique, dynamique, etc., ne sont que diverses modifications parallèles d'un fait unique, qui est le phénomène du mouvement dans ses diverses apparitions sensoriales. On peut donc, pour agrandir le cercle de nos découvertes, s'adresser indifféremment et tour à tour à chaque division sensoriale parallèle du mouvement, parce que chacune reproduit le tout, étant ce qu'on a souvent appelé un microcosme, ou un monde en résumé.

Les savants ont cru établir une métaphysique du mouvement, qu'ils ont nommée *statique*, et qui, dans leur idée, répond pour le *mouvement* à ce que la géométrie établit pour l'*étendue* et la *figure* des corps. En agissant ainsi, non-seulement ils ont perdu l'appui d'une métaphysique réelle du mouvement, mais ils ont empêché les chercheurs de se tourner de ce côté, qu'on croit généralement rempli et tout trouvé. Malheureusement la métaphysique du mouvement interne, simple, inconditionné, est donc encore à établir. La statique, toute fondée sur des lois *a posteriori* et empiriques, ne donne que les déductions tirées du mouvement collectif externe, complexe, et nullement les lois absolues des mouvements métaphysiques, comme la géométrie le fait, elle, si parfaitement pour l'étendue et la figure.

En face d'une œuvre aussi gigantesque, qui embrasse l'ensemble des phénomènes physiques, chimiques et physiologiques, nous nous sentons bien petit; mais comme il faut que quelqu'un com-

mence à monter à la brèche, nous nous y dévouons de tout cœur.
On fera mieux après nous.

GÉOLOGIE

Les préjugés qui résultent d'une éducation incomplète, et surtout d'une observation myope des faits terrestres, nous font croire
à une création diffuse, et surtout antisérielle ; parce que ces séries ne peuvent être aperçues ordinairement que dans les circonstances qui nous tombent le plus rarement sous les yeux. Le
ciel, dont la structure est sérielle, eût dû nous tirer des pensées
humiliantes que la vue de la terre seule peut faire naître (ici nous
donnons au mot *humiliant* sa vraie acception primitive : *humi-
lis*) ; mais avant d'arriver aux principes scientifiques tirés de la
physique, c'est-à-dire à l'expérience sainement comprise, il fallait
que l'esprit humain épuisât toutes les erreurs théogoniques, sophistiques, scolastiques, et enfin mathématiques. La géologie elle-
même établit que les métaux, et nombre de substances indécom-
posables, ne sont arrivés à notre portée que par les fissures
disséminées dans les couches terrestres.

Serait-ce donc faire un si grand effort d'imagination, que de
supposer la sphère terrestre composée intérieurement suivant la
série normale de condensation, de façon à ce que chaque corps
simple et chaque association de corps se trouvassent occuper hiérarchiquement la place qui leur est assignée par les lois du type
ordinaire ? La croûte terrestre, alors, ne serait si hétérogène dans
sa composition désériée, que par la nécessité de sa position extérieure, qui la laisse en butte à tous les effets intérieurs et extérieurs
qui peuvent en modifier l'ordre primitif. Si donc, comme nous espérons l'établir plus tard, les corps simples représentent identiquement les nuances infinies qu'on remarque dans le spectre solaire,
dans le monocorde, dans les anneaux irisés, électriques, etc.; il n'est

pas étonnant, pour nous, de les voir sortir de la même roche à l'état métallique, comme cela arrive pour la mine de platine, dans laquelle on a trouvé successivement tant de métaux inconnus, et dont la composition ne diffère entre eux que par des nuances presque imperceptibles. Il en est de même pour le zinc, le fer. C'est avec bonheur qu'au mois de novembre dernier nous avons entendu M. Dumas exprimer l'idée si remarquable de l'utilité des recherches qui auraient pour objet la découverte de nouveaux métaux; déclarant qu'on ne connaîtra réellement les corps simples, et qu'on ne pourra en tirer les véritables analogies qu'avec la connaissance des nuances qui les séparent. Un mot de plus, et M. Dumas déroulait toute notre pensée.

Ce qui fait illusion pour l'observateur inattentif, sur la face du globe, ce n'est pas seulement l'hétérogénéité, la confusion des corps simples qui y sont répandus, ce sont aussi, et bien plutôt, les combinaisons contingentes, éphémères, qu'ils ont contractées ensemble sous l'effort du mouvement de rotation et de translation de la terre, et surtout à cause de la difficulté qu'éprouve cette dernière pour communiquer à l'espace son mouvement acquis, et d'où il résulte constamment de nouvelles combinaisons. Eh bien, malgré tous ces faits, les couches terrestres, ces couches si hétérogènes en apparence, n'ont pas moins gardé une sorte de hiérarchie dans leur superposition; au point que la géologie n'a pas d'autre moyen, encore aujourd'hui, pour asseoir les classifications, que cette constance de sériation. Les corps simples ou combinés, qui sont sous notre main à la surface de la terre, provenant d'une condensation sérielle très-ancienne et en rapport avec la puissance du mouvement d'alors, bien plutôt qu'avec la puissance du mouvement qu'on pourrait leur associer aujourd'hui, ne sont aptes à reproduire le type sériel normal, que dans des circonstances particulières, qui dépendent surtout de la quantité de mouvement libre que nous sommes en mesure de leur opposer.

Or, comme en fait de mouvement libre l'homme n'est pas très-riche, malgré les découvertes énormes de ce siècle sur l'électricité, le magnétisme, etc., nous sommes obligés de n'agir que sur une portion extrêmement faible de matière, pour réaliser l'effet dont nous parlons.

Lois qui régissent la quantité relative de mouvement à l'égard des corps.

Si nous prenons les choses telles qu'elles existent aujourd'hui, c'est-à-dire classées par des circonstances multiples en matière proprement dite, en mouvement condensé et spécialisé, et en mouvement libre et excédant : nous remarquerons que la matière, ainsi spécialisée et, en apparence au moins, distraite de la série normale, ne revêt les formes inhérentes à cette série, qu'autant qu'elle est soumise à un mouvement extérieur et libre d'une certaine puissance, coordonné dans le plus grand nombre de cas, si ce n'est toujours, suivant une angulaison dont nous parlerons plus tard. Bien mieux, il est nécessaire que ce mouvement puisse assez facilement pénétrer et remuer les corps pour que les molécules, ou séries élémentaires, obéissent facilement à une dissociation nouvelle qui constitue la série à former. Ainsi, en optique, les lames ne se colorent que lorsqu'elles sont assez minces : air, eau, verre ou savon, pour obéir au mouvement lumineux qui les pénètre ; il en est de même dans toutes les oxydations métalliques obtenues par la chaleur ou l'électricité au moyen d'un faible dépôt à la surface de corps brillants. Il faut encore agir ainsi lorsqu'on veut faire vibrer un corps solide, une corde, un timbre, une lame. La striation monocordique ne s'établira que dans les circonstances où la matière ne l'emportera pas trop sur le mouvement qu'on est en puissance de communiquer ; sans cela, on n'obtient qu'un bruit, ce qui constitue la vibration non sériée. Ce bruit peut bien présenter un son défini par rapport à d'autres bruits d'inégale vibration, comme on le voit en laissant tomber par terre de simples fiches de bois, convenablement calculées quant à leur sonorité respective ; mais chacune de ces fiches ne donnant pas une résonnance assez complexe, celle des monocordes, on ne regarde le son qu'elle produit vulgairement que comme un simple bruit.

On peut donc mettre cette différence entre le son et le bruit, que le premier est d'autant plus *son*, que sa résonnance est plus complexe, tandis que le bruit fournirait seulement des vibrations presque solitaires dans leur appréciation. En un mot, le son est un bruit sérié, harmonique. Si, après une série établie, la matière solide restant la même, le mouvement diminue, la série se déformera en modifiant ses parties par une diminution, jusqu'à ce qu'elle soit absorbée par un tout uniforme ou unique qui constitue les solides pour les corps pesants, et le froid, le noir, le repos, le silence, pour l'optique, le calorique, l'acoustique, etc. Si, au contraire, la matière solide reste la même et que le mouvement augmente, la série se modifiera en augmentant et en divisant ses parties *sérielles* jusqu'au moment où tout aspect de série sera devenu impossible, constituant alors la liquéfaction, la vaporisation et la gazification pour les solides, le blanc pour les couleurs, le chaud pour le calorique, la tension électrique pour l'électricité, le son (l'unisson) monocordique pour l'acoustique, etc. Que faisons-nous, en effet, quand nous forçons un rayon de lumière blanche à passer à travers une substance plus ou moins réfringeante ? Nous enlevons au rayon de lumière la puissance supérieure que le mouvement possédait alors sur la matière ténue et relativement faible qu'il avait à traverser; car nous lui opposons des corps d'une densité plus grande, d'une limitation plus forte surtout, des verres de plomb, des sulfures de carbone; alors la lumière se série, abstraction faite de toute figure prismatique, et nous modifierons ainsi la série jusqu'à l'absorption qui produit le noir et les ténèbres. Le sulfure de carbone irise la lumière sous quelque forme qu'on le présente aux rayons blancs.

Nous verrons un phénomène d'un ordre très-rapproché quand nous parlerons des dissolutions néo-polariques et dicroïques. Avec ce seul principe, il est très-facile d'expliquer tous les phénomènes de l'optique d'abord, et surtout ces changements de couleur stellaires dont le système des interférences a plutôt reculé que déterminé l'explication. Nous retrouvons les mêmes faits, quand nous faisons résonner une corde grave donnant peu de vibrations comparatives; le mouvement imprimable à cette corde étant impossible sur une échelle suffisante, pour que ce mouvement l'emporte sur la matière, relativement prépondérante, c'est à peine si l'on peut quelquefois obtenir autre chose qu'un bruit. Avancez-vous vers les combinaisons moyennes de grosseur et de longueur qui permettent ce nombre de vibrations suffisantes, c'est-à-dire un état où le mouvement équilibre la matière, la série apparaît aussitôt, au point qu'on peut distinguer avec la plus grande facilité toutes les décompositions de la série vibratoire, jusqu'à des dissonances dont plus tard nous apprendrons à connaître l'importance. Mais si, continuant, nous atteignons les cordes aiguës où le mouvement l'emporte réellement sur la matière solide, la série disparaît proportionnellement jusqu'à ce qu'il devienne matériellement impossible de distinguer autre chose que le son produit, sans décomposition concomittante. Voulez-vous avoir une preuve plus matérielle encore des effets du mouvement et de ses combinaisons avec la matière? Disposez un appareil pour la coloration des métaux; suivant la méthode de M. Becquerel. Le mouvement électrique ici, par lequel vous forcerez les oxydes à se rapprocher des métaux polis que l'on veut travailler, modifiera les orbes colorés avec une proportionnalité rigoureusement basée sur le principe que nous venons d'établir, de sorte qu'il vous sera loisible de passer d'une couleur uniforme à des séries identiques avec celle des anneaux colorés, jusqu'au blanc; c'est-à-dire jusqu'au contact, qui métallise purement et simplement, en tenant compte, bien entendu, du fond coloré des métaux sur lesquels on agit. Voilà, certes, la preuve la plus irréfragable des lois d'*angulaison*, sur lesquelles nous devons maintenant nous appuyer pour éclaircir les vrais principes du mouvement. Il est peu difficile de passer de là à la théorie des couleurs qui affectent les corps; l'imagination de nos lecteurs nous a devancé déjà ; mais laissons les choses suivre leur cours.

ANGULAISON.

Ce n'est pas le mot d'*angulaison* qui contribue le plus, jusqu'ici, à enfler les dictionnaires. Et, cependant, il a tout aussi bien sa raison d'être, dans la langue française, que les mots *inclinaison*, *déclinaison*, etc. Quant à la pensée scientifique qu'il recèle, nous laissons au public à juger si elle vaut la peine qu'on s'en occupe.

Il s'agit de prouver que le mouvement projeté sur la matière subit, dans certains cas, une perte qui se produit sous la forme de cette angulaison dont nous venons de parler. Prenons pour exemple, d'abord, le faisceau de rayons solaires introduits dans la chambre obscure et dirigés sur un prisme. Le faisceau solaire, avant son entrée dans le prisme, c'est-à-dire de l'ouverture de la chambre obscure à l'entrée du prisme, reste, comme on le sait, parfaitement incolore; nous disons, nous, tonalisé. Mais aussitôt qu'il a dépassé la seconde face du prisme, les couleurs ont pris naissance et se sont disposées suivant l'ordre que nous leur connaissons : rouge, orangé, jaune vert, bleu, indigo, violet.

Ce qui s'est passé dans cette occurrence, nul ne le sait, au moins nul ne l'a dit convenablement, si ce n'est Newton, encore son explication ne nous semble-t-elle pas très-satisfaisante; nous allons exprimer pourquoi. Mais, d'abord, voyons comment Fresnel lui-même a conçu ce point radical de l'optique. Dans le supplément à la *Chimie de Thomson*, cinquième volume, qui pourrait s'appeler l'*Optique de Fresnel*, voilà comment le physicien français développe la production des couleurs du spectre :

« Je ne puis terminer cet exposé succinct de la réfraction sans présenter quelques vues théoriques sur un phénomène d'optique qui l'accompagne toujours, qu'on a beaucoup étudié, et qui est peut-être encore un de ceux dont les lois sont le moins connues; je veux parler de la division que la lumière éprouve en traversant un prisme, et à laquelle on a donné le nom de dispersion, parce qu'elle sépare et disperse en quelque sorte les rayons colorés dont se compose la lumière blanche, en leur faisant suivre des routes différentes. Il résulte de ce phénomène que les rayons de diverses couleurs ne sont pas également réfractés, ou, en d'autres termes, que les ondulations de différentes longueurs ne se propagent pas avec la même vitesse dans les mêmes milieux; car c'est une conséquence nécessaire de l'explication que nous venons de donner de la réfraction, que le rapport entre les sinus d'incidence et de réfraction pour chaque espèce d'ondes doit toujours être égal au rapport entre leurs vitesses de propagation dans les deux milieux; en sorte que, si les divers rayons les parcouraient avec la même vitesse, ils seraient également réfractés et il n'y aurait pas de dispersion. Il faut donc supposer que, dans les milieux réfringents, les ondes de diverses longueurs ne se propagent pas avec la même vitesse, ou, en d'autres termes, ne sont pas raccourcies suivant le même rapport. Cette conséquence paraît, au premier abord, en contradiction avec les résultats des savants calculs de M. Poisson sur la propagation des ondes sonores dans des fluides élastiques de densités différentes; mais il faut observer que ses équations générales sont fondées sur l'hypothèse que chaque tranche infiniment mince du fluide n'est repoussée que par la tranche en contact, et qu'ainsi la force accélératrice ne s'étend qu'à des distances infiniment petites relativement à la longueur d'une ondulation. Cette hypothèse est, sans doute, parfaitement admissible pour les ondes sonores, dont les plus courtes ont encore quelques millimètres de longueur, mais pourrait devenir inexacte pour les ondes lumineuses, dont les plus longues n'ont pas un millième de millimètre. Il est très-possible que la sphère d'activité de la force accélératrice, qui détermine la vitesse de propagation de la lumière dans un milieu réfringent, ou la dépendance mutuelle des molécules dont il se compose, s'étende à des distances qui ne soient pas infiniment petites relativement à un millième de millimètre; cela ne contrarierait point les idées que l'expérience nous donne de la petitesse de ces sphères d'activité. Or il est aisé de voir, par des considérations mécaniques, que si la sphère d'activité des forces accélératrices s'étend effectivement à des distances sensibles relativement à la longueur des ondulations lumineuses, celles qui sont les plus longues doivent être moins ralenties dans leur marche par les milieux denses, ou moins raccourcies en proportion que les ondulations plus courtes, et par conséquent, doivent être moins réfractées; ce qui serait conforme à la seule règle générale que l'expérience ait découverte jusqu'à présent dans le phénomène de la dispersion.

« Quoi qu'il en soit, les faits démontrent que les ondes lumineuses de diverses longueurs se propagent avec des vitesses différentes dans les mêmes milieux réfringents, suivant des rapports variables, *dont les lois sont encore entièrement inconnues*, et qui paraissent tenir d'une manière très-intime à la nature chimique des corps. Les vitesses de propagation des divers rayons présentent-elles aussi quelques différences dans l'éther seul, tel que celui qui remplit les espaces célestes? C'est une question à laquelle il est difficile de répondre avec certitude, mais que des observations astronomiques de M. Arago paraissent cependant résoudre négativement. »

La première chose qui frappe ici, c'est le désaccord, timidement exprimé par Fresnel, de la théorie ondulatoire avec le calcul du mathématicien Poisson; à propos de quoi? A propos de l'acte radical de toute expérience optique : la dispersion. Mais Fresnel s'en tire, comme toujours, par des longueurs d'onde dont la discussion peut se perdre dans le vague la plus absolu.

Fresnel n'a donc pas, au fond, traité la question d'une manière sérieuse dans cet article, qu'on dirait plutôt dirigé pour pallier son désaccord avec Poisson, que pour étudier une question d'une importance aussi grande que celle de la naissance des couleurs.

Newton s'est montré plus courageux en cette circonstance. Bravement, il a déclaré que la lumière blanche est formée de *couleurs préexistantes*, et dont la réunion constitue cette lumière blanche.

Par cette PRÉEXISTENCE, cependant, Newton se débarrassait encore d'un lourd fardeau analytique, comme plus tard les physiciens l'ont fait eux-mêmes, en établissant *a priori* le *positif* et le *négatif* pour l'électricité.

Il est certain qu'une fois entré dans le phénomène, Newton s'en tire avec un génie inimitable, avec une puissance d'analyse, de raisonnement, avec une finesse d'expérimentation qui doivent faire éternellement l'orgueil de l'entendement humain. La vie tout entière d'un physicien n'est pas de trop pour admirer et pour méditer les phénomènes généraux que Newton a développés dans son *Optique*; mais ici nous n'avons pas à remplir cette tâche séduisante; il nous faut rester sur le fait primordial; il faut résoudre une bonne fois la question de préexistence dans les couleurs du prisme, sous peine de laisser la physique dans l'état où elle se trouve aujourd'hui, — déductivement.

Nous prétendons que cette préexistence des couleurs, dans le rayon lumineux, n'existe pas; ou, ce qui serait beaucoup plus rationnel, que le blanc étant une tonalisation du mouvement sériel, une *résultante* de catégories, si les couleurs ont préexisté, elles sont détruites par la tonalité. De sorte qu'en ayant affaire à un rayon blanc, c'est au fond comme s'il était devenu homogène.

Est-ce que, dans la corde qui vibre tonalement, les résonnances infinies du monocorde n'ont pas déposé leur individualité, pour revêtir cet état complexe qu'on appelle la tonalité? Et doit-on dire qu'en entendant une note disjointe nous entendons la série du monocorde? Cette opinion peut être admise sans grande difficulté; mais, en même temps, on remarquera qu'elle ôte à la tonalité acoustique, comme à la lumière blanche, leur individualité propre; il n'existe plus ni résonnance individualisée, ni blanc spécialisé, ce sont des apparences. A ce point de vue, nous sommes d'accord; mais avec de tels raisonnements, on ne tirerait rien de bon pour l'avancement des sciences.

Le blanc étant une résultante, il s'agit d'en faire sortir la coloration, et nous prétendons qu'ici il faut agir *à nouveau*, comme si jamais cette coloration n'avait existé. Comment nous y prendrons-nous? Par deux moyens principaux : en forçant le mouvement à briser sa tonalité, au moyen d'obstacles qui en divisent le sens résultantiel; c'est ce qui a lieu dans les anneaux de Newton, dit *anneaux des plaques épaisses*, dans l'interposition de corps pulvérulents, des écrans pour les franges, etc.

Enfin, et ce qui est beaucoup plus régulier, en lui opposant une *angulaison* quelconque. Par ce moyen, évidemment, la tonalité, qui vit d'équilibre, sera bien obligée de rompre sa connexité.

Si vous prenez un corps transparent, dont les faces soient construites suivant un angle quelconque, — *un angle...* là est toute l'affaire, — et que vous fassiez passer à travers ce corps transparent un rayon de lumière tonalisé, le mouvement se disposera immédiatement en série, et cela en raison directe de la nature résistante du prisme, bien plutôt que des différences de proportionnalité dans l'angulaison choisie. Le mouvement, en traversant la substance sous une différentiation de matière résistante, doit éprouver une perte dans sa puissance, proportionnelle à la résistance qui lui est opposée. Aidons-nous, pour mieux comprendre cet effet, d'une comparaison vulgaire :

Sept voyageurs se présentent au bureau d'un chemin de fer, possédant dix francs chacun pour toute fortune. Supposons que, sur la ligne à parcourir, l'unité de distance coûte un franc. Si le premier voyageur ne va qu'à l'unité de distance, il n'aura qu'un franc à payer, de sorte qu'il lui restera neuf francs; si le second voyageur ne va qu'à deux unités de distance, il lui restera huit francs; et ainsi de suite. En fin de compte, il arrivera que chaque voyageur demeurera d'autant plus riche, qu'il aura moins de chemin à faire sur la ligne du chemin de fer.

N'est-ce pas ce qui se passe à l'égard du rayon lumineux, auquel on fait traverser un prisme de verre? Y a-t-il besoin de supposer une coloration préalable, au moins, de commencer le travail d'analyse après avoir supposé préalablement cette coloration?

Le rouge représente évidemment la plus grande richesse du mouvement; nous espérons le démontrer plus tard à satiété; c'est donc lui qui a passé dans le prisme, vers la partie comprise sous la plus petite épaisseur. Pour ne pas rappeler les couleurs intermédiaires, le violet sera la partie du rayon lumineux qui aura subi la perte la plus considérable. Faut-il s'étonner, après cela, que le violet soit le représentant du repos, des fixations chimiques, comme le rouge est l'agent le plus actif des mutations et des revirements du mouvement?

Newton a exprimé l'ensemble du phénomène, par la théorie

d'une *réfrangibilité* inégale. Certes on pourrait admettre, avec ce grand homme, que le mouvement, en traversant un corps résistant, peut se sérier ainsi par une disposition initiale, si le fait d'une angulaison nécessaire ne venait pas mettre en doute l'opinion première. Ah! si, en restant parallèles, les faces d'un verre limpide nous transmettaient le spectre lumineux, rien de plus facile que cette combinaison; mais pourquoi faut-il cette angulaison? Et bien mieux, pourquoi le rouge, agent d'action, se trouve-t-il si exactement répondre à la moindre épaisseur de la lame, au sommet de l'angle; tandis qu'invinciblement le bleu, le violet, répondent si bien à la partie plus épaisse, tournée vers la base du prisme?

Nous sommes bien persuadé que ceux qui nous lisent s'imaginent que, depuis le commencement de ce chapitre, nous faisons uniquement de l'optique. Il n'en est rien pourtant; cette optique-là est la base des connaissances naturelles à nos yeux; c'est pour cela que nous avons inscrit en tête de ce chapitre le mot d'*angulaison*, qui se rapporte bien moins aux phénomènes d'optique seuls, qu'aux lois normales du mouvement général élémentaire. Peut-être que le mouvement créé sériel ou avec penchant à la série a néanmoins été soumis à cette loi d'angulaison qui le différencie d'une façon si saisissante, pour le faire sortir de la tonalité.

Nous voici arrivés à la première étape de notre travail sur l'angulaison; il nous reste maintenant à entrer dans les faits complexes pour expliquer une autre forme du mouvement angulé, qui semble être une conséquence bien moins immédiate du principe d'angulaison, et qui cependant n'y faut en aucune façon.

Quand vous dirigez le mouvement sur une substance angulée non circulaire, comme un prisme, unilatéral dans son effet différentiel, — dirions-nous si nous osions nous exprimer ainsi, — le mouvement se différencie suivant une catégorie unique et définie. C'est ce que nous montre le spectre dans toute son évidence; mais, si vous lancez le mouvement au milieu d'une substance angulée, plus ou moins circulaire, en tous cas, dont l'effet *sériant* ne puisse pas être réduit à un point uniforme, comme dans l'angulaison spéculaire, est-ce encore une projection uniformément et longitudinalement sériée que vous obtenez? Non. L'angulaison circulaire produit une sériation circulaire; ce n'est plus un spectre qui se présente, ce sont des anneaux lumineux. L'acte unitaire s'est fait complexe; car ce n'est pas même un spectre annulaire qui naît, mais une suite concentrique de spectres colorés. Le principe d'angulaison n'a pas changé un seul instant, seulement le fait obéit à la hiérarchie sérielle dont nous avons tant parlé en commençant notre exposition; et le mouvement sérié, avec une extrême précision, dans chaque anneau coloré, se reproduit sériellement encore par d'autres générations d'anneaux, qui suivent dans leur écartement un principe admirablement étudié par Newton, et sur lequel nous aurons souvent à revenir.

L'optique vient de nous fournir la démonstration des effets angulaires du mouvement; elle est impuissante maintenant à nous déceler les lois que suivent les anneaux dans leur hiérarchie composée; et c'est à l'électricité dynamique que nous devons aller demander ces renseignements. Selon que vous éloignez ou que vous rapprochez le centre de production du mouvement, les anneaux prendront un écartement particulier. C'est ainsi qu'en approchant le fil positif de la pièce de métal poli mise en rapport avec une dissolution de litharge composée suivant la méthode de M. Becquerel, les orbes se contractent, comme ils se dilatent lorsqu'on éloigne l'électrode positif qui constitue le centre du mouvement dirigé sur la plaque métallique.

Du moment où nous parlons des anneaux électriques, nous nous trouvons sur la voie de cette seconde manière que nous avons indiquée, comme sériant le mouvement presque sans angulaison apparente. Il est certain qu'à la première idée on cherche vainement où se cache la différentiation probable du mouvement, dans les anneaux électriques, comme dans les anneaux de Newton, comme dans le phénomène des poudres étalées, des poils, des fibres, des réseaux, etc. Et cependant l'angulaison n'en existe pas moins, pour être moins saisissable à l'œil inattentif. Pense-t-on que la projection, ou plutôt le genre d'écoulement de l'électricité par la pointe positive, ne constitue pas une suffisante différentiation du mouvement? Pourquoi alors varie-t-elle les

orbes en plus et en moins selon la distance à laquelle on la place ?
Est-ce que la concavité du miroir réflecteur, dans le phénomène
des anneaux de Newton, ne constitue pas aussi cette angulaison
nécessaire à la production hiérarchique ? Il en est de même, en
vérité, de cette tant fameuse expérience des miroirs de Fresnel,
sur laquelle repose uniquement la théorie des ondes. La disposition
des miroirs constitue une simple angulaison; et Fresnel, qui expliquait si bien la théorie des lentilles, au moyen des prismes
composés, eût dû voir tout d'abord que ces deux miroirs ne présentaient rien autre chose qu'une section particulière de miroir
concave. Aussi les phénomènes des franges répondent-ils entièrement à l'angulaison qui les produit.

Reprenez maintenant un à un tous les phénomènes sériels que
la physique peut nous offrir en optique, en calorique, en électricité, en acoustique, etc., vous trouverez tout soumis à la loi
d'angulaison; de sorte que, sans tables de logarithmes, vous pouvez aller contempler la nature et admirer les sublimes conceptions de Dieu, rien que par la connaissance d'un principe aussi
simple que facile à retenir : la différentiation du mouvement,
l'angulaison, produisant la série.

Dans tous les faits optiques que nous avons rapportés ci-dessus, l'angulaison du mouvement est frappante; mais il est nécessaire de faire remarquer ici, en passant, quoique nous ne nous
occupions pas d'optique comme but unique, que la sériation normale, élémentaire, du mouvement doit être tirée des expériences
indiquées ci-dessus, en même temps que nous faisons ressortir le
principe d'angulaison. Si réellement la différence des chemins
parcourus, ou plutôt le trouble dans les ondes constituait les seules lois de l'optique comme de la physique, ce trouble des ondes
devrait être reproduit graphiquement dans les images observées; et c'est ce qui n'a jamais lieu. Une fois le mouvement
frappé d'angulaison, il y a donc un principe supérieur, normal,
élémentaire, qui se charge de le disposer en série hiérarchique,
malgré toutes les oppositions de forme transitoire qui lui sont
opposées. Pour nous faire comprendre plus clairement, citons une
expérience très-lucidement décrite par M. Pouillet. (*Physique*,
page 343, IIe vol.)

« Il se présente enfin un troisième moyen bien plus simple de reproduire encore le même phénomène. J'eus occasion de l'observer en 1816. (*Ann. de Phys. et de Chim.*, 1816.) On dispose un miroir concave de métal, comme dans l'expérience du duc de Chaulnes, et, au lieu d'interposer au devant de sa surface une lame transparente, on y ajuste un *écran opaque* percé d'une ouverture quelconque, assez petite, seulement pour que ses bords rencontrent les rayons incidents et par suite les rayons réfléchis (fig. 288); alors on distingue des anneaux autour du carton qui est à l'ouverture du volet, comme dans les expériences de Newton et du duc de Chaulnes; seulement ils sont moins éclatants et par conséquent moins nombreux. L'irrégularité de l'ouverture de l'écran n'altère pas sensiblement la forme circulaire de ces anneaux; ils restent les mêmes pour une ouverture ronde, carrée, triangulaire, ou pour une ouverture en rectangle étroit et très-allongé. J'ai même remarqué qu'un simple bord rectiligne, présenté en faisceau près des miroirs, détermine la formation des anneaux; mais alors on ne distingue nettement qu'une moitié de leur circonférence. »

Nous avouons qu'en présence de corps agissant par une cause purement *formelle*, nous ne comprenons pas que l'effet hiérarchique reste le même. Ce qui nous a toujours empêché d'admettre la théorie des ondes est cette constance dans l'effet général, malgré les résultats si multiples, si inattendus, qui devraient naître d'un changement de proportion dans l'ondulation première.

Mais ces réflexions, déjà si inquiétantes lorsqu'on reste dans l'optique, deviennent pour ainsi dire écrasantes quand on sort de là pour aborder l'électricité, la chaleur, et surtout la contexture moléculaire ou la contexture chimique des corps. Comment se fait-il que les cristaux affectent dans leur composition cette série de mouvement hiérarchique des anneaux, de façon à nous faire penser que la cristallisation, comme la production des anneaux optiques, n'est vraiment qu'une solidification sérielle sous l'influence d'un mouvement angulé? Est-ce que là encore il y a interférence ou demi-ondes?

Nous ne demandons pas mieux que de le croire, seulement cela n'est pas probable.

Passons aux lois qui intéressent le plus le chimiste dans la combinaison des corps : aux proportions multiples. Pense-t-on qu'il ne se manifeste pas, en ce cas, un résultat hiérarchique encore, d'où naissent ces combinaisons si singulières dans leur exactitude proportionnelle? Qu'on se rappelle la génération de la résonnance dans les monocordes; entre les termes sériels 1, 3, 5, 7, 9, 11, etc., autrement dire par le fractionnement 2, 4, 6, 8, etc., il ne se produit que des dissonnances, à moins qu'on ne change le point de comparaison sériel. En chimie donc, si on ne se laisse pas tromper par une détermination de chiffres mal dirigée, on voit que les combinaisons des substances se trouvent, elles aussi, soumises à une proportionnalité hiérarchique, qui touche de si près à la résonnance des monocordes, que nous espérons tirer bon profit en son lieu d'un tel rapprochement. En effet, entre les groupes affectés aux proportions multiples, comme en acoustique entre les groupes de consonnance, il ne faut pas croire qu'il soit impossible d'effectuer d'autres combinaisons spéciales. Seulement, et nous le verrons bientôt. Ces combinaisons sont résolubles, c'est-à-dire qu'au moment de se fixer, en chimie surtout, elles se portent sur les groupes normaux, définis, de la production sérielle typique. Voilà l'explication, si inconnue jusqu'ici, de toutes ces unions éphémères, dont la doctrine ne sait comment sortir, et qu'elle repousse le plus souvent de peur d'être obligée de s'en préoccuper trop théoriquement.

Dans la nature, le phénomène d'angulaison ne semble qu'un prétexte au mouvement pour se disposer en série, et nous ne ferons point un pas dans l'étude des faits physiques, sans avoir besoin d'invoquer ces deux grandes conceptions divines : série, angulaison.

Nous venons de dire que le phénomène des *lames minces* est identique avec celui du prisme. Ceci va sembler une énormité. Mais une énormité de plus ou de moins dans un livre ne fait rien à la chose; nous prétendons, de la manière la plus formelle, qu'il n'y a pas, entre la série des anneaux et la série du prisme, d'autre différence, que celle qui sépare le *simple* du *composé*. Pour cela, nous allons démontrer que Newton, en ayant très-bien étudié et décrit le phénomène à son point de vue, agissait, en cela, de la même façon qu'il faisait en astronomie, où il substituait les lois de la pesanteur, *effet* sériel, aux lois de la série elle-même, passant à côté du véritable principe déductif. Pourquoi cela? Parce que sans doute il est parti d'une théorie toute faite, et qu'il lui fallait le violet ou le bleu en tête de sa série.

Figurons-nous, pour un instant, que nous dominons un lac tranquille, du haut d'une terrasse dont les flancs sont perpendilaires à la surface des eaux. Si, après avoir jeté une pierre dans le lac, nous essayons de discerner l'effet saisissable, ce sont les bosses et non les creux qui nous frappent tout d'abord; de sorte que, là aussi, nous verrons se produire des anneaux détachés sur le fond plus tranquille du lac.

Quand on suit le phénomène avec attention, on voit très-clairement ces anneaux se produire sur une espèce de *champ* liquide. En un mot, ce sont bien des projections circulaires de mouvement, hiérarchiquement distribuées, et non simplement des bosses suivies de creux, des ondes suivies de demi-ondes, etc. Dans les anneaux colorés, le fait est encore plus patent, parce qu'il se pare des couleurs merveilleuses du spectre. Là, la production *annulaire* est tellement saisissable, que nous ne comprenons pas comment, depuis deux cents ans qu'on joue avec le phénomène, l'esprit n'ait pas saisi cette production annulaire d'une façon plus rationnelle. La tache noire centrale est suivie de blanc, d'un *champ blanc*; puis commence le rouge cuivré, semblable à la fleur des cuves d'indigo; vient après, d'une façon incomplète, sans doute, le reste des couleurs prismatiques. Le second anneau, au contraire, est le type de la projection spéculaire la plus parfaite, et ainsi de suite en se détériorant.

On va nous arrêter court en nous disant: Mais les faits ne se passent pas ainsi; la première coloration, après le noir, donne du bleu pâle, blanc vif, jaune, orangé, rouge, etc.; nous copions sur tous les livres de physique.

Resterions-nous seul de notre avis que nous dirions encore: Regardez bien votre tache centrale, que dénote-t-elle d'après Newton lui-même? Un point de contact plus ou moins parfait. Et le blanc qui la borde? Une lame trop mince pour se colorer.

6.

Maintenant, cherchez le bleu pâle ; vous ne trouverez que cette frangeaison qui se produit aussi dans les effets de nuages, et qui n'indique absolument que le passage du blanc effiloqué à une couleur moins éclatante. En voulez-vous une preuve? Prenez un verre bleu, qui, comme on le sait, augmente l'intensité des couleurs qui lui correspondent. Tous les bleus des anneaux seront exagérés, et le premier anneau, le noir, comme tout le blanc qui le suit, n'éprouveront aucun effet de ce verre bleu. Preuve convaincante qu'il n'existe pas trace de bleu dans le premier anneau prétendu. Si le verre bleu ne vous satisfait pas encore, choisissez un verre violet. Oh! alors le phénomène va prendre encore une nouvelle évidence. Partout où il y aura trace de bleu, il se changera en outremer si resplendissant, qu'il faudrait être aveugle pour ne pas le voir. Et dans le premier anneau, rien!... un champ blanc, toujours du blanc.

Ce n'est donc pas un anneau qui existe là, c'est un champ!... C'est l'endroit, près du contact, où la lame n'a pas le droit de coloration, d'après Newton, qui a posé cette loi si remarquable et si juste, que les lames trop épaisses ou trop minces ne se colorent jamais.

Il existe encore un moyen de rechercher le bleu du premier anneau ; il consiste à écraser les orbes colorés avec l'ongle, de façon à en étaler la couleur sous le doigt. On obtient ainsi de véritables spectres allongés. Or l'action mécanique, qui ouvre les autres anneaux et force leur coloration, n'a qu'un simple effet d'allongement sur le blanc placé près du centre.

Si dans l'esprit des physiciens il pouvait encore rester quelque doute, qu'ils fassent comme Newton, qu'ils s'amusent à lancer des bulles de savon. Et là, toujours, ils verront commencer la coloration des lames minces par le jaune rouge cuivré, *fleur de cuve indigo*, qui borde le premier anneau de la série ci-dessus.

On dit que Newton a passé des années à faire des bulles de savon. Peut-être aussi jetait-il des cailloux dans les puits pour étudier les ondes. De quel mépris n'a-t-il pas dû être poursuivi par ses voisins pour d'aussi déplorables habitudes! Nous ne savons pas si les commères anglaises sont plus tolérantes que les commères parisiennes ; nous pouvons assurer, en tout cas, à ceux qui tiennent à ne pas passer complétement pour idiots dans leur quartier, qu'il n'est pas sans danger de faire de la physique par les fenêtres.

Les sciences, par une dérision singulière, ont presque toujours leur base dans des jeux d'enfant; comme si la nature eût voulu dès l'abord nous guérir de cette froide pédanterie qui ne conduit à rien, si ce n'est à l'hypocondrie, et qui nous fait échanger la gaieté précieuse et hygiénique des âges heureux de la vie, pour les passions haineuses, pour les conceptions attristantes de la vieillesse. Ah! quand donc la science aura-t-elle son front ceint de roses? Quand, en face des sublimités de la création, les hommes pourront-ils bénir Dieu en se donnant la main?

Que conclure de ces expériences? Il faut en conclure que le mouvement, dans toutes ses projections, suit une marche égale et proportionnelle à l'épaisseur, ou plutôt, disons-le immédiatement, à la résistance qu'il rencontre; c'est toujours l'histoire des sept voyageurs. Les projections astrales, la genèse chimique, tout dans la nature, sans exception aucune, est soumis à cette loi suprême d'angulaison à laquelle Dieu a livré la création dans son immensité. Il est inouï que les physiciens ne soient pas revenus au moins sur la série des anneaux, en contemplant ce qui se passe dans les plaques irisées obtenues par le moyen de l'électricité dynamique; c'est-à-dire par l'action d'un oxyde de plomb ou de fer sur des lames d'or, d'argent, de cuivre, etc. Ici il n'y a plus à tergiverser. Quelle est la couleur qui commence à agir? Est-ce le bleu, le violet? Tout le monde sait que c'est le rouge, et M. Becquerel, si compétent en pareille matière, a bien soin de le déclarer dans son livre d'*Électro-Chimie*, p. 383. Quelques physiciens ont dit que ces anneaux se trouvaient retournés, par rapport aux anneaux de Newton, et cela pour telle ou telle raison que l'on n'ose pas même insérer dans l'enseignement d'une manière précise, tant il y a peu de fondement dans ce qu'on sait là-dessus. Cependant, en électricité, l'épaisseur des oxydes déposés ne peut donner lieu à aucune incertitude. Y a-t-il peu de matière? le mouvement la colore en rouge. Le mouvement a-t-il, au contraire, à lutter contre une résistance plus forte? il ne peut atteindre que le bleu. Deux faits très-graves sont donc à considérer dans le phénomène des anneaux, lorsqu'on veut étudier le principe philosophiquement.

Le premier point établit la coloration du rouge au violet, en raison des épaisseurs.

Le second point nous fait voir la marche hiérarchique du mouvement projeté centralement, ce qui détermine un effet circulaire d'abord, et qui reproduit cet effet en des centres prévus, dans lesquels la série du simple, série du spectre, est disposée toujours dans le même ordre, donnant l'exemple du simple dans le complexe.

Le champ blanc qui précède toutes ces créations annulaires est sans doute identique avec la tonique des monocordes ; absorption de toute coloration par une centralisation mystérieuse, dont nous ne nous chargeons guère d'expliquer autrement l'origine. Et prouverait-on encore qu'il y a du bleu ou du violet dans la première coloration saisissable des anneaux, qu'on devrait regarder ce bleu, ce violet, comme l'anneau extrême d'un anneau central incomplet, dont le rouge serait encore le chef de file. Les déterminatives, en acoustique, tombant si exactement sur les résolutives ou les toniques, l'oxygène déterminatif, lui aussi, dans la genèse chimique, se portant si exactement sur les résolutifs, hydrogène, carbone, indiquent à n'en pas douter que, dans les anneaux comme dans tout le reste, l'ordre choisi par Newton est une interversion malheureuse.

Maintenant, comment expliquer pourquoi depuis deux cents ans on reste dans la même erreur? Cela est bien simple. C'est que nous acceptons, par paresse, beaucoup trop facilement ce qu'un autre a dit avant nous, et surtout que, pour étudier un phénomène, loin de chercher la parallaxe instrumentale, — c'est-à-dire la création d'un moyen de travail qui nous place à un autre point de vue que le premier expérimentateur, afin d'obtenir une critique efficace, — nous achetons des *biblots* étiquetés qui ne permettent aucune appréciation nouvelle des phénomènes à observer. Dans les anneaux colorés, il est de tradition de se munir d'un verre convexe, ou lentille, ayant, comme celle dont Newton se servit, 50 pieds de foyer. On y ajoute un verre plane, et tout est dit.

Voulez-vous, au contraire, vous rendre compte des faits d'une manière indépendante ? Il y a mieux que cela à faire : prenez deux glaces d'Allemagne très-minces, depuis un jusqu'à six pouces de diamètre : rondes, carrées, ovales, etc., comme cela se rencontrera. Superposez-les, et, avec le pouce et l'index de votre main, serrez-les légèrement pendant quelques minutes, jusqu'à ce qu'en s'échauffant elles acquièrent cette adhérence, cette dilatation peut-être, nécessaires au phénomène ; ces glaces planes, ou à peu près, subissant malgré cela une angulaison inutile à expliquer, vont se revêtir des couleurs les plus admirables, en reproduisant les anneaux colorés de Newton, soit en petit, soit en grand, à volonté, avec la précision de l'appareil traditionnel ; mais, et voilà l'important, ils vous donneront, suivant les pressions diverses que vous opérerez dans tous les sens, l'exagération des phénomènes, qu'une lentille et un verre plan ne sauront jamais effectuer. Nouvelle anatomie comparée, ils vous fourniront toutes les épreuves auxquelles vous voudrez bien les soumettre. A ce point que vous pourrez diriger vous-même, circulairement, elliptiquement, paraboliquement, des séries impossibles à réaliser dans les expériences usuelles. — Oh ! là alors, on se convaincra de cette projection hiérarchique que nous ne craignons pas d'attribuer à la nature, dans la généralité de ses conceptions ; et, sans ondes, demi-ondes, etc., on comprendra immédiatement que le mouvement, dans tous ces cas, revêt une forme typique, dont nous devons essayer de tirer meilleur parti dans l'avenir, que nous ne l'avons fait par le passé.

ATOMES

Presque dès l'origine des sciences, l'intelligence des lois du mouvement fut obscurcie par l'apparition de la théorie des atomes, que nous avons montrée être l'expression complète du matérialisme le plus arrêté.

Or la découverte faite ou vulgarisée par Haüy au commencement de ce siècle, d'où il résulte qu'un même cristal peut être divisé presque à l'infini en des cristaux identiques par le parallélisme de leurs faces, ou en des cristaux d'une structure différente, a encore porté la science, involontairement et insciemment, sur le chemin que suivirent autrefois Leucippe et Épicure, en contemplant, eux aussi sans doute, la figure multiple mais constante des trémies cristallines du sel marin. La tentation se montrait bien grande, nous en convenons, de revenir à la vieille doctrine des atomes, à la vue de ces cristallisations si régulières, qui semblaient se dédoubler à l'infini, pour nous montrer mystérieusement le berceau des cristallisations élémentaires.

Par un excès de singularité, il se trouva, un peu plus tard qu'Haüy, mais en définitive vers la même époque, un homme d'un vrai génie, plus osé que lui, Ampère, qui, combinant les diverses figures simples des solides, construisit géométriquement la matière, au point de nous tracer la figure de l'acide, du doux et de l'amer. Certes, il ne faut pas beaucoup d'effort de mémoire pour se rappeler tout ce que Descartes avait tenté à ce sujet ; et, pour nous comme pour bien d'autres, les idées d'Ampère à cet égard sont tout bonnement la figure atomistique cartésienne rajustée à la moderne. Sans nier la réalité des combinaisons trémiales, qui sont patentes, nous ne saurions trop nous élever contre cette doctrine toute matérialiste, qui fait complète distraction du mouvement, pour ne voir que la figure, la forme de la matière. Ainsi que nous l'avons plusieurs fois déjà fait observer, la matière, considérée de la sorte, ne donne pas seulement des théories erronées, mais sûrement elle établit des conclusions stériles. Pour nous, la matière ne pouvant être réellement aperçue dans l'objet en soi, par une aperception directe et extérieure au sujet, nous ne devons pouvoir nous mettre en contact avec elle que par un *trait d'union*, par quelque chose qui aille d'elle à nous, et réciproquement ; or, ce quelque chose, que peut-il être, si ce n'est le mouvement : le mouvement susceptible des mêmes sériations que la matière qu'il dirige ? Supposons, en effet, que nous nous placions en face de la matière, si juxtaposés qu'on le veuille bien admettre : lequel des deux, de la matière ou de l'observateur, pourra communiquer sans se confondre et s'annihiler en totalité ou en partie, par cette confusion nécessaire de deux choses qui se pénètrent, de quelque manière qu'on le suppose? Il faut donc une essence particulière qui puisse passer de l'un à l'autre sans se décomposer, et, bien mieux, sans rien décomposer sur son passage; de façon à faire naître ces rapports que nous sommes habitués à concevoir d'une façon un peu cavalière, et qu'on nomme la transmission des sensations. Toutes les écoles philosophiques se sont épuisées dans la recherche de ce trait d'union que nous déclarons être le mouvement, ce mouvement aujourd'hui mis en lumière par les découvertes remarquables sur l'électricité, le magnétisme, etc. L'histoire de cette création divine, qui n'est ni la matière ni l'organisme, et qui jette un pont sur l'abîme béant du spécticisme radical, c'est l'histoire de la philosophie elle-même dans sa vaste évolution ; c'est l'histoire des plus grands labeurs de l'esprit humain, de l'esprit humain qui si souvent a perdu courage avec Spinosa, avec Hume, ou qui, dissimulant sa défaite, s'est enveloppé dans les créations mystiques d'une intervention immédiate, incessante et spécialisée, de Dieu, entre la matière et l'organisme, de façon à rappeler le *deus ex machina* du vieux théâtre grec. Nous l'avons dit, il n'est plus possible aujourd'hui de méconnaître ce trait d'union entre la matière et l'organisme ; le mouvement nous apparaît d'une manière si visible dans les phénomènes de la physique moderne, il nous laisse si facilement étudier ses voies et ses allures, qu'il faut être aveugle et sourd pour ne pas lui accorder la place qui lui est réservée dans la science. On conçoit très-bien que les philosophes, partagés uniquement entre un idéalisme et un matérialisme exclusifs, n'aient jamais pu se mettre d'accord avec le christianisme, qui professait une *création effective*. Dieu n'a rien à créer si tout reste dans l'idéalisme, et il ne peut guère ordonner, d'après les principes matérialistes. Cependant la Bible affirme que Dieu créa de rien ! Tout ne peut-il pas se comprendre quand on admet que le mouvement, créé par Dieu éternellement, fut doué de l'attribut sériel au moment de la création spécifiée qui arrachait définitivement

le monde au chaos? Alors la hiérarchie de son action constitue
bientôt l'ensemble des phénomènes que nous apercevons aujourd'hui. C'est du mouvement sérié que tout doit partir pour réconcilier la religion avec la science. Ce qu'il y a de plus singulier dans ce rapprochement, c'est que la série physique, optique, acoustique, électrique, etc., se trouve justement répondre aux périodes assignées à la création par les livres saints ; le tout suivi d'un repos tonal. Comme tant d'autres idées cosmiques tirées de la religion, cela reste incompréhensible si l'on ne s'aide pas des explications physiques dues aux phénomènes sériels.

Nos sensations ne sont qu'un rapport de mouvement, perçu par cette admirable organisation que Dieu nous a accordée dans sa bienveillante sollicitude. Nous ferons voir, plus tard, que les sens eux-mêmes sont similaires comme sériation du monde extérieur, de sorte que le mouvement, allant de l'objectif au subjectif, peut se sérier en dedans de nous de la même façon que la matière se série extérieurement ; et que nos sensations se trouvent reproduire similairement un fait qui leur semble très-étranger au premier abord. L'œil, par ses *trois milieux*, nous donne la clef de ce phénomène admirable. Notre corps n'est que matière mise en contact avec la matière extérieure ; il peut donc fournir au jugement cette comparaison de deux forces, d'où nous conclurons définitivement entre la matière extérieure, qui est le monde objectif, et cette matière subjective donnant l'identité à notre individu, qui nous appartient si transitoirement, qu'on a pu en quelque sorte calculer combien de fois nous devions la renouveler entièrement pendant l'espace d'une courte existence.

Les matérialistes et les idéalistes ont soutenu sur le champ de bataille qui sépare la matière de l'entendement, des combats de géants dont les résultats sont nuls, justement par cette incurie des observations expérimentales de la nature, qui seules pouvaient donner des armes invincibles à l'un ou à l'autre des partis. Les matérialistes se contentaient de mettre la matière en présence de l'organisme pour conclure qu'il y avait rapport obtenu, sensation produite, raisonnement construit, jugement rendu ; ou, avec d'autres penseurs, ils établissaient le principe d'identité matérielle de l'objectif et du subjectif. Les idéalistes leur objectaient avec raison cette impuissance de deux matières à se joindre assez intimement sans s'annihiler, par la confusion d'un tel rapprochement, et, de là, partaient pour donner à l'âme, telle qu'ils la concevaient, la faculté d'agir sur les deux matières en présence et de tirer des rapports. Mais les matérialistes, à leur tour, avaient beau jeu, car ils demandaient ce que fait cette âme quand elle passe du sujet à l'objet; au moment où elle se trouve dans ce dernier, elle n'est plus dans le premier sous peine de perdre cette identité, cette unité qui, d'après les idéalistes, est l'essence même de l'âme. Et les combats recommençaient à tour de rôle, le dernier qui parlait se trouvant toujours prêter le flanc à son adversaire, de sorte que, suivant la spirituelle observation de Kant, il n'y avait que celui qui attaquait qui se trouvât momentanément avoir raison. L'âme doit être comprise d'une manière plus judicieuse et plus sage. Elle constitue une faculté trop élevée pour entreprendre ainsi légèrement une course dangereuse à travers la matière; c'est un arbitre assis à son tribunal, devant lequel comparaissent les parties, et qui, identique dans sa nature et immuable dans sa position, voit venir à elle des rapports qu'elle n'a plus qu'à constater. Il suffit d'examiner avec quelque attention la structure humaine, par exemple, pour voir avec quelle sollicitude, avec quelle sublimité de construction Dieu a pourvu à ce prétoire du cerveau où se rendent les sensations. Il en est de même de tous les appareils sensoriaux; nous l'avons dit, leur construction est telle, qu'ils peuvent reproduire, sous l'influence du mouvement, les effets objectifs que le monde extérieur a imprimés à celui-ci. Demandez au physiologiste si la structure des nerfs est tournée de façon à juger la sensation au contact, ou seulement à la transmettre vers le centre cérébral, et vous le ferez rire de votre ingénuité. Il vous décrira ces précautions singulières, inouïes, prises contre la transformation des rapports recueillis par les papules nerveuses, au moment du contact, pour le toucher; dans l'optique, il vous fera voir l'image exacte des objets amenée si près du cerveau, qu'on dirait une pièce de conviction étalée sur le bureau du juge; il en sera de même pour l'ouïe, l'odorat et les autres sens. A quoi donc sert cet appareil imposant de centralisation, si ce n'est pour obtenir le rapport exact des phénomènes ? Mais laissons pour un instant la matière infinie, et descendons à la nature humaine en particulier, nous retrouvons la série jusque dans notre construction intellectuelle. Entre nous et cette matière mystérieuse, il n'existe qu'un seul point de contact, la sensation, et cela, par l'entremise de séries qui s'étendent à tous nos organes ; qui, développées, étalées en papilles innombrables sur les épidermes de tout notre corps, se font petites, ténues, pour passer l'occipital et s'épanouir encore dans le cerveau en de nouvelles séries de cases, de lobes, où s'élaborent les idées, le jugement, le raisonnement, cette incompréhensible trinité qui fait le désespoir de nos connaissances, quoiqu'elle nous donne la seule intelligence possible de nous-mêmes et du monde extérieur.

Donc la matière est sériée, comme l'attestent les astres et aujourd'hui les nouvelles découvertes de la chimie, parallèlement à notre organisme, qui, en dehors de l'occipital, possède les sens, les organes, et qui, en dedans, fournit au physiologue la pensée d'une phrénologie topographique, et au psychologue les catégories de l'entendement humain.

Mais, et voilà l'important, quelle transmission s'effectue donc ainsi dans ce système admirable ? Est-ce la matière de cet arbre ou de ce marbre que je touche qui doit passer à travers les nerfs, si ténus qu'on dirait une toile d'araignée tendue au milieu des muscles ? en un mot, est-ce la matière extérieure qui, pour arriver à l'âme, prend le chemin presque insaisissable des nerfs ? Personne n'oserait accepter la responsabilité d'une semblable réponse. Donc c'est une essence particulière, un *substratum* de la matière, son représentant en quelque sorte, le mouvement !

Mais quel mouvement ? Est-ce cette apparence que nous pouvons comprendre entre les corps qui se déplacent ? Est-ce le mouvement que nous pouvons transmettre nous-mêmes aux solides qui se trouvent à notre portée ?

Non, sans doute ; car ce que nous appelons ainsi le mouvement n'est qu'un *déplacement*, le changement d'un solide dans l'espace, *extérieur* aux corps, et qui ne peut influer absolument sur eux que par la différence des milieux que nous leur faisons traverser ; à ce point que, s'il nous était possible de produire des circonstan-

ces identiques de température et de juxta-position, le corps n'é-
prouverait pas le moindre changement dans son état. Le mouvement dont nous voulons parler et qui se pose comme le représentant exact et rigoureux de la matière intime des corps, est
un mouvement modifié par la matière sans doute, à supposer que
ce ne soit pas le mouvement qui ait ainsi façonné la matière spéciale. Ce mouvement est un plus ou moins enfin, qui représente
abstractivement les quantités et les qualités que nous pouvons percevoir dans notre nature bornée ; de sorte que, ce que nous nommons matière étant extérieurement, objectivement, un ensemble
des propriétés du mouvement, nous appelons matière le résumé
des phénomènes passifs et perceptibles du mouvement, croyant
atteindre le centre objectif de la création, tandis que nous ne
pouvons réellement en connaître que les rapports. Ce que l'on
peut concevoir de la matière étant tout passif, la seule perception par laquelle nous puissions aussi l'aborder est une perception passive ; c'est la *résistance*, cette faculté indéfinie et vague
comme la matière elle-même. Encore ne faut-il pas pousser trop
loin l'idée de résistance, que, à la rigueur, on devrait regarder
comme un simple rapport de mouvement ; car cette glace qui forme
des roches persistantes vers les pôles, liquéfiée d'abord par la chaleur, puis vaporisée, passera ainsi par des états de résistance si
variés, qu'il me sera impossible de déclarer à quoi l'on doit s'en
tenir sur cette propriété mystérieuse. Plus que jamais, après les
considérations qui précèdent, nous devons tourner nos observations vers l'étude du mouvement, si ce n'est en lui-même, connaissance qui nous sera sans doute toujours refusée ici-bas, au
moins dans ses diverses spécifications ; ce qui fait au fond la vraie
base des sciences naturelles.

Comment le monde physique doit-il donc nous apparaître ?
comme une suite 1° de corps affectant des séries normales ; 2° de
substances en train de se sérier ou de se désérier ; 3° de composés
sériés normalement, alternant avec des composés désériés dans
un équilibre plus ou moins stable qui forme une organisation
normale éphémère.

LOI DU MOUVEMENT.

PREMIÈRE LOI,

ou loi des séries normales [1].

Nous devons encore le répéter ici : quand le mouvement est projeté dans l'espace, de façon à équilibrer sa force active contre cette faculté passive [2] que présente la matière, telle que les phénomènes nous la font concevoir, *le mouvement se produit toujours dans la nature à l'état sériel*, c'est-à-dire que, au lieu d'être uniforme, égal dans ses proportions, il s'irradie en une catégorie de centres, placés de la même manière, dans quelque partie des phénomènes naturels qu'on l'observe, qu'il s'agisse de la lumière, de la chaleur, de l'électricité, du magnétisme, de l'acoustique, des

---

[1] Désirant établir dans un groupe unique les lois importantes qui dirigent les phénomènes naturels, nous ne pouvons échapper à la difficulté presque insurmontable d'une exposition trop limitée ou d'une diffusion certaine; nous avons donc pensé qu'il serait plus convenable de renvoyer pour les développements aux chapitres spéciaux *lumière, électricité, chaleur*, etc., après avoir simplement établi ces généralités.

[2] Force passive qu'il ne faut pas confondre avec l'inertie des traités; l'inertie étant, ainsi comprise, une force tout *absolue*; tandis que la passivité est un effet proportionnel et relatif, dans notre pensée.

affinités chimiques, etc. Son premier jet semble confus comme une chose qui s'arrange pour se grouper; puis, au bout d'un temps variable, suivant les corps qui sont soumis à ce mouvement, on aperçoit les groupes, les séries, qui font, comme nous l'avons dit, la base de tous les phénomènes naturels. Que Dieu ait créé le mouvement avec ce type défini, sériel, ou que seulement la série soit une conséquence de la nature du mouvement tel qu'il l'a constitué, autrement dire, que la série dans le mouvement soit un principe médiat ou un principe immédiat, il est certain que les choses se passent de même, et que, pour rester strictement dans la voie expérimentale comme nous prétendons le faire constamment, nous devons nous arrêter à cette observation générale, qui suffit à elle seule pour nous ouvrir à deux battants la porte des causes générales, abordables à l'intelligence humaine. Nous ne saurions trop insister sur ce phénomène capital, absorbant à lui seul l'intérêt de toutes nos connaissances; avec lui, on comprendra de soi cette immensité de faits de détail qui échappent encore aujourd'hui aux théories les plus éprouvées de la physique, de l'astronomie et de la chimie.

En effet, le mouvement étant par sa nature inconciliable avec un repos réel, ou même avec un état trop voisin du repos, la partie efficace du mouvement doit se faire équilibre à elle-même en des groupes particuliers d'où naît la série normale.

On peut supposer un point A central vers lequel tendraient les efforts antagonistes de B et de B'; de façon que le mouvement partant du point B et B', pour aller au point A, employât des forces plus ou moins égales, en tous cas antagonistes, pour former un équilibre normal d'où naissent un repos apparent et une suite de groupes constitutifs de séries. Si l'on admet la tension comme incessante dans le mouvement, on conçoit sans peine qu'il s'accumule vers le point A, partant de B et de B', en laissant les milieux voisins de B et de B' dans un état de force, de condensation moindre que dans ceux qui avoisinent le centre A, où tout l'effort de deux mouvements convergents se trouve accumulé. On prouve, dans l'acoustique notamment, que l'équilibre se répartit ainsi dans les cordes, les verges et les plaques vibrantes; nous montrerons plus tard que ce même équilibre est la base de l'optique tout entière et d'autres points capitaux de la physique. Supposez maintenant plusieurs groupes constitués à la suite les uns des autres, puis ces groupes accolés à d'autres groupes de force variée, et vous aurez une série composée.

Ce que nous venons de montrer pour les faits physiques n'est pas moins réel pour les phénomènes d'un ordre purement chimique : nous voulons parler de l'affinité. Ceci nous conduit à dire un mot de la polarisation, qui n'est au fond que l'expression grossière, assez inexacte, des lois supérieures du mouvement consonnant, harmonique, normal.

De la sériation, appelée vulgairement polarisation.

Le mot polarisation, dont on fait un emploi si fréquent dans les sciences depuis la découverte optique de Malus, n'est que l'expression d'un fait de sériation dans le mouvement. Voyons ce qu'elle vaut dans l'application. En ce qui touche les combinaisons des corps, un bon livre d'analyse chimique serait la meilleure table d'affinité qu'on pût rencontrer ; malheureusement nous ne sommes pas riches jusqu'ici en ce genre de production. Une dissolution humide ou sèche est, comme nous le verrons plus tard, une véritable mise en commun de tous les éléments qui s'y trouvent dissimulés. Cependant il arrive un instant où il s'opère un partage des parties ténues en suspenssion dans la masse liquide, au moyen sans doute d'une sorte de parallélisme, équivalent en optique à la lumière blanche, en acoustique à l'absorption tonale, en électricité à la neutralisation, etc. Quels sont les corps qui s'élimineront de cette communauté *per ascensum* ou *per descensum*, ce qui est correspondant l'un à l'autre? Voilà la question et la vraie difficulté à résoudre sur la nature des affinités. L'homme qui s'est le plus sérieusement occupé du problème, Berthollet, a répondu que les combinaisons s'effectueraient constamment entre les corps qui pourraient constituer des composés insolubles ou gazeux. Mais pourquoi cela?... La réponse de Berthollet étant tout empirique, quoique admirable dans sa généralisation, la science d'aujourd'hui se trouve dans la nécessité de recommencer le travail de

nouveau, car ce n'est pas une chose de médiocre importance que
de découvrir le *pourquoi* de ces précipitations.

Et cependant, toute complexe que semble la question, on peut
y répondre par un seul mot : *sériation!* Mais ce mot nouveau dans
la science aurait trop de mal à être compris de suite si nous ne le
rapprochions de cet autre mot depuis longtemps admis... polarisation...

Or, en acceptant le terme de polarisation, nous faisons acte de
déférence aux faits acquis, aux habitudes contractées, ce mot
étant loin d'avoir une exactitude suffisante pour représenter les
phénomènes; on devrait dire beaucoup plutôt sériation, et c'est
de cette dernière expression que nous nous servirons le plus souvent. Il s'agit ici de rallier les effets de polarité avec ceux de
série.

En effet, toute liquidité par la voie sèche ou par la voie humide
étant une mise en commun des éléments dissous, bien mieux,
une sorte d'indépendance, de liberté acquise par les corps en suspension, d'après la loi de consonnance ci-dessus, la série doit en
naître nécessairement, quoique d'une manière toute spéciale, par
association scindée des produits sériels, dont on peut exprimer
le principe :

*Dans tout mouvement libre, les corps s'unissent suivant la
série normale, en raison de la nature particulière de leur mouvement respectif intime.*

C'est au titre spécial des *affinités* que nous verrons si réellement il en est ainsi; car, si la sériation de la matière rendue indépendante doit être expliquée en ce chapitre, qui est consacré à
la constatation du type normal, c'est au chapitre de la *succession
du mouvement* qu'on doit placer la marche des affinités chimiques, qui dépendent uniquement des inversions de séries. La loi
d'affinité, en chimie, répondant à la loi de succession du mouvement général, les affinités sont régies par les déterminatives des
séries évolutives, etc., c'est-à-dire qu'un corps-nuance se résout sur
la couleur harmonique, de même que les couleurs harmoniques
se rangent elles-mêmes d'après la place qu'elles occupent norma-
ment dans le type primitif. Mais, comme cela entraînerait à des
répétitions aussi fatigantes qu'inutiles, nous réunirons tous ces

développements dans un chapitre particulier sous le titre de :
Affinités chimiques.

Croit-on que les corps se rangent suivant un dualisme roide et
aveugle, négatif, positif, répulsif, attractif, comme la théorie
électrique des *apparences* a essayé de le faire admettre? Non, sans
doute; la matière passe de l'état de condensation à l'état de dilatation par des nuances infinies, aussi fixes que la division même
d'un angle géométrique. En effet, on peut saisir par la pensée des
sinus immenses se développant dans l'espace à l'occasion de tel ou
tel phénomène choisi à volonté, mais les sinus, quels quils soient,
se résolvent tous à l'angle initial, dont la division reste immuable comme un principe essentiel. Philosophiquement, la
géométrie ne peut-elle pas être ramenée à deux points de haute
conception analytique : les surfaces ou les solides soumis au parallélisme, les surfaces ou les solides dirigés par une *angulaison*
quelconque? Les lignes terminales droites ou courbes ont une influence si peu radicale, que les mêmes éléments s'insèrent et se
développent dans ces lignes terminales sans changer de nature et
de rapport. En effet, quelle différence trouve-t-on entre deux angles dont l'un est inscrit et l'autre pas dans un cercle, dans deux
parallèles, etc.? Est-ce l'arc de cercle qu'on choisit pour mesurer
ces angles? Tout le monde sait que c'est au *sinus* qu'on s'adresse.

La géométrie, la physique, la chimie, comme tout le reste en
ce monde, sont soumises au principe du *parallélisme* et de l'*angulaison.* En géométrie, faites couper un nombre de droites quelconque, mais parallèles entre elles, par une droite tombant sur
elles normalement, toutes les divisions angulaires seront égales,
absolument égales. A la normale, si vous substituez une ligne
oblique, vous tombez inévitablement dans l'inégalité, et cela
proportionnellement à l'inclinaison choisie de la ligne oblique.

En lisant nos livres de géométrie, on est étonné que le génie de
Descartes, de Pascal, de Leibnitz, de Newton, d'Huygens, n'ait
pas su nous affranchir de la méthode embrouillée qui règne
aujourd'hui. Ouvrez Legendre, qui sert depuis si longtemps de
bréviaire aux postulants de diplômes, vous n'y trouverez qu'une
suite de démonstrations jointes ensemble par une hiérarchie
assez raisonnable, mais sans le moindre aperçu philosophique.

Nous démontrerons plus tard qu'il en est de même pour l'algèbre, où le mathématicien, se parant des plumes de la logique pour baser ses calculs, s'est fait assez illusion à la longue pour les croire siennes, et injurier de ses récriminations ignorantes celle qu'il a dépouillée bel et bien autrefois. En algèbre, ce qu'il y a de beau, de grand, d'original, est purement logique, philosophique, et cela, joint à une notation abréviative, compose tout un bagage qui a son pendant dans les combinaisons du contre-point en musique, où une notation abréviative aussi a permis de reproduire ces changements négatifs et positifs de termes qui sont la base de toute conception intellectuelle, comme de tout phénomène naturel. Prouvons-le... en choisissant, non pas une science physique, elles sont si peu avancées déductivement qu'on pourrait nous accuser de faire du roman, mais la géométrie, vous entendez, la géométrie... pour montrer que, *philosophiquement* et *dogmatiquement* surtout, elle n'est pas encore constituée; bien mieux, allons droit à cette proposition dix-neuvième sur laquelle chacun sait que la trigonométrie repose tout entière :

Dans tout triangle, la somme des trois angles est égale à deux angles droits.

Si l'on suivait Legendre dans son article de près de quatre pages in-8°, on ferait un demi-volume de critique; un mot suffit pour infirmer un enseignement si dénué de tact : c'est que les élèves restent des mois, des années, toujours quelquefois, sans pouvoir s'*assimiler* l'idée démonstrative qui fait le fond de tels articles. Effectivement, on leur demande pour résoudre la proposition, de se rappeler, non des principes, mais des enchaînements de faits.

Ne nous y trompons pas, ENCHAÎNEMENT DE FAITS, tel est encore l'état de la géométrie pédagogique aujourd'hui. Ce que nous disons là semblera bien singulier, bien osé, bien ridicule, sans aucun doute, à tous ces gens qui gardent une foi sans tache aux mathématiques; malheureusement l'objection n'en est pas moins exacte. Dieu veuille qu'il nous soit permis plus tard de faire mieux que de critiquer!

En ce moment, il suffit d'ébaucher un exemple de démonstration philosophique.

Les figures en géométrie ne connaissent que deux variantes : l'égalité, — l'inégalité !

L'égalité dans les surfaces et d'une façon composée dans les solides se produit chaque fois que deux lignes se coupent normalement, en croix, dit le vulgaire, et le vulgaire se rappelle le fondement de sa religion ; ce signe qui donna à Constantin le sceptre du monde : *Hoc signo vinces*, conviction partagée par les croyants de toutes les époques, aussi bien par le vexillaire chrétien que par le volontaire de 1789. C'est que tous les angles sont égaux dans cette figure ! Voilà pourquoi le cœur du néophyte restait calme, en cherchant à tâtons dans les catacombes les issues de l'agape, sachant très-bien pourtant que, à chaque détour de ruelle, il pouvait se heurter au glaive acéré du légionnaire, au lieu de rencontrer cette eau bénite devant laquelle de cœur il devait figurer le signe de sa rédemption.

Ici nous ne saurions trop protester contre toute interprétation étrangère de développements purement et uniquement scientifiques. Un livre de science doit être, comme une statue et, en général, comme tous les objets d'art, étranger à toute impression extérieure. Si l'on introduit dans le travail ces éléments qui tentent la passion humaine, on risque d'éprouver pour son livre ce qui arriva à la statue de Jupiter, travaillée en or et en ivoire... l'œuvre est mise en pièces !

Notre but est simple et évident ; il consiste à démontrer, par une voie scientifique nouvelle, quoique très-connexe avec les idées antiques, que le fondement des dogmes religieux a sa base, non pas dans des fables populaires, inventées on ne sait sous l'influence de quel cauchemar inconnu, mais certainement sur des doctrines mathématiques et physiques dont la trace s'est perdue.

Il nous semble que la chose en vaut bien la peine !

Tous les jours on écrit des volumes pour prouver des faits de la gravité de ceux-ci : *Comme quoi la cuiller dont se servait la quatrième femme du vingt-cinquième Pharaon était ronde et non ovale, ainsi que des auteurs l'ont prétendu.* Serait-il si téméraire de demander un peu d'indulgence pour les quelques lignes que nous consacrons à ceci, ne tendant à rien moins qu'à réhabiliter le bon sens humain dans la plus importante de ses manifestations, la croyance religieuse?

Malheureusement ce sont des romanciers, nous voulions dire des littérateurs, quand ce ne sont pas des avocats, qui écrivent l'histoire. Il n'est donc pas étonnant qu'on explique tout, excepté ce qu'il y a de réel et de sérieux dans les fastes de l'humanité. Les religions sont inconnues aujourd'hui encore dans leurs symboles, parce que la science n'a pas rattaché son enseignement aux grandes vues humanitaires, qui furent la base ésotérique des institutions religieuses de l'antiquité. N'est-ce pas une honte pour la physique de laisser les prétendus esprits forts se moquer du symbole chrétien, quand, avec la plus petite intelligence des faits, elle est en mesure d'en donner une clef fort judicieuse. Tout cela semble bien nous éloigner d'une démonstration géométrique. Et cependant ce n'est pas une vaine digression, puisque notre but est d'établir bien moins une démonstration pour la géométrie, qui peut si bien s'en passer, que de fonder la connexion générale des grandes lois de l'humanité. Veut-on nous permettre, en continuant de développer cette vue que les symboles religieux furent empruntés autrefois à des idées mathématiques et physiques, de prendre pour exemple le *Credo* de Nicée? Tout le symbolisme chrétien est contenu dans ces quelques lignes : Je crois en un seul Dieu, Père tout-puissant, qui a fait le ciel et la terre, et toutes choses visibles et invisibles;—et en un seul Seigneur Jésus-Christ, Fils unique de Dieu, et né du Père avant tous les siècles; Dieu de Dieu, lumière de lumière, Dieu véritable, qui n'a pas été *fait*, mais *engendré* ; qui est *consubstantiel* au Père, et par qui toutes choses ont été faites... Je crois au Saint-Esprit, qui est aussi Seigneur et qui donne la vie, qui procède du Père et du Fils...

Qu'on se rappelle en quel lieu et à quelle époque furent introduites ces idées métaphysiques dans l'acte de foi chrétien, on verra clairement que ce sont les Pères de l'Église néo-platoniciens qui les firent triompher dans la doctrine. Or Platon, disciple de Pythagore, ne professait, comme son maître lui-même, en fait de symboles, que ceux des Égyptiens plus ou moins modifiés, puisqu'il regardait les Grecs comme des enfants auprès de ces derniers. Et les Égyptiens tenaient eux-mêmes ces symboles on ne sait de qui, de sorte qu'ils se perdent dans l'obscurité des premiers âges du monde, se modifiant chez les Hindous, les Perses, les Assyriens, etc., mais n'éprouvant aucun changement radical. Quoi qu'il en soit de l'état scientifique de ces divers peuples et des Égyptiens en particulier, dont les rapports scientifiques avec le reste de l'Asie viennent d'être constatés par les nouvelles fouilles de M. Place à Ninive, il est certain que le symbole a pu être emprunté aux lois physiques de la résonnance acoustique. En effet, c'est dans la production simultanée des trois centres harmoniques qu'on trouve cette consubstantialité et cette contemporanéité, obscures dans toute autre hypothèse. De même le Saint-Esprit, QUI DONNE LA VIE, comparé à la médiante acoustique, procède en effet du Père et du Fils, et, sous le nom de tierce en musique, produit l'harmonie; en optique, la lumière dorée, *aureus sol*, des rayons solaires; en chimie, l'azote, qui donne la vie à tout ce qui respire. Je crois en un seul Dieu, c'est toute la physique de l'avenir; car la nature reproduit les actes de Dieu lui-même, unitaires dans leur principe, quoique multiples dans leur application, non pas dans un panthéisme stupide, qui confond la cause première avec l'effet, mais par le rayonnement des attributs de Dieu, qui n'opposent plus le monde extérieur à la toute-puissance du Créateur. Chose singulière! le vieux symbole chrétien, si ridiculisé, si caricaturé par l'athéisme ignorant, apparaît aujourd'hui comme l'expression la plus condensée, la plus intelligente, des faits purement physiques, qui, en cela, comme un miroir fidèle, semblent réfléchir les infinies perfections de la Divinité, une quoique trinitaire, consubstantielle et contemporanéenne. Celui qui prétend aujourd'hui prouver l'existence de Dieu n'a pas besoin de partir du *Cogito, ergo sum*, ou des preuves-joujoux tirées de l'exemple des *montres*, de l'*Odyssée*, d'*un domaine bien cultivé*, qui sont faites pour des pensionnats de jeunes demoiselles : *Shool and ladyes!*... Il suffit de dire aux gens : Vous voulez savoir si Dieu existe? En vérité, c'est trop peu, car je puis vous montrer ce qu'il est. Regardez autour de vous, ce n'est pas lui que vous allez voir, sans doute, c'est son reflet, le reflet de ses attributions les plus cachées, les plus contestées. Ces atributions mystiques qui ont fait faire tant de bon sens au dix-huitième siècle, vous les rencontrerez en tirant sur la moindre ficelle, en regardant une bulle de savon!...

In minimis Deus !...

Dieu ne dit-il pas à Noé : Voici l'arc-en-ciel, gage de mon alliance avec vous, symbole d'harmonie et de paix? Cherchons donc les attributs de Dieu dans la nature, non pas avec cette forfanterie panthéiste qui prétend tout assimiler à Dieu, mais avec la timidité d'un cœur religieux.

Telles sont les données que la science nous révèle sur les symboles; après cela, entrons dans la géométrie.

Autour de deux lignes qui se coupent normalement, tous les angles sont égaux. Mais, autour de deux lignes qui se coupent obliquement, que reste-t-il d'égal? Les angles opposés sommet à sommet, c'est-à-dire la moitié de la somme ci-dessus. Seulement, et là est le point important, quelque nombre de parallèles que vous ajoutiez aux lignes obliques, les résultats ne changeront pas, mais s'enrichiront d'un nouveau fait, d'où il résultera que du même côté d'une même ligne tous les angles seront égaux entre eux, quel que soit le nombre de lignes introduites, pourvu qu'elles restent parallèles entre elles, c'est-à-dire, au fond, identiques quoique répétées à distance. Car, ne nous y trompons pas, c'est un phénomène d'identité auquel nous avons affaire. (Fig. 1.)

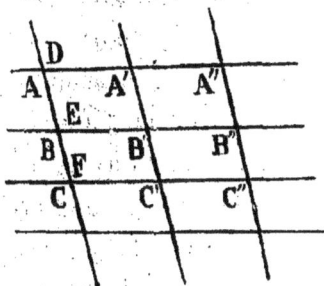

Fig. 1.

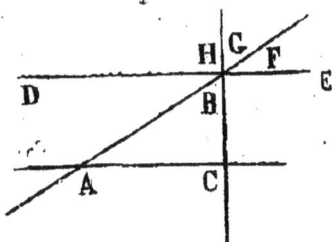

Fig. 2.

Les angles A B C sont donc égaux, non-seulement aux angles opposés sommet à sommet D E F, mais aux angles reproduits A' B' C' une première fois, aux angles reproduits A" B" C" une seconde fois, et ainsi de suite. C'est là ce que la géométrie a détaillé sous le nom d'angles internes, externes, alternes, etc., sans chercher à faire comprendre la source d'identité. Ceci établi, on nous donne un triangle B A C; (Fig. 2.) la logique nous souffle immédiatement : Cherche les identités !... Nous devons nous empresser de prolonger toutes les lignes du triangle pour arriver à ce résultat; mais un peu de bon sens nous engage en même temps à reproduire une parallèle D E à la ligne A C du triangle, *pour ramener en un seul point la comparaison à effectuer*. Avec cela, nous allons retrouver identiquement tous les éléments de notre problème ; l'angle en A n'est-il pas égal à l'angle en F, puisqu'il se trouve du même côté d'une oblique tombant sur deux lignes parallèles? l'angle en B est égal à l'angle en G comme opposé sommet à sommet; enfin, l'angle en C est lui-même égal à l'angle en H, comme situé encore du même côté d'une ligne tombant sur deux parallèles et la somme des angles H G F, qui reproduisent les angles primitifs de notre triangle B A C, ne sortant pas de l'espace compris entre la ligne droite D E, sont égaux à deux angles droits. On voit combien, dans tout cela, nous avons évité l'introduction des définitions d'angle intérieur d'un même côté, alternes-internes, internes-externes, alternes-externes, qui pèchent autant contre la réalité d'expression que contre les lois nécessaires de la simplicité pédagogique, tous ces angles se réduisent à deux catégories. La première contenant les angles opposés au sommet, la seconde les angles situés du même côté de l'oblique. Or, en se servant de l'axiome que deux quantités égales à une troisième sont égales entre elles, on voit qu'en comparant les angles égaux par leur sommet et les angles situés du même côté de l'oblique, on retrouve toutes les combinaisons d'égalité dont on se sert en géométrie en pareil cas. Pourquoi donc entortiller la mémoire des élèves dans des mots enchevêtrés, qui ferment la voie au raisonnement original? Évidemment parce que la méthode géométrique n'est pas faite, et qu'on se base plutôt sur un certain ordre de détail que sur des théories positives. Nous tenions à faire voir que les mathématiques, qui se montrent si fières de leur infaillibilité, sont loin d'être à l'abri d'une critique sérieuse, même en géométrie, sur leur terrain le plus solide; et que, plus tard, s'il s'introduisait un véritable analyste chez elles, il leur donnerait bien du fil à retordre. Malheureusement les sciences physiques ont exagéré encore une méthode déjà si fautive.

Du moment où vous sortez de l'égalité en physique, vous tombez dans la *proportionnalité*, dont le *dualisme* n'est qu'une *modalité* à laquelle il fallait bien se garder d'accorder une importance exclusive. La loi d'*angulaison* devrait au contraire être tout en physique; c'est elle qui amène la série, source de l'infinie variété des phénomènes naturels. Aussi l'obliquité crée-t-elle les couleurs du spectre, comme elle fait naître, par des opérations similaires, ces nuances indéfinies qu'on peut poursuivre dans les phénomènes naturels. Tantôt ces nuances se tiennent, en dénonçant leur origine, comme dans le spectre, dans la résonnance, la série chimique, etc.; tantôt elles s'opposent seulement en deux centres dualisés, mouvement-résistance, condensation-dilatation, qui ne laissent rien saisir à l'œil du travail intermédiaire; comme le bleu et le rouge, produits seuls dans la projection des rayons solaires, quand l'écran se rapproche trop du prisme décomposant, dans l'électricité positive et négative, dans les pôles magnétiques, etc. C'est ainsi souvent encore que les corps chimiques nous présentent le résultat de leur composition intime. L'opium, mis aux deux pôles d'une pile en mouvement, donne au pôle positif de l'acide méconique, et au pôle négatif de la morphine. Les fermentations elles-mêmes nous montrent le *départ* des combinaisons jusque-là tenues en équilibre dans la matière organisée, et qui sont mises en mouvement par le déterminatif *ferment*. En effet, le carbone et l'hydrogène s'unissent pour former de l'alcool, tandis que tout le carbone acidifiable par l'oxygène, autrement dire *soulevable*, est entraîné dans la volatilisation. Là évidemment il se passe une action voltaïque qui, aux yeux prévenus, se rapproche cependant plus d'une sorte de précipitation. Il en est de même encore, sans aucun doute, dans toutes les distillations, qui sont des espèces de fermentations artificielles; ainsi l'éther, les huiles essentielles, les acides volatils mêmes, ne sont que de vraies séparations, des départs. Les précipités offrent l'effet inverse; par eux, les corps se joignent en raison de leur insolubilité. De là cette insolubilité si grande des sulfures, des phosphures, etc. La végétation n'est qu'une fixation de carbone, sous l'influence de certains agents; nous devons en dire autant de la vie chez les êtres qui respirent. Au moyen de l'étincelle électrique, l'acide carbonique se divise en

oxyde de carbone et en oxygène, comme l'eau oxygénée se divise
elle-même en eau et en oxygène. Au contact d'un corps particulier, du charbon notamment, les corps colorants se déposent;
comme dans les cristallisations, on voit un corps solide agir sur
les solutions en raison de sa nature intime. Le charbon remplit
donc sur les substances colorées presque l'effet d'une pile, c'est-
à-dire, électrode négatif, il attire la coloration, partie négative
aussi, précipitée en quelque sorte de la solution générale. Dans ces
précipités, quelle que soit la couleur, rouge ou bleue, leur constitution est réellement négative relativement à la liqueur normale;
seulement il n'apparaît sur le coup qu'une des faces du dualisme
rouge ou bleu, positif-négatif, mouvement-repos; l'on aurait bien
dû s'apercevoir de ces grands phénomènes en voyant les couleurs
des réactifs chimiques changer au contact des corps qui modifient
le mouvement en plus et en moins, positivement et négativeme
Il n'y a pas que le charbon qui ait la propriété de réduire les
dissolutions aqueuses en les précipitant, l'eau douce à l'usage
de la marine, renfermée dans des tonneaux ou dans des vases de
bois, voit ses sulfates décomposés en acide sulfhydrique, qui se
dégage, et en carbonate de chaux qui se précipite; car l'eau, ayant
un mouvement en plus, et c'en est la meilleure preuve, est apte
à dissoudre une certaine quantité de sels, qui ferment la voie de
dissolution à tout autre corps dont la force n'est pas assez grande
pour les déplacer. Enfin l'eau pure elle-même se divise par le
froid en deux couches inégales.

Aussi l'eau chargée de carbonate de chaux ne peut elle dissoudre le plomb, tandis que l'eau distillée s'en charge sensiblement.
Mais l'eau de mer, chargée de chlorures en si grande abondance,
a naturellement une puissance de dissolution beaucoup plus variée et plus considérable que celle qui appartient à l'eau douce.
Les dissolutions dicroïques ne sont autre chose que des liquides
dans lesquels, la résistance étant proportionnelle à la quantité,
les rayons solaires fournissent des couleurs en raison de la masse
à parcourir. Il en est de même dans les faits astronomiques. La
lune, satellite de la terre, et sans doute tous les satellites, présentent une partie de série dilatée, dont la planète est le point
de condensation. Cette idée est appuyée complétement par la den-

sité spécifique de la lune, par son manque d'atmosphère, par l'état de sa surface, etc. Et sans doute qu'autrefois il existait près de nous un astre plus voisin, doué de la faculté des médiantes, jaune ou vert, de même que la lune point de repos de la dilatation sérielle affecte le bleu; à moins que la composition physique des deux astres, lune et terre, comme dans le spectre incomplet dont nous parlions il y a un instant, ne permît pas une sériation plus étendue du mouvement normal qui enveloppe ces deux corps. Et si, dans l'espace, on retrouve des corps rouges, jaunes, verts, il ne faut pas les considérer autrement que comme des astres bijugés, *trijugés*, dont les nuances sont d'autant plus saisissables qu'elles sont placées à des distances plus favorables pour échapper à l'influence de lumières voisines trop absorbantes. Ne-sait-on pas, en effet, que ces lumières colorées affectent particulièrement les étoiles conjugées? Le phénomène qui, dans une dissolution homogène, précipite d'un sel unique un sous-sel, qui sépare une substance organique en deux parties alcalines et acides, qui donne le bleu et le rouge, la tonique et la quinte, le positif et le négatif, gouverne aussi bien les astres semés dans la voûte des cieux, et les ordonne en des séries complètes comme l'anneau de Saturne, ou en des séries disjointes comme la terre, la lune et les étoiles conjugées. Tous ces faits s'expliquent uniquement par un *mouvement* quelconque élémentaire soumis à des *résistances* et à des résistances inégales. L'exemple le plus abstrait, le plus frappant de cette vérité, réside dans la couleur des flammes, dont la base invariablement bleue est tournée vers la résistance du corps combustible, tandis que l'autre extrémité est rouge ou jaune du côté du corps comburant. En électricité, le fait reste absolument le même, malgré la différence des phénomènes; le bleu, le violet, sont affectés à la résistance négative, et le rouge, le jaune, etc., au mouvement positif. La doctrine de Fresnel est venue embrouiller ces idées, si simples en astronomie, comme elle a tendu un voile obscur sur les autres branches des sciences naturelles; mais il n'en est pas moins vrai que voilà la cause des effets observés par les astronomes. Pourquoi, en effet, la lune est-elle bleuâtre? Ici il n'y a plus de biais à trouver, d'interférences et d'ondes, de demi-ondes à additionner ou à soustraire. Pourquoi, bien mieux, le reflet de la terre sur la lune, qu'on appelle *lumière cendrée*, est-il rougeâtre? Pourquoi, dans les éclipses, cette lumière, cendrée seulement par le mélange, dans un espace éclairé diversement, devient-elle de tout point rougeâtre quand la lune entre dans le cône d'ombre, n'étant ainsi alors soumise qu'au seul reflet de la terre? Parce que la lumière de la terre est certainement rougeâtre vue de ce satellite, comme du soleil, sans doute. Nous pourrions passer en revue les satellites des autres planètes pour en tirer des conséquences du même ordre ; c'est ce qu'il n'y a lieu de faire en ce moment. Le fait est donc aussi simple que patent, et, sans aucune formule algébrique, il peut être compris du paysan comme du docteur ès sciences.

Faut-il maintenant s'étonner si le bon sens populaire a attaché une influence particulière aux mouvements de cet astre négatif, qui joue sans contredit un rôle plus important dans le phénomène des marées et dans celui du rayonnement terrestre que les théories actuelles ne peuvent lui en accorder, malgré la réalité et la sagacité très-incontestable de leurs aperçus ? Quand Arago, dans son *Cours d'astronomie*, entend s'appuyer sur l'expérience de la losange de Fresnel pour expliquer la scintillation et la coloration des étoiles par la différence des températures, des densités, de l'hygrométrie, apportées dans l'un des tubes composant la losange lumineuse, il ne voit pas que le phénomène est bien moins un phénomène d'interférence qu'un phénomène de sériation chromatique, produit par cette angulaison de condensation dont nous parlions il n'y a qu'un instant, et qu'ici, au lieu d'opérer, comme dans le prisme, par inclinaison des faces ou d'une seule face, remarquons bien le dernier fait, on opère sur un tube par différence de condensation aérienne ou hygrométrique. Au fond, le principe est le même : sériation, coloration. Cela est si vrai, que le même phénomène se reproduit dans un cas unilatéral quand les parties de la substance s'arrangent de façon à être influencées différemment par un rayon unique. N'est-ce pas là, en effet, la cause qui amène la coloration des cristaux, des plumes et des surfaces changeantes, sur lesquels le mouvement se brise en éprouvant la division normale? Que Fresnel puisse expliquer, par la théorie confuse encore des

ondes ou demi-ondes, ce fait si simple de l'angulaison normale du mouvement, cela ce conçoit d'autant plus facilement,
que la base de cette théorie porte sur une *différence*, cause
essentielle de l'angulaison elle-même. Mais ce que cette théorie
n'explique pas, c'est la *constance de la sériation*, la reproduction opiniâtre du même type; il est inutile d'ajouter qu'elle ne
prévoit rien par conséquent de ce qui se passe dans les autres
branches de la physique. La théorie des ondulations, comme la
théorie de l'attraction, ne touche aux faits que par les phénomènes les plus apparents; elle n'entre pas assez profondément
dans la cause elle-même, qui est exclusivement l'angulaison du
mouvement élémentaire, sa différentiation progressive. Les couleurs qui se peignent en anneaux, en figures de toutes sortes
dans les cristaux, ne sont rien autre chose que la dénoncia-
tion la plus complète des condensations et des dilatations que
la solidification a établies dans les substances. De sorte que telle
figure se produit exclusivement à telle autre, selon que vous
taillez les faces d'incidence et d'émergence, dans tel ou tel sens,
avec tel ou tel rapport. Perpendiculairement à l'axe optique,
vous aurez des anneaux simples si le cristal est à un axe; des
anneaux composés si le cristal est à deux axes; enfin, des lem-
niscates et des courbes de tout ordre, selon la combinaison
opérée. Mais dans tout cela l'élasticité des molécules, la combinaison des ondes, ont peu à faire; l'angulaison que souffre le
mouvement dans ses condensations est tout, et ne laisse la place
à aucune autre combinaison de forces.

DEUXIÈME LOI DU MOUVEMENT,

ou loi de succession, d'appui, de limitation et de comparaison.

Le mouvement, qui est sans aucun doute, ainsi que nous venons
de le dire, uniforme, égal dans sa nature et dans son origine,

ne nous apparaît jamais que comme susceptible de plus ou de moins, parce que, le pouvoir relatif de notre organisme ne pouvant le suivre dans les parties élémentaires de la matière, nous ne percevons le mouvement que lorsqu'il est déjà uni à des combinaisons de série ou d'antagonisme, si faibles que nous les supposions. Les séries elles-mêmes ne constituent qu'un équilibre relatif, dont il nous est encore difficile d'apprécier la véritable constitution. Mais, quand le mouvement sort de cet équilibre et qu'il revêt la qualité de *plus* et de *moins*, ce n'est pas son propre équilibre qu'il cherche alors et qu'il rencontre à l'heure où nous pouvons l'observer aujourd'hui, c'est l'équilibre de corps constitués déjà, et doués comme lui d'une quantité de mouvement attachée à une somme quelconque de matière. Donc le mouvement, qui, aux prises avec une matière très-remuable, avait constitué des séries d'équilibre, quand il se trouve attaché en plus ou en moins à un corps défini par une circonstance quelconque, cherche un équilibre de mouvement attaché comme lui à un corps défini, et, si la combinaison de limitation est possible, ils forment ensemble, non plus une série normale, mais une combinaison qui sera d'abord binaire, et que nous verrons pouvoir devenir ternaire, quaternaire, etc. Or le mouvement, susceptible d'augmentation et de diminution, peut acquérir, par des causes que nous allons développer, une telle intensité relative occasionnelle, qu'il brisera, en un moment donné, cet équilibre que nous avons supposé provenir de son effort antagoniste contre une somme de mouvement précédemment définie et limitée. Il arrivera alors que le corps soumis à cet excédant de mouvement, ne pouvant trouver devant lui une force qui fasse équilibre à sa force nouvelle, se dirigera vers un autre centre d'action plus puissant, qui composera, pour l'ensemble du premier mouvement désérié, cet antagonisme que la partie B de ce premier corps opérait sur B'. Si, par une circonstance nouvelle, vous augmentez encore la somme du mouvement de ce nouveau corps équilibré relativement, le même phénomène se renouvellera, se répétera sur une plus grande échelle, et vous aurez ainsi une suite de corps qui s'équilibreront avec de nouveaux corps, après avoir successivement rompu la série intime qui les régissait seuls, primitivement et successivement. On trouvera l'application directe de ce principe dans la génération des corps composés que la chimie a définis sous le nom d'*oxydes, acides, sels*, etc. Mais, de de même qu'un sel peut se dédoubler et retourner aux séries simples, en passant successivement par des séries moins composées, le mouvement doit aussi, lui qui engendre ces transformations, passer d'une série composée à des séries plus simples, jusqu'à une réduction si ténue, qu'il nous soit impossible de le suivre au delà de cette spécification. Dans ces changements divers que les corps éprouvent sous l'influence du mouvement en action, les combinaisons des corps se forment et se déforment particulièrement en vertu des lois de RÉSOLUTION qu'il est impossible de développer ici, et dont l'acoustique seule peut donner des exemples saisissables. Cependant on peut en prendre une idée sommaire, quoique moins exacte que celle que nous indiquons, en supposant que les nuances variées du spectre lumineux se résolvent dans le type général sériel ternaire rouge, jaune, bleu. De sorte que les acides, que nous plaçons sur la ligne des déterminatifs acoustiques, se porteraient sur les bases de leur catégorie et proportionnellement à leur affinité. Ici le mot *affinité* ne sera pas jeté en l'air comme dans l'ancienne école, qui n'en eut peut-être que le soupçon; nous établirons dogmatiquement les éléments de cette affinité par un rapprochement des corps simples, et non empiriquement par des tables de résultats obtenus, reconnus variables par tout le monde, suivant la circonstance de production.

L'*acidité* comme l'*alcalinéité* sont donc des nuances résolubles sur la *neutralité* qui correspond au terme 5, 3, 1, en acoustique, rouge, jaune, bleu, en optique. C'est ce qui a lieu effectivement en formant des séries plus composées, ou en abandonnant des groupes complexes pour rentrer dans des groupes plus simples; le mouvement choisit toujours une force inhérente à un corps qui puisse lui fournir la résistance la plus appropriée à la série qu'il est actuellement en état de former, par la composition des principes de force qu'il possède lui-même ou qui sont en présence dans la même combinaison. Tous les jours on peut voir des corps pesants repousser ou briser, dans leur mouvement, les obstacles matériels qui ne sont pas doués d'assez de résistance pour faire équilibre ou opposition à leur force acquise et à leur poids. Il en est de même dans le choc des masses, et surtout dans la position relative que prennent les liquides et les solides de différentes densités chez lesquelles la répartition du mouvement s'effectue avec une précision inflexible et surhumaine; voilà pour l'élection. Quant au partage, il intervient comme interviennent des poids composés de masses composées qui font équilibre à un corps pesant. Selon la manière dont les corps se trouveront répartis pour s'équilibrer, on voit naître des combinaisons de statique qui prennent une apparence plus ou moins rapprochée du *partage* et de l'*élection*. Alors, nous dira-t-on, pourquoi ne pas admettre l'*attraction* ou l'*impulsion*? Car voilà trois corps doués de mouvements différents A, B, C. Si A choisit C au lieu de B, il y a attraction ou impulsion de A en C. Nous répondrons : La matière étant soumise à un mouvement intime qui la pousse constamment en avant vers les meilleurs repos, ce que nous appelons les plus fortes limitations, le corps A, porté sur C, n'agira ni par impulsion ni par attraction ; car impulsion et attraction supposent une force extériorisée antérieure (attraction), postérieure (impulsion) ; tandis que le mouvement intime qui fait agir le corps ne sort pas de lui-même et s'avance par sa force essentielle et propre. Pour nous, l'inertie n'est que relative. *On peut l'admettre pour des corps définis* qui ne changent pas de place seuls ; mais nous la nions énergiquement pour la nature intime de la matière qui n'existe, qui n'agit que sous l'influence du mouvement, du mouvement toujours agissant relativement, jamais enchaîné ni en repos. Les molécules de la matière ne s'attirent donc pas; elles s'équilibrent, non comme matière, mais comme matière saturée de mouvement, et tout ce qui se passe en ce monde n'est qu'un échange de mouvement en plus ou en moins entre les corps matériels. Sans cela, et en admettant l'attraction telle qu'on la professe aujourd'hui en physique, il faudrait ajouter une propriété active à la matière, ce qui est incompatible avec le bon sens et toute logique, bien mieux, incompatible avec cette inertie professée par toute la physique moderne. Au lieu de cela, en admettant le mouvement comme dominant la nature entière, matérielle ou non, on n'a pas besoin de recourir à des qualités occultes, extérieures, adjointes; qui, n'expliquant que fort peu de phénomènes, se mettent en travers de beaucoup. Le mouvement progressif et incessant suffit à tout. Voilà pour la limitation des corps dans ce qu'elle a de général.

PHÉNOMÈNES DU CHOC

Origine de la lumière, de l'électricité, de la chaleur, du son, etc.

Cette seconde loi, qui régit la succession des séries et des combinaisons, donne lieu à un phénomène qu'on pouvait prévoir d'avance, et cependant dont l'explication reste encore à trouver aujourd'hui. L'importance de ce phénomène, que nous appellerons phénomène du *choc*, est immense. Il embrasse non-seulement des faits nombreux en physique, mais, bien mieux, il forme la base de théories que beaucoup de personnes regardent comme constituant presqu'à elles seules toute la physique : c'est nommer les théories de la lumière, de la chaleur, de l'électricité, etc.

La lumière.

Si vous mettez en présence deux corps de mouvement inégal, — dans des circonstances de temps convenables, — avant que l'arrangement moléculaire qui les constituera en combinaison définitive puisse avoir lieu régulièrement, les deux mouvements se heurteront; il y aura *quelquefois* un choc de produit tel, qu'alors la marche du mouvement intime des corps, ordinairement insaisissable pour nous, deviendra perceptible à nos sens : pour l'œil, sous le nom de lumière ; pour le toucher, sous celui de chaleur ou de froid, d'électricité; pour l'ouïe, sous celui de son, etc. Ainsi, d'après nos prévisions, la lumière n'aurait pas cette existence en soi, constante et primordiale, qu'on lui assigne généralement; mais une origine purement phénoménale et occasionnelle, dérivant uniquement d'un choc amené par deux mouvements dissemblables qui se rapprochent pour se mettre en équilibre, *et qui, ne pouvant entrer en communication assez vive, ou assez directe,* CONDENSENT et DIFFUSENT le mouvement dans l'espace, diffusion qui devient alors ce que nous appelons lumière, électricité, chaleur, etc., selon les cas que nous allons énumérer, et qui se rapportent tous à une condensation particulière du mouvement. Les études qu'on peut faire sur l'ensemble des phénomènes dans lesquels il se produit de la lumière conduisent irrésistiblement à cette loi :

« Les corps, dans leur rapprochement, produisent un *choc* suivi de *lumière*, chaleur, électricité, etc., en raison directe de la dissemblance ou de l'éloignement de leur mouvement respectif intime, favorisé par la brièveté du contact et la difficulté de la communication. »

C'est-à-dire que plus deux corps qui se rapprochent, pour s'unir, sont éloignés de mouvement ou sont dissemblables de composition, plus la communication de leur mouvement devient difficile, soit entre eux, soit entre eux et les corps voisins qui sont à même d'absorber l'excédant du mouvement abandonné, et plus aussi l'équilibration et la transmission de ce mouvement sont saisissables par diffusion à l'organe de la vue, auquel est dévolu ce genre de perception; il arrive même des cas où ces brièvetés de contact, ces difficultés de transmissions, déterminent un véritable éloignement relatif de mouvement, de même aussi la non-communication fait naître des phénomènes inattendus: comme la vitrification du fer dans le choc du briquet, la parcelle métallique ne pouvant assez convenablement et assez tôt communiquer le mouvement excessif qui lui a été imposé par le choc du caillou, et cela surtout par un temps froid et sec. Lavoisier et son école ont expliqué les phénomènes d'oxydation, qui produisent si souvent ces chocs de chaleur et de lumière dans l'acte de la combustion ; mais ils n'ont pas donné la clef du principe supérieur qui lie tous ces phénomènes. Voués entièrement à l'analyse des déterminatifs, et comme on le sait, trop exclusivement à l'oxygène; ils ont expliqué la combustion par l'oxygénation, ce qui était expliquer un effet général par un fait particulier plus saisissable que tous les autres sans doute, mais, comme tous les autres, soumis à une loi supérieure. En veut-on une preuve? Quand l'oxygène pur est lancé sur une éponge de platine et qu'il prend feu, quelle oxydation se produit-il alors? aucune qu'on ait pu constater; ici, c'est vraiment le mouvement non communiqué qui amène lumière et chaleur. Il est des corps dont la composition intime n'admet pas la condensation du mouvement, et qui, par cela même, jouent en quelque sorte le rôle que les miroirs jouent dans la réflexion de la lumière en raison de leur poli, autrement dire de la non-absorption des rayons lumineux, cette absorption étant justement en raison du poli des surfaces. Tels sont les corps phosphorescents pour la lumière, vitreux et résineux pour l'électricité, odorants pour l'olfactisme, etc. Ces corps, opposant une difficulté de communication de mouvement, à leur surface particulièrement, s'entourent d'une condensation-choc, spéciale, qui s'appelle phosphorescence, *odoriférence*, idio-électrisme, etc. »

La chaleur.

Nous verrons bientôt que les corps oscillent entre des *maxima* et des *minima* de mouvement dont ils s'emparent par condensation sans changer leur état actuel. Ils peuvent donc saisir ou abandonner de ce mouvement excédant leur constitution propre, suivant les antagonismes qu'ils rencontrent. Or nous croirions que le toucher n'est apte à saisir particulièrement que cet excédant de mouvement dévolu aux corps voisins de la combinaison, du simple rapprochement qui s'opère ; de sorte que cet excédant de mouvement, inutile dans la nouvelle combinaison ou excessif dans l'équilibre de rapprochement, par un besoin invincible de limitation, se jettera sur le premier point résistant qui lui sera offert, lequel point résistant se trouvera être pour nous tantôt les milieux adjacents au nouvel assemblage, tantôt même seulement une portion

9

de notre corps, la main, le visage, et produira alors ce qu'on appelle la chaleur. Voilà pour ce qui a trait aux rapprochements, aux compositions et aux décompositions, qui nous sont externes, et auxquelles nous n'assistons que comme spectateurs. Mais, dans tous les phénomènes de chaleur, le jugement est loin d'être simple; au contraire, il se complique par l'élément qui nous met en rapport avec les faits, notre organisme, qui lui-même est matière, et matière combinée.

En effet, deux mouvements ne pouvant se rencontrer sans aussitôt chercher un équilibre, il arrive que notre corps, matière sériée dans une certaine limite, les points externes notamment, entre en comparaison de mouvement avec le corps étudié, et le rapport qui arrive à notre entendement peut être compliqué, pour la chaleur surtout, de cet excédant de mouvement que nous trouvons dans deux corps qui se combinent; puis par le rapport que nos facultés établissent entre cet excédant seul perçu peut-être et notre propre état de mouvement, avec lequel il se forme de nouvelles pondérations, qui ne nous donneraient finalement que la constatation d'une différence ultime. Cet antagonisme électif et équilibré, mouvement qui rapproche deux séries inférieures, ne doit pas être considéré comme groupant la matière en parties égales; bien loin de là, les corps que nous connaissons, même sous le nom de corps simples, ne sont que des combinaisons différentes et de nature et de mouvement. C'est ce qui explique la constitution très-ingénieuse et très-réelle des équivalents chimiques, sur lesquels nous reviendrons plus tard et que nous traiterons avec développement. Le plus grand nombre de cas qui se rencontrent dans la vie usuelle n'offre que le rapprochement de deux combinaisons équilibrées, comme les doigts mis en contact avec la pierre, le bois, le fer, etc.

Dans ces faits, il n'y a guère ni lumière, ni chaleur vive de développée; ce n'est que la constatation d'une simple différence dans les mouvements respectifs, semblables à un pesage ordinaire. Bien entendu que la chaleur équilibrée intervient et compose, avec ce qui est primitif, un tout complexe dont il est difficile de saisir les éléments. Les deux corps en contact, ne changeant pas leur état pour entrer dans une nouvelle combinaison, perdent et abandonnent

fort peu; d'où il résulte que nous ne percevons qu'un rapport assez
simple, celui qui constitue la différence de notre mouvement propre avec le mouvement inhérent au corps exploré. C'est pour cela
que Lavoisier a dit : « On peut connaître, non pas, comme on l'a
prétendu, la capacité qu'ont les corps pour le calorique; mais le
rapport des augmentations ou diminutions que reçoivent les ca-
pacités, par des nombres déterminés des degrés du thermomètre. »

Combustion.

Nous venons d'énoncer sommairement les phénomènes de chaleur, de lumière et d'électricité qui résultent de la combinaison de deux corps qui se joignent rapidement, et qui rentrent
le plus souvent dans les cas de combustion pure et simple. Il
reste à expliquer particulièrement ici les variations d'intensité
qu'offrent les diverses substances combustibles. Commençons par
les phénomènes généraux. Dans ces derniers temps, la découverte
de M. Ericson a mis en vogue certaines propriétés des toiles métalliques, dont Davy tira lui-même autrefois un grand parti pour
préserver les mines et les mineurs d'une combustion subite. Les
toiles métalliques ont l'avantage d'intercepter le calorique, flamme
ou non, et de se l'approprier presque exclusivement. Dans la lampe
de Davy, les dangers d'incendie se trouvent conjurés; dans la machine Ericson, la production du calorique est largement économi-
sée par de nouvelles réapparitions d'une même force emmagasinée.
Voilà les faits d'application; sont-ils les seuls importants à noter?
Non, malgré les effets précieux de la lampe Davy, malgré toutes
les espérances fondées sur la machine Ericson, tout cela n'est rien
en comparaison des enseignements théoriques que nous pouvons
déduire du jeu des toiles métalliques et des agents qui leur ressemblent. S'il est vrai qu'un corps comburant soit une matière fortement chargée de mouvement condensé, et que, au contraire, un
corps combustible soit une matière rebelle à l'acceptation, à la communication de ce mouvement, d'où part le choc il puisse résulter
lumière, flamme, feu ou chaleur, il doit arriver nécessairement
qu'en présentant, au milieu de la combinaison qui s'opère, un corps

très-bon condensateur de mouvement et construit de telle façon que l'absorption du mouvement, rendu libre par la combinaison, puisse s'effectuer avec promptitude et facilité, il arrivera, disons-nous, que les phénomènes de choc tendront à disparaître, et cela, en proportion de l'absorption dont nous venons de parler. C'est en effet ce qui a lieu. Approchez-vous d'une bougie ou de tout autre corps enflammé, une toile métallique de façon à absorber le mouvement? la flamme disparaît en raison de cette absorption, qui ne peut être totale, on le pense bien, puisqu'on se trouve toujours dans la nécessité de ménager un foyer suffisant pour entretenir la combustion initiale. Il en sera à peu près de même si, dans une flamme quelconque, on place une pointe, une tige métallique: la lumière disparaîtra toujours en raison de l'absorption. L'exemple du platine dans les flammes alcooliques ne contrarie pas notre assertion, et l'on verra pourquoi. Maintenant, qu'on change les choses de face, c'est-à-dire qu'au lieu d'un corps bon conducteur on en place un mauvais, les résultats vont changer aussi, complétement. Tout le monde connaît la lumière de Drummond, si remarquable par son éclat, qu'autrefois, avant les merveilles de l'électricité, on dut fonder les plus grandes espérances sur son application à l'industrie. Le morceau de craie qui fait la base du phénomène n'est qu'un corps mauvais conducteur, qu'on adjoint à l'hydrogène pour déterminer une résistance plus efficace. Généralement on explique ce phénomène par un rayonnement très-remarquable opéré par la blancheur du morceau de craie. Ce rayonnement peut avoir son utilité sans que le fond de l'expérience soit changé, et, dans la pile, le charbon de coke, qui est noir et très-absorbant, ne fournit pas moins la lumière la plus intense que nous connaissions. Il en est encore de même des particules charbonneuses qui flottent au milieu de certains carbures d'hydrogène. On n'obtient en effet une flamme convenablement lumineuse que par la combinaison intelligente d'un léger excès de carbone, de façon que la résistance soit supérieure de quelque peu au mouvement qui la presse; alors la flamme s'active, donnant pour résultat une certaine portion de carbone libre. On prétend aujourd'hui que cet accroissement de lumière est dû à la haute température de ces particules charbonneuses, tandis que la

résistance opposée par le charbon à la communication du mouvement condensé de l'oxygène est la seule cause du phénomène.
Il est avéré que c'est le pôle négatif de la pile qui donne naissance à la lumière électrique que nous connaissons, et justement
le charbon placé à ce pôle est celui qui subit le moins de changement. Or le pôle négatif, c'est la résistance !...

Nous n'avons rien à dire ici de la nature particulière du carbone,
comme substance, relativement à la condensation du mouvement.
Ce serait répéter ce que nous serons forcé de développer amplement
lorsque nous traiterons en chimie de la classification des corps simples. Qu'il nous suffise de faire remarquer que, dans ces cas tout
spéciaux, le carbone, placé après l'hydrogène comme résistance,
l'emporte sur celui-ci chaque fois probablement qu'il faut mettre
en parallèle un corps solide avec un corps gazeux. Le carbone agit
donc par sa nature intime d'abord, et ensuite par son état solide,
qui, comme on le présume bien, n'est pas d'un faible poids dans
la balance, pour produire des condensations de mouvement et des
chocs, par conséquent. On pourrait en dire autant des effets lumineux intenses qui s'opèrent lorsqu'un métal acidifiant, comme
l'antimoine, l'étain, le chrome, s'allie à des métaux basiques
comme le plomb, le fer, et, à plus forte raison, comme le potassium, le sodium, etc. Dans tous ces cas, il se forme des chocs lumineux et des effets de combustion identiques avec les phénomènes que l'on aperçoit dans la combinaison des liquides. Il est donc
probable que, dans les métaux comme dans les métalloïdes, la matière se trouve encore divisée en trois classes : 1° les corps doués
d'un mouvement excédant faisant le pendant des métalloïdes que
nous avons rangés dans la catégorie de l'oxygène; 2° les corps
doués d'un mouvement en moins, comparables à la section de
l'hydrogène; enfin, une section d'indifférents.

Tous ces phénomènes de choc se trouvent naturellement exagérés, dans le cas où l'on rapproche deux corps très-distants de
mouvement intime; et qu'on les force à s'unir brusquement sous
l'effort de la percussion ou de la combustion. Ces corps déflagrent,
détonnent et éclatent en raison directe des principes que nous venons d'exposer. Le sulfure de potassium et le carbonate de potasse font explosion comme une poudre fulminante, quand on les

frappe en compagnie du nitrate de potasse. Et ce nitrate agit de
la même manière avec le phosphore seul; les chlorates, les broma-
tes, les iodates chauffés, agissent encore ainsi à une température
élevée.

En un mot, la théorie des corps explosifs, y compris la poudre
de guerre, basée aujourd'hui sur des dégagements de gaz en volume et sur une élévation particulière de température, repose
bien plutôt sur les rapprochements bizarres de corps dissimilaires dans leur composition, d'où naît une condensation brusque et
invincible du mouvement.

Voilà pour les effets de *choc*, en ce qui concerne la chaleur.
Croit-on qu'il ne se passe rien de pareil à l'égard de l'électricité?
On serait étrangement dans l'erreur. Un couple or et cuivre ne
donne aucun effet quand on emploie le mercure comme corps liquide. « M. Delarive, — dit M. Becquerel dans son excellent livre
d'électro-chimie, — a émis le doute que la formation de l'amal-
game fût une véritable action chimique; mais cette assertion ne
saurait être fondée, attendu qu'il y a combinaison en proportions
définies; il y a sans doute aussi action électrique, mais le multiplicateur ne peut accuser le courant produit, parce que les deux
électricités trouvent plus de facilité à se recombiner sur la surface de l'or et du mercure qu'à suivre le fil multiplicateur. » Il
est impossible de mieux expliquer le fait que M. Becquerel n'y est
parvenu en cette occasion; et si l'on ajoute à des données si patentes le principe qui régit tous les phénomènes de mouvement,
la résistance, les principes du choc, s'éclairent à l'instant aux yeux
de l'observateur. L'électricité ne réside pas dans les corps *per se*,
mais elle suit le mouvement et la résistance; c'est ce qu'il est facile de constater par l'inversion des actions entre deux électrodes
cuivre et zinc, attaqués alternativement par un acide et un sulfure. L'électricité appréciable, c'est-à-dire un mouvement condensé et *diffusable*, ne se produit qu'en raison de la difficulté
qu'éprouvent les corps dans l'action chimique à se communiquer
facilement et promptement leur mouvement respectif. Le mercure,
quoique pouvant fonctionner à tous égards comme un liquide
chimiquement actif, étant doué en même temps d'une condensabilité considérable, accapare tout le mouvement émis électri-

quement; et le choc, ou l'électricité libre, ne peut se produire. L'électricité n'est donc au fond que la *constatation* d'une résistance, qu'un simple phénomène dans la communication du mouvement, comme nous l'avons fait voir déjà pour la chaleur et pour la lumière.

Nous pourrions étendre ces observations aux phénomènes d'électricité *statique* observés par M. Armstrong dans l'usine de Sighilles.

La chaudière à vapeur qui mit sur la voie de cette nouvelle production d'électricité avait subi une incrustation, incrustation plus importante dans la production du phénomène qu'on ne le croit ordinairement, puisque, sans aucun doute, cette production spéciale d'électricité ne peut naître que d'un *choc* favorisé par toutes les communications difficiles du mouvement. Qu'on reprenne de telles expériences avec la pensée arrêtée d'exagérer la non-communication, et l'on verra ce qu'on obtiendra. L'homme ne sait pas de quelle puissance Dieu a armé son bras, quand il est conduit par une pensée vraiment analytique. Quant à l'explication des phénomènes observés depuis cette découverte, nous pensons qu'elle est loin d'être convenable. On saisira, quand nous aborderons en chimie la genèse des corps, combien il y a d'enseignement à tirer de leur étude mieux comprise. Sans cette connaissance approfondie, on peut dire que les phénomènes de l'électricité, aussi bien que tout ce qui tient aux sciences physiques, ne peuvent recevoir aucune solution durable.

Comment en serait-il autrement, puisque, aujourd'hui encore, la théorie *des répulsions* en électricité fait attribuer le rôle négatif à l'oxygène et le rôle positif à l'hydrogène, tandis que, dans la réalité, l'oxygène est toujours positif et l'hydrogène toujours négatif? Les faits qui se produiraient d'après la théorie, par antagonisme, sont au contraire soumis à la sériation, c'est-à-dire à une loi complète de similitude; à ce point qu'électriser dynamiquement des corps, c'est les sérier, les polariser, et par conséquent les disposer en raison exacte de leur mouvement intime respectif. Tout cela est venu de ce que l'oxygène se rendant au pôle positif a dû être considéré comme négatif, parce que, dans la théorie *statique*, les électricités de non contraire s'attirent, comme

celles de non semblable se repoussent. Nous verrons, au titre
spécial à l'électricité, la fausseté de cette donnée; et l'on se convaincra des dangers d'une analyse vicieuse par les mauvais résultats théoriques que cela a produits dans l'intelligence des
phénomènes dynamiques. Loin d'être, par conséquent, un phénomène d'attraction par antagonisme, on doit donc penser que
l'électricité des pôles exécute un véritable *triage*, par similitude,
des corps soumis à son action polarisante. L'oxygène se rend au
pôle positif parce que ce corps est doué d'un mouvement intime
considérable, tandis que l'hydrogène se rend au pôle négatif
parce que ce corps est doué d'un mouvement intime très-faible.
Pour qu'il y eût, en effet, antagonisme, il faudrait qu'il existât
une *résolution* de corps négatif contre un corps positif, et réciproquement. Au contraire, ici, il ne s'agit que d'un *transport*,
phénomène préexistant, antérieur à toute résolution possible, à
toute réunion *complémentante* des deux électricités, autrement
dire encore, à toute neutralisation. C'est toujours par des analyses paresseuses et incomplètes que la science moderne se distingue des études antiques, dans lesquelles, au moins, la logique
avait quelque profondeur. Aujourd'hui la généralisation des apparences semble suffire à tout, et l'étude analytique n'est rien.
On comprend que notre siècle, en physique, se donne comme
uniquement expérimental, et cela pour une bonne raison, c'est
qu'il aurait bien de la peine à se montrer autre chose. Comparés
aux gens qui nous ont légué l'architecture, la poésie, le théâtre,
la statuaire, l'histoire, l'éloquence, etc., etc., nous sommes de
tristes analystes.

La sériation des corps, par l'électricité dynamique, est décelée
d'une façon saisissante par l'action qu'éprouvent des fermentations difficiles sous l'influence de la pile. Or nous savons déjà
que les fermentations sont de véritables dédoublements; plus
tard nous montrerons combien elles se rapprochent plus encore
de la constitution sérielle. Dans ces corps, comme dans tout corps
préalablement organisé, autrement dire équilibré, cet équilibre
permet une action sérielle, impossible dans les composés minéraux soumis à une combinaison. *Équilibre préalable*, ou organisation, est donc nécessaire pour amener les fermentations,

comme l'équilibre, moins parfait sans doute, des dissolutions se montre nécessaire pour déterminer les combinaisons.

Chaleur chimique.

Après ce que nous venons de dire, il est à peu près inutile de parler de la chaleur chimique, ou de la chaleur chargée de décomposer les corps. Nous ferons voir ailleurs que c'est la reproduction d'un même phénomène à des distances différentes, mais parallèles, phénomène qui apparaît si ouvertement en acoustique dans le fait octavial.

Le froid.

Mais, s'il se produit quelquefois de la chaleur dans le rapprochement, la décomposition et la recomposition des corps, il se produit aussi du froid, inconciliable avec cette émission excédante de mouvement.

C'est qu'alors le corps, chargé de mouvement en plus, au lieu de s'amoindrir ou de se rapetisser à la taille du plus petit, comme nous l'avons vu dans le cas de production de chaleur, force au contraire le plus petit à se compléter au moyen d'un emprunt fait aux corps voisins, ce qui explique le refroidissement et même la congélation opérée par certaines séries en voie de recomposition.

Ici le phénomène est identique avec celui de la chaleur, quoique renversé, et nous pouvons le placer sur la même ligne que celui de l'électricité négative, qui suit constamment le développement de l'électricité positive. En effet, le mouvement, sériant toujours par antagonisme, se dilate pour ainsi dire auprès de chaque point en voie de contraction ; de là tous les phénomènes de sériation normale : la coloration en optique, les groupes électriques, le froid, etc. Auprès de tout corps qui s'échauffe en contractant du mouvement, nous sommes sûrs de trouver un corps qui se refroidit en perdant de son mouvement intime, de sorte que la condensation du mouvement produira un écartement, dans les volumes des corps, tandis que la raréfaction de ce mouvement amènera au contraire une contraction de ces mêmes volumes.

Électricité.

Le rapprochement des corps ne s'arrête pas à la production des phénomènes que nous venons de décrire ; il s'y joint un fait non moins curieux et important, celui qui donne lieu à ce que nous appelons l'*électricité*, et qui, par une bizarrerie incroyable, est la réunion des deux effets, du *choc* et de l'*excédant*, dans un même phénomène. Si, dans une décomposition et une recomposition qui s'effectuent, vous arrangez les choses de manière à établir un condensateur du mouvement, dit *électrique*, dans le voisinage et *sous la main* du mouvement qui se dégage en *excédant*, ce condensateur, mis en contact médiat ou immédiat avec le point de production du mouvement, amènera les phénomènes de mouvement, de chaleur et de lumière, connus sous le nom d'*électricité dynamique :* c'est-à-dire qu'au lieu de soustraire et de laisser disperser immédiatement le mouvement en trop qui s'exhale d'une combinaison en travail, vous le rassemblez, le condensez, l'emmagasinez en quelque sorte dans un condensateur ; les effets d'un mouvement prolongé s'ajoutent constamment, se développent en intensité, et alors vous obtenez, par une somme de mouvement accumulé, des effets insaisissables sur de petites quantités. Mais les lois fondamentales de l'origine, de la nature, de la production et de la modification du mouvement n'ont pas changé. Ainsi, à l'extrémité du courant, on peut présenter au mouvement, des corps qui aient eux-mêmes une série très-éloignée de la sienne comme intensité. Alors il produira des excédants et des chocs en rapport avec la condensation actuelle, son accumulation, et *vice versâ*.

La théorie électrique a subi de si nombreuses variations dans son exposé, qu'il est bien difficile, aujourd'hui, de s'attaquer à quelque chose de fixe pour en discuter la valeur définitive. Ce-

pendant la généralité des physiciens s'accorde assez généralement
pour regarder la tension électrique comme ne sortant pas des
corps électrisés, mais agissant seulement par une exagération du
côté positif ou du côté négatif, selon le genre d'électricité développée. De la sorte, toute action électrisante n'apporterait rien
d'étranger aux corps électrisés, mais les placerait seulement dans
les conditions particulières que nous venons de mentionner.
Beaucoup de savants, consultés sur la valeur réelle de cette théorie, quelques traités même, répondent que ce dualisme est plus
commode que toute autre chose pour expliquer les faits. M. Delarive, dans son nouveau livre sur l'*électricité*, page 19, se sert
du mot *soutirer* à l'égard des *pointes*, ce qui indiquerait un déplacement du mouvement électrique; tandis que, page 85, il
condamne cette manière de s'exprimer : cela prouve combien les
doctrines sont vacillantes sur ce point.

On ne s'étonnera donc pas que, pour plus de commodité, nous
choisissions, nous, quelquefois, et indifféremment, le déplacement
des forces électriques, comme si la tension effectuée constituait
une véritable accumulation du mouvement électrique dans les
corps, sauf plus tard à discuter les deux théories les preuves en
main.

Il nous semble, quoique nous puissions sans aucun doute nous
tromper, que les phénomènes généraux de la nature en reçoivent un éclaircissement plus réel; ceci nous a été inspiré par le
rôle tout singulier que jouent les *pointes* en physiologie, ainsi
que nous le développerons bientôt au chapitre de l'électricité.
Nous pensons donc que les corps, non-seulement se chargent
d'une double tension positive ou négative, en chassant de leur
sein l'un ou l'autre des deux principes antagonistes, mais, bien
mieux, qu'ils condensent du mouvement externe, libre, dans des
proportions qu'il n'y a pas lieu de définir en ce moment. Il existe
si peu de différence entre ce point de vue et celui choisi par la
généralité des physiciens, que nous ne courons pas grand risque
en agissant ainsi. Pour nous donc, électriser un corps, c'est lui
faire condenser du mouvement extérieur, libre, condensé ou non
à d'autres titres. Une vraie théorie de la condensation peut seule
expliquer la destruction : de mouvement par frottement, de cha-

leur, de lumière, etc., phénomènes sur lesquels un physicien allemand vient, après cent autres déjà, et aussi inutilement peut-être encore, d'attirer l'attention du monde savant. Ces faits resteront toujours sans solution, tant qu'on n'aura pas le courage de sortir de la voie fâcheuse, dualistique, dans laquelle on est opiniâtrément engagé. Or c'est avec ces destructions prétendues de mouvement que nous espérons, plus tard, battre en brèche la théorie dualistique.

Est-il besoin de répéter pour l'électricité ce que nous venons de dire pour la chaleur? Du moment où vous établissez un condensateur positif, vous déterminerez une dilatation négative, le mouvement se série, au moins se polarise quant à ses effets étudiés jusqu'ici, et les phénomènes prennent ces apparences si merveilleuses d'un antagonisme apparent dans le mouvement qui, par la recomposition de la condensation et de la dilatation, reconstituent le mouvement équilibré, pour l'optique, la lumière blanche, pour le calorique, la chaleur latente.

Au moyen de ces intensités, développables presque à l'infini, si les moyens matériels n'étaient pas si coûteux, on pourrait saisir plus facilement la cause constante de l'accumulation du mouvement par condensation, qui fait la base et presque tout l'intérêt de l'électricité. Les phénomènes météorologiques, surtout ceux qui ont rapport aux courants magnétiques, s'expliquent avec la plus grande facilité dans cette hypothèse. La chaleur émise par le soleil se condensant sur les parties du globe terrestre, variables comme les saisons, et sans doute comme les terrains, il s'ensuit un déplacement proportionnel du circuit magnétique. Nous avons vu que le mouvement attaché à la matière était susceptible de plus ou de moins. Quand il arrive que, dans une substance définie, bien arrêtée, difficile de décomposition et de recomposition, comme un métal, on accumule une quantité de mouvement au-dessus de la constitution nécessaire de ce métal, mais cependant au-dessous d'un point assez intense pour en détruire la forme et la constitution actuelle, de façon, en un mot, que cette condensation s'arrête aux surfaces, il arrive que ce mouvement n'entre pas dans la composition intime de la substance, mais que, formant cet excédant maximum et minimum de mouvement permis aux solides sans changement d'état, ce mouvement se dresse sur les surfaces du solide chargé en excès, et tend à se précipiter sur tous les autres corps qui se trouvent dans un état inférieur d'accumulation électrique, ou de mouvement, et ses effets sont d'autant plus violents, plus tranchés, qu'étant presque détaché du solide par ce fait de l'accumulation, il est poussé par un effort trop rapide pour entrer immédiatement en combinaison ; il se revêt pour nous d'une forme sensible, inconnue dans la vie usuelle, qui nous frappe souvent d'étonnement et d'épouvante. Les physiciens ont appelé cet état l'électricité *libre*, par similitude avec l'état de chaleur telle qu'ils se l'expliquent encore. Et ici le terme de *libre* semble beaucoup plus avancé en théorie qu'il ne l'est en effet ; car le fait capital de l'électricité n'est pas que le mouvement soit *libre*, ce qui veut dire pour les physiciens *apparent*, seulement ; le fait capital est qu'en cet état le mouvement soit excédant décombiné, et moins apte, par cela même, à entrer en combinaison, à moins de circonstances particulières assez délicates. C'est cette décombinaison du mouvement par condensation excédante, qui, jointe à l'intensité de cette condensation, lui permet de traverser des éléments aussi complexes que le corps humain, sans être arrêté dans sa course ni par le nombre ni par la distance. La puissance de cet agent est encore compliquée par le phénomène de *résolution* que nous venons de développer, et que nous retrouverons au chapitre spécial à l'électricité ; qu'il nous suffise d'attirer l'attention sur le phénomène de sériation dont les points extrêmes sont très-apparents, *positif*, *négatif*, de sorte qu'ici le terme de polarisation eût pu être employé avec bien plus de raison que partout ailleurs. En effet, sous l'influence du mouvement mécanique qui l'instille, le mouvement élémentaire se divise en deux parts apparentes, positif ou condensé, négatif ou dilaté, d'après ce principe immuable qu'à côté de toute condensation apparaît immédiatement une dilation correspondante et toute proportionnelle.

C'est donc un fait bien capital dans les lois de la nature, que cette condensation inégale du mouvement. Elle produit des effets si effrayants, que longtemps la crédulité humaine l'a exploitée comme provenant de la colère divine. Car, dans le monde païen, par une singulière effronterie, Dieu, créé à l'image de l'homme, de l'homme qui est loin d'être toujours bon et généreux, passa pour se distraire avec l'électricité. Jupiter seul semblait pouvoir se permettre d'aussi atroces et d'aussi terribles loisirs.

Réaction de limitation, ou conséquence du principe du choc.

A ce phénomène du choc, il se rattache un fait très-important de limitation, qu'on peut appeler *réaction de limitation*, et dont l'importance se fait sentir pendant tout le cours des études naturelles. Cela consiste en ce que les corps agissent peu les uns sur les autres, de l'externe à l'interne, lorsqu'ils se rapprochent sans phénomène de choc ; c'est-à-dire qu'entre deux corps mis en présence, quoique de mouvement différent, il ne s'opérera pas une grande action dans chacun d'eux, et qu'ils se contenteront de s'équilibrer plus ou moins en faisant échange de leur mouvement physique ou libre. Mais on pourra agir sur l'état intime des corps bien plus énergiquement, en les forçant à réagir sur eux-mêmes par une limitation excessive tellement énergique, qu'elle puisse modifier leur propre constitution.

Nous croyons donc que le seul moyen d'action que nous ayons sur la constitution intime des corps ne peut s'effectuer que par cette limitation excessive de leur mouvement intime, qui, contracté au delà des bornes normales par l'impossibilité de se communiquer au dehors, modifie ainsi la constitution intime et leur procure le seul changement qu'il soit possible de constater chez eux. Une des plus fortes preuves de la réaction que les corps opèrent sur eux-mêmes par un excédant de mouvement incommunicable, soit par isolement, soit par pression, c'est cette liquéfaction de l'oxygène et de l'hydrogène, formant de l'eau dans les eudiomètres par l'adjonction de mouvement en plus. Comment, sans la réaction de limitation, expliquer ce mouvement en plus, l'électricité, qui produit un mouvement en moins, la liquidité ? Cela s'explique comme on peut expliquer, et, comme, du reste,

on a fort bien expliqué déjà la liquéfaction des gaz, acide carbonique, chlore, etc., par l'effort qu'ils opèrent sur eux-mêmes.

Quand au contraire la pile volatilise les corps, elle le fait sans
pression ; car, si l'on introduisait ce nouveau mode d'action, il est
certain qu'on obtiendrait des effets très-nouveaux et très-remarquables de réaction de limitation, qui sait? la vraie métallisation
du platine, le diamant, etc. Il est probable qu'il en est de même
dans la matière organique, où l'on ne voit jamais la solidification
s'obtenir que du dedans au dehors ; comme si c'était la pression
extérieure qui poussât les liquides à la solidification : la chaleur
agit absolument dans tous les cas comme l'électricité, la lumière, etc. C'est peut-être là tout le secret de la précipitation et
de la volatilisation des dissolutions. Nous montrerons plus tard
que M. Deville, en fondant le platine sous l'influence de corps
réfractaires, n'a pas fait autre chose qu'un phénomène de limitation. Il en est de même encore de la décomposition de l'eau oxygénée sous la seule influence du peroxyde de manganèse.

La chimie organique, qui est à proprement parler l'histoire des
modifications du carbone, ne vit que par la réaction de limitation que les diverses substances mises en présence avec lui exercent sur sa constitution actuelle ; aussi la chimie organique
n'est-elle que la chimie du carbone, comme l'a dit un chimiste
célèbre. Or ce carbone est le plus limitatif de tous les corps, à
cause de son opposition bien connue au mouvement. C'est pour
cela que jusqu'ici il a conservé le monopole des combustions
usuelles et peu coûteuses; dans son rapprochement, soit avec
l'oxygène, soit même avec le mouvement absolu obtenu par les
piles, dans lesquelles il se développe des effets admirables sous
cette digue qu'on appelle le *charbon*.

La trempe est encore une application palpable des propriétés
de la limitation. L'acier, corps hétérogène, mais nécessairement
rendu tel pour arriver à la dureté, devient plus homogène de
mouvement intime, plus sériel, par la réaction d'une limitation
excessive. Dans cet état, le fer, préalablement carburé, c'est-à-dire
saturé d'un corps rebelle au mouvement, puis rougi, est plongé
dans l'eau, où son mouvement physique en trop, son calorique
libre, ne pouvant assez vite et assez bien se communiquer, soit à

la masse elle-même, par la présence du carbone, mauvais conducteur du mouvement, soit par celle des liquides, si mauvais conducteurs de la chaleur eux-mêmes; le mouvement libre réagit sur le mouvement intime, entre alors peut-être en combinaison avec lui dans des proportions au-dessus de la normale, et, si les circonstances déterminées par l'expérience, mais négligées par la science, lui sont favorables, il se constitue une combinaison nouvelle, donnant à volonté plus de dureté ou plus d'élasticité, selon les limites qu'on s'est imposées, et dans lesquelles la sériation du composé acier devient très-importante.

Nous avons pu aciérer du fer brut par des procédés de limitation fort peu soupçonnés, et qui consistent à plonger un fer chaud dans un liquide ou dans un solide très-résistant au mouvement libre. A cela, on nous dira que nous faisons peut-être instantanément de l'acier; nous sommes loin de repousser cette allégation, car nous restons convaincu que la méthode de cémentation en boîtes et celle de l'aciération ordinaire ne sont que de premières trempes à de hautes températures, que le pendant de ces phénomènes de limitation dont nous venons de parler, et qui consistent justement à chauffer un corps ou à lui imposer un mouvement en plus, en présence d'autres corps dont la nature intime s'oppose énergiquement à la transmission vive et forte de ce mouvement, le plus souvent calorique.

Les bains, les bains sulfureux particulièrement, sont en médecine l'exemple de cette limitation de réaction. Aussi les emploie-t-on dans tous les cas où il faut concentrer le mouvement vital par une réaction sur lui-même, afin qu'il détermine un effet intérieur qu'aucune substance ne serait apte à produire sans cela. Les phénomènes d'alimentation et de thérapeutique se rapportent de près ou de loin à une réaction de limitation, ou à une condensation variable, particulière du mouvement. C'est ainsi qu'on peut comprendre seulement l'action du mercure et de tant d'autres médicaments, dits empiriques, dont on n'a jamais pu expliquer l'effet en quoi que ce soit. Seulement, le mercure a le tort d'être un poison par lui-même, pour des raisons que nous connaîtrons bientôt.

De même, les phénomènes que M. Burq a observés, touchant la

propriété que les métaux possèdent de faire cesser presque instantanément les crampes des cholériques, des épileptiques, etc., ne
sont que des conductions du mouvement rendues plus faciles par
l'application d'un métal condensateur. Une crampe est, comme
la flamme, un choc de mouvement; les toiles métalliques détruisent la flamme, comme le métal détruit la crampe. Veut-on un
nouvel exemple très-frappant de ce même principe du choc en
physiologie? Il suffit que nous rapportions ce qui nous est arrivé
à nous-même dernièrement.

Pendant que nous corrigions les épreuves de ce livre, nous fûmes pris d'une rage de dents insupportable, qui, malgré toute notre impatience de travail, nous fit bientôt lâcher prise. Nous étions
là, la plume à la main, désolé de ce retard intempestif et réfléchissant malgré nous aux causes de ces accidents névralgiques si nombreux qui affectent notre pauvre humanité. Dans la douleur aiguë
comme dans l'état de rêverie, on aperçoit des choses extrêmement
bizarres, et les fonctions de notre cerveau en sont certainement
exaltées. En un clin d'œil, les phénomènes les plus singuliers de
la physiologie passaient devant nous comme un panorama fan-
tastique.

Après bien des allées et venues, vagues comme la matière des
songes, tout à coup notre pensée se fixa sur l'obstacle qu'opposent
les soudures au mouvement thermo-électrique, et nous nous fîmes
cette question bien simple : Quand le mal de dents arrive-t-il?

Quand la tête éprouve surtout la sensation localisée du froid
ou du chaud au-dessus de la normale thermométrique.

Quelles sont les personnes les plus sujettes aux maux de dents?

Les amoureux, dit-on, les gens colères, les gens nerveux, enfin
et surtout, ceux qui ont les dents gâtées.

Or le désir amoureux, le mouvement de la colère, ont pour premier effet de porter le sang à la tête, et, par conséquent, dans les
mâchoires. En outre, la carie, laissant un vide dans le système dentaire, doit représenter cet obstacle de communication au mouvement que nous reconnaissons dans toute la nature comme étant
la cause la plus certaine de l'accumulation excessive du mouvement, et, comme conséquence, du *choc*.

Le mal de dents est donc une accumulation de mouvement, sous l'impression d'une vive affection de l'âme: l'amour, la colère, etc.; sous l'impression encore d'un agent extérieur, le froid, le chaud, le vent, etc., favorisés par un obstacle, la carie, qui apporte une difficulté à la libre communication du mouvement. Tous ces faits ne répondent-ils pas exactement à ce qui se passe dans les piles thermo-électriques qui s'électrisent sous l'influence d'une chaleur extérieure arrêtée par l'obstacle des soudures?

La suite des raisonnements que nous venons de développer ne mit que quelques minutes à se classer dans notre esprit. D'un bond, nous quittâmes le fauteuil où nous étions renversé sous la force de la douleur, et, cherchant dans un arsenal de vieille féraille, seule ressource métallique à forme sphéroïdale qui fût à notre disposition, nous choisîmes un de ces gros clous avec lesquels on ferre les souliers de porteur d'eau, dont nous avions fait emplette pour des expériences d'électricité; alors nous insérâmes la tige du clou dans la place vide, hélas! aujourd'hui, d'une de nos meilleures dents d'autrefois, et nous attendîmes le résultat de cette nouvelle expérience de physique, non amusante.

Il nous sembla petit à petit qu'il se dégageait quelque chose de nos mâchoires. Ce qui nous quittait en douleur de ce côté, nous le gagnions en sommeil du côté du cerveau, qui allait toujours en s'appesantissant.

Enfin, au bout de quelques instants, nous perdîmes le sentiment des idées distinctes, et nous ne nous réveillâmes qu'au moment où les mâchoires ayant laissé choir le clou près de notre gosier, nous fûmes menacé d'être étranglé par ce médecin de nouvelle espèce.

Le clou avait agi selon notre prévision en se portant l'intermédiaire des deux rives dentaires, trop séparées, au moment d'un excédant de mouvement libre; et, vu sa nature métallique, il avait condensé l'excédant de mouvement.

Seulement, nous conseillons aux personnes qui voudraient tenter encore l'expérience de se défier des clous d'Auvergnat!... Il vaut mieux avoir recours à quelque joujou d'argent. Les mères, qui ne se piquent guère de haute physique, n'ont-elles pas compris et réalisé dès la plus haute antiquité ce que nous, pauvres physiciens, nous tentons à peine timidement aujourd'hui, lors-

qu'elles placent des hochets métalliques dans la bouche de leurs
enfants au moment de la dentition ; les enfants aussi souffrent
d'une chaleur brûlante, jointe à des écartements dans le système
dentaire.

La nécessité, la tendresse maternelle, l'amour... sont et seront
toujours nos plus grands maîtres dans les sciences.

Les physiciens à courte vue expliqueront ce phénomène si vaste
de la communication du mouvement, et son effet spécial dans le
mal de dents, par le refroidissement métallique. Gardons-nous de
croire à de semblables bévues. Le froid est pour si peu dans le résultat, que l'introduction du corps métallique, froid, peut aggraver
la douleur au lieu de la détruire, d'après cette loi du choc, que
nous avons développée ailleurs et qui a tant de puissance dans les
phénomènes généraux de la physique. Il faut avoir soin, loin de
là, d'amener le corps qu'on doit introduire à la température actuelle de la mâchoire; c'est de cela que dépend le succès.

TROISIÈME LOI DU MOUVEMENT.

Ou loi d'équilibre composé et asservi,
loi de tonalisation[1].

Nous avons vu, dans la première loi du mouvement, celui-ci se
constituer par lui-même dans un équilibre simple plus ou moins
stable; dans la seconde, nous l'avons suivi dans sa marche, son
déplacement et sa résolution; dans cette troisième loi, qui est la
combinaison des deux autres, nous verrons le mouvement prendre
un équilibre plus composé encore, presque artificiel, au moins
soumis à des circonstances si fortuites et si occasionnelles, qu'on
peut le regarder comme le résultat d'un balancement, d'une oscil-

[1] La tonalité peut être définie un point de vue choisi, duquel on consent à régler
le mouvement de toute une série ou de plusieurs séries jointes ensemble (159, L. L.,
Acoustique nouvelle).

lation continue. Le mouvement s'équilibre ici, non plus sur lui-
même, ni entre deux séries définies, mais par l'équilibration d'un
nombre illimité de séries, composées elles aussi. De même que la
première et la seconde loi président particulièrement à la matière fixe, arrêtée, définie, que nous nommons *minérale*, de même
la troisième loi a pour fonction de régir spécialement ce que nous
appelons la nature organisée, ou la matière *organique*. La première loi nous montre les corps à l'état de série équilibrée dans
une catégorie encore intacte, comme les couleurs, la disposition
magnétique et tant de combinaisons géologiques et chimiques sur
une grande échelle, ou seulement une seule case de cette série,
case unique, que nous avons classée sous le nom de corps simples. Dans la troisième loi, nous verrons, au contraire, ou ces séries intactes, ou ces fractions de séries se rassembler entre elles
sous un phénomène supérieur, prédominant, défini, exclusif, cen-
tralisant; un système de mouvement non plus simple et uniforme, mais un système extrêmement compliqué dans le haut de
l'échelle organique, au point que des combinaisons infinies sortent
de cette réunion d'un genre nouveau, pour former un tout unitaire, équilibré artificiellement et temporairement, mais devant
un jour, par l'usure ou la vieillesse, ou rapidement sous l'influence d'agents décentralisants, retourner à la forme sérielle de
la première loi.

   C'est ainsi qu'on doit envisager les principes qui dirigent ce
que nous appelons la vie ou l'existence des animaux et des végétaux. Sous l'influence d'un équilibre temporaire complexe qui
peut, à des degrés différents, et proportionnellement à leurs
fonctions, être pour les animaux la circulation, la nutrition,
l'évaporation; mais et surtout une certaine constance dans la
chaleur animale ou végétale, autrement dire, dans un mouvement constant appliqué sur la généralité de séries enchevêtrées.
Les mêmes phénomènes d'équilibre simple se combinent, se ba-
lancent dans une centralisation plus ou moins graduée, et forment un tout unitaire depuis l'individualité de l'éponge, du
polype, du lichen, jusqu'à celle du chêne et de l'homme, placés
tous les deux au sommet de la hiérarchie végétale et animale.

   La différence qui existe entre la première et la troisième loi, ou entre la matière minérale et la matière organique, ne consiste pas seulement dans une réunion de séries plus complexes; mais dans ce fait que les séries, équilibrées ou non, sont soumises à un phénomène particulier de centralisation et d'équilibration, variable comme la nature dans ses productions. Le mouvement en trop que nous verrons être l'apanage des liquides et surtout des gaz, se trouve en contact avec le mouvement plus stable, plus défini des solides auxquels ces liquides portent encore la vie et la force; et les choses marchent ainsi jusqu'au moment où l'un de ces principes domine, entraînant avec lui le reste de la machine vers la dissolution et la mort, qui sont le retour à la sériation libre de moins en moins complexe. Ce phénomène d'asservissement prolongé à un état physique constant, présente un tel rapport dans ses résultats avec celui de la tonalité mélodique en musique, que nous ne pouvons nous défendre d'appeler la vie des êtres qui existent sur notre terre une sorte de tonalité organique. Le corps humain n'est guère qu'une masse liquide, puisque les humeurs en composent les cinq sixièmes. Le muscle grand fessier est réduit par la dessiccation à l'épaisseur d'une feuille de papier. Toute concrétion solide, bien mieux, toute congestion liquide, peuvent devenir, en de certaines circonstances, des causes morbides; ce qui fait que la vieillesse, dont la tendance se porte vers la solidification de l'organisme, devient tout naturellement une cause de ruine, comme si la concrétion morbide passait à l'état chronique. Nous voyons justement arriver le contraire chez les enfants, dont la vitalité si connue semble empruntée à l'exagération de l'état liquide organique. La vie est donc bien certainement due à une tonalisation plus ou moins exacte de tous les éléments qui constituent notre être matériel, comme en acoustique une tonalité n'existe que par la dépendance très-exacte, aussi, des résonnances multiples, employées sous la direction d'un mouvement équilibrant unique, un point de repère fixe qu'on appelle la *tonique*. Et dans la vie humaine, comme dans les tonalités, créez-vous ou se crée-t-il seul un déterminatif quelconque, la tonalité est brisée, ou il faut bien vite se hâter de faire disparaître les effets de ce déterminatif prépondérant.

Comme il est impossible de continuer plus longtemps le développement abstrait d'une loi dont les applications et les spécialisations font toute la clarté, nous remettons au chapitre de la physiologie animale et végétale à reprendre un sujet qui ne sera certes pas le moins utile et le moins curieux de ceux que nous aurons à traiter.

DE LA LIQUIDITÉ.

Équilibre tonal, lumineux, acoustique, électrique, etc.

Il nous reste à étudier le mouvement dans une situation nouvelle, où toute apparence de série disparaît, pour ne laisser apercevoir qu'une sorte de mise en commun, constituant un équilibre des forces mises en jeu dans la dissolution : nous voulons parler d'un fait de tonalisation moins complexe que celui que nous avons exposé, la liquidité simple.

La liquidité est donc une chose de la plus haute gravité, en ce qu'elle présente un résultat capital en dehors de l'équilibre que nous venons d'indiquer; c'est-à-dire l'accumulation possible d'une portion de mouvement en plus inhérente à l'état de liquidité. Nous sommes tellement imbus de préjugés en physique et en chimie, qu'il y a hérésie à ne pas reconnaître d'une manière absolue une chaleur essentielle, un mouvement spécifique aux liquides et aux gaz, et cependant il est certain qu'ils ne sont tels que par leur excédant de mouvement : l'eau, par exemple, avec son état dans la cristallisation intime; l'oxygène, avec ses différentes condensations.

Sans cela, comment expliquer l'existence de la chaleur latente qui atteint 60 degrés avant de se faire sentir dans l'eau, passant de l'état solide à l'état liquide ; 500 degrés selon Watt, quand cette même eau passe de l'état liquide à l'état gazeux? N'est-ce pas là leur bagage de mouvement en plus? Les liquides et le reste des corps n'ont de chaleur spécifique que celle qu'on veut bien leur donner, en créant spécialement pour cet objet un point de départ tout conventionnel. Au lieu de chercher ces chaleurs spécifiques, les physiciens auraient trouvé plus d'avantage à scruter les absorptions de mouvement que les différents corps solides, liquides ou gazeux, emploient dans leurs changements d'état. Telle fut dans le principe l'idée de Lavoisier, de Laplace, et c'était la bonne. En songeant à la régularité extrême de la liquidité des corps, on ne peut s'empêcher de la définir : *le moment où les corps cessent de pouvoir faire obstacle au mouvement qui les presse.*

Pour ne pas charger nos développements de trop nombreux détails, admettons par provision l'excédant de ce mouvement dont la matière peut se charger au-dessus de sa constitution actuelle intime ; nous allons étudier les évolutions de cet excédant, qui joue un rôle capital dans la pratique des faits naturels.

Le phénomène de la liquidité nous semble le plus propre à nous en découvrir les allures. La liquidité ne constitue pas un état de la matière aussi rigoureux que la solidité et la gazéification ; elle ne se produit qu'à la faveur d'un fait complétement accidentel, la pression. Or cette pression est une digue qui accumule le mouvement excédant dans les corps, au point de leur donner des qualités toutes particulières, ce qui a fait dire : *Corpora non agunt nisi soluta.* Et la preuve que le mouvement est ainsi accumulé dans les liquides, c'est que les liquides se vaporisent à toute température si on diminue ou si l'on détruit cette pression. Les liquides alors se comportent comme des gaz et en suivent les principes . voilà pourquoi tant de corps sont solubles dans la vapeur d'eau comprimée. Il serait bien autrement important d'essayer la dissolution des corps, même métalliques, dans la vapeur de chlore, d'iode, etc., comprimée ; seulement les dangers seraient considérables.

On dirait que la liquidité est une mise en commun de toutes les couches extérieures de mouvement condensé sur la surface des solides ; ce qui tendrait à le prouver, c'est que l'affinité commence où finit la cohésion, et en proportion de la dissolution, c'est-à-dire que les corps, perdant l'enveloppe qui les unit en la développant dans la liquidité, sont plus propres à former, sous une tonalité générale liquide enveloppante, les séries spéciales qu'on nomme *combinaison*. De sorte qu'on pourrait diviser la nomenclature chimique en deux parts sommaires contenant des substances : 1° ayant la faculté de condenser le mouvement moléculairement; 2° qui, au contraire, n'opposant pas une résistance assez sérieuse au mouvement, ne le condensent qu'à l'extérieur, par leur masse physique.

Tous les auteurs sont unanimes pour constater l'influence qu'exerce la présence ou l'absence de certaines combinaisons dans un milieu liquide; il y a plus, dans ces derniers temps on a élevé cette influence à la hauteur d'une force catalythyque. Bien entendu que personne n'a expliqué le *pourquoi* en développant le *comment*. Dès les premiers pas qu'on fait dans cette matière, on se convainct tout d'abord que c'est effectivement la réunion, la division, la séparation de ces excédants, puis la force de limitation qui peut s'y joindre également, qui fait la base des phénomènes qu'on observe dans la liquidité. En effet, quelques expériences élémentaires suffisent pour découvrir que les corps, bien mieux les combinaisons simples ou composées des corps, restent exactement les mêmes dans cet assemblage complexe dissimulé sous la liquidité parfaite. Les corps ne dissolvent que leurs semblables, et se combinent avec leurs antagonistes, a-t-on dit; ainsi l'hydrogène dissout presque tous les corps de son espèce, mauvais condensateurs du mouvement, et prend le nom d'hydrogène sulfuré, phosphoré, carboné, arsénié, huileux, etc., à ce point que la nomenclature des corps dissous dans l'hydrogène est aussi une nomenclature des substances composant sa famille naturelle. Il ne peut pas en être autrement, la liquidité étant un équilibre momentané qui dissimule toute différence dans les mouvements intimes respectifs des corps dissous.

Mais solidification, chaleur individuelle, coloration, tout disparaît dans cette association précaire des solides soumis à une liquidité collective. Liquidité et collectivité sont liées dans notre esprit si étroitement, que le jour où l'on nous dira qu'on a liquéfié l'oxygène, l'azote et l'hydrogène, nous croirons immédiatement que ce sont des corps plus composés que nous ne les voyons en ce moment. L'idée de chaleur spécifique des corps a fait beaucoup de tort au mouvement condensé de chaque corps ; car le calorique et la condensation ne sont pas identiques, surtout comme on les connaît aujourd'hui. Si la composition intime des corps ne restait pas la même, malgré ce phénomène de liquidité qui la dissimule, nous ne parviendrions jamais à les revivifier comme on le fait si facilement aujourd'hui.

Et cependant cette disparition complète de l'individualité dans la collectivité est un phénomène d'une importance immense, sur lequel on a glissé d'une façon bien légère, qui ne peut s'excuser que par les répétitions incessantes de ce mystère, devant lequel nous nous trouvons blasés. Un escamoteur vulgaire récrée des foules énormes en faisant passer quelques billes dans sa poche, plus ou moins adroitement; tandis que nous restons froids devant cette disparition et cette réapparition des solides au milieu de la liquidité. Les couleurs aussi disparaissent dans la lumière blanche, qui n'est encore qu'une liquidité plus méconnue, comme le ton et la tonique absorbent l'individualité des autres résonnances. Il en est de même des précipités électriques et de bien d'autres phénomènes qu'il est superflu de relater en ce moment.

Tout cela, pour nous, n'est que liquidité, ou mise en commun des excédants extérieurs de mouvement, de l'atmosphère de condensation enveloppante, et du mouvement intime, dans des proportions inconnues.

Aussi peut-on augmenter et diminuer cette espèce de résultante, soit en introduisant dans la réunion complexe le mouvement en plus fourni par le feu, l'électricité, la lumière, soit en apportant des quantités différentes par l'adjonction ou le retrait de certains corps chargés de mouvement excédant.

L'expérience nous démontrera, en chimie, que ce sont les corps qui offrent le plus de résistance au mouvement défini des solides qui offrent aussi le plus de résistance aux efforts du mouvement excédant, hors de combinaison. C'est ainsi que nous nous expliquerons la volatilisation, si fréquente dans les composés d'hydrogène, carbonés, azotés, sulfurés, etc., par opposition à la fixité des oxydes métalliques. On doit concevoir l'état intime des corps par un rapprochement avec ce que nous voyons s'effectuer entre deux ressorts tendus. Si ces ressorts sont placés librement dans l'espace, il ne se produira rien le plus souvent, ayant toute facilité pour se développer; mais si, retenus dans un point donné, ils opposent leur force, nécessairement ces deux forces se feront un équilibre relatif qui sera augmenté, diminué ou anéanti par l'état du milieu ambiant. Dans les liquides notamment; si le menstrue n'est pas doué d'assez de mouvement pour balancer l'effort des deux forces de ressort antagonistes, elles se constituent intimement en un corps défini, physique, qui, en cette dernière qualité, va chercher des limitations toutes physiques.

Quand on dit que les causes qui font varier l'état physique des corps sont la chaleur, la pression et les substances en dissolution, n'est-ce pas dire le mouvement, la résistance, et le mouvement respectif des composés en dissolution? L'eau bout ou se congèle justement dans les limites modifiées par tous ces phénomènes; le chlorure de sodium en élève le point d'ébullition, tandis que l'huile retarde sa congélation. Les corps, en eux-mêmes, par leur nature intime, apportent donc un poids dont il faut tenir compte dans la balance des phénomènes en apparence purement physiques; et ne pas tenir compte de ces phénomènes, c'est évidemment se créer involontairement une source d'erreurs très-dangereuses. On pourrait donc avancer que toutes les fois que deux corps, se faisant équilibre, peuvent se joindre dans une solution, ils se joignent aussi réellement; si le phénomène n'apparaît pas toujours, c'est que le liquide apporte dans ce cas l'appoint de son mouvement excédant, qui empêche la solidification. Mais on peut arriver à ce résultat en variant la solubilité du menstrue: solidification et précipitation sont corrélatives comme matérialité et pesanteur; du moment où cette solidification apparaît, les corps deviennent immédiatement soumis à la loi des collectifs, ou à la pesanteur, limitation physique, comme l'affinité est la limitation intime et chimique.

Résistance et mouvement se trouveront toujours sur le même chemin; car le mouvement cherche la résistance, qui seule peut contenter son besoin de limitation, d'appui, de repos relatif ou équilibre contingent. Quand la matière existe à l'état défini, complexe, elle obéit immédiatement aux lois de la limitation, dont la pesanteur n'offre qu'une modalité; au contraire, la matière garde-t-elle l'indépendance gazeuse, ou au moins l'équilibre de liquidité, elle n'obéit qu'aux lois de la sériation normale. Un corps défini cherche une limitation, c'est-à-dire un antagonisme; un corps indépendant s'organise avec ses similaires. Quand on a voulu expliquer l'émission des odeurs, des phosphorescences, par une division de la matière, on est tombé dans une erreur grossière, qui, du reste, avait sa source et son pendant dans la théorie de la lumière elle-même, qu'on supposait alors s'effectuer par émission directe. Tous ces phénomènes ne naissent que par la résistance et la réflexion que certains corps opposent au mouvement diffus que la lumière, la chaleur, l'électricité, entretiennent dans l'espace. Cela est si vrai, que telle fleur qui entête, le jour, au soleil de juillet, ne sent rien, la nuit, par le froid, dans l'obscurité, etc. Nous avons choisi une plante empestante par son odeur en plein soleil, et, l'ayant transportée instantanément dans une cave froide et obscure, l'odeur avait presque disparu.

Les phosphorescences sont du même ordre; elles sont beaucoup plus fortes le jour que la nuit, l'été que l'hiver, bien entendu dans l'obscurité, qui seule permet de les distinguer. Il y a mieux, les corps connus pour leurs phosphorescences artificielles ont besoin d'être insolés pour recouvrer un effet sensible, et, s'ils conservent ce mouvement acquis à la lumière, c'est une propriété qui devient une particularité de plus dans leur composition et qui leur est commune avec les corps qui retiennent facilement et obstinément l'humidité. On pourrait dire que les corps phosphorescents sont pour les gaz et le mouvement diffus ce que sont les corps déliquescents et hygrométiques pour les liquides : ils représentent des limitateurs de mouvement excédant, des éponges toujours prêtes à retenir le mouvement diffus et à produire ces chocs lumineux par dissemblance de composition qui constituent le phénomène de la lumière et des odeurs. On doit ici se rappeler la propriété particulière qu'ont les corps mauvais condensateurs de mouvement de retenir ce dernier, électrique, lumineux, acoustique, à leur surface, d'une façon bien plus apparente que les corps bons condensateurs, au point qu'on a pu donner aux corps mauvais condensateurs en électricité le nom d'*idio-électriques*, électriques par eux-mêmes, substituant toujours la simple apparence au fait réel, mais supérieur. C'est aussi par cette tendance à condenser le mouvement libre à leur surface, et non à se l'approprier intérieurement par condensation, que les corps phosphorescents deviennent lumineux, que les corps odoriférants acquièrent du parfum, etc. La chaux, dont se composent les phosphores artificiels, ne se contente pas de donner de la lumière dans les ténèbres avec les gaz et le mouvement diffus, elle est si opposée au mouvement excédant partout où elle le rencontre, qu'avec les liquides elle prend feu, avec l'électricité elle donne la lumière de Drummond. Comment ces faits si concordants n'ont-ils pas ouvert les yeux des physiciens? Toute la théorie de l'éclairage est basée sur la résistance des points comburants et voisins de la combustion. Nous démontrerons en chimie, par une expérience directe et capitale, qu'il en est de même des couleurs. Nous ne pouvons comprendre comment on peut donner l'odoriférance du musc comme une preuve de l'extrême divisibilité de la matière. Le musc ne bouge pas, par conséquent il se garde bien de changer de poids par une perte quelconque; il choque et repousse le mouvement comme un miroir très-poli qui réfléchit la lumière, en s'entourant parfois aussi d'une atmosphère extérieure de ce mouvement condensé à sa surface, dans les mêmes conditions que le magnétisme du fer; et le seul changement qui puisse s'opérer en lui, c'est l'interposition étrangère de corps solides ou liquides susceptibles de changer sa constitution. Aussi son odoriférance est-elle comme celle des fleurs, et en raison directe du mouvement à réfléchir; le froid, les ténèbres, diminuent de beaucoup l'effet de ces corps particulièrement réflecteurs du mouvement, dans ses rapports avec notre système olfactif.

Après ce qui précède, il nous semble que nous sommes en mesure de répondre aux deux questions suivantes, la première : Comment naît la liquidité? La liquidité naît quand, dans une ou plusieurs combinaisons mélangées, on apporte un mouvement en *plus*. Comment apporte-t-on ce mouvement en plus? De deux façons : physiquement par la chaleur, la lumière, l'électricité, et chimiquement par association de corps fortement constitués en mouvement intime, et qui, par cela même, fixent mal et peu le mouvement excédant, répandu dans la liquidité et constitutif de cet état, tels que l'oxygène, le chlore, l'azote même.

A la seconde question : Comment cesse la liquidité? La liquidité s'abaisse et se perd chimiquement par l'introduction dans le mélange de corps doués intimement d'un faible mouvement, et par cela même accapareurs du mouvement excédant, nécessaire au maintien de la liquidité : alcool, sulfures, phosphures, carbures, etc. Elle se perd encore physiquement par un abaissement de chaleur, d'électricité, de lumière, etc. On peut se faire une idée de l'effet produit par les carbures dans les mélanges en songeant à l'abaissement terrible de température que les esprits concentrés produisent au bout d'un certain temps dans l'organisme.

Donc, le mouvement absolu, se répandant émissivement, directement sur les corps, en sort avec un son, une odeur, une chaleur, une lumière, une couleur, une électricité spécialisés, qui donnent les modifications infinies de l'ouïe, de la vue, de l'odorat, etc.

Il est bien entendu que ce que nous disons dans ce chapitre doit s'entendre de la liquidité considérée absolument ; l'eau par elle-même, étant un corps défini, agit comme un corps défini, soit dans le phénomène d'hydratation des oxydes solubles, soit par combinaison, en hydratant les acides (l'acide sulfurique qui donne de la chaleur par son union avec l'eau).

L'application de ces faits, que nous ébauchons à peine ici, suffira néanmoins à ouvrir les yeux des hommes expérimentés et à faire tomber le voile qui leur cache tant d'autres secrets incompris, dans la nature. Mais, pour cela comme pour le reste, nous n'irons pas chercher le concours de proportions chimériques tirées de la puissance des nombres; les trois lois physiques que nous venons de développer suffisent à l'explication de tous les phénomènes.

Liquidité tonale du feu.

Dans l'acte qui introduit le mouvement dans les corps par le
moyen de la chaleur, les phénomènes sont loin de présenter une
suite homogène. La chaleur, appliquée à une substance quelconque, commence le plus souvent à se combiner avec elle, à moins
qu'elle ne soit déjà sur la limite de la condensation possible; la
chaleur trouve donc dès l'abord une condensation nouvelle qu'elle
réalise immédiatement. Mais, si on augmente l'intensité de cette
chaleur, elle ne se combine plus, par suite de la cessation d'une
résistance convenable de la part du corps auquel on l'applique, et
ses effets deviennent de véritables phénomènes de liquidité.

C'est aussi ce que nous voyons constamment s'opérer dans le
rapprochement de l'eau avec les solides ou les gaz. Si l'eau est relativement en quantité très-faible par rapport au solide, elle
s'unit à ce solide en se solidifiant, sans doute par condensation;
si, au contraire, on augmente sa masse relative dans des proportions suffisantes, elle agira comme dissolvant, et nous croyons
qu'il n'existe pas de solides, au monde, même les métaux les plus
résistants, qui puissent échapper à la force dissolvante de l'eau
qui agirait sur eux dans des circonstances convenables de volume
et de temps. Nos moyens d'observation seuls nous font défaut en
cette circonstance.

La chaleur n'affecte pas les corps, comme la physique moderne
le professe, par l'introduction matérielle d'un fluide entre les
molécules des substances, par une simple interposition copartar-
geante de l'étendue; le mouvement général, dont la chaleur n'est
qu'un état de condensation particulier, se borne à disposer les
substances, solides ou non, d'après l'état même que cette condensation calorique peut amener dans les corps. Pour bien comprendre l'action du mouvement sur la matière, il faudrait descendre à un rapprochement des plus humbles dans l'échelle des
appréciations humaines, mais d'une simplicité de démonstration
frappante.

Dans notre jeunesse, tous, plus ou moins, nous avons été gratiñés de ces fiches de bois, croisées, sur lesquelles on implante à volonté des soldats à pied et à cheval et autres représentations sympathiques au jeune âge. Ces fiches de bois obéissent à une impulsion générale et complétement similaire, qui ne fait varier absolument que la forme des figures tétragoniques, faisant la base de cette construction récréative. Ainsi la contraction ou la dilatation des tétragones amène aussi comme résultat immédiat le rapprochement ou la dissémination des figures implantées sur le réseau solide. Donnez aux angles perspectifs du premier tétragone une ouverture très-aiguë, la troupe de soldats se développera considérablement; au contraire, substituez l'angle obtus à l'angle aigu, et la combinaison sera retournée. On doit en quelque sorte s'aider de cet exemple pour comprendre les effets du mouvement dans la nature. La matière, si poreuse par elle-même, semble disposée sur un de ces réseaux de mouvement qui, pour ne pas dénoncer une solidité aussi saisissable à nos organes que le jouet de nos enfants, n'en constitue pas moins une hiérarchie mobile qui ne diffère du réseau ci-dessus que par une indépendance de jeu bien autrement puissante, et formellement, par des sériations non similaires, mais hiérarchiques.

Quand vous échauffez un corps solide, vous n'interposez rien de matériel qui puisse réellement écarter les molécules de la substance en expérimentation ; vous disposez, sans aucun doute, le réseau du mouvement suivant une autre proportion, et la matière implantée de suivre le mouvement imprimé. Ainsi seulement s'expliqueront ces admirables constructions sidérales qui marchent d'un seul mouvement, malgré leurs rotations spéciales, comme si on avait affaire à cette calotte de cristal azur, semée de clous d'argent, si célébrée par l'antique poésie. L'action du mouvement collectif et l'action des forces dynamiques officiellement professées n'arriveront jamais qu'à des constatations de détail, mais dont les tentatives d'explication rationnelle ont toujours échoué et échoueront toujours en face d'un cerveau critique sans préjugés.

Le mouvement est tout dans la nature; la matière suit son impulsion aveuglément, et, si elle lui oppose les condensations spéciales, elle les tient, ces condensations mêmes, d'une hiérarchie précédente établie d'après les lois normales du mouvement, laquelle a été dérangée, disloquée et disséminée par des raisons que nous ne pouvons retrouver à cette heure.

Maintenant, quelle action cette chaleur, introduite dans des composés complexes, va-t-elle produire comme résultat de combinaison ou de dissociation?

Des effets proportionnels évidemment à la limitation spéciale que peuvent fournir au mouvement les corps en présence; de sorte que la chaleur ou le froid seront causes de beaucoup de modifications qui ne se seraient jamais produites, sans cela, entre ces diverses substances. Et ces effets recevront une extension d'autant plus considérable, que tel ou tel corps, spécialement, sera placé dans telle ou telle position privilégiée, à l'exclusion des autres corps, pour gagner ou pour perdre relativement du mouvement condensé.

Newton a tiré toute sa physique de deux forces mécaniques, la force centripète et la force centrifuge, répondant au fond à ces mutations que nous venons de reconnaître dans les divers états de condensation du mouvement. Depuis, ses élèves ont accolé à chacune de ces forces complétement *externes*, la force *expansive* de la chaleur, la force attractive de solidification par cohésion ou autrement, confondant ainsi le simple et le complexe, l'interne avec l'externe. De sorte que, englués aujourd'hui dans ces analyses fautives, ils ne savent comment sortir d'un système aussi incohérent.

L'astronomie, malheureusement, ne prouve guère au vrai critique, puisque la distance des corps célestes, leur densité, leur volume, sont calculés *a priori* sur les données elles-mêmes qu'il s'agit de prouver. La régularité de certains mouvements empiriquement reconnus peut seule apporter quelque consistance aux faits admis. Mais il est évident qu'aujourd'hui il y a bien peu de fond à faire sur la partie déductive de l'astronomie; la seule assistance de sa part serait celle qu'on peut tirer d'observateurs naïfs, en dehors de tout système. Quoi qu'il en soit, l'astronomie, depuis quelque temps, a bien peu fourni de principes utiles aux sciences physiques, et les savants seraient obligés de l'abandonner aux risques de l'avenir, comme le pédagogue déchire le travail incomplet de son élève, si elle devait continuer les mêmes errements. Chimistes, physiciens, physiologistes, médecins, doivent reposer leurs yeux, fatigués de regarder dans le vide, et c'est des corps à notre portée que sortirait la science didactique, chargée d'éclairer le vrai chemin que suivent les astres dans leur parcours incompris, si l'astronomie restait dans les hypothèses infécondes qui l'ont occupée jusqu'ici. Que les astronomes modernes se mettent à l'œuvre pour constater sérieusement et loyalement l'état du ciel ; cette statistique modeste vaudra plus, pour l'avancement des études, que tout ce qu'on fait généralement. Déjà le goût s'est répandu de rapprocher les observations anciennes des observations modernes ; de sorte que l'astronomie, par instinct, se montre désireuse d'entrer aujourd'hui dans le grand travail synthétique des sciences naturelles ; nous attendons beaucoup de ses efforts, ordinairement si élevés, dans l'association complexe des sciences physiques, si réellement elle poursuit cette nouvelle voie.

PHYSIQUE.

PROPRIÉTÉS GÉNÉRALES DES CORPS.

Jusqu'ici, on a beaucoup plutôt défini la physique en déclarant ce qu'elle n'est pas qu'en montrant ce qu'elle est véritablement. C'est au moins la pensée qui ressort des définitions qu'on tirerait des écrivains; de même, la pénurie des vrais principes rationnels en physique est si grande, qu'on a comblé la lacune qu'elle présente en y plaçant des généralités sur les apparences extérieures; de sorte qu'au lieu d'avoir des lois intimes et directes, on n'a qu'une constatation des apparences vulgaires. Voilà, selon nous, à quoi se réduit cet assemblage de grands mots qu'on appelle *propriétés générales des corps*. D'après cela, il est clair que les principes de la physique actuelle ne doivent guère porter que sur des phénomènes extérieurs à la matière, de sorte que certaines parties des sciences naturelles, dans lesquelles il y a lieu de sonder la nature interne, non-seulement ne peuvent tirer aucun parti de cette physique externe, mais qu'elles se sont trouvées dans la nécessité d'élever autel contre autel, physique contre physique; autrement dire, de constituer des schismes scientifiques, sur l'introduction desquels la physique reste muette par insuffisance de doctrine ; aujourd'hui la physique n'est une science *externe* que par sa non existence théorétique ; le jour où elle aurait des principes généraux, sa définition serait à refaire. La physique, logiquement définie, n'est donc pas l'ensemble des phénomènes externes, comme on veut le dire, pas plus que la chimie, par opposition, ne serait l'ensemble des phénomènes internes ou intimes. La physique est la science qui doit établir les lois *générales* et abstraites de la nature, portant sur des phénomènes internes ou externes, et la chimie, l'astronomie, les physiologies diverses, seront et ne devront être que les diverses applications de ces principes purement élémentaires des lois supérieures de la nature, à tel ou tel point de la création ; de même que la géométrie, élément abstrait de la partie formelle des corps, a donné naissance à des sciences accessoires très-nombreuses, qui ne semblent être qu'un chapitre spécial et très-étendu de la science normale géométrique. Les physiciens se sont retranchés dans l'étude exclusive des phénomènes extérieurs, par cette raison peu concluante qu'on n'aurait dit de tout temps que des absurdités sur la nature intime des corps. Le plus clair de ce raisonnement prouve la fatigue, pour ne pas dire la paresse de ceux qui devraient se mettre à la tête des connaissances humaines, sous peine de déchéance complète. Parce que Dieu aussi est difficile à saisir et à expliquer, il y a longtemps que l'athée a dit :

Non est Deus...

et tous les jours cependant on rencontre de vrais croyants. C'est que, dans la conscience religieuse comme dans l'apperception scientifique, il est un besoin invincible qui pousse vers l'intelligence du souverain bien, du souverain vrai, à ce point que l'antiquité tout entière a préféré par goût suivre les hasards dangereux des hypothèses scientifiques que de jeter honteusement ses armes de combat en face des mystères de la nature. Un savant très-éminent, M. Babinet, a dit dans son *Traité de physique*, édité dès 1825 : « Dans l'état actuel de nos connaissances, c'est à ces découvertes des *propriétés moléculaires* qu'il faut s'attacher pour faire avancer la science. » Ici moléculaire ne se comprend qu'avec le commentaire du mot *élémentaire*, autrement dire, c'est à la découverte des *propriétés élémentaires* des corps qu'il faut s'attacher pour faire avancer les sciences.

La physique était pour les anciens, comme elle doit rester aux yeux des gens sensés, la science des faits abstraits et généraux de la nature ; φυσις, la nature dans sa généralité complexe, interne et externe, médiate et immédiate. Ils n'ont pas trouvé ce qu'ils cherchaient, c'est possible ; ils n'en doivent être que plus honorables à nos yeux : ce sont de glorieux soldats qui nous laissent le soin de continuer leurs efforts et non d'abandonner honteusement la lutte.

Les sciences paraissent subir un phénomène — vulgaire dans la physiologie animale et végétale — où l'on voit certains animaux, certains arbres, n'acquérir de développement qu'en repoussant à des périodes de temps déterminées leur enveloppe extérieure, leur écorce.

De même les sciences, constamment enveloppées dans des systèmes exclusifs, qui sont l'écorce des connaissances humaines, ne peuvent faire de progrès qu'en jetant par terre ces doctrines tyranniques.

Au lieu de cela, qu'a-t-on fait? Profitant, il y a quelques siècles, de la renaissance très-heureuse des mathématiques, par l'influence de Descartes notamment, on a fait de la physique une mathématique appliquée, une sorte de mathématico-physique, avec laquelle on a cru pouvoir remplacer l'étude des principes abstraits, de ces principes qui dominent la nature entière, et, bien entendu, on n'est arrivé absolument à rien, si ce n'est à établir les rapports de division entre les phénomènes, des rapports de grandeur, de quantité, et les combinaisons de ces subdivisions.

Il n'y a personne qui aime et qui respecte plus que nous les mathématiques et les mathématiciens; nous avons pour ces études une telle sympathie, que si nous pouvons formuler un désir, c'est de voir nos faibles travaux repris et développés par des mathématiciens capables, et que le peu de loisirs qui nous restent, nous les passons à étudier cette science admirable. Cependant, de même que la confiance dans la logique ne doit pas excuser des

manies scolastiques, de même aussi l'affection pour les mathématiques ne doit pas entraîner dans les illusions déplorables de la
physique algébrique. La science mathématique est la science de
la *division* des grands phénomènes physiques, bien mieux, de
certains concepts encore classés aujourd'hui dans la catégorie des
entités, tels que le temps, l'espace, l'étendue, etc. Mais, nous ne
saurions trop insister sur ce point, les mathématiques ne peuvent
avoir d'autre action absolument, réellement, positivement, que,
sur la division de ces phénomènes ou de ces concepts. Le lot
n'est-il pas assez beau déjà ? Pourquoi donc se bercer de l'illusion
si fausse et si mensongère d'une capacité probante dans le domaine des inductions philosophiques ? Ou les mathématiques sont
basées sur la logique et font alors double emploi avec elle ; ou la
logique est basée sur les mathématiques, c'est-à-dire que l'élément
rationnel sort d'une division, ce qui est absurde. Le calcul, dans
les travaux de faits, est une œuvre souvent préliminaire à l'induction, soit ; c'est le crible qui divise et qui classe la matière des
études. Mais, servante de l'induction, qu'elle ne prétende pas spo-
lier ses maîtres et se substituer audacieusement dans leurs droits.
« L'algèbre la plus simple, la plus exacte et la mieux adaptée à
son objet de toutes les manières de s'énoncer, est à la fois une
langue et une méthode analytique. » (Lavoisier, préface du *Cours
de chimie*.)

Ce qui pousse surtout à cette confiance excessive dans les trou-
vailles mathématiques, ce sont les résultats étranges de ces équations algébriques arrivant à la découverte des inconnues avec
un art voisin du merveilleux. Mais ces inconnues si admirablement découvertes, que sont-elles ? Des déductions physiques, des
lois générales ? Mais, non vraiment, de simples parties de cette
division, spéciale au calcul, des fractions d'un tout, ne pouvant
fournir un mot, un seul mot, sur la base des phénomènes. Les
études mathématiques n'en sont pas moins devenues une sorte
de panacée universelle à laquelle on demande encore aujourd'hui
avec insistance, certes, ce qu'elles ne pourront jamais donner :
des principes généraux !

Mais, en montrant le vide de ces illusions, il faut aussi constater
les admirables services que le calcul a rendus là où vraiment il

avait sa place toute trouvée ; la dynamique, l'optique, l'acoustique, lui doivent tous les développements qu'elles ont aujour-
d'hui; et, pour avancer des lois de détail, nous tenons à le proclamer hautement ici, nous ne croyons qu'aux mathématiques.
Elles seules peuvent apporter cette certitude que donne la constatation mesurée des faits; c'est la suprême épreuve par laquelle
doivent, en définitive, passer toutes les théories. Mais aujourd'hui que le calcul règne en maître absolu sur les sciences,
qu'à la faveur du découragement philosophique il a usurpé la
place de l'induction purement physique, nous avons bien peur
qu'il ne se montre un appréciateur partial, un arbitre juge et
partie. Qu'alors il se rappelle le talon d'Achille; car lui aussi a sa
partie vulnérable : ce postulat caché à la base de toutes les démonstrations algébriques, ce phénomène naturel, plus ou moins
complexe, duquel on part audacieusement pour construire des
volumes d'hiéroglyphes chiffrés qui épouvantent les plus habiles,
et qui ont fait dire à un plaisant de haut parage qu'il aimait
mieux le croire que d'y aller voir.

L'art du sophiste habile consiste à glisser à la base de sa démonstration une proposition fausse ou douteuse, sur laquelle il
fonde ensuite d'excellents raisonnements dialectiques. Le mathématicien doit prendre garde d'édifier de très-orthodoxes calculs sur des phénomènes controuvés. Que de théories admirablement PROUVÉES par le plus pur calcul ne sont-elles pas tombées
tour à tour dans le discrédit, depuis l'*émission* de Newton jusqu'à
la théorie de Poisson sur l'électricité dans le vide, et les discussions sur la chaleur, la capillarité, où l'on trouve, du même coup
tant d'illustres mathématiciens qui se disputent la victoire, des
volumes de chiffres à la main ! Le calcul, comme la fiancée du
roi de Garbe, est de facile composition, et nous le regardons, à
l'état de théoriste, comme une vertu assez compromise.

Un colonel du génie de notre connaissance disputait, il y a
quelques jours à peine, avec un maréchal illustre sorti de son
arme, sur la poussée des terres dans les constructions militaires,
et il citait à l'appui de son idée les nombreux traités *algébrisants*
sur la matière. Le maréchal lui répondit : — Les centaines de
volumes écrits avec accompagnement de X sur la poussée des

terres ont assez rapporté de croix et de places à ceux qui les ont
faits, sans qu'il soit utile d'y joindre encore ma confiance, qui
leur est parfaitement refusée. Les terres si bien enchaînées en
formules n'en feront qu'à leur aise :

E pur si move!...

Porosité, dilatabilité.

Si, dans la première partie de cette introduction, nous avons
eu le bonheur de faire comprendre suffisamment l'importance que
les découvertes récentes ont donnée à la POROSITÉ des corps, il est
clair que, prenant pour premier point de départ une divisibilité
de la matière infinie, et ne nous accorderait-on cette divisibilité
qu'indéfinie pour les faits à notre portée, nous devons en déduire une pénétrabilité relative, d'où sortira à son tour nécessairement le concept d'étendue et de figurabilité, qui sont complétement soumis au plus ou moins d'écartement que cette porosité
établit dans la matière. C'est alors qu'il nous sera très-facile d'expliquer l'identité réelle de l'eau et des corps analogues sous les
trois états : solide, liquide, gazeux. Si à la glace, supposée d'une
porosité particulière, vous ajoutez du mouvement par le feu ou
tout autrement, elle changera cette porosité relative, autrement
dire l'écartement de ces séries moléculaires, pour revêtir une autre figurabilité et en même temps une autre étendue qui sera
l'état liquide; comme elle irait jusqu'à l'état gazeux si on conti-
nuait le même traitement au delà des limites de la liquéfaction
simple.
Voilà en peu de mots l'explication logique, non pas des propriétés de la matière, car ces propriétés nous sont incompléte-
ment connues de toutes façons, mais des ÉTATS de la matière. De
sorte qu'au moyen d'un seul phénomène, l'écartement sériel,
nous sommes à même de comprendre, par l'étendue : la divisibilité, la condensabilité, la dilatabilité des corps; par la figurabilité : l'état solide, liquide et gazeux. Il reste l'élasticité et la mobilité, que nous allons traiter à part avec détails; enfin, par les

lois de *condensation* et d'*angulaison*, nous atteignons les différences sérielles qui dominent la matière.

Élasticité, ou développement de l'intensité et de l'homogénéité du mouvement intime.

La compressibilité, l'extensibilité, la ductilité, les résistances à l'écrasement, aux courbures, etc., se confondent avec l'élasticité, ou n'en diffèrent que par des points très-peu nombreux ; ce ne sont que les modifications de l'élasticité elle-même.

L'élasticité est un des points de la physique sur lequel il est le plus facile de juger de la profondeur de ceux qui ont tour à tour traité cette matière. Les uns, les écrivains superficiels, en ont fait un joujou d'enfant, en passant agréablement en revue les cas amusants qui donnent l'idée de ce mystérieux phénomène. Les autres, les écrivains chercheurs, les savants consciencieux et profonds, en tête desquels il faut toujours inscrire M. Biot, se sont fortement émus de cet état particulier de la matière, suspectant qu'il se cache de grandes vérités sous cette résistance des corps à reprendre un certain état normal, relatif à une position préalablement imposée. L'élasticité, dans les solides, constitue un état de concentration et d'homogénéité de mouvement aussi intense qu'il soit possible de l'imposer à la matière ; — dans la nature organique, l'élasticité se produit par l'adjonction de ce mouvement en plus contenu dans les liquides ; aussi le mot vulgaire de *sec* est-il devenu l'opposé du mot élastique, par cet instinct inouï du travailleur, qui devance si souvent les plus belles théories de la science. Dans la nature inorganique, on n'a su déterminer jusqu'ici de l'élasticité dans les corps qu'en les constituant d'abord dans un état de mouvement plus homogène, ce qui constitue la métallisation ; enfin, une fois cette homogénéité acquise, en emprisonnant en quelque sorte du mouvement en plus, par un subterfuge manuel qu'on appelle la trempe. Homogénéité, puis mouvement en plus par adjonction d'un liquide, du feu ou autrement : tels sont les deux grands principes qui doivent nous servir à expliquer les faits si mal définis de l'élasticité.

Les molécules qui composent les métaux et les alliages sont souvent constituées de telle sorte, qu'elles ont la faculté de retenir et de ramener à un point fixe les parties de leur masse, ou la masse déviée de la normale à sa position primitive. En un mot, les métaux simples ou combinés sont doués de ce ressort qui produit l'oscillation des barres et des plaques, pour retourner à un état relatif que nous appelons le repos. Mais le phénomène de l'élasticité ne présente-t-il que ce fait curieux? Nous allons voir que non. Le fer est peu élastique quand il est brut; il l'est même assez peu avant la trempe. Pourquoi cela? Parce que, sans doute, dans sa constitution industrielle, nous n'avons pas songé à développer chez lui l'élasticité par d'autres moyens que ceux de la carburation, de l'écrouissage et de la trempe. En un mot, nous n'avons pas employé, en le fabriquant, les soins qui sont utiles pour le placer du premier coup dans les circonstances nécessaires à l'électricité. Faut-il attribuer cela aux impuretés qu'il contient à l'état marchand, ou simplement au mode de fusion et de martelage? Oui, sans doute. L'appât du gain y laisse des sulfurations, des phosphurations, qui s'opposent à toute espèce d'homogénéité dans le mouvement intime, résultantiel. Le martelage n'est pas jusqu'ici développé au point de grouper les molécules avec adjonction d'un mouvement en plus. Nous sommes donc convaincu qu'on peut donner l'élasticité au fer par bien d'autres moyens que ceux qu'on indique généralement, sans compter ceux qu'on trouve tous les jours. Si nous laissons pour un instant le fer, et que nous considérions l'or, l'argent, le cuivre, etc., nous voyons que la trempe a peu d'effet sur ces corps. Seulement, en mettant le cuivre dans cette catégorie, les physiciens ignorent trop que le cuivre devient élastique, très-élastique, lorsqu'on le bat, mouillé, sur une enclume, et que ce procédé est des plus vulgaires. Bien mieux, un alliage de 78 parties de cuivre et de 12 d'étain, cet alliage avec lequel on fait les tam-tam, ne devient malléable que par la trempe, tandis qu'il est cassant et aigre avant d'avoir subi ce travail. C'est que, dans ce cas évidemment, 78 cuivre et 12 étain fournissant une combinaison douée de trop peu d'homogénéité par le simple rapprochement de la fusion, il faut employer la trempe; et bien mieux, nous en sommes convaincu,

des trempes successives, graduées, intelligemment dirigées, pour
introduire dans cet alliage la sériation normale, à laquelle il ne
peut arriver dans l'état actuel du traitement qu'on lui fait subir.
Nous croyons que tous les métaux et beaucoup d'alliages sont susceptibles de prendre un degré d'élasticité bien différent de ceux
qu'on sait leur donner aujourd'hui ; en cherchant patiemment,
à l'aide des deux principes que nous indiquons, les moyens de
leur introduire assez de mouvement intime pour qu'ils arrivent jusqu'à la réalisation d'une constitution nette et fortement
définie. L'élasticité n'est pas autre chose que l'exercice puissant
de la cohésion sérielle; cherchons donc les combinaisons puissamment arrêtées, et nous atteindrons la conséquence qui en dérive
nécessairement, l'élasticité. Le fer nous rend la route plus facile
en nous montrant comment on augmente sa puissance élastique.
Mais ce ne sont pas les carbures, les siliciures, qui apportent l'é-
lasticité si désirée; au contraire, ils s'y posent dans une proportion notable, et nuiraient à l'effet général de la trempe si l'on
ne cherchait pas à rendre l'acier très-dur en même temps qu'é-
lastique. Aussi l'art du trempeur oscille-t-il entre des limites de
dureté et d'élasticité, auxquelles il est obligé de sacrifier constamment. Nous verrons plus tard comment. Il faut traiter les autres
métaux, non pas avec les corps ci-dessus, car les relations ne
sont plus les mêmes, mais avec des corps appropriés à la recherche que nous tentons. Le zinc, si difficile à travailler, ne
vient-il pas tout dernièrement d'être tiré à la filière? Une certaine
dose de mouvement en plus est nécessaire pour constituer cette
élasticité spéciale basée sur la sériation que nous recherchons
dans les métaux pour les besoins de l'industrie. Le caoutchouc
trempé dans du soufre est venu donner, dans ces derniers temps,
un appui à notre théorie de la trempe. C'est en immergeant
le caoutchouc brut dans un corps mauvais *condensateur* de mouvement, en déterminant, en un mot, un phénomène de *limitation* excessive, que le caoutchouc réagit sur lui-même, se série,
dans les proportions qui lui sont inhérentes, et, par cela, acquiert le degré d'élasticité qu'on lui impose aujourd'hui. Sans
doute qu'ainsi, comme dans la trempe de l'acier, on emprisonne
dans ses molécules une condensation de mouvement supérieure

à celle qu'il peut acquérir dans l'état ordinaire. Nous pourrions citer bien d'autres effets de trempe, sans compter ceux des tam-tam, qui modifient singulièrement la texture des corps. On peut affirmer sans crainte que nous sommes, à cet égard, dans l'enfance de l'art; il est impossible de regarder, en effet, la perfection comme attachée à des faits de pur hasard et de pure routine. Si, comme nous le prétendons, les modifications subies intimement par les corps ne peuvent se faire que par la réaction du corps sur lui-même, en vertu des lois de limitation, on comprend très-bien que nous ayons fortement à trouver encore, pour soumettre les combinaisons matérielles connues à ces effets de limitation dont nous avons posé le principe. Il n'est donc pas difficile d'expliquer pourquoi les métaux et le fer lui-même, précipités des solutions aqueuses, ont si peu souvent l'aspect métallique, en tous cas, ne possèdent jamais d'union intime entre leurs parties. Il faut les chauffer pour rétablir leur agrégation. Au contraire, employez-vous un moyen terme, un subterfuge, pour les forcer à revêtir cette cohésion de parties, exigées pour l'utilité de leur emploi, ils obéiront sans difficulté à la loi d'homogénéité qui les régit fatalement. Comment expliquer la dorure, l'argenture, la galvanoplastie, si ce n'est par cette communication d'un mouvement homogène? Par l'électricité, vous attirez les solutions métalliques sur un corps déjà équilibré; et, par une communication similaire du mouvement, vous forcez un métal dissemblable de constitution à se rapprocher d'un autre métal, sur lequel il ne viendrait tout au plus quelquefois sans cela que se déposer en flocons pulvérulents. C'est ce mouvement supérieur, imposé aux deux corps par l'excès électrique, qui fait taire chez tous deux leur individualité présente pendant tout le temps nécessaire à leur rapprochement, et à cette cohésion hybride qui semble homogène au premier aspect, en tous cas, qui se comporte comme telle. Mais c'est déjà aller trop loin dans l'étude de l'harmonisation du mouvement par prépondérance: nous ne pouvons espérer en faire comprendre les lois qu'après l'étude de l'acoustique analytique, où l'on trouve la clef de semblables évolutions.

La mobilité.

La mobilité nous présente une occasion précieuse à saisir pour développer un point radical de critique sur la méthode didactique des physiciens. Dans toutes les connaissances humaines, surtout dans la métaphysique, qui est leur centre et leur modèle, on a séparé avec un soin infini les rapports qui existent entre le partitif et le collectif, entre la chose simple et la chose composée, entre l'interne et l'externe. Nous ne voyons pas qu'on ait songé le moins du monde à cette nécessité logique dans la démonstration de la physique. C'est ainsi qu'on n'a jamais établi, bien ou mal, la nature ou même les apparences du mouvement intime des corps. Et cependant il est impossible de le nier, non-seulement après les découvertes du polymorphisme et des cristallisations progressives qui s'établissent dans les métaux, mais, bien mieux, dans le phénomène élémentaire des cristallisations vulgaires, si bien décrites par M. Mitscherlich.

Les physiciens répondent là-dessus, comme pour tout ce qui les embarrasse, qu'on a dit tant de sottises sur les choses qui leur sont encore inconnues, que mieux vaut leur ignorance qu'une erreur condamnable. Et, d'ailleurs, ils jettent vite cette difficulté sur le dos du chimiste, qui se récuse à son tour, et avec d'autant plus de raison, que la cristallisation n'est nullement une modification de combinaison dans les corps, mais un mouvement intime, un changement dans la forme, qui relèvent exclusivement du physicien. Le chimiste n'use-t-il pas d'un droit en se récusant, puisqu'il n'a à voir que des effets produits par l'action d'un corps sur un autre corps, et non pas le mouvement ou l'action d'un corps sur lui-même ?

Eh bien, malgré cela, ce sont les chimistes, dans ces derniers temps, qui ont pris la tête de colonne en physique. Dalton, Berzelius, Wollaston, Davy, ont fondé un système atomistique des tables d'équivalents qui ont donné à la chimie une impulsion vivifiante que l'avenir agrandira encore certainement. Il existe donc vraiment un travail intime de la matière, un mouvement quel qu'il soit; nous ne prétendons pas en donner l'histoire et l'exposition détaillée, mais ce que nous devons surtout établir, c'est que ce mouvement est simple ou partitif, par rapport à un mouvement transmis sur une matière complexe, additionnée, laquelle réagit sur les combinaisons de sa catégorie. En un mot, il y a deux principes très-différents à établir, entre ce mouvement intime et relativement simple, de l'eau qui se solidifie ou qui se vaporise, et entre les lois de la force, qui régit les phénomènes de la transmission du choc du mouvement entre deux glaçons qui se rapprochent (pour ne pas sortir du même corps). Un navigateur assure avoir vu surgir des étincelles dans le choc de ces masses immenses. Il est clair qu'un logicien un peu soucieux n'eût pas négligé d'établir, dans le mouvement, le principe partitif et le principe collectif, puisque c'est un des travaux élémentaires de toute science déductive et propédeutique. Dans aucune partie de la physique, les injures faites à la logique ne sont aussi sensibles, aussi fâcheuses, qu'en ce qui concerne la mobilité. Comment s'est-on tiré de ce mauvais pas? En appelant les propriétés, dites générales, que nous dirons, nous, *mal définies*, au secours de toutes les lacunes amenées par les défauts d'organisation philosophique de la science. Le fer fondu et forgé vient-il plus tard, sous des influences mystérieuses, à prendre la forme cristalline, ainsi qu'on peut en voir les détails très-curieux dans le mémoire de Savart : on expliquera ce phénomène, qui intéresse si fortement la sécurité publique dans la rupture des essieux, par une élasticité particulière qui ramènerait le fer à un état primitif...

Primitif à quoi? Il en est de même des cristallisations du soufre obtenues dans une circonstance spéciale, elles se défont pour en revêtir de particulières, qui, elles-mêmes peut-être, ne sont pas le dernier terme des métamorphoses cristallines. On l'explique encore par un retour à un état primitif. Retour primitif ou non, il y a dans ces faits, que nous pourrions multiplier beaucoup, un mouvement particulier que nous appelons simple, élémentaire, intime; comme nous appelons collectif et externe le mouvement de translation qui pousse deux masses l'une contre l'autre. On voit donc, par ce simple aperçu, que le mot *mo-*

bilité, tel qu'on l'entend en physique, dénote un défaut complet d'organisation logique, et qu'il est nécessaire de diviser le mouvement de la matière en deux parties : le mouvement partitif, simple ou interne, et le mouvement des collectifs, ou mouvement complexe et externe. Nous donnons, dans la seconde partie de cette introduction, l'idée la plus claire qu'il nous ait été possible de trouver de ce mouvement simple et externe de la matière; ce que nous pourrions dire ici préalablement n'avancerait à rien. Quant à ce qui concerne le mouvement des collectifs ou mouvement externe, et qu'on traite dans les livres de physique sous le titre de mobilité, nous n'avons rien à objecter là-dessus. Les hommes les plus éminents, soit dans la science expérimentale, soit dans la partie mathématique, ont retourné en tous sens ces études, aujourd'hui regardées comme aussi bien établies qu'un axiome de géométrie. Nous voulons bien le croire, et nous y souscrivons, sous bénéfice d'inventaire; notamment pour les propositions suivantes, qui n'ont pas toujours passé sans contradiction : la réaction est égale à l'action, l'isochronisme des oscillations du pendule, etc., etc.

Vitesse.

Nous ne devons pas quitter ce qui a trait à la *mobilité* sans dire un mot de la *vitesse* telle qu'on l'entend aujourd'hui. La *vitesse*, par rapport à la *mobilité*, est, dit-on, le rapport entre l'espace parcouru et le temps. Où a-t-on pu trouver que la vitesse fût le rapport entre l'*espace* et le *temps*? Il n'y a pas de relation immédiate entre les concepts de *vitesse* et ceux d'*étendue* et de *temps*.

Le rapport vrai, le rapport immédiat, est celui qui explique un concept sans sortir de ce concept; car la saine logique repousse les associations que la psychologie n'a jamais pu établir elle-même d'une manière incontestable. La *vitesse* est le résultat du *mouvement* appliqué à une substance matérielle. Or que peut-elle indiquer? Le plus ou moins de mouvement dirigé sur une masse, ou le plus ou moins de masse opposé à un mouvement.

Donc la vitesse est la constatation faite entre le mouvement et la chose mue, par la seule vérification que puissent aborder nos sens au moyen de l'étendue et du temps. En un mot, la vitesse est une composante dérivant de la somme de mouvement en face du collectif solide, matière qui lui est opposée; c'est le rapport du mouvement à la masse.

Certes, nous ne faisons pas ici des chicanes de mots pour le plaisir de critiquer, nous prétendons seulement démontrer que la physique d'aujourd'hui est une salade de chapitres, placés au hasard selon le caprice de l'auteur, quand ce n'est pas même une simple spéculation qui permet de refaire vite un traité nouveau, en changeant seulement l'ordre établi par un rival ou un prédécesseur. On peut commencer l'étude de la physique par le commencement, le milieu ou la fin, sans crainte d'en pâtir; ainsi que l'a dit ironiquement un des plus honnêtes et des plus habiles physiciens de notre époque.

Conséquences de la mobilité externe, ou du mouvement collectif et des lois de la statistique, de la dynamique qui y correspondent.

Si, dans l'étude du mouvement intime et simple des corps, on rencontre de si grandes erreurs, au moins des lacunes si regrettables, il n'en est pas de même dans celle qui a trait au mouvement externe et collectif. On pourrait dire que, à cet égard, il n'y a qu'une seule méprise, méprise radicale sans doute, mais qui n'influence en rien la conception de ce mouvement externe. En effet, les physiciens débutent dans l'exposé de la propagation du mouvement par cette phrase radicale : Les mouvements des corps sont toujours produits par des causes qui leur sont *étrangères* et qu'on désigne sous le nom de forces. C'est exclure d'un trait de plume toute initiative dans le mouvement, c'est fonder l'inertie *absolue*, qui, on peut le dire, est aujourd'hui la pierre angulaire de la physique, et sur laquelle nous nous expliquerons bientôt. En ce qui concerne la propagation du mouvement externe et collectif, nous ne pouvons que nous associer à un effet d'inertie relative, mais non absolue. Les phénomènes de ce genre, mal connus dans leur développement, semblent enseigner que cette considération est la plus prudente jusqu'à nouvel ordre. On n'a jamais vu un corps changer de place seul, dit-on. Nous voulons bien le croire, mais qui le sait? Nier aussi énergiquement, c'est affirmer; or pourquoi ici les physiciens sortent-ils de leur indifférence ordinaire, à l'égard des phénomènes inappréciables, pour se porter garants d'un fait semblable?

Et voici pourquoi : c'est que les effets du mouvement intime étant inniables, et tenant toute la nature dans un changement lent, imperceptible peut-être à nos yeux, mais constant, nous ne pouvons connaître, au juste, la limite qui sépare l'action du mouvement intime de l'action du mouvement collectif. Nous qui ne pouvons distinguer la marche des aiguilles de montre, dont le mécanisme est connu et dirigé sciemment par nous, comment osons-nous accuser aussi étourdiment la nature d'immobilité? Si nous ne voyons pas le mouvement à la surface de la terre s'effectuer d'une manière distincte, nous foulons tout le jour les résultats qui en dérivent. Le sol de la terre entière, moins des exceptions à peine exprimables, n'est qu'un émiettement complet de solides, autrefois compactes et définis; bien plus, les roches elles-mêmes les mieux agrégées, les plus anciennes que nous connaissions, ne sont peut-être pas constituées par une sériation vraiment élémentaire. On explique tous les phénomènes de géologie par la pluie, le vent, la gelée, la neige, la foudre, les eaux diluviennes, etc., etc.

Nous voulons bien encore l'admettre. Mais ce fer, si bien forgé, si bien battu par le marteau, comment se fait-il que, à la longue, il quitte sa nouvelle forme fibreuse pour retourner à l'état cristallin, ainsi que le démontrent victorieusement, non-seulement les beaux travaux de Savart, mais l'expérience homicide de tous les jours, dans laquelle on voit des chariots se briser sur la voie publique par la fragilité de ce fer retourné à l'état cristallin? Enfin, l'état actuel des connaissances diamagnétiques rend ridicule toute pensée d'inertie radicale. Cela prouve combien il est prématuré de se prononcer sur ce point, en considérant la difficulté qui se présente, pour distinguer les effets du mouvement interne et ceux du mouvement externe. Car, si l'on n'a pas vu jusqu'ici un rocher se transporter tout entier d'un endroit à un autre sans une cause extérieure, au moins voit-on tous les jours des effets d'un transport partiel. Et nous croyons qu'il ne serait pas difficile d'établir, par des faits incontestables, le travail intérieur qui agite la croûte pierreuse de la terre ; idée fécondée, du reste, par M. Élie de Beaumont dans sa théorie du soulèvement des masses rocheuses. Nous regardons ces rochers comme d'énormes cristallisations, et l'on verra, quand nous parlerons des principes qui régissent les cristallisations, combien ces phénomènes s'expliquent naturellement, en donnant raison au savant éminent que nous venons de citer. Tout corps qui cristallise n'abandonne pas seulement de la chaleur, il abandonne surtout du mouvement, dont la chaleur n'est qu'un résultat partiel; et c'est ce mouvement abandonné qui détermine les liquides, devenant solides, à pousser leurs formes dans telle ou telle direction, comme cela est apparent dans la microscopie de la formation des sels, et dans toutes les boursouflures des solides soumis à l'action du feu; il n'y a pas de différence dans les deux cas, si ce n'est que les liquides, étant libres de suivre le mouvement dans sa direction, forment des figures régulières, tandis que les solides et les bouillies terreuses ne peuvent donner que des boursouflements sphériques ou coniques, caractères des volcans. Cristallisation et liquidité semblent être corrélatifs, comme amorphisme, empâtement et solidité. En tous cas, il en est de l'inertie comme de la vitesse, dont la progression normale n'est pas appréciable à nos faibles moyens d'observation, par la verticale; on a donc eu parfaitement raison de partir de ce point (l'inertie) pour juger tous les effets de la propagation du mouvement externe ; seulement il eût fallu prévenir, ce nous semble, de cette convention toute présumée, afin que l'idée d'inertie ne se glissât pas plus tard dans les esprits comme un principe absolu et apodictique; de la sorte, il n'en serait pas résulté ce fatalisme de la matière, organisé dans la statique, qui a retardé pendant des siècles l'étude et la connaissance du mouvement intime des corps.

Inertie, cohésion, attraction moléculaire, frottement, capillarité, etc.

L'inertie est le nom qu'on a donné aux effets qui résultent du rapprochement des corps, par rapport à la transmission du mouvement de translation qu'on prétend leur imposer. Jamais confusion, erreur, etc., ne furent entassées avec plus de profusion pour réduire à l'unité d'inertie ce fait si complexe de la résistance variable des corps à la translation. On fait intervenir pour cela les principes les plus disparates, attraction, cohésion, et enfin le principe abstrait d'inertie rendu absolu, qui n'apparaît jamais ainsi dans les faits pratiques. L'inertie, telle qu'elle est définie et développée aujourd'hui, est une des hontes de la science; et un des points les plus graves d'ignorance logique dont notre époque aura à rendre compte à l'avenir. On emploie, en un mot, un demi-volume, sur deux volumes des traités ordinaires de physique, à passer en revue trois états du rapprochement des corps; battant la tête à tous les murs, sans savoir ni d'où l'on vient, ni où l'on va; invoquant tour à tour, comme nous l'avons dit, les principes les plus contradictoires. Qu'est-ce donc que l'inertie? L'inertie est une *résistance*. Une résistance! professons-le bien haut; car la nature, qu'on suppose, en principe, indifférente au mouvement, n'a jamais montré une seule fois cette indifférence, même dans les mouvements qu'on s'est attaché à rendre les plus absolus; elle offre toujours et doit, du reste, offrir une résistance, si faible qu'elle soit; l'absolu peut-il naître dans les faits contingents?

L'inertie, autrement comprise que comme *résistance*, à des degrés quelquefois infiniment petits, sans doute; mais toujours *résistance* est un mensonge ou une erreur d'autant plus inqualifiable, que les physiciens ont reconnu à la chaleur une tendance à l'équilibre, ce qui devait les mettre sur la voie de cet équilibre de mouvement intime, qui est la propriété la plus apparente de la matière. Aujourd'hui on professe qu'inertie et indifférence sont tout un, identiques, corrélatifs. C'est-à-dire que, faute de vouloir raisonner par soi-même, on a gardé, dans une science qui demande tant d'exactitude pratique, ces vieilles entités scolastiques que renient pourtant les physiciens avec tant d'aigreur. Et l'on se dit expérimental!

Nous défions qu'on nous montre un fait de translation de corps, ce qu'on appelle *mobilité*, dans lequel il n'y ait pas à l'origine un fait de résistance. Or cette résistance, on en tient compte comme d'une imperfection expérimentale, par tables; qui démontrent la fragilité de l'entendement humain, bien mieux encore que les imperfections de la matière. A quelques pages de distance, on voit professer successivement l'indifférence de la matière au mouvement, puis la résistance par inertie, notamment dans le cas du frottement. La matière ne peut avoir les deux états en même temps, indifférence ou résistance; il faut choisir!... Comment se fait-il que le physicien, qui devrait être, à la rigueur, un penseur, un logicien, c'est-à-dire un tireur de conséquences, n'ait pas plus profondément réfléchi à cette constance de la résistance dans la mobilité des corps? Dieu a-t-il donc créé les phénomènes par simple esprit de taquinerie? Les corps, dans leur mobilité, éprouvent de la résistance parce qu'ils exercent une action les uns sur les autres. Non pas une action d'attraction comme on l'entend, quoique, à la rigueur, un esprit superficiel et illogique puisse s'en contenter, mais une action de cohésion, d'équilibre collectif, par similitude ou par adjonction d'équilibre de mouvement. En effet, les corps cherchant une limitation physiquement et chimiquement, ne peuvent, à l'état défini, solide, en rencontrer une que dans le plus ou moins de similitude qu'un autre solide peut avoir avec eux. Mais, une fois ces deux mouvements réunis, ils se joignent, s'équilibrent, et, par cela même, sont résistants à toute circonstance extérieure qui voudrait les distraire de ce mouvement collectif une fois organisé; et cela proportionnellement à la similitude des mouvements respectifs. En un mot, dans les faits physiques, c'est-à-dire de simple contact, les substances exercent, en petit, cette action très-vive que nous voyons les corps chimiques exercer les uns à l'égard des autres, quand on les place dans des circonstances de rapprochement intime, où ce rapprochement peut s'exercer avec le plus d'énergie et de multiplicité; comme dans les solutions aqueuses, métalliques, gazeuses, etc. C'est-à-dire que les corps à l'état de rapprochement physique exerceront les uns sur les autres une action de cohésion, en rapport direct avec leur facilité d'action ou de réaction les uns sur les autres. Seulement, ici, il doit se produire un phénomène inverse à ce qui se passe dans les opérations chimiques par combinaison, et c'est plutôt le fait de non-combinaison qui doit nous guider, parce qu'étant physique lui-même, il se rapproche plus aussi des faits purement physiques. En effet, les corps de même composition chimique mis en solution confuse tendent toujours à se rassembler, et de là aussi naît, pour ces réunions de substances, un état coésif plus considérable, une fois rassemblées, que dans leur état de dissémination liquide. Pour deux masses solides qui se rapprochent physiquement, la similitude et la dissimilitude des mouvements intimes sont tout. De là sortiront trois faits de résistance ou trois inerties différentes: 1° Résistance par rapprochement de deux masses, composées d'une même substance, par conséquent identiques dans leur mouvement intime. 2° Résistance par rapprochement de deux masses de substance différente; par conséquent, de mouvement intime dissemblable, mais qui ont eu le temps de faire un échange quelconque dans la quantité de leurs mouvements intimes, ou de modifier ces mouvements en les rapprochant plus ou moins, au moyen d'un unisson quelconque. 3° Résistance par rapprochement de deux masses solides différentes de mouvement intime, et à qui un temps trop court ne permet aucun échange ou aucune modification de mouvement intime.

Ces trois circonstances, de la résistance des corps par rapprochement, suffisent à expliquer, non-seulement tous les cas d'inertie dénoncés par la physique actuelle, mais les effets inexpliqués par elle des divers frottements, de roulement, de glissement, etc. Nous allons donc parcourir successivement les trois cas que la classification ci-dessus établit sous le nom que nous tirons des traités eux-mêmes, c'est-à-dire : 1° Cohésion et attraction moléculaire répondant à l'uniformité de mouvement intime. 2° Résistance des frottements, de glissement et de roulement, correspondant aux mouvements intimes plus ou moins dissemblables, mais ayant des temps variables pour s'équilibrer. 3° Enfin, résistance simple, par la juxtaposition de corps complétement dissemblables et mal rapprochés physiquement, ce qui répond à l'inertie observée au moment où tout solide est déplacé.

De même que le temps et l'étendue embrassent à peu près tous les faits intellectuels, de même aussi dans ces résistances variées des solides le temps et l'espace qui les séparent dirigent les conséquences qui peuvent en résulter. Il ne suffit donc pas que deux corps soient doués de composition similaire pour agir l'un sur l'autre, il faut encore que l'espace qui les sépare soit relativement très-peu étendu ; sans cela, les phénomènes varieront avec une différence très-remarquable. Le temps et l'espace, à cet égard, changent dans un rapport complétement inverse; plus le temps sera long durant que l'*espace* sera étroit, et plus aussi les phénomènes de rapprochement, comme plus tard ceux de résistance, acquerront d'intensité. Prenez, en effet, deux morceaux de glace si bien polis, que l'artiste ait en quelque sorte détruit l'espace qui pouvait s'interposer entre eux ; vous obtiendrez une cohésion considérable, mais qu'un effort modéré pourra vaincre; parce que le temps n'a pas encore concouru à la résistance, par l'accord des deux mouvements intimes, semblables de composition chimique, mais dissemblables d'état physique, sous le point de vue des températures, de l'électricité, etc. Si vous permettez à ces deux solides de s'équilibrer physiquement, comme leur constitution intime les a déjà équilibrés chimiquement, alors tous les efforts que vous tenterez resteront vains, et la cohésion sera devenue telle, que les deux glaces ne feront plus qu'un seul et même solide, qu'il faut briser pour en désunir les parties intégrantes. Ces faits de rapprochement et de résistance s'expliquent aujourd'hui par une attraction qui n'agirait qu'à des distances infiniment petites. On peut certes soutenir de semblables principes en face du public, dont la paresse de critique accepte tout, plutôt que de s'astreindre à contrôler les faits. Mais bien des gens savent que les proportions mathématiques n'ont jamais pu se prêter à l'explication des phénomènes de cohésion : la loi du carré est trop faible, la loi du cube est trop forte; en un mot, les proportions croissantes que les nombres mettent à la disposition du physicien donneraient ou une impuissance de rapprochement, ou une résis-

tance si infinie, qu'il serait impossible de vaincre ensuite la
cohésion, une fois réalisée. Faut-il y joindre une autre preuve
matérielle qui infirme tous les calculs par un déclinatoire irréfu-
table? A quoi bon, dans le rapprochement des solides, cette question de temps, pourtant si nécessaire, puisque l'attraction fondée
sur des puissances numériques agit et doit agir instantanément,
abstraction faite de tout intervalle de temps et de similitude? Évidemment ici l'attraction, puissance simple, quoique dualisée, ne
peut expliquer un phénomène constitué sur trois rapports : le
temps, l'espace, la similitude de composition. Les faits, la logique,
le bon sens, tout concourt à désillusionner sur cette triste hypothèse de l'attraction, devant laquelle Newton reculait lui-même,
et qui apporta bien de l'anxiété dans les dernières années de son
existence. On dirait qu'il avait peur de voir, plus tard, méconn-
naître ses légitimes travaux par l'adoption de ce bâtard, qui lui
fut surtout imposé par Roger Cotes. Il est certain que si notre
siècle eût produit dans les sciences d'aussi admirables penseurs
que Leibnitz, Kant, etc., depuis que les expériences se sont multipliées contre l'attraction, ils n'auraient pas laissé subsister une
hypothèse aussi contraire aux principes élémentaires de tout raisonnement.

L'attraction basée sur des nombres abstraits est une propriété
qui met seulement deux choses en présence : les masses, la distance. Pas une modification de plus ou de moins, si ce n'est cette
prétendue figurabilité des atomes, improuvée et improuvable,
mais que l'on peut encore admettre sans avancer la solution en
quoi que ce soit. Voici des fragments de verre : ceux qui provien-
dront du même morceau adhéreront plus facilement que tous autres; premier point. Plus ils seront polis et rapprochés, plus aussi
on augmentera ce résultat; deuxième point. Enfin, plus le temps
qu'on les laissera en contact sera long, plus l'effet du rapprochement sera intense; troisième point. Dans le premier cas, celui de
la similitude de composition, nous ne voyons pas du tout l'application de la loi des masses; en effet, pourquoi un verre d'une
densité plus grande n'aurait-il pas plus d'effet sur celui auquel on
doit le joindre? L'attraction le veut ainsi, et les faits cependant infirment ce principe. Le poli des solides se conçoit pour l'attraction

comme pour la similitude de mouvement. Mais le troisième cas,
l'intervention du temps, est radical contre l'attraction, car alors
le physicien se trouve avoir à opter entre deux de ses plus chers
principes: l'attraction et l'inertie. Si les corps, par le temps,
se modifient, l'inertie est un mensonge, la matière se meut intimement; si, au contraire, les solides n'éprouvent aucun changement, à quoi sert le temps? Nous défions qu'on se tire de là!...
Or, comme la physique moderne est essentiellement, radicalement
basée sur l'un et l'autre de ces principes: attraction, inertie; du
moment où vous ne pouvez pas les concilier dans un même phénomène, l'un de ces principes est faux, et cette physique croule.
En face de telles expériences, notre conclusion est formelle: c'est
qu'il n'existe pas plus d'attraction que d'inertie. Jamais personne
n'a vu deux corps s'attirer autrement que par des phénomènes
de limitation, électriques, magnétiques, thermo-électriques, ainsi
que nous espérons le prouver. Jamais non plus personne n'a vu
sur terre un corps sans résistance au mouvement. On cite souvent
l'exemple des balles de plomb comme effet d'adhérence très-intime, et en cela on a raison, car dans ce cas, comme dans celui
de deux morceaux de verre polis, les substances sont rapprochées
intimement, sans intermédiaire; nous verrons, en parlant du frottement, que l'interposition de corps gras n'est qu'un moyen maladroit d'obtenir des adhérences très-intimes. Mieux vaut encore
la graisse que l'air; mais il faut savoir s'en passer. Ces dernières
considérations sur l'adhérence des corps nous conduisent tout
droit à l'étude du frottement dans ses généralités.

Frottement, ou tendance à la jonction des séries externes.

De même que l'inertie, le frottement est dû à l'état comparatif
que prennent deux corps sériés, différemment ou pareillement, et
qu'on met en présence. S'il existe entre ces deux corps un état très-
éloigné de condensation sériée, le frottement, qui n'exprime que le
plus ou le moins de jonction entre les deux séries rapprochées, sera
très-faible; soit parce que les deux corps sont trop distincts dans

leur composition intime, soit parce que mécaniquement on n'a pas donné à leur partie assez d'adhérence; autrement dire parce qu'on n'a pas assez rapproché les états intimes, ou les états externes et collectifs. Comment augmenter ou diminuer le frottement à volonté? Le principe est si simple, qu'il est à peine besoin d'en montrer les déductions. On diminuera le frottement ou la *jonction* sérielle, en ne rapprochant pas des corps d'une composition intime trop voisine, ou en les séparant par des corps très-éloignés de cette composition. De même, on augmentera le frottement en suivant une marche inverse. Si maintenant, avec ces principes, nous reprenons une à une les différentes lois empiriques observées pour le frottement nous verrons qu'on peut expliquer par les lois du frottement, un fait qui a beaucoup ému le monde savant au dix-huitième siècle. Il s'agit de l'expérience faite par Franklin à l'étang de Clapham, sur lequel une cuillerée d'huile versée empêcha subitement le développement des rides qui, à ce moment-là, étaient considérables sous l'effort du vent. Si l'on suppose que l'huile soit un mauvais condensateur du mouvement, comme nous le prouverons en chimie, le vent, qui alors agirait bien plus par communication de mouvement libre que par un effort mécanique, trouverait naturellement un obstacle, une limitation, dans cette couche d'huile, pourtant si mince, qui s'étend à la surface des liquides. Et alors, toute communication de mouvement libre étant interceptée entre l'eau et le vent, les surfaces resteraient en repos, et, par conséquent, dépourvues de toute ride. Nous trouvons un corollaire à ce phénomène dans l'expérience qui consiste à retarder la constitution et l'ébullition de l'eau, autrement dire, la communication d'un mouvement par l'interposition d'une couche d'huile. La contre-partie de l'expérience de Franklin, tentée par l'Institut hollandais sur le Zuyderzée, à l'instigation de Van Beek, démontra que l'huile, qui devait avoir de l'effet sur un étang, où tout mouvement pouvait être ainsi intercepté, n'en avait plus sur un mouvement communiqué. En effet, pour obtenir un tel résultat, il faudrait couvrir préalablement toutes les mers d'une couche d'huile, afin d'annuler le mouvement communiqué, par un repos préalable; ce qui tend à démontrer que l'huile agit ici comme un corps rebelle au mouvement, puisqu'elle se montre lorsqu'elle intercepte réellement ce dernier, et qu'elle échoue lorsqu'elle n'est pas convenablement interposée.

L'expérience de Franklin n'est, en grand, que ce que les expériences touchant le retard de l'ébullition et de la congélation sont en petit: la différence d'un lac à un flacon!... Ceci tend à prouver, une fois de plus encore, combien les idées des physiciens sont incomplètes, en ce qui touche le mouvement et ses condensations, lorsqu'on sort des phénomènes les plus vulgaires de la chaleur, de l'électricité, etc. Quoique nous l'ayons dit à satiété, nous ne saurions assez le répéter encore, les condensations du mouvement ne se forment pas à la chaleur, à la lumière, à l'électricité, au magnétisme, etc.; elles sont infinies comme les spécialisations de la matière qui les réalise.

Semblables à des nageurs inexpérimentés, nous n'osons pas lâcher la planche qui nous soutient. Pour Dieu, quittons la matière et confions-nous à la logique!...

Ce que nous venons d'établir est assez clair pour faire comprendre le reste; et nous pensons qu'en relatant seulement, d'après M. Péclet, les diverses observations tirées des faits, la sagacité du lecteur suffira à tout prévoir et à tout expliquer.

« 1° La résistance au mouvement n'atteint pas son maximum d'énergie à l'instant du contact, mais seulement au bout d'un certain temps, après lequel elle reste constante. Pour les bois glissant à sec sur les bois, la résistance atteint son maximum en quelques minutes. Lorsque les métaux glissent sur des métaux, elle y parvient en un instant. Pour les substances hétérogènes sans enduit, la résistance croît très-lentement et ne paraît atteindre sa limite qu'après quatre ou cinq jours. »

Ceci établit complétement les nombreuses condensations subies par le mouvement dans les solides de différente origine.

« 2° Quand les corps sont en mouvement, le frottement est sensiblement indépendant de la vitesse; cependant, pour les surfaces hétérogènes, le frottement croît sensiblement en progression géométrique. »

C'est donc la nature seule des condensations intimes qui agit?

« 3° La résistance qu'on éprouve pour mettre un corps en mouvement, après un temps suffisant de repos, est beaucoup plus grande que le frottement qui se manifeste quand le mouvement est développé. Par exemple, Coulomb a trouvé que la force nécessaire pour détacher et faire glisser une surface de chêne, après quelques minutes de repos, est à celle nécessaire pour vaincre le frottement quand elle est en mouvement comme 9,5 est à 2,2. Dans le frottement des métaux sur les métaux, ces quantités sont sensiblement égales. »

Ici on trouve l'influence du temps dans l'action du frottement.

« 4° Le frottement est d'autant plus petit, que les substances en contact sont moins polies. »

Résultat tout mécanique.

« 5° Dans tous les cas, le frottement est proportionnel à la pression et à l'étendue des surfaces en contact. Il résulte de là que, si un polyèdre à faces très-inégales est posé successivement par chacune d'elles sur un plan incliné, le corps se mettra toujours en mouvement à la même inclinaison du plan, parce que, le poids du corps étant constant, quand la surface du contact augmente, la pression exercée sur chaque point diminue en raison inverse de l'étendue de cette surface, et, par conséquent, la somme des produits de chaque élément frottant par la pression qu'il supporte est constante.

« 6° Le frottement est plus grand entre les corps de même nature qu'entre les corps de nature différente. »

Voilà qui est radical, et nous l'avons suffisamment développé.

« 7°·Le frottement est beaucoup plus petit quand le contact a lieu successivement entre les parties différentes des surfaces des deux corps, que lorsque le contact a lieu par une même partie de la surface de l'un d'eux, c'est-à-dire que le frottement est plus petit pour un corps qui roule que pour un corps qui glisse. Le frottement d'un corps qui glisse sur un autre se désigne ordinairement sous le nom de frottement de glissement; l'autre s'appelle frottement de roulement. »

Cette considération ne porte que sur les masses en contact, et elle est bien naturelle.

« 8° On peut toujours diminuer le frottement en introduisant entre les corps certaines substances, telles que de l'huile, des graisses, du savon, de la plombagine, du talc.

« Ces résultats de l'observation ont, dans les arts, de nombreuses applications : car il n'est point de machines dans lesquelles il ne soit important de diminuer les frottements, qui consomment toujours infructueusement une si grande partie de la force motrice. M. Prony a fait une application très-ingénieuse, et maintenant généralement employée, du frottement à la détermination de la puissance mécanique des moteurs. »

Telle est effectivement la conséquence des vrais principes, et cela résulte encore de la sixième observation ci-dessus ; seulement, pour que le physicien se trouvât avoir donné le détail complet des phénomènes, il eût dû montrer que pour empêcher le frottement entre des corps gras il faut recourir à l'interposition des mêmes substances, dont ces corps gras diminuent le frottement. Bien que cette interversion des faits eût éclairé la théorie réelle, qui se réduit à la dissimilitude de mouvement intime, et à la non-adhérence, quant au temps et quant à la masse.

Pesanteur en soi.

La pesanteur n'est pas autre chose qu'un phénomène de limitation du mouvement, à ce point qu'on peut arrêter un corps dans sa chute par le mouvement libre aussi bien que par le mouvement combiné d'un solide (électricité sur les corps légers).

La liquéfaction, ou mouvement en plus, étant la désériation de la matière et du mouvement, et la pesanteur étant due uniquement à ce mouvement antagoniste, qui attire toutes les molécules des corps à se porter vers les centres sériels, il en résulte que la liquéfaction, en détruisant la série, doit détruire cette propension à la gravitation, en un mot, doit détruire la pesanteur. A supposer que les corps prennent leur première étape de mouvement défini par la forme solide, la liquidité serait la seconde évolution, comme la gazéification deviendrait la troisième. Certes, on a bien raisonné sur la suspension bizarre des solutions

métalliques dans les menstrues aqueux, mais nous ne voyons pas
qu'on ait traité un phénomène aussi important avec toute l'attention qu'il mérite. Nous ne marchons, en ce moment, que de principes fondamentaux en principes fondamentaux; celui de la suspension d'un corps aussi lourd que le platine dans un liquide doit
avoir quelque chose d'assez intéressant pour le curieux des faits
naturels. Comment se fait-il qu'une combinaison particulière
vienne détruire tout à coup cette suspension admirable et former
un précipité, c'est-à-dire restituer à la pesanteur les droits qu'elle
semble posséder à l'égard de la matière? C'est que, du moment où
il se forme une combinaison définie, la sériation reparaît, et que
tout corps défini, en qualité de série, se trouve attiré par sa série
supérieure, qui est la terre pour nous. Ne croyez pas, comme on
le dit, qu'il faille une liqueur qui doive former un composé insoluble pour précipiter l'or en dissolution; mettez le premier corps
venu dans la liqueur, pourvu qu'il soit un absorbant et un condensateur de mouvement, en un mot, qu'il enlève à l'eau et au
menstrue dissolvant son mouvement en trop, l'or se précipitera.
La chaux vive, l'alcool, l'acide sulfurique, le froid même, séparant les solides des liquides, n'agissent pas autrement. Voilà le secret de tant de précipitations qui sont attribuées à des jeux d'é-
lectricité négative et positive, c'est-à-dire à des jeux de mots
aveugles et sans liaison. Quand une série est formée, le mouvement, constamment tendu dans les milieux où est contenu l'ensemble du groupe, conduit, comme un courant électrique, les
séries inférieures, vers des séries supérieures, d'un ordre quelquefois très-dissemblable relativement à cette première série; séries
qui ne sont souvent à la série totale que ce qu'est un grain de
sable à l'immensité des plages. C'est ainsi que le mouvement, répandu dans la série de notre système, pousse les petites séries
simples, nos corps pesants, dans le rayon d'activité de la terre,
série composée et absorbante dont ils dépendent, par ce phénomène général qui tourne toutes les portions d'un groupe vers un
point central où aboutissent tous les antagonismes. Voilà ce qu'on
a appelé la force centripète. De ce phénomène naissent, d'abord
la gravitation, qui régit les catégories partielles d'une série supérieure, comme le mouvement des planètes autour du soleil;

puis la pesanteur, qui entraîne les séries libres inférieures vers chaque centre partiel, selon le rayon d'activité de ce dernier. Tout ceci sera développé plus tard au titre de l'astronomie.

Gravitation, pesanteur spécifiée.

La gravitation est l'expression du mouvement sériel dans sa généralité, comme la pesanteur est l'expression du mouvement, en tant qu'il régit seulement la marche directrice des séries inférieures vers un des groupes isolés de la série générale. En un mot, la gravitation, c'est le mouvement réparti dans toute une série ou système solaire; la pesanteur, c'est le mouvement des graves sur une fraction, un groupe défini de ce système solaire, la Terre, Jupiter, Saturne, etc.

Donc la pesanteur doit être considérée comme le résultat d'un circuit de mouvement, opérant des translations de matière dans la partie et dans la portion des orbites qui lui sont propres. Autrefois Descartes, par les efforts de son immense génie, eut la conception de circuits qui composent les séries naturelles, et qui embrassent réellement toute la création sous le nom de tourbillons. Aujourd'hui nous pouvons nous en faire une idée bien plus claire et surtout plus démontrable par l'exemple vulgaire des circuits électriques, qui ne sont absolument que la représentation, en petit, des mouvements généraux de la série, abstractivement comprise. Cela est si vrai, que le circuit d'une série individuelle, fermée, et indépendante de toute autre série, occasionnellement, est soustraite à l'influence de la grande série terrestre qui crée les phénomènes que nous appelons de pesanteur. La gravitation des planètes est la matière planétaire soumise au circuit, en tant que circuit; la pesanteur est la matière extérieure au noyau planétaire, soumise à la résolution, de corps inférieur contre un corps prépondérant; ce qui constitue les deux phénomènes les plus importants de la physique générale : le mouvement essentiel de la série, la résolution de la série inférieure sur la série supérieure. Quand les corps font partie de la série normale, ils échappeut au phénomène de la pesanteur, car *l'opposition qu'ils se font en des centres hiérarchiques, constitue la seule limitation dont ils aient besoin.* Il n'en est pas de même d'un ou de plusieurs corps particuliers formant les nuances de la série, d'une fraction du type; une fois sortis de la limitation sérielle qui les soutenait harmonieusement, ils progressent dans l'espace jusqu'à ce qu'ils rencontrent un corps limitatif, qui est le plus souvent un autre corps complexe comme eux. Voilà pourquoi les astres, selon nous, ne sont pas soumis aux lois de la pesanteur, justement parce qu'ils sont formés en série normale, et soutenus par une quantité de mouvement libre inter-astral, suffisante pour les maintenir dans la position qu'ils occupent, et même pour leur fournir ce mouvement excédant qui est nécessaire à la marche translative qu'ils exécutent dans l'espace. Il en est de même pour les corps les plus matériels : tant qu'ils restent dissous dans les menstrues liquides, la pesanteur n'a aucune action sur eux, à cause du mouvement en plus fourni par la liquidité qui leur convient ; mais aussitôt que, par l'adjonction d'un corps nouveau, d'une constitution absorbante, vous changez les rapports, il se forme une combinaison et un précipité, c'est-à-dire un effet complexe soumis aux exigences de la pesanteur. Dissoudre ou liquéfier un corps, c'est lui prêter du mouvement excédant par le moyen d'un autre corps qui en a de reste, soit en lui appliquant du mouvement libre tiré du feu, de l'électricité, de la lumière, ou encore par le phénomène de la réaction de limitation. Un liquide contient donc toujours un mouvement en plus tonalisé. Quand nous disons liquéfier, nous pourrions dire aussi gazéifier, mais surtout vaporiser. Sans cela, on ne pourrait jamais expliquer les distillations de corps non vaporisables qui s'obtiennent au moyen de l'eau en vapeur, ou de tout autre fluide aériforme agissant par adjuvance, comme nous venons de le montrer pour la liquidité simple; combien de corps même métalliques, non volatils, distillent cependant avec l'aide d'un courant de vapeur d'eau ! Ces phénomènes représentent réellement une mise en commun du mouvement. Ceux qui se sentiraient quelque tendance au mysticisme, en présence de pareils faits, ne manqueraient pas de comparer la *solidité* à l'individualisme des anciennes sociétés, pour mettre en relief les avantages d'une solidarité bien entendue. Mais on pourrait leur objecter que la liquidité, ou mise en commun, n'est qu'une étape très inférieure à la sériation normale, et que les mystiques chrétiens sont beaucoup plus avancés, quand ils annoncent que la matière doit disparaître entièrement pour atteindre l'harmonie éternelle. Ce serait donc par une interprétation erronée ou exagérée seulement que les ascètes auraient tendu à se mortifier la chair, quand il ne s'agissait au fond que d'un dogme métaphysique? Nous n'osons pas entrer plus avant dans des considérations de cette espèce; les savants ne permettent qu'à celui qui a fait l'OPTIQUE d'errer à son aise dans les apocalypses.

FORCES MOLÉCULAIRES.

Par un effet des préjugés scientifiques, il est évident qu'aujourd'hui nous considérons l'action exercée par le mouvement sur les corps d'une façon beaucoup trop restreinte. C'est là ce qui amène tout le merveilleux attaché aux phénomènes du magnétisme et de l'électricité. Supposez, au contraire, que les corps soient entourés d'un mouvement ambiant, comme cela appert dans le cas de l'atmosphère terrestre, des zones électriques et magnétiques, et vous aurez immédiatemeut la clef de phénomènes dont la compréhension sans cela est tout à fait impossible. Vous vous étonnez de voir la limaille de fer adhérer à l'aimant qui la touche, et vous trouvez fort naturel que l'eau se soutienne à la surface des corps qu'on a préalablement plongés dans le liquide; que la poussière, matière souvent très-dense, puisqu'elle contient des particules métalliques, s'attache aussi avec tant d'obstination aux solides abandonnés à l'air libre. Et cependant ces faits ne sont pas une nécessité dans la nature, puisque la graisse repousse l'eau, le bois repousse le mercure; en un mot, puisqu'il y a des corps pour lesquels l'adhérence n'existe pas dans cette circonstance, tandis qu'elle s'opérera avec d'autres corps dans telle autre circonstance. La capillarité n'est elle-même qu'un cas particulier de ces phénomènes généraux. Parmi les corpuscules infiniment ténus qu'on voit tourbillonner dans l'espace, sous l'indication d'un rayon de soleil, il se rencontre souvent des parcelles métalliques qu'un mouvement fortuit entraîne vers le plafond d'un appartement, et qui s'y fixent, par cette adhésion dont nous cherchons vainement encore, aujourd'hui, à nous rendre compte par les théories actuelles. Si par la pensée nous augmentons le volume de cette parcelle indéfiniment, il arrivera un instant où le volume, suffisamment agrandi, ne permettra plus l'adhésion — au plafond — de cette parcelle métallique, devenue corps pesant. Cette proportionnalité de volume, réglant des phénomènes d'un effet aussi dissemblable, indique évidemment que la surface adhésive exerce sur le corpuscule adhérent une force contenue en de certaines limites. N'est-ce pas là, complétement, ce qui se passe dans les phénomènes magnétiques ? Le fer est attiré et retenu tant que son poids n'atteint pas une importance supérieure à la force qui le retient. Il faut donc, pour expliquer les phénomènes d'adhésion, — qui comprennent, n'en doutons pas, ceux du magnétisme, de l'électricité, de la capillarité, — supposer que tous les corps sont immergés dans un mouvement sériel propre, qui s'étend au delà de l'apparence matérielle, comme nous nous le figurons très-bien pour l'atmosphère de la terre, et que, dans cette atmosphère, autrement dire dans cette enveloppe de mouvement externe, il peut se passer des phénomènes de transports, de courants d'attractions et de répulsions simulées, suivant la nature condensante du corps qu'on observe. Dans cette condensation du mouvement, extérieure aux corps, d'autres solides peuvent trouver un mouvement *en plus*, condensé, au point de changer les rapports qui les lient aux phénomènes que nous désignons sous le nom de pesanteur ; de façon qu'une particule métallique, suffisamment divisée, se soutiendra dans l'espace au moyen de ce mouvement en plus qui la domine, comme on voit le globule d'eau s'élancer dans les airs malgré les exigences de sa densité bien connue. Les astres, et à plus forte raison les planètes, ne sont que des corpuscules dans l'infini des mondes; qui nous empêche d'étudier les effets de l'infiniment petit dans l'infiniment grand, puisque, pour la nature, il n'est aucune raison de distinguer? La pesanteur est un phénomène de magnétisme, si l'on veut rester dans les idées vulgaires; nous dirons, nous, que c'est un phénomène dû à une grande condensation de mouvement, amenée par la présence d'un corps relativement très-important; d'où il résulte, pour le corps attiré en apparence, une véritable propulsion de la part du mouvement ambiant, sur la limitation matérielle qui le contient lui-même. Une fois l'adhérence effectuée, elle se continue par une connexion de mouvement intime, tonalisé, d'où résultent les phénomènes attribués à la cohésion, et que nous avons développés en parlant des lois qui règlent la similitude de mouvement. C'est donc la condensation du mouvement externe et libre, dans le voisinage de corps relativement importants, qui a produit l'atmosphère terrestre, comme ceux de la molécule la plus infime, rebelle aux investigations de nos microscopes. Le courant condensé pousse les corps inférieurs sur le corps dominant, et, comme nous venons de le dire, la cohésion ou mouvement similaire tonalisé fait le reste. Dans les gigantesques phénomènes des condensations atmosphériques, il est probable que les séries de mouvement sont soumises à des effets vibratoires qui proviennent d'une transmission supérieure, comme cela existe dans nombre de cas que nous avons sous les yeux, pour ce qui est soumis à un mouvement vibratoire; mais les faits sont mal étudiés jusqu'à présent; et nous devons nous hâter d'autant moins de les aborder, que les résultats en sont peu importants pour fonder des théories générales en physique.

Ce que nous voudrions particulièrement faire remarquer ici, c'est que la condensation du mouvement est loin de ne s'effectuer qu'à l'intérieur des corps, ainsi que les théories actuelles tendent à le faire croire, mais que cette condensation s'effectue aussi à l'extérieur, avec une intensité de force et d'ampleur en proportion avec la puissance condensatrice du corps observé.

Après cela, est-il si difficile de comprendre la proportionnalité dans la pesanteur, ce qui fait qu'elle croît avec le carré des temps,

et les variations du baromètre expliquées du reste d'une manière
si réelle, quoiqu'au moyen d'une idée fausse : par la pression inégale des couches de l'atmosphère ? Il est impossible d'approcher
plus près de l'entente des phénomènes, quand on ne veut,
sous aucun prétexte, sortir du matérialisme dogmatique. N'est-ce
pas, justement, la condensation du mouvement extérieur, qui
produit l'inégale densité des couches atmosphériques ? Seulement, on est puni par où l'on pèche ; la variation barométrique
sainement expliquée, on se trouve coi devant l'adhésion du plus
simple corpuscule, et il faut élever cette adhésion, ainsi que les
autres parties des forces moléculaires, à la hauteur d'une force
occulte : ce *Mané, Thécel, Pharès*, si redoutable aux physiciens sérieux, et qu'on peut traduire par les mots de cohésion, affinité, adhésion, présente uniquement trois phases d'un
même phénomène ; on doit entendre : 1° par adhésion, un
corps inférieur qui se rapproche d'un corps supérieur, poussé par
le mouvement condensé extérieurement sous l'influence du premier corps condensant ; 2° par cohésion, on doit entendre que
les molécules des corps similaires contractent une tonalisation, et
que les corps dissimilaires inférieurs, une fois réunis au corps
supérieur, subissent une annulation de leur mouvement propre,
sous l'influence du mouvement supérieur prédominant, comme
cela se voit en acoustique à propos des résonnances inférieures
perdues dans la tonalité générale ; 3° par l'*affinité*, enfin, on
doit entendre justement cette prédominance ou cette infériorité
relatives, nécessaires à tel corps simple ou combiné, pour qu'il
puisse agir sur tel autre corps simple ou combiné par une différence de condensation de son mouvement; en l'absorbant ou en
étant absorbé, comme cela se remarque dans la combinaison des
gaz qui n'ont pas d'action chimique entre eux, et qui se combinent avec d'autant plus de facilité que leur différence de densité
est plus grande; ce qu'on aperçoit encore très-clairement en
acoustique, où les tétracordes imposent la tonalité à proportion
de leur importance hiérarchique. Quand nous nous servons du
mot tétracorde, nous n'entendons nullement limiter la fraction tonale à quatre degrés, comme semble l'indiquer le mot *tetra* placé
à la tête du mot que nous employons. Ici, tétracorde veut dire un

fractionnement quelconque du cercle tonal, et nous nous tenons à cette expression vulgaire, pour ne pas surcharger de mots nouveaux une explication déjà si difficile ; c'est un trope qu'on voudra bien nous passer en faveur de la clarté. Pourquoi maintenant ce rapprochement ou adhésion, et cette tonalisation ou cohésion? Parce que, sans doute, le mouvement tend à ces limitations qui sont pour lui la seule voie d'équilibre ou repos relatif, dont l'organisation produise une résultante plus ou moins hiérarchique ; selon la nature des substances en présence, et leur aptitude à former les types normaux, que nous avons toujours vus être l'apanage de la matière dominée par le mouvement. Après cela, est-il donc si étonnant de voir le mouvement condensé, tant à l'intérieur qu'à l'extérieur des corps, produire le phénomène de la cohésion? C'est un résultat tout naturel aux mouvements conspirants, dont la condensation est la plus fidèle image. Dans la matière non sériée, et qui, par conséquent, ne forme que des particules plus ou moins agglomérées, le mouvement condensé ne se produit, sans doute, que sous la forme conspirante simple, de la périphérie au centre ; mais dans les cristaux, où le mouvement condensé a revêtu une forme particulière par l'acte de la solidification, les effets de la condensation prennent aussi une direction spéciale, d'où naissent les phénomènes des diverses réfractions et polarisations de lumière, magnétiques, électriques, calorifiques, etc., etc. En un mot, et c'est là la clef du magnétisme comme de tous les autres mystères de la physique concernant les polarités, la matière peut, en se soumettant au mouvement, se tourner en des centres particuliers qui affectent toutes les formes géométriques ; pour une bonne raison, c'est que ces formes géométriques sont l'expression multiple de toutes les combinaisons de l'étendue limitée. La cristallisation est donc un sens déterminé dans la condensation des molécules de la matière, et cela est si vrai, qu'on a pu imiter artificiellement les axes de cristallisation par des compressions toutes mécaniques, opérées sur le verre ordinaire, c'est-à-dire sur un corps complétement amorphe, dans la plupart des cas.

État solide, liquide, gazeux.

Nous ne saurions trop insister sur la nature et la composition de ces forces moléculaires, d'où résulte pour les corps l'état solide, liquide et gazeux. Quand, sous la machine pneumatique, on place un corps vaporisable et qu'on fait le vide, progressivement, ce corps liquide prend immédiatement et en de certaines proportions la forme gazeuse ou vaporeuse. Que doit-on conclure de là? C'est ce qu'on en conclut généralement : qu'une pression extérieure tient le corps à l'état liquide, et qu'il échappe à cet état éphémère, forcé, aussitôt que la résistance de la pression ambiante a été vaincue. L'air n'agit pas ici pour son propre compte seulement, et par sa pesanteur spécifique, mais comme agent de condensation de ce mouvement externe, que nous prétendons entourer la matière suffisamment définie. Dans l'état *solide*, le mouvement, cherchant sa limitation, se presse, se condense contre la matière, non-seulement de molécule à molécule, mais physiquement sur toute la masse; par cette résistance prépondérante des solides. Quand la somme de mouvement s'est assez accrue pour que la matière ne fournisse qu'une limitation incomplète, une sorte d'équilibre, d'antagonisme proportionnel, on voit apparaître l'état liquide, dont les degrés, sachons le remarquer, sont infinis; depuis la viscosité demi-solide des résines et des gommes jusqu'à la quasi-volatilité des essences. Le mouvement accumulé dans le solide, perdant sa limitation nécessaire, se met en quête d'en découvrir de nouvelles, et pour cela revêt l'état de vapeur et de gaz, c'est-à-dire l'expansibilité. Dans le premier cas, celui où le mouvement, quoique très-condensé, fait effort contre la matière, cet effort de condensation tend justement à solidifier les masses, en déterminant des densités d'ordre variable. Dans ces cas, le mouvement se condense d'une manière très-remarquable, et produit nombre de phénomènes attribués aux causes occultes, de la lumière, de l'électricité et surtout du calorique. Mais, lorsque la matière a cédé aux efforts d'un mouvement excédant, sa force limitative se décondense en s'étendant, produit la liquidité, la gazéification, vaporisation des solides et des liquides.

Les grandes résistances produisent les grands efforts, comme les grandes densités préparent les grandes condensations. Dans les phénomènes électriques, il ne faut donc pas s'étonner si le mouvement artificiel amené par le frottement ne se répand qu'à la surface des corps; s'il s'étendait à l'intérieur des solides, s'il pouvait les écarter et les dominer, le solide lui-même disparaîtrait devant cette adjonction de mouvement pour revêtir, selon les cas, l'état liquide, et surtout l'état gazeux. C'est ce qui arrive lorsqu'au lieu d'une surface métallique suffisante on offre soit à la tension statique, soit au courant dynamique, un corps trop faible pour la recevoir; il y a alors fusion ou volatilisation, comme pour les phénomènes qui proviennent du calorique. Il est très-utile de remarquer que, dans la nature, l'effet composé suit constamment l'effet simple, et le plus souvent s'y ajoute. Le mouvement qui vient chercher sa limitation sur la matière, non-seulement se presse sur elle et s'y condense (effet simple); mais chaque molécule ainsi pressée individuellement par le mouvement, se presse à son tour contre les molécules qui lui sont adjointes (effet composé); et cela proportionnellement aux condensations opérées par diverses circonstances faciles à prévoir. Ainsi, comme nous l'avons déjà fait remarquer, les notes inférieures se pressent contre le centre du tétracorde (effet simple), et celui-ci à son tour se presse avec d'autres combinaisons du même genre dans les limites du cercle tonal pour former des séries compactes, soumises elles-mêmes à des résolutions surcomposées presqu'à l'infini. Mais, dans la résonnance comme dans la solidification, aussitôt que le mouvement se présente en excès, la tonalisation se brise par l'excès des résolutives, et la solidification de l'édifice tonal éclate en morceaux. On comprendra sans peine, après tout ceci, qu'un mouvement en moins, qui se presse pour atteindre sa limitation, et qui se condense alors, détermine une sorte de polarité qui va constamment du dehors au dedans. De même, le mouvement en plus, supérieur aux limitations relatives que peut lui offrir la matière dans l'état de liquidité ou de gazéification, présente une polarité du dedans

au dehors, et dans tous les sens, puisqu'il tend à s'échapper suivant toutes les directions. Voilà pourquoi l'hydro-statique, comme
l'*atmo-statique*, offre des pressions de même nature pour les
vases qui contiennent des corps liquides ou gazeux. Dans les
cristaux, la condensation est inégale et en rapport avec la forme
toute spéciale que le mouvement a imprimée à la matière en s'u-
nissant à elle; aussi la polarité est-elle vulgaire, et se démontre-
t-elle par les compressions mécaniques qu'on a effectuées sur
des masses de verre d'une texture uniforme. Ces divers états solide, liquide, gazeux, sont expliqués uniquement aujourd'hui
par l'attraction moléculaire et par la répulsion de la chaleur.
L'attraction n'attire rien ici; les corps s'appuient sur d'autres
corps, se limitent et subissent des condensations; puis, boule-
versés par un mouvement excédant, ils se séparent pour chercher
des limitations plus en rapport avec la nouvelle somme de mouvement acquis. Cela est si vrai que le même corps, considérablement épandu dans ses parties élémentaires, va reprendre la
forme liquide, puis la forme solide, par des limitations plus
énergiques, comme cela se voit pour toutes les compressions opérées depuis quelque temps sur les gaz les moins solidifiables en
apparence, et dont l'acide carbonique est devenu le type. On dirait d'une reproduction des mêmes effets à des octaves différentes.
S'il n'y avait là que la force répulsive de la chaleur, le solide s'é-
carterait proportionnellement à la pression, et ne changerait pas
brusquement son état; au contraire, le mouvement, appelé calorique ou non, qui soulève les corps en mouvement, trouvant des
limitations nouvelles, s'y porte en laissant la matière revêtir la
forme qui se trouve en rapport avec le mouvement qu'elle retient
encore. Quand vous décomposez un sulfate, celui de chaux, par
exemple, aux électrodes d'une pile, il arrive, quand la pile n'a
pas une puissance excessive, que le sel ne se dédouble qu'en son
acide et en sa base. S'il n'y avait pas dans le mouvement des
catégories de sériations, les corps seraient dispersés simplement
et non transportés par groupes, suivant la force du mouvement
employé. Remarquons bien, et à cela on pense trop peu généralement, que les choses ne se passent pas dans cette désunion d'un
sel comme on l'exécuterait avec une pomme qu'on sépare en deux

morceaux ; une dissolution saline est tellement homogène dans sa constitution, que chaque molécule, si petite qu'on puisse la saisir, est réellement un sulfate, et non de l'acide sulfurique ici, puis là de la base. La désunion opérée par la pile est donc *élective*, de sorte qu'à telle sériation correspond aussi telle puissance de mouvement. Dans tous ces cas, nous trouvons la preuve la plus éclatante de l'action distensive proportionnelle que le mouvement opère sur la matière, au point que l'on peut dire avec nous, en présence des faits : Oui, le mouvement donne à la matière sa forme, son étendue, sa divisibilité, sa porosité, etc. Les compositions et les décompositions *électro-dynamiques* prouvent cela surabondamment, puisque avec une dose de mouvement plus ou moins grande vous obtenez un acide, une base, ou les corps simples eux-mêmes. Chacun comprendra combien le temps nous manque, ici, pour développer une idée qu'il faut suivre dans tous les faits chimiques. Les théories de l'attraction ou de la répulsion ne pouvant rendre compte que de la solidification et de la désolidification de la matière, — et cela par le cercle vicieux de deux définitions calquées d'avance sur les faits, — il a fallu faire intervenir une théorie vibratoire pour expliquer les effets si variés de calorique, de lumière, d'électricité, etc. Nous pensons avoir prouvé ailleurs que l'état vibratoire est pour les êtres organisés une simple voie de perception des phénomènes, et qu'un acte simplement vibratoire ne peut rien changer dans les forces des corps, autrement dire dans leur mouvement intime.

La condensation proportionnelle, seule, peut amener la lumière dans ce chaos de principes, qu'on appelle sur le terrain dans les moments d'insuffisance dogmatique, comme dans les catastrophes nationales on convoque le ban et l'arrière-ban des milices. En optique, on explique tout par le retard et l'avance des ondes et des demi-ondes. En calorique la vibration semble se constituer maîtresse de la place. Quant à l'électricité, c'est encore autre chose, le dualisme *positif*, *négatif*, *vitré*, *résineux*, s'y maintient quand même ; vieux comme l'Oromase et l'Arimane, qui s'assirent au berceau du genre humain, sous les figures multiples du serpent, du dragon, d'Isis, d'Osiris, etc.

Théorie de la condensation du mouvement appliquée à l'électricité dynamique, statique, thermo-électrique, à la chaleur, à la lumière, etc.

De quelque façon qu'on envisage le mouvement disséminé dans l'espace, le premier point sous lequel il faut le considérer, c'est celui de sa condensation; la communication de ce mouvement ne doit venir qu'après; car le mouvement peu ou point condensé, libre enfin tel que nous le concevons, s'effectue d'une manière trop égale, trop inaperçue par conséquent, pour que nous puissions la saisir. Quels sont sont donc les appareils naturels ou artificiels qui déterminent, qui amènent cette condensation du mouvement? Parmi les corps qu'on rencontre dans la nature, la condensation suit, à peu de chose près, les densités comme la physique a pu les établir jusqu'ici; cela se conçoit, puisque les résistances opposées au mouvement libre sont la cause première des contractions qu'il opère sur lui-même à leur rencontre. Si nous voulons donc aller droit à une condensation de mouvement toute prête, tout effectuée, choisissons sans crainte, parmi les corps solides, ceux qui nous offrent le plus de densité. Les questions de couleur et de forme extérieure, certes, auront moins d'effet que dans les corps organiques, où l'on peut dire qu'ils dominent en entier; cependant il ne faudrait pas trop négliger ces considérations, celles de la couleur surtout, que tous les auteurs sérieux ont traitée avec une attention et une unanimité remarquables. Dans les êtres organisés, la matière étant la même, comme constitution initiale, les effets de condensation ne peuvent varier que par les modifications qui résultent d'un changement en plus ou en moins dans les combinaisons du carbone, contenus entre des *maxima* et *minima* que nous connaissons fort mal aujourd'hui. Mais la forme extérieure de cette matière organisée, comme figure et comme couleur, est d'une importance radicale dans la production des phénomènes. On ne peut pas douter, en effet, qu'une plume ou un crin ne condensent pas le mouvement diffus de la même manière; bien mieux, que ces zébrages, ces rayages de toutes sortes qui parent le vêtement des êtres organisés, en même temps qu'ils soutiennent leur existence, par l'absorption du mouvement nécessaire à toutes les fonctions, ne présentent des intensités variées de condensation, proportionnelles, non-seulement aux zones de coloration et de tonalisation plus ou moins blanche qu'on voit incessamment se succéder entre elles, mais bien mieux, proportionnelles aux nuances de ces colorations, qui jouent certainement un rôle tout autre que celui qu'on a su leur trouver jusqu'à présent. Que dire alors de ces couleurs changeantes dont l'espèce des oiseaux, des insectes, des poissons et de certains reptiles se montre si riche, telle, que c'est là le plus souvent ce qui attache l'œil de l'observateur d'une manière exclusive? C'est que la Providence est écrasante dans la simplicité comme dans la perfection de ses moyens, et qu'elle a voulu sans doute, rien que par l'inclinaison facultative de ces appareils, produire des myriades de condensations de mouvement, équivalentes aux nuances infinies de la réflexion lumineuse.

Et sans doute, dans ces intervalles tonalisés, affectant la blancheur, ou telle couleur prépondérante, il se passe encore des phénomènes de résolution, en des centres plus ou moins normaux, que nous savons être une des bases de la création tout entière.

Les travaux de M. Herschell sur l'épipolisme, augmentés depuis par M. Stokes, démontrent d'une façon bien claire que certaines dissolutions agissent par leur mouvement intime sur la lumière blanche, comme le ferait le prisme lui-même; mais seulement que leur action, au lieu de fournir toutes les nuances de la série normale, se borne à une coloration qui, le plus souvent, semble se réduire au bleu. Cela prouverait, une fois de plus, combien nous sommes peu intelligents en limitant les moyens de la nature dans son action sur ce qu'on appelle la refrangibilité des rayons lumineux. Car la diversité de ses condensations ne reconnaît pas de bornes. Par les dissolutions dicroïques, elle nous montre, en quelque sorte, des effets monoprismatiques, comme par les couleurs changeantes des plumes, etc., elle offre l'exemple d'une sériation tournante. La théorie de la refrangibilité, comme la théorie des ondes, auraient fort à faire s'il leur fallait atteindre l'explication des faits dans toutes ces condensations nouvellement révélées, et bien mieux encore, dans celles qui ne manqueront pas de surgir d'ici à peu. (Voir plus loin le développement des couleurs et de la forme des corps.) Cela admis, nous tenons bien sous la main une matière, réceptacle de mouvement; mais cette matière, au premier abord, ne semble pas toujours contenir ce qu'elle possède cependant. Comment nous assurer de la vérité de notre assertion? Ici se présente alors la question de communication de mouvement, que nous avions écartée dans le principe.

De la communication du mouvement condensé, ou libre.

Quand nous voulons examiner un corps sous le point de vue de son mouvement latent, il apparaît une double question : Prétendons-nous agir sur le mouvement latent à son *état actuel* de combinaison, ou à un état moindre, quel qu'il soit? Si nous entendons conserver au mouvement la condensation qu'il possède dans la combinaison définie qui va s'opérer, il faut s'arranger de façon à présenter au mouvement qu'on doit extraire un emmagasinage approprié au phénomène de décomposition. La pile voltaïque est la représentation exacte de ce fait d'absorption de mouvement moléculaire, intime, condensé. Seulement le corps chargé de recueillir le mouvement condensé n'est pas sans action sur l'état prochain du mouvement permuté. Dans la pile, en effet, le mouvement intime, moléculaire, condensé, qui sort de la décomposition de l'eau, par exemple, dans l'acte de fixation de l'oxygène du sulfate de zinc, ne présente pas sans doute les mêmes intensités initiales, s'il est recueilli au moyen d'un électrode platinique ou carbonique, la faculté condensatrice de ces deux corps étant loin d'être la même. On pourrait faire naître des cas où cette différence serait très-apperceptible. Mais dans la pratique, l'électricité n'agissant que par son excédant, les faits s'identifient pour le résultat. Une pile est donc un instrument propre à recueillir le mouvement dans un *état actuel* de condensation, au moyen d'un corps excellent condensateur, moléculairement parlant, placé de façon à rassembler de suite, immédiatement, chaque condensation qui s'opère dans l'acte chimique. Voilà le fait dans sa plus grande généralité, les circonstances spéciales qui l'accompagnent, chaleur, lumière, tension, etc., n'en sont que des modalités, dont la cause et les effets seront développés ailleurs. N'oublions pas surtout la tension dualisée qui est le fait *essentiel* de l'électricité en général, et qui, dans l'électricité dynamique spécialement, agit entre deux condensations opposées. De sorte que l'électricité dynamique n'est pas, comme la chaleur et la lumière, une condensation simple, mais une condensation double, séparée par des effets de résolution.

Passons à une autre communication du mouvement condensé, qui amène les phénomènes particuliers désignés sous le nom de chaleur, puis de lumière. Dans la condensation de mouvement *intime* qu'on appelle chaleur, la tension dualisée a moins d'effet; il semble que l'accumulation seule du mouvement libre autour des molécules régit les faits d'observation. Cet excès de mouvement condensé tend sans cesse à s'équilibrer avec les autres corps, et dans la communication qui s'en fait, et que nous devons étudier spécialement à cette heure, le mouvement qui s'élimine ne garde pas sa condensation initiale. Elle est, sans aucun doute, proportionnellement diminuée par la diffusion qu'elle éprouve suivant tous les azimuts de son rayonnement. Ici donc, la condensation du mouvement n'est pas conservée comme dans l'électricité dynamique; on n'aperçoit que difficilement le dualisme de tension qui fait la base de l'électricité en général. Il en est de même absolument pour la lumière, qui n'est qu'une modalité du phénomène émissif de la chaleur, déterminé par la loi du *choc*... C'est-à-dire que la diffusion du mouvement condensé deviendra lumineuse quand les circonstances de temps et de rapprochement seront tournées dans le sens de cette production de lumière, dont nous avons développé les principes à l'article du *choc*. Ce que nous désirons faire remarquer ici, c'est que le mouvement condensé qui se diffuse par un *choc* relatif, calorique ou lumineux, perd toujours de sa condensation initiale; de sorte qu'il est nécessaire d'opérer de nouveau cette condensation si l'on entend faire reparaître les premiers phénomènes qui leur ont donné lieu. Ainsi, pour le calorique, des miroirs

transmissifs de rayons calorifiques ne s'échauffent pas eux-
mêmes, et il faut opposer à ce mouvement diffusé, des corps condensateurs qui en arrêtent la puissance dispersée. Voilà pourquoi
les corps absorbants seuls, à divers titres, peuvent reproduire les
effets particuliers du calorique primitif. De même, en ce qui
concerne la lumière, les lentilles ou les miroirs convergents
sont seuls aptes à ramener des effets de condensation lumineuse
ou calorifique, selon les cas et la volonté de l'expérimentateur.
Les piles thermo-électriques sont fondées encore sur le même
principe ; c'est l'obstacle des soudures entre des corps différents,
qui ramène indifféremment la condensation statique ou la condensation moléculaire ; telles sont, en effet, les trois voies de
condensation les plus usuelles, mais il y a cette différence entre
la pile voltaïque et la pile thermo-électrique, que la première recueille le mouvement tout condensé, tandis que la seconde con-
dence un mouvement diffusé. Quant à l'électricité statique et au
magnétisme, ce sont des condensations du mouvement sur des
surfaces particulièrement, ainsi que nous l'avons fait voir ailleurs
plus en détail.

Dans la condensation des électricités dynamique ou statique,
les effets varient peu, parce qu'ils sont moléculaires, mais dans
les phénomènes de chaleur et de lumière il n'en est pas ainsi.
Le fer, par exemple, produira plus de chaleur, sans lumière,
dans le cas où il est exempt de *choc* en sa communication de
mouvement, tandis qu'il produira beaucoup de lumière quand,
par le *choc* du briquet, il manquera de communication facile,
pour ce mouvement brusque qui lui est imposé. Il en sera de
même des substances rebelles au mouvement, dites combustibles
vulgairement, telles que le bois, les huiles, etc.

Dans l'électricité dynamique, la communication du mouvement
étant toute moléculaire, elle suit les meilleures condensations
sans avoir égard à celles qui sont peu énergiques ; voilà pourquoi on peut impunément toucher les fils conducteurs des
piles, tandis que dans l'électricité statique, qui réside entièrement sur les surfaces, la tension électrique se jette sur toutes les
substances qui lui sont offertes, pour peu qu'elles puissent suffire
ou conduire à une résolution quelconque.

Dilatation, chaleur latente.

La chaleur latente représente la quantité de mouvement libre ou déjà condensé (calorique), que les corps peuvent accumuler et condenser par la résistance qu'ils opposent au mouvement. On conçoit très-bien que, la résistance diminuant à partir des solides jusqu'aux gaz, la condensation réelle du mouvement soit d'autant plus forte, plus énergique, que les corps seront plus solides. Les liquides, par leur cohésion propre et par la pression exercée sur eux, conservent une faculté de condensation plus grande qu'on ne serait tenté de leur en accorder au premier abord ; mais les gaz possèdent de moins en moins cette faculté condensatrice, qui, au fond, s'opère seulement en vertu des résistances comparatives. D'après cela, la dilatation des solides, des liquides et des gaz ne peut être la même, puisque le mouvement employé, calorique ou non, apparaît sous sa forme expansive; d'autant plus que la résistance du corps ne le force pas à se condenser, à se *latifier*. Aussi les gaz sont-ils plus dilatables, relativement, que les liquides, les liquides plus que les solides. Ce qui veut dire que le mouvement, éprouvant un moindre emploi de condensation dans les gaz et dans les liquides que dans les solides, sort tous ses effets, ou à peu près, dans le premier cas seulement. Dire qu'un corps est plus facilement dilatable qu'un autre, c'est absolument la même chose que si l'on disait qu'il est moins condensateur de mouvement, et la condensation est donc en raison inverse de la dilatabilité. D'après cela, faut-il s'étonner que le calorique,—qui, pour les savants, est l'expression générale, le plus souvent l'expression confuse de la condensation du mouvement *dans* les corps, — faut-il s'étonner, disons-nous, que le calorique rayonne sans cesse dans l'espace, tendant ainsi à gagner des positions d'équilibre plus ou moins arrêté? N'est-ce pas là ce que nous voyons se produire en grand dans les phénomènes de condensation électrique, qui doivent constamment guider nos idées dans des recherches, inabordables à tout autre rapprochement? Nous venons de rappeler ce que les effets de la condensation du mou-

vement produisent dans les corps ; il faut ajouter à ces premières
notions ce qui résulte du rapprochement ou de l'écartement sériel de ces mêmes corps. C'est indiquer d'un seul trait les phénomènes de pression, de frottement, d'écrouissage, etc. Dans tous ces
phénomènes, les corps comprimés, martelés, frottés, dégageront
du calorique ou du mouvement à proportion seulement de leur
faculté condensatrice, l'écartement des molécules étant une raison
très-grave de condensation de ce mouvement d'après les principes
de la communication du mouvement. Chaque fois que vous opé-
rez un rapprochement entre les molécules, vous ne pouvez qu'en
faire sortir un mouvement condensé, devenu excessif pour le
nouvel état du corps ; le frottement, le martelage, l'écrouissage,
le laminage, etc., ne sont donc au fond que des variétés de pression déterminant un rapprochement dans les molécules, qui
chasse une certaine portion de mouvement condensé. N'oublions
pas que la résistance au mouvement est de deux sortes en général : la première s'entend des corps denses qui opposent une
masse importante à la condensation ; la seconde s'entend des
corps mauvais condensateurs par défaut de densité, dont la
nature intime est particulièrement rebelle au mouvement qui
tendrait à y séjourner. Le fer peut être cité comme exemple du
premier cas, dans lequel la densité est la seule cause de résistance Aussi, dans le fer, la condensation du mouvement s'opère-
t-elle avec une énergie si remarquable, que ce métal a toujours
été regardé comme un excellent conducteur du calorique, ce qui
pour nous veut dire condensateur de mouvement. Au contraire,
venez vous à considérer certains oxydes, vous verrez que, doués
d'une résistance énorme au calorique qui tend à les pénétrer,
comme l'oxyde d'aluminium, de calcium, de silicium, etc., ce
n'est cependant pas à leur densité qu'on doit demander l'explication du phénomène. Sans doute que dans ces corps les molécules sont tellement divisées et rapprochées, que la condensation
ne peut pas s'y opérer par la trop grande et trop facile communication du mouvement imposé qui s'opère entre leur parties.
De la sorte, le mouvement glisse d'une molécule à l'autre, avant
de pouvoir effectuer des tensions suffisantes pour produire les
effets que nous avons l'habitude d'attribuer aux divers mouve-

ments condensés : calorique, lumineux, électrique, etc. Dans tous
les corps rebelles au mouvement ou plutôt à sa condensation, le
groupe moléculaire est trop faible, relativement, et surtout trop
rapproché. Mais des oxydes si l'on passe à la constitution du
soufre, du phospore, du carbone, etc., on voit des différences
bien plus tranchées encore. Les principes que nous nous effor-
çons d'établir ici ne sont pas des hypothèses en l'air, tirées plus
ou moins ingénieusement de notre cerveau. Elles suivent, pas à
pas, les analogies basées sur la réfrangibilité relative attribuée
aux couleurs du spectre. La série de condensation ne va-t-elle pas
du rouge au violet en se diminuant? Il en est de même identiquement dans la matière : chaque composé répond à une couleur
du spectre, et les lois qui les dirigent sont celles qui donnent naissance aux couleurs elles-mêmes ; c'est-à-dire le plus ou moins de
densité et d'écartement de leurs molécules. Il en est encore ainsi
dans la résonnance. Il n'est donc pas étonnant que M. Person ait
trouvé une grande analogie entre les coefficients de calorique spécifique et les coefficients de dilatation des verges et des cordes
solides. Plus vous tendez une corde, plus vite elle vibre ; la condensation du mouvement dans son sein ne s'opère ici cependant
que par l'écartement mécanique et artificiel de ses molécules,
phénomène qui produit un grand échauffement dans les barres
de fer, fortement tendues aussi, par des charges considérables. Si
l'effet calorique est plus sensible dans ce dernier cas, il ne faut
l'attribuer qu'aux différences de masse. Qu'y a-t-il, en effet, de
différent entre une corde tendue par une cheville, et entre une
barre de fer allongée par une charge? Une différence de forme
dans l'expérience ! Nous pensons, en conséquence, que l'hydrogène
doit être formé sur le modèle de la couleur bleue, en optique, et,
en acoustique, sur celui des premiers sons de la gamme, si bien
observés par Newton, sous le point de vue de cette analogie. La
dilatation devient progressive à partir du rouge et des septièmes,
en gagnant vers le violet et la tonique inférieure. Mais cette dilatation des substances simples ne doit pas être confondue avec la
distension des groupes composés qui constituent la multiplicité
des corps terrestres. La dilatation intime, essentielle, de l'hydrogène, comparée avec la contraction de l'oxygène, du chlore, etc.,

n'a pas de rapport sérieux avec la condensation spéciale d'un groupe composé, éloigné en suite de rapprochement avec un corps de même nature, placé à des distances particulières. C'est ainsi, par exemple, que des balles de sureau auraient beau être entassées fortement les unes sur les autres, qu'elle ne fourniraient jamais le poids comparatif, sous un même volume, de balles de plomb, même très-écartées les unes des autres. Il en est de même, sans doute, de l'hydrogène, du carbone, etc., à l'égard de l'oxygène, du chlore, etc. L'hydrogène est dilaté dans ses parties élémentaires, l'oxygène est contracté. Les corps denses composés, que nous avons désignés comme étant des condensateurs de mouvement très-énergiques, représentent, au contraire, des groupes très-contractés, mais situés à des intervalles passablement éloignés les uns des autres. Voilà seulement comment on peut se rendre compte, d'abord de la composition élémentaire des corps simples puis de la condensation amenée par les corps composés, au moyen d'une densité de groupe, très-considérable, jointe à une suffisante distension de ces groupes. Tels sont justement les enseignements que nous tirons des phénomènes électriques. Les corps peu contractés qu'on oppose à cet agent physique ne condensent pas assez le mouvement qui en résulte pour produire de grands effets; et les corps denses n'en produisent, à leur tour, que du moment où ils sont assez écartés, isolés les uns des autres, pour que la tension électrique se manifeste.

Mélange et condensation des gaz.

La loi de Mariotte, en établissant l'égalité des densités pour les gaz à la même pression, a poussé sur la route d'une erreur que de nombreuses expériences sont venues mettre en défaut. Cette constitution intime égalisée dans les gaz, comment éclaircir les phénomènes de la diffusion si bien observés par Graham, et bien mieux, soumis à des nombres généralement peu contestés? On a expliqué tous ces faits par une pénétration des gaz. Ceci est l'appel à l'inconnu.

Nous ne devons y voir qu'un retour nécessaire à de meilleurs

principes. En effet, si physiquement, c'est-à-dire sous le point de
vue général et collectif, les gaz suivent la loi de Mariotte, en présence d'une pression mécanique seulement, il est presque absurde
de croire qu'ils ont, par cela même, une composition identique,
quand nous les voyons jouer chimiquement des rôles si différents
les uns des autres. Nous trouverons en chimie, par l'étude de
la vraie composition des corps simples, que ces lois de diffusion s'expliquent tout naturellement par la composition intime
de corps simples et de leurs combinaisons, quelles qu'elles
soient.

Rien n'est plus propre, du reste, à confirmer ce que nous avançons, que la manière dont les gaz se comportent dans leur condensation à la surface de certains corps, le charbon, le platine, etc.

En effet, quand un corps liquide ou gazeux est mis en présence
d'un corps qui lui fait une opposition de mouvement considérable, comme le charbon, le platine, l'iridium, à l'égard des gaz;
la chaux, l'acide sulfurique, le chlorure de chaux, à l'égard de
l'eau, etc., il se produit une réaction de limitation dans la constitution de ces gaz et de ces liquides, qui détermine le phénomène d'absorption par condensation, et cela sans action chimique.

Il n'est donc pas probable que les gaz restent dominés par un
phénomène d'égalité dans leurs allures générales; au contraire,
cette classe particulière des substances est dirigée entièrement
par le mouvement excédant, fait réellement principal et absorbant dans leur constitution; les études à tenter dans l'avenir doivent donc particulièrement porter sur des vues de ce genre. En
attendant, qu'il nous soit permis de rappeler ce que M. Magnus
vient de publier, et d'où il résulte que la condensation des gaz
sur les corps polis est en raison de la nature du gaz et de la substance condensatrice, ce qui ne peut guère s'accorder avec le principe d'égalité de composition que nous combattons.

Constitution des corps.

Si nous concevons que les corps soient composés de deux condensations différentes : l'une intérieure, qui agit sur ce que Fourcroy appelait si bien l'élément *particulaire*, dans sa *Philosophie chimique* ; l'autre extérieure, atmosphérique, qui détermine le phénomène de cohésion, on s'expliquera sans peine que le moyen de rendre la liberté à la force extensible *particulaire*, ou spéciale, est de dissoudre la condensation d'ensemble, ou atmosphérique ; ce qui se pratique ordinairement avec tous les dissolvants connus du mouvement : la chaleur, la lumière, l'électricité, etc. Le magnétisme n'étant qu'une exagération de la force de condensation extérieure ou atmosphérique, la chaleur agit sur les corps magnétiques d'une façon très-destructive, en général, comme tous les mouvements en plus qui ne sont pas dirigés dans le sens de cette condensation spéciale. Il en est autrement quand on tend à la produire volontairement, et qu'on se place aussi dans les circonstances qui la déterminent. Les solides, tels qu'ils se présentent vulgairement à nos regards, sont composés de trois éléments très-distincts ; le premier renferme la molécule élémentaire, probablement sphérique, parce qu'elle contient autant de mouvement libre qu'elle peut en supporter sans se détruire ; le second revêt déjà la forme sérielle, *cristalline* pour les corps inorganiques, *utriculaire* pour les composés organiques. Chacun l'a dit tour à tour et à toutes les époques, ce second principe représente le corps entier ; aussi le désigne-t-on sous le nom de *particule intégrante*. Enfin, le troisième élément, la masse du solide, n'est que la combinaison de diverses particules intégrantes plus ou moins éloignées de composition intime, ou encore la réunion simple de particules de même nature. En un mot, on retrouve l'élément simple ou moléculaire, l'élément déjà sérié ou particulaire, l'élément complexe ou masse du solide. Maintenant, entre le principe moléculaire et le principe particulaire, n'y a-t-il aucune transition ?... Nous ne le pensons pas ; la sériation du mouvement, telle que nous la comprenons, n'est jamais ni brusque ni bien arrêtée; elle se divise en nuances imperceptibles qu'il est impossible à l'homme de poursuivre à travers le dédale de l'infiniment petit; aussi ne nous est-il loisible que d'établir de grandes divisions, qui sautent immédiatement d'une molécule, supposée plus ou moins élémentaire, à la composition sérielle définie. Mais, pour notre usage, cette classification est parfaitement convenable, puisque nous n'avons pas encore eu l'occasion jusqu'ici d'entrevoir d'autres divisions de la matière. En un mot, en dehors de la série particulaire et de ses composés, l'œil de l'homme, armé des meilleurs instruments, n'a rien aperçu. Ce qu'on appelle molécule est donc presque une fiction; la nature ne semblant procéder jusqu'ici que par séries de divers ordres seulement. Les faits de cristallisation sont là pour nous tracer le chemin à suivre. En effet, quelque composé que soit un cristal, nous pouvons toujours, — sur les traces de Bergman et d'Haüy, — le subdiviser en des parties moins complexes, c'est-à-dire passer d'un solide à faces très-multiples à un solide à faces moins nombreuses. Mais, nous dira-t-on, il est un terme à la délimitation des solides; au delà du tétraèdre, vous ne pouvez plus rien atteindre, car on conçoit peu un solide déterminé par moins de plans que les quatre faces constitutives de ce tétraèdre. Alors il n'y a plus d'éléments complexes, et vous êtes obligés de tomber dans l'élément simple ou moléculaire. C'est bien là, en effet, le raisonnement de la science actuelle : après le tétraèdre, la molécule!... Mais ce solide si complexe que vous ramenez au tétraèdre, vous avouez, en un autre chapitre de vos cristallologies, qu'il n'est qu'un assemblage très-multiple de polièdres semblables au premier, et que, si loin qu'atteignent nos instruments en divisant un corps, soit en fragments, soit en poussière, on retrouve toujours la forme complexe du solide, sauf à cliver. Nous rencontrons donc ici deux cas spéciaux :

1° Division inépuisée du polièdre complexe par la fraction.

2° Subdivision du polièdre en des séries plus simples par le clivage. Hors de ces faits, l'expérience n'a encore rien démontré. En conséquence, nous ne voyons pas d'atomes. Car dans tout polièdre complexe nous pouvons supposer une division de fractionnement à l'infini, et encore, après que ce sera fait, reprendre l'élément complexe infiniment petit pour le cliver, et, par là, le pousser aux limites de l'élément solide le plus simplifié. L'intelligence s'égare dans ces décompositions stérilement spéculatives, et la prudence conseille de rester dans le domaine du possible, qui est déjà si rebelle à la clarté des conceptions dogmatiques. Il n'en est pas moins vrai, par un phénomène étrange, que les corps, partant de telle ou telle forme simple, peuvent s'élever, par des modifications de cette forme, jusqu'aux spécifications les plus étendues et les plus complexes, comme, à leur tour, les spécifications les plus étendues et les plus complexes peuvent être ramenées aux formes les plus simples.

Il est donc impossible de tirer de ces faits une autre conclusion que celle ci : les corps, en revêtant l'état solide par une cause quelconque, prennent par cela même la forme sérielle appropriée à leur mouvement intime; et, bien mieux, sous cette forme qui semble au vulgaire si arrêtée, si indispensable, ils cachent les répétitions infinies de ce même type, comme la subdivision, également infinie, de séries plus élémentaires ou plus complexes, qui peuvent se produire dans les mêmes circonstances de mouvement propre ou acquis. La cristallisation est en tout semblable à une corde qui vibre et à une nuance quelconque du spectre solaire ou du spectre électrique. C'est-à-dire que les subdivisions du mouvement s'y opèrent exactement de même, eu égard aux difficultés matérielles que nous avons à vaincre dans la pratique de ces expériences. Quelles conséquences devons-nous tirer de telles études? Les voici : Un solide, envisagé comme un tout moléculaire ou particulaire, ne doit être au fond sujet qu'à deux phénomènes de mouvement. Le premier est intime au corps; c'est ce qui crée sa constitution sérielle; aussi ce mouvement ne peut-il jamais être enlevé au solide: voilà pourquoi, jusqu'ici, en chimie, on ne connaît pas l'exemple d'une destruction réelle de corps. L'hydrogène reste toujours de l'hydrogène, le chlore du chlore, le fer du fer. Le second phénomène est extérieur aux solides, et par cela même n'affecte que leur forme transitoire et variable. Ainsi, le soufre passera du cube à l'octaèdre, bien mieux, à la sphère, et réciproquement, selon les circonstances de voisinage et de température auquel il sera soumis. Tous les agents extrêmes concourront à ces dernières mutations, tandis que la série primordiale, intime seule, se poursuivra dans la constitution élémentaire de ces mêmes corps. Quand on fait vibrer des cordes de longueur et de grosseur différentes, chacune de ces cordes produit un son qui varie en raison de la grosseur, de la longueur et de la tension de la corde; c'est ce que représente, en chimie, la nature spéciale de l'oxygène, de l'hydrogène, du soufre, etc. Mais, tout en donnant un son spécial, la corde reproduit encore chacune des séries complexes du monocorde, et cela d'une façon tout à fait indépendante du ton spécial; c'est-à-dire que le type sonore se rencontre dans chaque corde indépendamment du son tonal ou tonalisé qu'elle affecte particulièrement. Nous retrouvons encore ce second fait dans la cristallisation, qui, pour des corps tout différents, représente un type général polyédrique en raison de certaines circonstances de compositions similaires à la corde qui vibre. Ce serait une erreur de croire, en effet, que toutes les cordes reproduisent avec la même facilité le type du monocorde. D'après les circonstances d'intensité dans la vibration, et de constitution propre, elles rendent tantôt telle ou telle partie apparente du type général. Une corde longue, et par conséquent à tons bas, fait ressortir particulièrement les quintes, comme une corde courte et fortement tendue donne plus facilement des tierces. Les cristallisations définies seront donc d'autant plus propres à telle ou telle décomposition polyédrique, qu'elles se trouveront placées dans des circonstances similaires à celles que nous venons de développer en acoustique. En un mot, le passage d'une forme solide à une autre forme solide, dérivant d'un même système cristallin, puis le passage d'un système à un autre système, se régleront avec plus ou moins de conformité sur les phénomènes de résonnance que nous venons de développer.

Fourcroy dit, dans sa *Philosophie chimique*, et tous les livres de physique l'ont répété à l'envi : « Chaque corps, ayant une forme différente dans les molécules et un écartement différent entre elles, admet une quantité différente de calorique pour arriver à la même température; c'est ce qu'on appelle capacité des corps pour le calorique. » En effet, c'est bien ainsi que l'on conçoit encore aujourd'hui le calorique. En cependant tous les phénomènes de chaleur sont frappés d'obscurité par ces principes matérialistes du calorique. La chaleur n'est pas un écartement des molécules seulement, c'est aussi, et surtout, une condensation du mouvement libre intermoléculaire. Dire que la forme spéciale des corps laisse plus ou moins d'intervalle entre les molécules, et fonder là-dessus la spécification des caloriques, c'est prendre l'effet pour la cause, car les intervalles moléculaires sont justement produits par la différence des accumulations de mouvement condensé autour des corpuscules, lesquelles condensations ne peuvent exister elles-mêmes qu'en proportion de la faculté condensatrice des corps.

Maintenant doit-on s'étonner que les corps augmentent de volume en augmentant leur température? Non, puisqu'ils acquièrent justement par cette élévation de température une somme de mouvement plus considérable qui s'utilise en condensations ambiantes jusqu'au moment où la corpusculence, ne pouvant plus faire équilibre à la pression extérieure, se ramollit ou se liquéfie; ce qui n'est absolument que le délayage des condensations extérieures, au milieu de la masse corpusculaire, qui, par là, en est divisée et disjointe, jusqu'à revêtir la forme et la nature des liquides ou des gaz, selon les circonstances d'échauffement. Il n'est donc pas impossible de suivre la condensation du mouvement dans les quelques états matériels que nous lui reconnaissons. Les solides sont des corps très-contractés par une cause plus ou moins prochaine, qui opposent une résistance, énergique relativement au mouvement libre qui tend à se condenser. Dans les solides donc, se rencontrera sans cesse cette condensation extérieure du mouvement que nous avons nommé *atmosphérique*, par similitude avec ce que nous voyons s'opérer en grand autour de cet énorme solide qu'on appelle la terre. Dans les solides, la position du mouvement condensé est particulièrement externe.

Mais si le mouvement augmente dans des proportions nouvelles, la condensation extérieure s'élèvera de plus en plus, ainsi que nous venons de le dire, jusqu'à ce qu'elle arrive à pénétrer intimement chaque particule, et alors il se produit un ramollissement du solide, et enfin une liquéfaction. Par cette dernière situation des corps, le mouvement extérieur condensé a fait irruption de l'extérieur à travers la masse, et cette masse commence à rouler, de molécule à molécule, délayée qu'elle est dans un mouvement excédant auquel elle ne peut plus résister suffisamment pour rester à l'état solide ; au contraire, elle se place dans une sorte d'équilibre qui produit le mouvement indifférent à toutes les pressions et à tous les effets extérieurs. Sans ces idées d'équilibre, il est impossible d'expliquer les principes de statique si différents pour les solides et pour les liquides. La résistance du solide à la pénétration intérieure du mouvement, bien entendu dans les proportions que tout le monde sait, amène des résistances tout externes ; aussi l'effet dynamique, dans les solides, est-il toujours partiel et limité aux portions contingentes. Dans les liquides, au contraire, par suite de l'équilibre du mouvement avec la matière et de la pénétration intérieure de ce mouvement, les communications de force sont beaucoup plus indépendantes et présentent une homogénéité à laquelle les solides se refusent complétement. Aussi s'établit-il une compensation entre l'effet réfrigérant de liquidité qui pousse le solide à l'état liquide, et l'effet de contraction, de condensation par combinaison qui unit le solide devenu liquide au dissolvant lui-même, ou à des corps qui se trouvent en dissolution dans le sein de ce dernier. L'effet qui domine efface l'autre effet ou le diminue.

Si nous continuons l'analyse, nous arrivons aux gaz : le mouvement libre, à ce moment, a non-seulement pénétré la masse solide, mais il entraîne actuellement la masse liquide qui ne peut plus lui faire équilibre. Or, qu'est-ce qu'un mouvement qui ne subit plus de résistance ? C'est tout bonnement l'expansion telle qu'on la conçoit dans tous ses effets, et notamment en ce qui regarde les propriétés des fluides aériformes. Ces faits, qui semblent si simples au premier abord, ont une importance considérable si on veut bien les étudier au point de vue de la condensation du mouvement. Avec la solidité, condensation extérieure du mouvement ; avec la liquidité, équilibre relatif de résistance comme de force ; enfin, avec les gaz, la matière, soulevée par un mouvement excédant, suit la fortune de ce mouvement et se met avec lui en quête de nouvelles résistances. Nous prions, en passant, qu'on n'aille pas confondre ces idées, applicables à la condensation abstraite, avec la communication du calorique dans les corps dont la similitude n'est qu'apparente.

La chaleur, comme on peut le déduire des observations ci-dessus, ne doit être qu'une condensation particulaire du mouvement, une condensation externe aux séries, quoique diffusée autour des corpuscules de la matière solide. Aussi voyons-nous les corps avoir une capacité pour le calorique d'après de certaines règles qui suivent, sans aucun doute, la faculté condensatrice de chaque substance particulière ; et, par le même motif, la conductibilité de cette chaleur doit-elle être également en raison des différences de condensation des corps réputés bons ou mauvais conducteurs. Les mauvais conducteurs, généralement aussi *idioélectriques*, ne condensent le mouvement, en quelque sorte, qu'à leur superficie, tandis que les bons conducteurs condensent le mouvement de particule à particule. Lorsque deux substances se rapprochent pour se combiner, l'union qui en résulte détermine un changement d'état dans leur mouvement condensé, qui produit tantôt une élimination de ce mouvement condensé, tantôt une absorption extérieure, et cela en proportion de cette combinaison qui s'opère. Puisque nous avons supposé que l'état gazeux est un excédant de mouvement sur la matière, il est clair que le corps qui perd cet état pour en prendre un autre doit abandonner une certaine quantité de mouvement condensé, et il en sera de même dans le cas du passage de l'état liquide à l'état solide, avec des différences inhérentes à ces deux états particuliers ; et, comme nous l'avons vu à l'article du choc, dans ces divers cas, si les corps sont très-distants de condensation, la combinaison se fait, non-seulement avec chaleur, mais encore avec lumière et électricité.

Nous pensons que c'est ici le lieu de faire une remarque, extrêmement importante quant aux résultats qu'elle détermine. Il s'agit du mouvement condensé, mis en parallèle avec le mouvement en plus. Si l'on raisonne la résistance, on verra sans peine que le mouvement enveloppant, dans les corps, sera condensé à proportion de la résistance que le corps lui opposera comme solide, liquide ou gaz; bien mieux, que la conformation des solides, relativement, sera d'une grande importance. Nous pouvons donc admettre que le mouvement enveloppant un solide sera plus condensé, aura une tension plus grande que le mouvement qui pénètre un liquide ou un gaz ; dans lesquels justement, par suite d'un excès de mouvement libre, d'une tension extérieure victorieuse, le mouvement a pénétré la masse et a sans doute perdu la tension primitive qu'il affectait lors de la résistance, amenée par l'état du corps. Un liquide, un gaz, devront donc avoir du mouvement en *plus*, proportionnellement ; mais il n'est pas dit qu'ils possèdent en même temps ce même mouvement dans le même état de condensation que la solidité détermine seule. Si cette condensation existe, elle suivra, n'en doutons pas, la nature intime du liquide et du gaz ; car ces deux choses vont et peuvent aller ensemble sans se détruire : condensation, proportionalité. Dans les solides, la condensation du mouvement, sa tension, est plus grande que dans les liquides et dans les gaz, et cela, bien entendu encore, en proportion de la nature des substances ; le mouvement comparé à la somme de matière est en moins. Dans les liquides et dans les gaz le mouvement est supérieur à la matière, mais la condensation de ce mouvement est moindre. En un mot, la condensation du mouvement se détruit à mesure que la quantité s'oppose à la solidité. Au moyen des explications ci-dessus, nous pensons qu'on ne confondra plus la contraction du mouvement autour des solides avec l'expansion du mouvement libre qui domine dans les gaz ; pour ces derniers corps, le mouvement échappe justement à la contraction par des effets de quantité dominante.

Quand on porte de l'eau ordinaire à la température de + 100°, on remarque que ce liquide dépasse rarement cette limite de température sans se vaporiser, autrement dire sans changer d'état ; à moins, toutefois, qu'on n'ait recours à ces artifices de pression et de communication variée de mouvement dont nous avons parlé ailleurs. Dans ce cas, positivement, l'eau appuie notre pensée première, que certains corps sont doués d'une somme de résistance en rapport avec leur constitution intime, et que, passé cela, le mouvement les domine et les emporte dans sa marche incessante et infinie jusqu'au moment où de nouvelles limitations viennent changer les proportions, établies d'abord entre le mouvement libre et la matière entraînée. Le point de fusion des solides est

donc le moment où le mouvement se trouve en quantité suffisante pour pénétrer la matière solide, et lui faire équilibre dans
des conditions diverses. Le point d'ébullition, au contraire, établit la prépondérance du mouvement sur la matière réduite
provisoirement à l'état gazeux. Il est clair que le terme moyen
dans tous ces changements d'état est certainement le point de fusion, équilibre entre le mouvement et la matière. Alors reparaît
l'accumulation du mouvement libre excédant, qui ne peut faire
franchir le second saut au corps devenu liquide qu'en s'accumu-
lant dans ce corps liquide en de certaines proportions, détermi___
pour l'amener à l'état de gaz ou de vapeur. Et cela est si vrai,
que tous les liquides sont plus ou moins vaporisables, aussitôt
qu'ils ont dépassé le point d'équilibre entre le mouvement libre
et la matière liquéfiée ; c'est pour cela que tous les liquides, les
vrais liquides en équilibre de mouvement, émettent des vapeurs,
sans plus d'augmentation de force ; employant ainsi la partie
excessive du mouvement qu'ils recèlent intérieurement. Tandis
que des huiles, les corps gras en général, ramollis seulement,
sont moins propres à se volatiliser que les liquides que nous
appellerons *parfaits*.

Qu'est-ce donc qu'on doit entendre par ces mots, appliqués aux
liquides surtout : *rendre latent une quantité donnée de calorique?*

Cela veut dire que la composition spéciale du corps liquéfié
reste encore assez influente sur le mouvement, devenu légèrement
excédant; pour lui imposer certaines résistances de condensation,
limitées, par le nouvel état acquis, mais qui prennent leur
source, sans aucun doute, dans la pression de l'ensemble jointe
à la constitution initiale. Berthollet, quoique étant parti d'un
point de vue tout différent du nôtre, a saisi ces phénomènes
avec un génie incomparable. Voici comment il s'exprime : « Les
effets de la force de cohésion n'ont pu échapper aux chimistes ;
mais ils ne l'ont considérée que comme une qualité des corps AC-
TUELLEMENT solides, de sorte que, la solidité n'existant plus, ils
l'ont regardée comme détruite, » etc. (*Statique*, p. 12.) Alors,
comme nous l'avons dit, le mouvement est obligé de vaincre la
somme totale de liquide qui lui est opposée, et ses efforts sont
stationnaires à nos yeux, jusqu'au moment, où toute la masse

étant pénétrée, l'effet se produit avec une rapidité proportionnelle aux tensions, aux pressions qui ont été opposées au mouvement en plus de la liquidité. Ce qui amène à conclure que
*la chaleur latente d'un corps est simplement le degré de conden-
sation que ce corps peut faire subir au mouvement, calorique ou
non.* Il n'est pas douteux que, sans la pression extérieure, les
vrais liquides, autrement dire les corps équilibrés par le mouvement, ne subiraient pas souvent la station de liquidité, telle
qu'elle nous apparaît vulgairement. Il serait si difficile, en effet,
de rencontrer des corps parfaitement en état d'équilibre, qu'ils
ne changeraient le plus souvent l'état solide que pour revêtir
l'état gazeux ou vaporeux immédiatement. Les pressions de la
masse liquide ayant un premier effet déterminé par la pression
extérieure que le mouvement doit vaincre à son tour, la masse
elle-même du liquide — non sa quantité — doit amener ces condensations proportionnelles, qui sont en quelque sorte la reproduction d'un fait moléculaire, à un point plus composé. Lavoisier avait parfaitement raison de considérer l'état liquide comme
un état artificiel; seulement il eût dû ajouter que cela devait
s'entendre en fait seulement, le principe fondamental fournissant
aussi l'état liquide ou d'équilibre d'une manière absolue. Les
études qu'on a faites sur la chaleur spécifique des corps sont tout
simplement un essai d'histoire des condensations spéciales de la
matière.

Constitution des corps composés.

Nous venons de parcourir rapidement les phases que peut présenter la matière dans ses combinaisons avec le mouvement libre,
et de là nous avons vu naître l'état physique des corps solide, liquide et gazeux. Maintenant, en nous servant de ces aperçus, tout
incomplets qu'ils sont, ne pouvons-nous en tirer aucun parti
dans l'étude de la constitution des corps composés? Voici comment nous comprenons ces recherches : toute combinaison a
lieu dans une tonalité enveloppante, solide (elles sont rares), liquide ou gazeuse; c'est-à-dire qu'en s'unissant, les corps ont été

rapprochés sous des circonstances de similitude extérieure, le plus souvent prépondérantes, qui, en faisant taire le mouvement propre de chaque corps, en a déterminé la jonction. Quand donc on échauffe un composé, ou qu'on lui imprime un mouvement en plus, d'une manière quelconque, il arrive un moment où la condensation du mouvement n'agit plus d'une manière égale sur les deux substances unies par la combinaison. La pluie venant du large, qui fouette les rochers du Finistère, détruit le schiste de la roche composée qui fait face à l'Océan ; mais elle ménage si bien les grains de quartz qui y sont mêlés, qu'on voit ces derniers saillir à la surface des pierres, comme s'ils étaient enchatonnés par un habile sertissage. Supposons, pour fixer les idées, que nous ayons affaire à un carbonate de chaux. L'accumulation de la chaleur dans l'acide carbonique et dans l'oxyde de calcium, ne s'effectue pas avec les mêmes proportions ; et le calcium moins soulevé par son oxygène que le carbone ne l'est par l'acide carbonique, se trouve opposer au mouvement excédant une résistance beaucoup plus grande, beaucoup plus persistante que l'acide carbonique, ordinairement et primitivement gazeux. Le mouvement libre des fourneaux, de l'électricité ou de la lumière solaire, se trouve aux prises, d'un côté, avec un solide, de l'autre, avec un gaz ; en un mot, avec deux corps primitivement pourvus d'une dose de mouvement tout opposée. Peut-on raisonnablement penser que l'effet restera le même, malgré ces différences si tranchées? La décomposition du corps suivra ces différences de composition spéciale, et cela en raison des résistances spécifiques, comme, pour se combiner, les corps avaient suivi la marche équivalente, celle des différences de limitation. Lorsque deux corps se rapprochent, c'est leur mouvement intime qui agit, de sorte qu'un corps très-excité par le mouvement en plus choisira toujours un autre corps doué de mouvement en moins, ou de résistance, en proportion de son excédant à lui. Dans la combinaison, en un mot, ce sont les mouvements intimes qui s'opposent l'un à l'autre. Dans la décomposition, l'acte se produit entre un tiers, le mouvement libre extérieur, et un autre corps agissant d'après des proportions très-faciles à prévoir et à calculer en principe, mais très-difficiles, sans doute, à établir dans l'état actuel des constatations de forces : *corpora non agunt nisi soluta*. Effectivement, de solide à solide l'effort du mouvement intime comparatif n'a pas grande action, s'il en a, les corps se juxtaposent et puis voilà tout; mais aussitôt que vous les placez en équilibre, c'est-à-dire que vous les liquéfiez, encore mieux, si vous les gazéifiez ou vaporisez, ce qui est une exaltation de la mobilité, les mouvements cherchent les résistances; et la combinaison qui s'engage acquerra d'autant plus de solidité, de cohésion, que le rapprochement sera effectué en vertu de forces plus puissantes; ceci soit dit sans toucher à l'étude fondamentale des affinités, dont la théorie est plus complexe certainement. On voit, au fond, que combinaison et décomposition ou disjonction sont identiques dans leur cause, quoique si dissemblables en apparence dans les effets. Et quand deux corps se détachent, ils reprennent leur forme première avec bien plus de facilité qu'on ne peut l'expliquer par la théorie du calorique. Berthollet ne s'y était pas mépris, lorsqu'il dit : « On tomberait dans un erreur, si l'on établissait comme principe général que la dilatation est toujours accompagnée de refroidissement, et, dans un autre cas, si l'on prétendait que la combinaison produit constamment de la chaleur. »

Les théories de la force attractive, comme celles de la force répulsive de la chaleur, sont des théories d'enfant, des théories de simple apparence, des théories de mauvais analyste! Dans les combinaisons liquides ou gazeuses, le mouvement propre de chaque substance simple est excité par un léger mouvement libre en plus, essentiel à nos liquides, qui pousse les corps détachés par la liquidité à entrer en combinaison. C'est pour cela qu'on obtient certaines combinaisons plutôt à chaud qu'à froid; c'est pour cela encore que beaucoup de gaz refusent de se combiner, s'ils ne sont pas mis en marche par ce mouvement particulier dont nous avons développé ailleurs l'importance et la nature tétracordique. Voici, du reste, pourquoi dans la nature il existe des phases de mouvement et de repos, comme dans un accord il existe des consonnances et des dissonances. Si vous prétendez mettre en marche un tronçon du cercle tonal, il faudra choisir un mouvement en haut ou en bas, pour attirer le groupe sur un point résolutif. Or chaque note arrêtée de ce cercle ne peut être mise en mouvement que sous l'influence d'un souffle diversement conduit, qui change et le point de départ et le point d'arrivée. Cela est si vrai, que la déterminative *si*, dans l'accord *sol, si, ré*, se résoudra sur *ut*, lorsque le mouvement sera dirigé de *sol* vers *ut*, en se résolvant : *sol, si, ré — ut, mi, sol;* tandis que la même déterminative *si* résoudra *ut* à son tour, quand le mouvement partant de *ut* pour aller à *sol: ut, mi, sol,* déterminera le point d'arrivée *sol, si, ré*. Ah! si nous pouvions faire comprendre aux chimistes ce qu'il y a d'admirable et de puissant dans cette façon d'entendre l'association et la dissociation des corps, ils verraient bien que ce phénomène alternatif de mouvement, que nous avons appelé *changement des termes,* est le fait le plus capital de leur art, et l'avenir de la chimie pratique. Quand dans les cristallisations complexes on fait agir tour à tour le froid et le chaud, les fluides aériformes, les corps liquides ou solides, que fait-on donc, nous le demandons, si ce n'est d'exécuter un changement de terme d'où naît la différence des résolutions ou des cristallisations? Il en est de même des précipités qui s'obtiennent à volonté par l'élévation ou l'abaissement facultatif des températures. Les lois admirables de Berthollet sur la combinaison se commenteraient pas à pas avec la théorie acoustique; et, nous osons le dire, la statique s'illuminerait d'un éclat tout nouveau, si aux faits empiriques si bien décrits par Berthollet, on joignait le principe abstrait, caché à cette heure encore dans les flancs de la résonnance.

Pour ne pas fatiguer l'attention du lecteur, nous ne choisirons que quelques exemples comparatifs. Le nitrate de potasse et le muriate de soude sortent tour à tour par la cristallisation d'une même dissolution, le nitrate de potasse vers le point de congélation, le muriate de soude vers le point d'ébullition. C'est-à-dire que si vous portez le mouvement de haut en bas, vous tombez sur le nitrate de potasse, et si au contraire vous dirigez le mouvement de bas en haut, c'est le muriate de soude qui se produit. Ces changements de terme, ces résolutions, en un mot, sont déterminées par bien d'autres voies; mais qui toutes se rapportent de près ou de loin à celle-là. Ainsi s'explique la formation facultative du nitrate ou du muriate de potasse indiquée par Berthollet (*Statique*, p. 100), au moyen d'une portion variable de nitrate de potasse ou de muriate de chaux ; mais surtout de ces cristallisations qu'on obtient dans une dissolution complexe, en déposant dans son sein tel ou tel cristal déjà tout formé et isomère. Quand, pour expliquer des phénomènes aussi graves et aussi mystérieux, la théorie actuelle se contente d'expressions comme celles-ci : le nitrate est moins soluble à froid, le muriate est moins soluble à chaud, etc., c'est expliquer le fait par le fait, et nullement, comme nous le montrons par l'acoustique, établir des cas analogues générateurs de véritables déductions dogmatiques.

Condensation extérieure ou physique du mouvement.

Si l'on songe à la porosité générale qui existe dans les corps, même les plus hétérogènes au simple aspect, on comprendra qu'ils baignent dans un milieu de mouvement condensé en proportion de la résistance qu'ils lui opposent. De sorte que la cohésion par similitude de condensation, ce qu'on appelle attraction de cohésion, doit s'ensuivre nécessairement. Les molécules suspendues au milieu de cette espèce de liquide, pressées en tous sens par la nature même du mouvement libre qui tend à se limiter de l'extérieur à l'intérieur, doivent amener ces résistances comparatives de cohésion, proportionnelles avec la force de condensation qu'elles sont susceptibles d'opérer sur le mouvement général diffus. Il est à remarquer que les corps peu condensateurs de mouvement, comme le verre, le soufre, le phosphore, etc., sont naturellement très-cassants, et communiquent dans certaines circonstances de semblables propriétés aux corps avec lesquels ils se trouvent unis, même dans de très-faibles proportions ; comme on peut s'en convaincre à l'égard des métaux sulfurés, phosphorés, et en particulier du fer. Sans doute que les corps doués d'une si faible condensation de mouvement détruisent dans la masse métallique la connexion nécessaire à l'ensemble des propriétés qu'on recherche pour obtenir la ténacité.

Nous ne saurions trop profondément attirer l'attention sur ces faits d'*immersion* des corps, nécessairement poreux, dans un

mouvement de condensation quelconque. Sans cette reconnaissance première, il est impossible de se guider dans le dédale des
phénomènes. Êtres chétifs que nous sommes. nous nous croyons
bien solides parce que nous avons sous les pieds une certaine
épaisseur de .natière, parce que .ns regards sont limités eux-
mêmes chaque jour, à chaque phénomène, par l'horizon lointain.
Mais réfléchissons à la position de notre terre, soutenue dans
l'espace sans relation sensible avec le monde extérieur, et nous
comprendrons bien plus facilement les nécessités de limitation
que le mouvement diffusé à travers les immensités des cieux doit
tenter et résoudre sur chaque corps matériel qu'il rencontre, dans
les centres condensés déjà des planètes, des étoiles et de toutes
les concrétions astrales. On comprendra mieux, disons-nous, ce
qui se passe ici-bas par cet effort unique de notre intellect, que
par tous les raisonnements terre à terre qu'une science aveugle
a entrepris de faire admettre dans l'étude des phénomènes.

Le mouvement est l'âme du monde, l'agent incessant de son
existence sensible et mutable. Les actes différentiels de ce mouvement sont uniquement apperceptibles aujourd'hui par les différences de condensation qu'il opère sur les corps déjà condensés
à divers titres, sous l'influence d'actions antérieures, identiques.
sans aucun doute, à celles qui s'opèrent actuellement, mais dont
il est inutile de suivre et de chercher la trace en ce moment.
Prenons les choses comme elles sont. Le mouvement, qui, de sa
nature, ne connaît d'obstacles à sa pénétration, soit par la porosité radicale de la matière, soit autrement, doit chercher incessamment et effectuer des condensations, en raison des corps
qui lui sont soumis. Il les baigne de toutes parts et s'établit en
eux, autour de ce que nous appelons la molécule, dans un état
de condensation proportionnel, non-seulement à cette molécule
que nous supposons primitive, mais, bien mieux, proportionnellement à chaque centre nouveau d'hiérarchie de composition que
ces corps subissent. De sorte que l'enveloppe extérieure de chaque corps homogène ou hétérogène clôt la dernière enveloppe de
condensation que le mouvement va en opérant, depuis la division la plus intime de la matière, ce que nous appelons, nous, la
série primordiale, jusqu'à la forme composée ou série extérieure.

collective. Une des plus fortes erreurs des sciences constituées sur l'inertie et sur la matérialité du dynamisme extérieur, est de calculer les forces de disjonction qui sont inhérentes à la cohésion, au magnétisme, comme résidant dans la matière en soi, dans le corps qu'on tend à séparer, à désunir; ou encore, dans le barreau de fer qu'on prétend arracher à l'aimantation. Si l'on eût été de bonne foi dans les calculs qui en ont été faits, — car nous ne pouvons croire que ce soit un manque de clairvoyance, — on eût vu que cet effort, soit de cohésion, soit de magnétisme, ne peut résider dans des masses aussi chétives par elles-mêmes, et que c'est un effort énorme, extérieur et généralisé dans la nature, qui peut seul opérer de si étonnants résultats.

Avons-nous besoin de faire remarquer qu'il en est de même pour les actions incalculées et incalculables dont nous sommes témoins dans l'explosion des chlorures d'azote, de la poudre de guerre, du bris des masses de fer dans la congélation de l'eau, etc.? Il est presque ridicule de supposer que la force renversante qu'on voit en jeu dans cet atome de liquide oléagineux, nommé chlorure d'azote, qui détermine des effets si effrayants, réside réellement dans des parcelles de matière aussi peu considérables. Ce qu'on doit se figurer, c'est que ces actions diverses ne sont que l'occasion d'une condensation subite et extérieure du mouvement général; comme, du reste, et chose singulière, on l'a admis dans la théorie des vents, dans celle des fermentations, sans savoir l'appliquer à des choses d'une tout autre importance. Ces faits sont pour le mouvement général libre, diffus, ce que les ferments sont à la décomposition des corps organisés : une occasion de condensation ou de décondensation quelconque, un changement brusque d'état, qui amène les résultats saisissants que nous connaissons. Sans doute qu'ils opèrent une tension de mouvement momentanément tenue en échec de résolution, comme nos yeux peuvent le discerner dans les phénomènes électriques du tableau magique, de la bouteille de Leyde, et, en général, de toutes les condensations retardées; et que l'action violente exercée dans tous ces cas n'est pas autre que la résolution ordinaire du mouvement, qui se révèle à nous sous la forme électrique, magnétique, dynamique, lumineuse, etc.

Nous le répétons encore : plus que jamais, en étudiant la nature, et lorsqu'on veut se montrer digne de constituer une science, il est nécessaire que la matière disparaisse à nos yeux, pour laisser toute l'importance, tout l'intérêt au mouvement et à ses condensations. Les corps reconnaissent tous la loi du choc par limitation ; ce que nous avons développé au chapitre de la succession du mouvement. Aussi est-il à remarquer que les corps gazeux, liquides et solides, subissent le même phénomène d'explosion ou de détonation, lorsqu'ils sont placés dans les circonstances que nous avons *énumérées* en cette occasion.

Ce n'est pas seulement le chlorure d'azote qui détone dans le mouvement qu'on lui fait subir ; n'en est-il pas de même du gaz hydrogène et du chlore, sous l'influence d'un rayon solaire ; de l'hydrogène et de l'oxygène, sous l'influence de la chaleur rouge ? et cela, sans aucun doute, par la même raison : un retard de résolution du mouvement, accompagné ensuite, lors de cette résolution, d'une difficulté de communication.

La force enfermée dans la matière ne donne, en quoi que ce soit, raison des effets énormes qui se manifestent dans les changements qu'éprouvent les corps au moment de leur décomposition. Il y a longtemps que les chimistes auraient pu redresser les idées des physiciens sur la nature du mouvement, en leur opposant les phénomènes étranges de projection et de détonation que réalisent les azotures métalliques et tant d'autres combinaisons effractives. Qu'y a-t-il d'extraordinaire à concevoir, au moment de ces décompositions, un effet d'induction opéré sur le mouvement libre ; forcé, par un changement d'équilibre dans les corps, de revêtir les effets qu'on connaît et qui ont un rapport direct avec la promptitude de la décomposition ; fait si bien établi par M. Dove dans ses recherches sur la différence des courants dynamiques, avec la force statique de la bouteille de Leyde convenablement modifiée? (De Larive, p. 424.) En général, — établit-il, — les plus fortes inductions appartiennent au métal qui éprouve les plus grands changements, et on peut ajouter les plus *prompts* changements magnétiques (p. 427); et si ces faits expliquent les forces qui sont mises en mouvement dans la décomposition des azotures, etc., ces décompositions détonantes éclairent à leur tour la puissance singulière et inattendue des phénomènes d'induction. La force induite n'est pas plus, moléculairement, dans le corps induit, comme Ampère a cherché à l'établir, que la force brisante et explosive ne réside dans les azotures. Ces phénomènes ne sont, au fond, que des prétextes à mouvement. Ampère et l'école moléculaire, en se cramponnant au matérialisme étroit, paralysent tout ce qu'on pourrait tirer de judicieux des admirables et si nombreuses expériences accumulées par le génie de Faraday, de Becquerel, d'Arago, de Matteucci, etc.

Ces idées sont encore appuyées par la *polarisation* des *électrodes*, en d'autres décompositions chimiques plus tranquilles, où cependant la *résistance* s'oppose encore au *mouvement;* là, comme partout, le mouvement se fait sans cesse opposition à lui-même, à l'occasion de ce qui détermine une action quelconque, si faible qu'elle soit.

Il faut donc insister encore une fois là-dessus : la matière n'est que bien peu importante, théoriquement, en comparaison du mouvement; elle ne se présente vraiment que comme un point déterminatif d'actions, et les *causes occasionnelles* de l'école cartésienne donnent à penser, quand on entre profondément dans ces vues théoriques.

Mais ce que nous venons d'établir pour les phénomènes du choc, ne peut-il nous éclairer en rien sur ces accaparements et ces abandonnements de calorique, qui suivent sans cesse la combinaison des corps? On sait pourtant que les dégagements et les absorptions de chaleur, dans bien des circonstances, ne sont point en raison des états primitifs caloriques des corps en présence; idée si admirablement exposée par M. Gay-Lussac dans ses leçons de chimie, à propos de la chaleur animale. Il faut donc qu'ici, comme tout à l'heure, la condensation et la décondensation du mouvement général, extérieur, jouent encore un rôle important; en un mot, que tout ne se passe pas seulement dans les corps eux-mêmes, comme Lavoisier tendit à le démontrer, en enfermant, en quelque sorte, la chimie dans la balance.

La matière sur laquelle nous agissons, quoiqu'elle se montre propre, dans une certaine mesure, à fournir les rapports de nombre, qui ont fait, à si juste titre, la gloire impérissable de ce grand

chimiste, échappe par un côté, côté immense, à nos appréciations *mesuratives*.

Combien de fois, au savant comme à l'ignorant, la pensée n'est-
elle pas venue de se demander si vraiment cette chétive étincelle
qu'on retrouve à la base de tous les incendies pouvait être *matériellement* le seul générateur de si grands désastres? Quand on y
réfléchit sérieusement, nous pensons qu'il est impossible de conserver cette manière de voir. Le mouvement extérieur, libre dans
ses combinaisons, est là, toujours prêt à effectuer son travail de
condensation et de dilatation sous l'influence d'un déterminatif
quelconque; avec l'étincelle dans la combustion, avec le ferment
dans les fermentations, avec les frottements, etc., dans l'électricité. Donnez-lui le plus petit de tous les prétextes, et il entrera en
besogne. Seulement, rien en ce monde ne se fait sans déterminatif de condensation et de dilatation. La lumière du soleil et la
lumière de la lune, nous n'en doutons pas un seul instant, malgré
l'opinion inverse soutenue contre le peuple par les astronomes
modernes, ne commencent leur effet sur la végétation, sur les
phénomènes de tout ordre même qui se passent autour de nous,
que par ce mouvement initial souvent imperceptible, en tout cas
très-faible, qui détermine le mouvement à revêtir ses habitudes
normales.

C'est ici le lieu de toucher en passant à ces questions physiologiques d'inflammation, d'irritation, etc., sur lesquelles les médecins sont encore si partagés. Personne ne nie cependant que l'irritation et l'inflammation ne suivent immédiatement toute congestion
sanguine, amenée par quelque cause que ce soit. De sorte que la
chaleur brûlante peut aussi bien se produire par l'effet d'un froid
excessif que sous l'influence du calorique lui-même. Richerand,
dans sa *Physiologie*, a développé ces considérations avec beaucoup
de clarté, mais sans en faire connaître la cause. Comment se fait-il,
en effet, qu'un corps en ignition et un culot de mercure congelé
produisent le même résultat? Évidemment tout cela ne devient
clair qu'en s'étayant des principes de limitation par le *choc*, en
un mot, par l'idée des *résistances*. Ne doit-on pas se rappeler que
l'état normal de la chaleur humaine est une moyenne arrêtée à
un degré particulier de température, ainsi que le docteur Wanner

a cherché pratiquement à l'établir dans ces derniers temps? Tout excès, soit de chaud, soit de froid, a le même effet sur l'organisme; au point qu'il peut en résulter un choc par limitation, d'où naissent, comme on le pense bien, les accidents spécifiés dans les nosologies. On pourrait en dire autant de beaucoup d'éréthismes organiques et particulièrement de celui du pénis; sous l'influence d'un déterminatif particulier, les humeurs s'accumulent en cet endroit, et, comme pour le fluide électrique, il se produit une tension singulière qui ne finit que par des résolutions en tout similaires à ce qui se passe dans l'électricité elle-même.

Maintenant, et d'après le phénomène d'inversion des termes, si grave en acoustique, dites-nous d'où part le mouvement, et nous serons en mesure de répondre où se fera la résistance; en un mot, où et comment se feront les combinaisons.

Dans l'acte de la végétation, le soleil darde-t-il ses rayons, ou même répand-il sa lumière diffuse sur la terre? les plantes émettront de l'oxygène et fixeront le carbone; c'est bien clair! L'oxygène, représentant des condensations du mouvement en plus, gagnera la place qui lui appartient dans la sériation normale qui s'effectue; cela est patent et eût dû frapper la science, aussitôt qu'elle produisit le même phénomène matériellement, quoique artificiellement, en polarisant le mouvement électrique sous l'influence des courants de pile. Là où vous créez la résistance, ne récoltez-vous pas l'hydrogène, le phosphore, le soufre, etc.; et là où le positif existe, l'oxygène, le chlore, le brome, l'iode, ne se rendent-ils pas avec la même exactitude? Or qu'est-ce que le soleil vraiment, sinon un déterminatif de mouvement dont la Providence nous a doté dans sa munificence: une pile en action, toujours montée, qui, par ses alternatives des jours et des nuits, crée à volonté pour l'homme le positif et le négatif, aidée dans cette dernière fonction par la lune, qui accapare les mouvements en plus, émis nocturnement par la terre, et constitue ainsi le vrai but de résistance? Dans les ténèbres des nuits, ce n'est plus le *rubide* oxygène qui abandonne la végétation et le sol pour se mêler à l'air ambiant, c'est le carbone, pourvu de la portion nécessaire, strictement nécessaire, pour lui donner des ailes. Il n'est pas prouvé du tout, en effet, que l'oxyde de carbone ne joue pas

17.

lui-même un rôle grave dans le phénomène négatif de la végétation nocturne et des émanations végétales. Les exemples d'as-
phyxie, sans possibilité de confination d'acide carbonique, sont
là pour mettre en garde de ce côté. Du reste, les expériences sont
toutes à refaire sur ce sujet. On a vu quelques poignées de foin,
quelques rameaux fleuris, déterminer les accidents les plus graves dans des appartements, si aérés naturellement, qu'il était impossible d'admettre un seul instant que les états toxiques pussent
provenir d'une concentration d'acide carbonique confiné. Nous
pensons que l'oxyde de carbone seul, ou plutôt des myriades
d'oxydes de carbone, inconnus et inappréciables à nos moyens
d'observation, imparfaits à cet égard, se dégagent dans le mouvement en retour, complétement semblable et assimilable à ce
qui se produit dans ce genre avec l'électricité, dont les effets ne
diffèrent que par leur instantanéité.

Si de la végétation nous passons à la combustion simple, nous
retrouvons les mêmes phénomènes, identiquement. Un mouvement se produit, immédiat sous le choc du briquet, ou médiat par
le rapprochement d'un corps déjà en ignition. Aussitôt le mouvement se met en marche sérielle, l'oxygène de l'air fonctionne
positivement, les combustibles négativement; et le développement
des condensations et des dilatations, de l'oxygène et des combustibles, atteint des proportions quelquefois effrayantes, qui
n'ont de limites que l'existence des matières antagonistes elles-
mêmes.

Il est impossible de ne pas établir un rapprochement, très-facile
à saisir, entre les combustions inorganiques et les combustions
organiques qui fournissent le mouvement, la vie, aux corps organisés; nous voulons parler de la nutrition en général. Dans
nos fonctions d'assimilation, n'est-il pas étonnant que nous nous
adressions constamment au carbone et à ses innombrables modifications; au soufre, au phosphore quelquefois; mais rarement à
ces composés métalliques, doués d'une condensation si énergique?
Évidemment il se passe ici un fait grave, celui que nous venons
de reconnaître dans les combustions ordinaires. Les substances
alimentaires seraient donc choisies en vue d'une résistance spéciale
au mouvement, de sorte que nous pourrions comprendre, par là,

comment un ascète hindou peut vivre avec quelques provisions végétales, tout à fait insuffisantes à l'homme du Nord, qui recherchera
au contraire les carbures les plus rebelles au mouvement : les huiles, les graisses, les spiritueux, etc.; là où le mouvement abonde,
que faire d'un excès de résistance? Mais, si l'on voulait savoir
comment les choses se passent dans l'organisme, lorsque l'on tend
de plus en plus à supprimer ces résistances au mouvement, d'un
renouvellement nécessaire, il faut se rappeler ce que Haller rapporte dans ses *Éléments de physiologie :* les muscles et les viscères
de quelques femmes, qui étaient arrivées à se passer d'aliments
pendant un temps très-prolongé, brillaient d'un éclat phos-
phorescent. Les tissus s'étaient donc changés d'eux-mêmes en
cette matière souverainement collectrice de mouvement externe,
qu'on appelle phosphore; ou plutôt ils avaient pris, en restant
matière organisée, les propriétés que nous sommes habitués
à rencontrer exclusivement dans le phosphore. L'iode jouant
parmi les corps alogènes un rôle qui l'assimile aux résolutives,
doit également, sans aucun doute, plusieurs de ses propriétés médicamenteuses à son mode spécial de condensation du mouvement. Mais, si le phosphore semble le dernier terme de l'animali-
sation, en redescendant toujours, on passe de corps de moins en
moins rebelles au mouvement, offrant moins de résistance; en un
mot, au mouvement diffus qui produit la vie, par son accumulation
dans nos organes. De sorte que dans les climats brûlants où le
mouvement s'irradie avec violence sous les efforts d'un soleil de
feu, l'oxygène uni à l'hydrogène, c'est-à-dire les gommes, les
sucres, les substances mucilagineuses, suffisent à la nourriture de
l'homme; tandis que, dans les pays septentrionaux, ce n'est plus
l'oxygène qu'il faut unir à l'hydrogène, mais l'azote à l'hydrogène comme dans les substances animales; bien mieux, l'azote au
phosphore, comme pour les ichthyophages des mers du Nord.

Cela se conçoit : plus le mouvement diffus est facile à rassembler ainsi qu'on peut le comprendre des régions placées en face
du soleil, moins aussi la résistance devient utile à accumuler;
plus au contraire le mouvement diffus se montre rare autour de
nous, plus aussi il faut employer de résistants au mouvement
pour nous en emparer.

Mais, nous dira-t-on, si vous avez tant besoin de vous approprier le mouvement, comment se fait-il que vous n'employez pas les corps métalliques, qui possèdent à un degré bien autrement énergique la faculté de condenser ce mouvement?

C'est que les corps métalliques ne possèdent que trop cette faculté de condensation, qu'ils gardent surtout pour eux, ou qu'ils communiquent trop rapidement; de sorte qu'au lieu d'aider à rassembler un mouvement que l'organisme doit posséder en quelque sorte extérieurement, à l'état libre; les métaux le dissimuleraient dans leur masse, ou le disperseraient en un instant aux dépens de cet ensemble harmonieux, qui constitue l'essence même de la vie organisée. Voilà pourquoi, sans doute, l'introduction des médicaments métalliques, dans l'économie, a quelquefois de si grands inconvénients, même ceux du fer, qui amène, lui si précieux à tant d'égards, des céphalalgies, des menstrues excessives, etc. Les mercuriaux en particulier, les métaux denses en général, semblent agir en absorbant, par condensation intime, les virus syphilitiques, et autres sortes de déterminatifs de mouvement, foyers de combustion incessante qui tendent à détruire l'harmonie organique. Le sang seul, parmi les matériaux naturels à l'organisme, dont la fonction est de porter la chaleur, le mouvement, dans tout cet organisme, et, par conséquent, de communiquer une condensation, paraît faire exception à la règle; il contient de petites quantités de fer. Aussi, gare aux congestions sanguines! d'où naît la terrible engeance des apoplexies, des pleurésies, des anévrismes, etc., etc. Nous ferons voir plus tard quelle conséquence on peut tirer de ce principe pour la théorie de la respiration.

Les effets secondaires de la combustion sont tellement connus en chimie, que nous ne nous y arrêtons pas; ce que nous voulons seulement faire remarquer, c'est le point initial et le principe qui en dérive: cette sériation constante du mouvement libre par l'antagonisme plus ou moins nuancé des matières en présence. Nous ne saurions trop le répéter, que vous preniez pour objet de vos études les affinités chimiques, les chocs effrayants des corps explositifs, détonants, etc., les sodifications instantanées de certains sels, de l'eau au-dessous de zéro, les cristallisations retardées, etc., tout se classe invinciblement dans cette sériation normale du mouvement, sous l'influence d'un déterminatif initial fort ou faible, petit ou grand, suivant les circonstances. Rien n'échappe à ce principe fondamental de la création, pas même les lois en apparence si bien démontrées de la physique des impondérables, pas même la pesanteur que Newton a placée à la base de tous ses travaux, de toutes ses conceptions; et qui, comme on peut le voir de soi-même aujourd'hui, n'est qu'une apparence incomplète du phénomène réel, qu'une enveloppe grossière et mensongère des faits supérieurs. La pesanteur, comme l'ont établi les newtoniens, est un principe inhérent à la matière, qui régit tous les corps pondérables. Les corps pondérables!... voilà le vice de cette observation fautive. Ce ne sont pas seulement les corps pondérables qui sont soumis à la loi de sériation dont la pesanteur n'est qu'un côté : le négatif; c'est le mouvement lui-même, cet agent de toute génération ici-bas. Le principe de la pesanteur est donc une observation tronquée, puisqu'elle ne laisse voir que la précipitation, sans expliquer le phénomène d'équilibre ou de liquidité tonale, et, bien mieux, les faits *positifs* ou de mouvement en plus, condensé, etc.

Si vous placez les phénomènes de la pesanteur dans le corps pesant, comme l'a fait Newton, qui a subi, en cela, les critiques les plus ardentes et les plus réelles, touchant l'influence des masses dans le phénomène de l'attraction; comme lui aussi, vous ne saurez comment expliquer ce défaut d'influence des volumes, des compositions particulières de densité, etc., qui font du système newtonien un vrai chaos pour celui qui ne s'amuse pas à badauder devant des formules toutes fictives. Pourquoi le volume et la densité des corps n'influent-ils pas sur un phénomène comme celui-là? Evidemment, c'est que ce phénomène est extérieur au corps.

Et si ce phénomène est extérieur au corps, où est-il donc? nous le demandons instamment, qu'y a-t-il en dehors des corps?

Faut-il tant de pénétration pour répondre :

Le mouvement!... Or, vous démontrez expérimentalement que la pesanteur est accélérée, ce qui veut dire systématiquement divisée — nous disons sériée, nous; — le mouvement, cause de la pesanteur, est donc sérié. Donc, encore une fois, dans la création tout entière, matérielle, que vous déclarez être soumise invinciblement à la pesanteur, nous avons affaire à un agent sérié quel qu'il soit. Comment se fait-il, analystes, que vous ayez si peu réfléchi à ce qui constituait la vraie individualité de votre agent, la sériation progressive?

Dès le commencement de nos études, voilà ce qui nous a toujours frappé. La pesanteur n'a été comprise de nous que du jour où, saisissant bien l'extériorisation de l'agent, du mouvement, et sa hiérarchie systématique, nous avons embrassé d'un seul coup d'œil tous les phénomènes qui en ressortent si clairement. Quand aujourd'hui en chimie on prétend expliquer l'affinité par les lois newtoniennes de l'attraction, on ne voit pas que ces lois pourraient seulement donner la clef de la marche à suivre ; mais la série n'est pas cachée dans le rapprochement des substances quant au TEMPS de ce rapprochement. La série ici est dans la MATIÈRE des rapprochements, c'est une pétrification sérielle du mouvement, qui, dans la pesanteur des corps complexes, se trouve idéalisée et renfermée dans un phénomène de temps seul. Le corps pesant qui traverse l'espace pour se rapprocher de la terre, par exemple, ne change matériellement aucun de ses rapports avec le globe sur lequel il tend à tomber; le temps de sa chute, temps sérié en des proportions accélérées, constitue la seule modalité du phénomène.

Dans les affinités, la nuance n'est pas aussi idéale, le phénomène n'est pas placé dans le TEMPS du rapprochement, il agit uniquement d'après la nuance, de mouvement plus ou moins condensé, à laquelle répondent les corps respectivement en présence. De là les idées instinctives d'affinités, vulgaires sans aucun doute dans l'antiquité et dans le moyen âge des alchimistes, et dont Barchusen, comme Boerhaave, ont répété le vocable sans comprendre parfaitement le sens caché par les anciens, ou deviné par l'instinct populaire, qui, en fait de science, a presque tout trouvé ou retenu traditionnellement.

Dans la matière complexe, dans ce qu'on appelle surtout et si improprement le mouvement des corps, qu'on devrait nommer le *transport des solides,* tout est extérieur à cette matière, à ces solides; et les lois qui régissent les phénomènes sont rapportées à des divisions de l'étendue et du temps, que Kant appelait l'enveloppe des phénomènes. Dans les actions de corps sériés chimiquement, au contraire, tout est intérieur, et les circonstances de l'étendue et du temps n'influent que par certaines convenances de rapprochement, qui le plus souvent peuvent être suppléées par des forces instantanées plus actives.

Capillarité. — Endosmose. — Végétation des sels. Magnétisme et diamagnétisme des corps.

Rien, dans la physique, ne présente un exemple plus déplorable de l'inconséquence des théories mathématiques, que l'explication qu'on a voulu faire, par elles, des phénomènes capillaires. On y voit passer tour à tour les noms de Jurin, Clairaut, Segner, Laplace, Young, Poisson, etc., et cette bataille algébrique n'a pas fait avancer d'un pas l'explication réelle des phénomènes. La capillarité est un fait qui a son pendant dans les affinités chimiques; nous disons un pendant et non une identité, parce qu'effectivement les choses ne présentent pas de rapports comple s. Si l'on se rappelle la propriété que le mouvement impose aux substances, de se rapprocher les unes des autres en proportion de leur nature intime, on concevra sans peine que la capillarité est un phénomène de limitation, du même genre que les précipitations chimiques, et qui, certainement, prend sa source à la même cause. Seulement ici le phénomène, au lieu d'être compris dans les effets de molécule à molécule, c'est-à-dire dans les habitudes du mouvement intime, réside entièrement dans un résultat collectif, qui oppose les deux phénomènes et les divise en intime et collectif. Eh bien, la capillarité offre un effet du mouvement collectif, comme la précipitation le présente à l'état intime. Dans la capillarité, la limitation du corps s'effectue de masse contre masse, tandis que dans la précipitation elle opère de molécule à molécule.

Qu'on suive maintenant les distinctions que nous avons établies entre l'intime et le collectif, et l'on verra bientôt les corps, non-seulement agir capillairement en vertu de leur facilité à mouiller les tubes étroits qui les recèlent; mais aussi en vertu d'une similitude plus profonde, mieux entendue, de leur constitution propre et respective. Sans de pareilles considérations, on n'expliquerait jamais l'expérience de M. Donny, sur la suspension de l'acide sulfurique dans les tubes de verre; expérience en dehors des lois de la pression atmosphérique, de la capillarité officielle, et de toutes les hypothèses scolastiques admises jusqu'ici.

Nous espérons que, mieux guidés dorénavant sur la nature intime des substances, on pourra reprendre et comparer de nouvelles expériences, pour clore une lacune qui reste toujours ouverte, une difficulté qui défie les théories actuelles; et auxquelles sont venues se joindre, dans ces derniers temps, pour compliquer le mystère, les découvertes de M. Plucker sur l'exhaussement et l'abaissement du niveau des liquides soumis aux courants électro-magnétiques. Seulement, ici, l'application de nos idées sur le mouvement trouve une évidence que la capillarité n'est pas apte à fournir, à cause de la nature collective qu'elle possède et que nous venons d'exposer. Les corps soumis à des courants très-énergiques doivent se comporter, en face du mouvement qui les traverse, en raison de la condensation qu'ils sont à même d'opérer sur ce mouvement; suivant ce que l'on a désigné jusqu'ici sous les noms de magnétisme et de diamagnétisme.

Pour nous, la nature tout entière ne présentant qu'une reproduction infinie des nuances du mouvement sériel; les corps se trouvent nécessairement divisés en corps déterminatifs ou magnétiques, en corps résolutifs ou diamagnétiques, et en corps neutres ou indifférents.

De sorte que le mouvement libre produit par les courants dynamiques doit agir sur les corps, les classer, les sérier, en raison directe de l'état condensant de ces derniers. Un liquide appartient-il à un corps magnétique ou condensateur, son plan d'équilibre changera, en s'élevant, comme s'il tendait à emprisonner le mouvement libre dans la condensation la plus énergique qu'il puisse réaliser; au contraire, la dissolution est-elle classée dans la catégorie des diamagnétiques ou mauvais condensateurs, rebelles au mouvement et à ses condensations, la forme surbaissée

de cette dissolution dénotera les efforts que fait le liquide pour se
soustraire à la pénétration du mouvement libre. Il ne peut en
être de même pour les flammes. L'agent de la combustion étant
en majeure partie l'oxygène, la faculté condensatrice bien connue
de ce corps tendra à le pousser en avant. Nous sommes obligé
d'attendre le moment où nous aurons classé les corps selon leur
série, pour entamer de nouveaux développements.

Métallisation. — Opacité, translucidité, etc.

Newton a fait tous ses efforts pour prouver que l'opacité résulte des interstices trop considérables qui existent dans la structure de certains corps. Tout le monde connaît les expériences
qu'il tenta sur le papier, rendu translucide au moyen de son im-
bibition dans l'huile, les résines, l'eau elle-même.

Il se fondait, pour l'explication de ces phénomènes, sur une
trop grande réflexion opérée par les surfaces de molécules très-
éloignées. « Les parties intérieures des corps, dit-il, produisent
une multitude de réflexions, et ces réflexions ne se feraient pas
si ces parties n'avaient entre elles des interstices, puisqu'elles se
font aux surfaces seules qui séparent des milieux de différentes
densités. » (Liv. II, prop. 3.) Sans entrer dans les idées de réflexion
extrême sur laquelle Newton base toute son explication, il n'est
pas moins vrai qu'il a raison quant aux intervalles existant
dans les corps opaques ; seulement, ici, comme dans beaucoup
des travaux de Newton, l'idée de réflexion n'explique que le
phénomène présent et reste stérile pour tout le reste. Or, c'est là la
pierre de touche des théories fausses ou incomplètes ; car, la nature se tenant dans toutes ses parties, l'explication du plus simple
fait doit avoir des applications inattendues et saisissantes,
dans des parties très-éloignées en apparence du point dont
on s'occupe. Newton, n'ayant pas une idée claire du mouvement,
en dehors des voies externes et géométriques, n'a pu saisir,
comme explication, que la réflexion ; sans songer qu'ici la communication du mouvement est tout. Or, il est clair que cette
communication du mouvement simple ou vibratoire doit suivre

la loi générale de transmission, en raison inverse du carré de la distance.

Supposons maintenant que les corps métalliques, corps opaques, soient composés de séries très-denses moléculairement, mais très-distendues dans leur écartement de groupes ; le mouvement, éprouvant par là une difficulté considérable à se communiquer, et même, en se communiquant, restant encore soumis à la réflexion, comme le voulait Newton, subira la conséquence de cette limitation forcée, c'est-à-dire la condensation ; et de la condensation découleront naturellement toutes les propriétés physiques attribuées aux métaux.

Admettons, au contraire, que les corps translucides soient composés de séries écartées dans leur composition intime, mais rapprochées par juxtaposition, autrement dire de molécules peu denses quoique rapprochées. Cela exclut toute condensation du mouvement, par une facilité de communication trop grande ; et, comme dans le cas précédent la difficulté de communication du mouvement avait amené la condensation de ce mouvement ; dans ce nouveau cas, une trop grande facilité de communication amènera les propriétés physiques accordées aux corps translucides. Dans les premiers, les métaux, la translucidité ne pouvant s'établir, le mouvement s'y arrête pour produire de la chaleur, de l'électricité, conséquences toutes naturelles de la condensation ; dans les seconds, au contraire, le mouvement, rencontrant une communication facile, évite la condensation ; et, en se transmettant facilement, produit les phénomènes attribués vulgairement à une non-conduction calorique et électrique.

Tout repose, comme on le voit, sur l'intelligence de la composition des séries ; et cette supposition très-simple, à laquelle rien ne répugne, étayée sur les lois de la limitation générale, suffit pour expliquer les phénomènes les plus compliqués.

N'avons-nous pas un exemple frappant de ces condensations métalliques dans les phénomènes produits sous l'influence, soit des poudres et de l'éponge de platine, soit des poudres métalliques et charbonneuses ? Les gaz, trouvant dans la grande densité relative de ces corps une limitation puissante, viennent se condenser à leur surface, par la distension même des particules métalliques réduites en poudre, ou séparées par n'importe quel moyen mécanique. Les fils d'acier obtenus par M. Becquerel sortent du mercure à l'état magnétique. (Dumas, tome II, p. 18.) Et, d'après M. Pouillet, les poudres métalliques imbibées d'un liquide quelconque, élèvent toutes leur température de quelques degrés.

Les gaz, matière où le mouvement est en excès, se comportent plus ostensiblement encore, dans cette circonstance, qu'un mouvement élémentaire lui-même ; et tracent le chemin que ce dernier mouvement peut suivre dans des séries plus ou moins similaires.

Les derniers travaux de M. Moser, sur la reproduction des images par le simple contact, ont donné lieu à des observations de la plus haute importance à l'égard de la condensation des gaz. MM. E. Becquerel, Foucault, etc., se sont distingués en cette partie par des travaux d'une haute intelligence. Aussi peut-on dire, aujourd'hui, que tous les corps condensent le mouvement dans une proportion qui doit avoir des rapports très-rapprochés avec leur densité. C'est ce que nos théories établissent à *priori*, en professant une limitation incessante du mouvement. Qu'on veuille bien réfléchir un instant à la constitution des gaz, matière essentiellement dominée par un mouvement en excès, et l'on comprendra que le platine, dans les phénomènes des éponges, des poudres, etc., agit sur ces gaz, d'abord par sa densité limitative, puis, et comme second effet, par la distension de chaque particule métallique, relativement à sa voisine ; exécutant ainsi, artificiellement, cette série métallique que nos yeux et nos instruments ont de la peine à découvrir aujourd'hui. De là il résulte, pour la densité du platine divisé, une grande puissance de limitation, jointe à une difficulté excessive de communication de mouvement ; c'est indiquer les deux conditions les plus nécessaires pour produire la condensation. L'oxygène et l'hydrogène réunis ne se combinent, sans doute, qu'autant que l'oxygène, se condensant par le voisinage du platine, acquiert cet état qu'on a appelé ailleurs l'*état naissant*, et qui, au fond, n'est qu'un état particulier de condensation polarisée, au moyen de la tendance bien connue de l'oxygène à se limiter.

Nous en dirons autant et du noir de fumée et même des charbons ordinaires, dont la faculté condensatrice est si connue. Il suffit de se rendre compte de la structure, soit du noir de fumée, soit du charbon, pour les assimiler, avec des proportions gardées, au noir de platine. Le noir de fumée acquiert une disposition globulaire par la façon dont il est produit, et son pouvoir absorbant, à l'égard du calorique, est en raison du velouté, c'est-à-dire, en raison d'un écartement spécial et très-régulier de ces globules.

Le charbon ordinaire, arraché à la vie organique dans l'acte de la combustion, ne perd pas complétement la structure cellulaire, primitive, à laquelle il appartenait; il serait ridicule d'insister sur la similitude de forme extérieure qu'il conserve en pareil cas. Que lui faut-il donc pour condenser les gaz avec une grande énergie?... Deux choses : une densité relative assez considérable, un écartement, non pas moléculaire, mais formel; un écartement de contexture, qui amène une difficulté de communication dans le mouvement, suivi de la condensation, qui en est toujours la conséquence. Or, c'est là ce que l'on trouve par excellence dans le charbon de buis, qui, d'après l'opinion de M. Thénard, condense les gaz avec une puissance supérieure à tous les autres charbons végétaux.

Il est clair, d'après cela, que ces condensations de gaz, si mystérieuses jusqu'ici, sont bien moins le résultat d'une faculté naturelle à certains corps, qu'une réunion fortuite de deux circonstances nécessaires à la condensation : la densité, l'écartement. Dans l'éponge et les poudres de platine, le hasard nous a conduit aveuglément à la condensation du mouvement et à la condensation des gaz, ce qui est tout un. Dans le charbon, nous profitons d'une disposition naturelle où se rencontrent également les deux conditions nécessaires à cette même condensation. Il existera donc des corps qui, en prenant l'état vitreux, — état solide tout à fait comparable à une sorte de liquidité, autrement dire à une mise en commun solide, — il existera des corps, disons-nous, qui gagneront à revêtir cet état vitreux, ayant pour effet de donner à leurs molécules une densité comparative supérieure, comme le soufre, le sucre, l'arsenic, etc.; tandis que le fer doit, sans aucun doute, perdre de sa conductibilité et de sa condensation en atteignant cette forme. Le carbone peut nous éclairer à cet égard. C'est sous la forme de diamant qu'il condense le moins le mouvement, et c'est ainsi qu'il se rapproche le plus de l'état vitreux.

Maintenant, si nous ne devions pas nous interdire, dans une simple introduction, les détails trop exagérés des citations digressives, que n'aurions-nous pas à dire dans les phénomènes du même ordre que présente l'organisme ?

S'imaginerait-on, par exemple, qu'il n'existe de ces appareils de condensation que dans les espèces métalliques ou charbonneuses ? Mais, en ce genre, il est tout un monde à découvrir pour le physiologiste, et nous espérons bien, de notre côté, donner l'exemple de nombreuses recherches, quand viendra le temps des explications.

Cristallisation.

Haüy a dit que les cristaux étaient les fleurs de la minéralogie. Nous pensons que la cristallisation est le suprême adieu, le dernier effort du mouvement, quittant l'état liquide pour revêtir la forme solide.

Une école de travailleurs profonds, Henkel, Bergmann, Wallerius, etc., a précédé les hommes d'aujourd'hui ; cette école, grande par des travaux incompréhensibles à l'heure qu'il est, grande par une modestie dont personne de nous n'est capable, a été dépouillée de son travail par cette *blaguerie* moderne qui envahit aujourd'hui le monde au grand détriment des études sérieuses et des vues profondes. Ce n'est pas M. tel ou tel que nous accusons ainsi, car nous nous accuserions nous-même ; c'est tout un siècle, le dix-neuvième, malgré ses découvertes gigantesques et ses applications ingénieuses. Si nous prenons les choses dès 1780, en cristallographie, nous voyons une école très-savante pratiquement, et même très-philosophique, dont les travaux peuvent servir de modèle à tous les âges. Déjà avec Henkel, avec Zimmermann, son commentateur, avec Romé de Lisle, qui en professait les idées, la cristallographie essayait d'attein-

18.

dre le fond des phénomènes, en déclarant que la forme polyédrique dépendait du plus ou moins de neutralisation de l'acide et de la base ; allant jusqu'à assimiler les métaux natifs à des sels composés de leur soufre, de leur mercure et du phlogistique.

Bergmann, le plus célèbre d'entre eux, fut pris par malheur d'une velléité géométrique, par laquelle, abandonnant les idées expérimentales, il essaya de descendre dans la molécule élémentaire au moyen de sections de clivage, qui ramenaient plus ou moins chaque polyèdre aux formes rudimentaires de la géométrie. Haüy, développant une idée que Bergmann, dans son génie scrutateur, avait abandonnée comme stérile, poussa l'étude des cristaux vers les considérations purement géométriques où nous la retrouvons égarée aujourd'hui, loin de toute pensée utile et féconde. Berthollet a combattu d'une manière très-amère, et l'on peut dire écrasante, des principes sur lesquels cependant il n'a pas osé dire tout ce qu'il pensait. Nous engageons ceux qui voudraient pressentir l'opinion de ce profond écrivain, à lire la *Statique* (1er volume, note 14). Voici comment il conclut : « La minéralogie, au contraire des autres sciences, qui, dans leurs progrès, perfectionnent et simplifient leurs méthodes, se hérisserait de difficultés, qui n'éclairent point sur les propriétés des minéraux. Qu'a-t-on appris sur la propriété des carbonates de chaux, quand on a fait la pénible étude des formes géométriques de quarante-sept variétés connues des cristaux de cette substance ? » etc.

Se demander aujourd'hui si la pyramide à base triangulaire, le prisme triangulaire, le parallélipipède, sont les formes primitives de toutes ces cristallisations si nombreuses, c'est tout bonnement chercher, en géométrie pure, quels sont les solides les plus élémentaires, ceux dans lesquels, au moyen de mutations répétées, on peut convertir tous les autres. En un mot, c'est rentrer dans les spéculations de l'étendue, en abandonnant l'étude réelle de la physique.

Il s'agit bien moins, ici, de figures que de propriétés. Quand donc Henkel et Zimmermann viennent m'assurer que le plus ou le moins de neutralisation des corps s'étend du cube au rhomboïde, que la différence d'équilibre est comprise entre les solides les plus simples: le tétraèdre, et les solides les plus composés: la sphère; je suis en mesure de les considérer comme autrement profonds, autrement philosophiques que cette école mathématique qui a tenté de tout pétrifier avec ses formules grecques et latines. Honneur, cent fois honneur à ces vieux chercheurs qui n'ont pas désespéré de leur science, et qui, avec l'aide du bon sens et de l'expérience, ont repoussé le fétichisme des X, de l'inconnu, devant lequel aujourd'hui le monde savant est prosterné.

Mais la lumière expérimentale repousse de son pied, avec dédain, des études embourbées dans la routine des chiffres; tous les jours elle leur jette à la face des preuves nouvelles de son existence indépendante. L'état sphéroïdal, cet état que les corps affectent dans la plénitude superlative de mouvement, n'est-il pas expérimentalement une forme polyédrique exagérée, infinie pour nos moyens d'observation; et, dans cette science des formes pleines, multiples, qu'on appelle cristallographie, ne peut-on pas s'élever, avec l'indication des vieux maîtres, de la neutralisation cubique jusqu'à l'exagération déterminative des polyèdres surcomposés, et enfin jusqu'à l'état sphéroïdal?

Idolâtres qui frappez si orgueilleusement aujourd'hui vos fronts dans la poussière en prononçant les formules algébriques, laissez là vos lamentations stéréotypées; retournez en arrière, au vieil Henkel, à Zimmermann, à Romé de Lisle, et vous verrez qu'avec un peu de bonne volonté il vous était loisible de concevoir cet état sphéroïdal, qu'un savant, naguère inconnu, M. de Boutigny, est venu vous faire remarquer, et dont l'explication, si simple avec Henkel, est restée sans analogie, sans interprétation rationnelle, par les belles idoles que vous caressez, dans la cristallographie des formes primitives.

Et cependant c'est un fait acquis à la science que ces noyaux tétraédriques, insérés au centre des polyèdres de composition si variée. — Savez-vous ce que cela démontre?...

Un cristal étant une série plus ou moins solide — il n'y a pas de solides, vous le savez bien, selon l'expression vulgaire — contient, non pas un noyau, mais plusieurs noyaux qui sont pour les solides la constatation de la série des résonnances multiples.

De même que la lumière blanche contient les divisions infi-

nies du spectre, que le monocorde présente toutes les combinaisons de la résonnance ; les solides, entendez-vous bien ? oui,
même les solides, contiennent toutes les formes polyédriques,
depuis la plus élémentaire jusqu'à la plus composée, et cela en
proportion du mouvement libre qu'elles représentent !

Haüy, en croyant travailler pour et par la géométrie, n'a fait
qu'étendre, d'après Bergmann, ces idées de série, d'hiérarchie sérielle, en un mot, qui restaient encore inconnues dans la matière
cristallisée. Les corps dits hétérogènes sont à la cristallisation
ce que le BRUIT est au SON : un ensemble indiscernable, hiérarchiquement, à notre appréciation. Dans le solide hétérogène, que des
circonstances de chaleur, de temps, de repos, n'ont pas pourvu
d'hiérarchie cristalline, vous retrouvez les mêmes effets que dans
le bruit qui dérive de ces mêmes corps : ce bruit où l'on ne
distingue pas non plus l'hiérarchie monocordique, qui est l'essence et la seule différentiation du son avec le bruit. Aussi les
corps hétérogènes fournissent-ils particulièrement plutôt un bruit
qu'un son ; et, pour changer ce résultat, il faut les mettre aux
prises avec un mouvement excédant qui les domine assez pour
leur imposer une hiérarchie particulière. De même, l'hétérogénéité engendre-t-elle l'état cassant, antiélastique. Cette dernière
propriété est inhérente exclusivement à tout corps convenablement équilibré par une série hiérarchique ou par une liquidité
particulière ; hétérogène et cassant sont corrélatifs. Il ne faut pas
conclure de là que le fer cristallin doive être plus malléable, plus
tenace que le fer écroui ou martelé. Ici le résultat est changé par
la structure particulière des cristaux du fer, qui, étant trop grossiers, manquent justement de cette harmonie sérielle qu'on
trouve dans l'acier convenablement travaillé, et restent sans liaison, comme tout assemblage ordinaire de cristaux.

De toutes les erreurs, la plus grande est donc de considérer les
cristaux comme des points indépendants et solitaires. Ce sont
les parties hiérarchiques d'un monocorde typique supérieur, qui
se trouvent détachés de la série générale, justement, par cette faculté propre aux solides d'exister séparément, individuellement.
Quand, de la corde qui vibre, du spectre, vous détachez un son,
une couleur ; vous ne faites pas autre chose que quand, de la

grande hiérarchie polyédrique des solides, vous détachez une forme spéciale. De sorte qu'un jour, jour, hélas! qu'aucun de nous ne verra sans doute, on saura aussi bien, en chimie, combiner les formes cristallines pour en former des combinaisons, qu'on sait, —depuis les admirables enseignements de Newton,—former les nuances les plus variées du spectre; depuis Monteverde, l'obscur Monteverde, former les séries tonales.

Rien dans la nature n'échappe à la règle des hiérarchies; pendant quelque temps et à la faveur de circonstances qu'il serait fastidieux de relater, l'hétéréogénité peut se faire jour ici-bas, traînant à sa suite : le noir en optique, qui est uniquement l'arrangement confus; en acoustique, le *bruit*, qu'on peut ranger sous le même chef.

Mais les solides, pour cela, ne sont pas exempts de la règle générale, qui les produit en tant que corps simples, que matière intime; bien mieux, qui les régit, en tant que forme extérieure, par la cristallisation.

Si vous prenez des languettes de bois, de grandeur différente, et que vous les projetiez violemment sur le parquet, vous entendrez un bruit varié, s'identifiant avec les sons des cordes qui leur correspondent. Mais si, au lieu de languettes de bois, vous choisissez des baguettes d'une dimension suffisante pour provoquer la hiérarchie monocordique, la série en résulte aussitôt; ce n'est plus un BRUIT que vous percevez, mais un SON accompagné de toutes les fractions de la résonnance normale. Le *bruit* est, comme les couleurs simples du spectre, un élément relativement indécomposable...

Le tétraèdre pyramidal doit être la forme la plus simple de tout solide, comme la sphère semble être la forme la plus composée, quoiqu'il soit très-connu qu'elle offre cependant la moindre surface. Les combinaisons de formes paraissent, par conséquent, être comprises entre les deux limites du tétraèdre et de la sphère : du repos et du mouvement.

Nous ne pouvons pas aujourd'hui nous considérer sans renseignements sur ces deux positions extrêmes, puisque, d'un côté, nous rencontrons dans la nature les combinaisons neutres à l'état cubique, comme le chlorure de sodium; tandis que tous les corps à l'état de mouvement excédant affectent l'état sphéroïdal, en passant par la forme allongée de certains octaèdres, dodécaèdres, etc., puis de prismes à base rhombe et à développements considérables. De même, il est vulgaire dans la cristallographie que les sels variant dans leur forme cristalline, deviennent dimorphes, polymorphes, selon les températures et certains accidents qui concourent à leur formation.

Le soufre cristallisé par fusion affecte la forme d'un prisme allongé oblique, à base rhombe, appartenant au cinquième système cristallin. Si l'on dissout la même substance dans son dissolvant naturel, le sulfure de carbone, elle prend, au contraire, la forme d'octaèdres droits, à bases rhombes, qui appartient au quatrième système cristallin; il en est de même des cristaux de soufre naturel. Remarquons en passant ici l'influence du sulfure de carbone, que nous verrons bientôt être un des corps les moins capables de mouvement intime. Il influence donc, par sa présence dans la cristallisation du soufre, la figure que ce corps prendrait sous l'action de la chaleur. Maintenant nous devons rapprocher ces faits de ceux indiqués par M. Beudant, d'où il résulte : 1° que des sels peuvent varier leurs formes secondaires par diverses élévations de température. Ainsi, tandis qu'une dissolution d'alun, saturée à + 100°, donne, en se refroidissant, des cristaux octaédriques; la même dissolution produit en vase clos, à des températures supérieures à + 100°, des dodécaèdres réguliers ou des trapézoèdres. 2° Que l'état électrique d'une dissolution exerce une action sur la nature des formes d'un cristal. 3° Que l'introduction de corps étrangers dans une dissolution peut aussi modifier les formes cristallines : une dissolution d'alun pur qui, par l'évaporation, donne des octaèdres, ne donne que des cubes lorsqu'on y introduit de l'acide borique, des traces de carbonates alcalins ou terreux, de l'alumine en gelée, etc. 4° Que, en dehors de l'alun, il existe un grand nombre de sels qui présentent des modifications comparables à celles de l'alun, lorsqu'on fait varier la nature et la température de leur dissolution.

Il y a mieux : la cristallisation étant une véritable résolution chromatique du mouvement, on ne peut guère obtenir aussi que des effets chromatiques ou engendrés selon les lois fixes, roides, de la combinaison multiple; ce qui laisse entrevoir que, dans les dissolutions non cristallisées, probablement même non cristallisables, on peut se trouver dans la voie des combinaisons enharmoniques, c'est-à-dire mal soumises aux proportions multiples. De là, sans aucun doute, les différences observées par les chimistes dans un même fait en question; les querelles et l'obscurité qui en résulte pour la théorie générale. Nous pensons donc que, en dehors du corps cristallisé, on peut obtenir toutes les nuances les plus fugitives d'une combinaison, et que les proportions multiples ne s'imposent que dans les phénomènes très-résolutifs de la solidification cristalline.

Il est clair que tous les faits sont concordants pour amener à la conclusion vraie, qui consiste à regarder d'abord chaque cristallisation en elle-même comme un monocorde plus ou moins complet; ensuite chaque forme séparée comme se portant du tétraèdre, du cube, vers la forme sphéroïdale ou polyèdre infinitésimal, suivant une échelle dépendante : 1° du mouvement intime intérieur, ou de l'association de corps en dissolution, selon la remarque ingénieuse de M. Beudant; concordant en tout point avec la genèse des corps, telle que nous l'avons établie ; 2° dépendante du mouvement libre extérieur, électrique, lumineux, calorifique, par différence de température, d'éclairement, d'état électrique, etc.

C'est ainsi que nous avons obtenu un grand nombre de dissolutions salines, complétement déviées de leur forme connue, particulièrement le chlorure de sodium, dont la figure cubique est regardée comme si générale, en longues aiguilles; ayant eu soin d'enfermer la dissolution dans un cylindre d'argile poreuse, exposé à une vive lumière sur l'une de ses faces; enfin, des sels de fer, de zinc, d'argent, d'or, etc., dans des conditions toutes nouvelles, par la mutation des menstrues.

Il est donc très-apparent, d'après les idées que nous venons d'émettre, que la classification des solides cristallins, n'est pas aussi intelligente qu'elle pourrait le sembler au premier abord, en acceptant seulement le nombre et la direction des axes pour point de départ.

Dans l'avenir, il faudra faire entrer en compte, d'une façon plus sérieuse, le nombre et la direction des faces. Ainsi l'on pourra expliquer beaucoup de faits obscurs dans la seule théorie axillaire.

Qui peut savoir si, dans ces tronquatures d'un cube, qu'on regarde aujourd'hui comme formes secondaires du système, il n'y a pas un enseignement particulier? Et ce que nous disons du cube, bien entendu, nous l'étendons à tout autre forme cristalline.

Serait-il si ridicule d'affecter la forme générale, le cube, dans l'exemple ci-dessus, à la base, à la résistance, tandis que les tronquatures seraient le résultat des excédants intérieurs ou extérieurs de mouvement libre?

Quoi qu'il en soit de tout cela, il est certain qu'entre le noyau et les formes subséquentes, enveloppantes à l'infini, il y a une relation qu'il s'agit d'établir. M. Mitscherlich, chauffant certains cristaux, a produit, — non plus, comme Haüy, des noyaux séparés, — mais des systèmes de cristallisation tout différents, coexistants avec une enveloppe incompatible, suivant la cristallographie scolaire. Nous le répétons, ces polymorphismes, si fréquents depuis les observations de M. Mitscherlich, n'indiquent absolument que les effets multiples des séries monocordiques, dont la nature, justement, amène une coexistence hiérarchique.

Molécules et Atomes cristallins.

M. Dumas a dit, en expliquant les théories de Lavoisier sur les *combinaisons,* que cet illustre chimiste, suivant l'idée de Romé de Lisle et de Haüy, pensait que les corps se rapprochaient seulement sans se confondre dans la cristallisation, et qu'ainsi la nouvelle forme résultait d'une juxtaposition sans pénétration aucune.

L'école intermédiaire, celle de Berzélius et des électriques, explique la nouvelle cohésion, et l'affinité qui lui a donné naissance, par la réunion d'atmosphères électriques qui se sont réunies en neutralisant leurs forces par résolution. Les nouveaux chimistes, avec Ampère, prétendraient, au contraire, qu'un des cristaux reste typique, qu'il appartienne à l'un ou à l'autre composé mis en contact ; et que celui qui perd sa forme entre dans la forme du premier, par une *substitution* partielle des molécules cristallines, sans changer en rien la forme du cristal conservé et prédominant.

Il est difficile de penser, rien que d'après les propriétés qui constituent la liquidité, que les corps dissous conservent la moindre trace des formes qu'ils avaient avant de quitter l'état solide; la dissolution, avons-nous dit plus haut, est une mise en commun des mouvements excédants, extérieurs ou non. On doit, au contraire, comprendre la cristallisation nouvelle comme une mise en commun de mouvement, non plus pour constituer la liquéfaction, mais pour atteindre l'état solide, dont la forme cristalline n'est qu'une modalité. Il est donc probable que, dans la cristallisation, le mouvement condensé des corps se trouve plus ou moins confondu, pour effectuer un ensemble de solides polyédriques, dont les lois d'angles, d'axes, etc., sont justement en rapport avec la condensation réunie des corps composant le solide général. Cela semble fortement appuyé par les changements intestins qui se développent dans beaucoup de substances cristallines, si ce n'est dans toutes, sous l'influence d'agents extérieurs, aptes à changer la condensation du mouvement dans le polyèdre. La question de cristallisation doit donc être particulièrement envisagée sous cette nouvelle face, qui consiste à voir dans les cristaux un reste de liquidité ou de mise en commun ; par laquelle les formes cristallines passent du cube au rhomboïde, des prismes à base carrée aux prismes obliques et parallélipipèdes, par exemple; c'est-à-dire d'une forme basique, neutre ou indifférente, à une forme de mouvement.

Nous pensons donc que, même en cristallographie, ce qui semblera exorbitant, la géométrie a fait fausse route par un travail étroit d'analogie. La question était et sera toujours bien moins de savoir de quelle forme primitive on fait dériver tel ou tel polyèdre, que de connaître la loi générale qui conduit d'une forme à une autre. Cela est si vrai, que l'on peut, comme le montre M. Laurent d'une manière fort intelligente, faire passer intellectuellement les systèmes de l'un dans l'autre avec la plus grande facilité. Il est donc un but très-important à atteindre dans le phénomène de la cristallisation, qui consisterait à connaître la forme que revêtent les trois principaux états des mouvements : mouvement en plus, mouvement en moins, mouvement équilibré, en supposant qu'il existe un rapport constant entre le mouvement intime des corps et le nombre des angles d'un cristal.

D'après ce que nous avons dû apprendre par les autres phénomènes physiques, nous pensons que les polyèdres doivent d'autant plus se rapprocher de la forme sphérique qu'ils contiennent plus de mouvement intime, à ce point, que les solides, pour nous, ne revêtent cette forme sphérique, qui peut n'être qu'un polyédrisme infini, que dans le cas où ils sont soumis au mouvement prépondérant qui les domine.

Haüy a rendu un service éminent à la science, en attirant l'attention sur les phénomènes si importants de la cristallisation, et en élucidant des travaux minéralogiques qui demandaient plus de développement qu'on ne leur en avait accordé jusque-là. Mais l'idée d'Haüy ne sort pas des habitudes matérialistes de son siècle ; la cristallisation a été pour lui un fait de géométrie, ainsi qu'il l'avoue ingénument dans son introduction à la *Cristallographie*. Supposons qu'au lieu d'Haüy, c'eût été des hommes du génie de Scheele ou de Lavoisier qui eussent étudié la cristallographie moderne : ils seraient allés autrement loin que le premier ; ils auraient cherché de suite le rapport de la forme la plus simple avec la plus composée, au point de vue du mouvement ; qu'ils eussent habillé, peut-être, de semblables idées des noms de calorique, d'électricité, d'affinité, etc. Cela ne fait rien à la chose ; Haüy est de l'école des diviseurs, comme Scheele, Lavoisier, appartiennent à celle des analystes.

Utricules.

Après ce que nous venons d'exposer sur la cristallisation en général, en un mot, sur la figure des solides, nous devons dire quelques mots sur la forme que la nature organique affecte elle-même dans ses variations, et, enfin, sur le mode d'action qui est attaché à cette forme utriculaire.

Comme les divers téguments animaux, dont nous parlerons très en détail au chapitre de l'électricité, l'utricule paraît, elle aussi, être un système purement physique, et constituer la fonction définitive dont la pilosité n'est que le préambule. Qui dit cellule dit matière organisée ou en train de s'organiser. Or, qu'est-ce qu'une cellule?...

C'est un vase fermé, fermé à chaque cellule, ou fermé au bout d'un certain nombre de cellules juxta posées ou réunies. Qu'on se rappelle maintenant le rôle que jouent les vases fermés en chimie, lorsqu'on y renferme des corps dont la combinaison ou la décomposition ne s'effectuent qu'en présence d'une certaine pression, jointe à une certaine dose de chaleur, de lumière ou d'électricité, et l'on se trouvera immédiatement sur la voie des fonctions attribuées à la cellule dans la vie des êtres organisés. L'expérience nous apprend, en chimie, qu'une certaine pression est nécessaire, particulièrement dans la combinaison des corps gazeux; bien mieux, et d'après ce que nous avons dit des effets de la liquidité, bon nombre de phénomènes produits pendant cette liquidité doivent être rapportés aux causes de pression, inobservées dans les dissolutions à chaud et à froid. Nous devons donc rester bien fixés sur ce point, que, pour arriver à produire des compositions et des décompositions nouvelles, la nature doit établir des pressions sur les corps en voie de changement. Maintenant, comment s'établissent ces pressions?... Au moyen de principes d'une variété infinie dans l'application, et qui peuvent cependant se résumer en deux points seulement :

1° Un vase fermé, la cellule organique ou la fiole de l'expérimentateur ;

2° Un mouvement en plus, qui, excitant les substances emprisonnées, les amène, par une réaction anatomique inconnue jusqu'ici dans ses allures élémentaires, à la combinaison qui doit se réaliser d'après la loi ordinaire de limitation.

Aussi, dans les corps organisés, tout est-il cellule, ou machine à compression. La matière, instillée sans cesse par le mouvement, sous les formes lumineuse, électrique, calorifique, magnétique, etc., et cependant emprisonnée dans sa cellule, éprouve des changements incessants, aussi difficiles à saisir que les courants du mouvement qui la traversent. Cette fixation du carbone issu de l'acide carbonique inspiré par la végétation, qui a si long-temps exercé le génie ardent de Lavoisier, n'est pas autre chose, sans aucun doute, qu'un effet d'eudiométrie cellulaire, dans lequel il s'opère un dédoublement de l'acide, par la disjonction de l'oxy-gène et du carbone : le premier de ces corps parvenant à traver-ser l'enveloppe utriculaire ; le second, au contraire, réduit à l'é-tat de carbone dissous, hydraté, liquéfié ou combiné, selon des circonstances qu'on n'a pas assez étudiées jusqu'ici pour qu'il nous soit loisible d'en donner une explication satisfaisante; et qui, cependant, prend sa source dans le phénomène de préci-pitation par similitude de composition intime, que l'on retrouve partout et que les manipulations tinctoriales enseignent au plus haut degré.

Ce que nous pouvons dire seulement aujourd'hui, c'est que, si les pointes ou pilosités sont un appareil collecteur de ce mouve-ment élémentaire, d'où doivent naître les changements que la nature opère chaque jour, à chaque instant, sous nos yeux ; la cellule, avec toutes les modifications qu'on en a décrites, est le ré-ceptacle où se produisent les réactions de limitation, puis les effets de composition et de décomposition dont nous venons de parler. La Providence a suivi, dans le travail de la matière, des principes extrêmement simples, quoique d'une variété infinie dans ses applications. La physique, qui est ou qui doit être la traduction sincère de ces manifestations, ne peut donc pas se trouver compliquée outre mesure.

Les corps n'ont aucune action les uns sur les autres, de corps *dans* un autre corps, mais bien de corps *contre* un autre corps, c'est-à-dire par la limitation qu'ils s'opposent réciproquement. Alors la matière, aux prises avec le mouvement dans des cir-constances nouvelles, se modifie intimement et crée, suivant les cas, soit de nouvelles sériations, soit le dédoublement de sé-riations antérieures. Nous n'entendons pas par là que la matière ne puisse se pénétrer dans une certaine mesure ; nous voulons dire seulement que la matière sériée (et elle l'est toujours, si peu que ce soit) n'a d'action, de série à série, que par limita-tion, et non par pénétration et immixtion ; ce qui n'exclut pas pour cela la précipitation par mouvement similaire, que nous énoncions il y a un instant ; car, malgré ce mouvement et cette précipitation qui en résulte, il ne se produit pas d'effet de décomposition d'un corps sur un autre corps, mais seulement un effet de précipitation d'abord, puis, en certains cas, cet autre effet de réaction par limitation, qui force le corps en mouvement à changer son état présent par cette réaction sur lui-même.

Ainsi, pour citer un exemple, l'eau dans laquelle on trempe l'acier rougi n'agit sur le métal par aucune décomposition ; elle le force seulement à réagir sur lui-même par une non-acceptation de son mouvement en plus.

Le point qui nous occupe nous semble d'une importance assez majeure, pour que nous nous croyions autorisé à le développer davantage.

L'enseignement moderne, parqué dans l'atomisme géométrique mis en honneur par Descartes, et, dans ces derniers temps, introduit dans l'université par Ampère, croit exclusivement aux combinaisons naturelles que peuvent produire 1° les solides avec leurs figures géométriques variées, 2° les combinaisons des différentes figures de solides entre elles dans un ordre infini. Nécessairement tout le travail de la matière compris ainsi est extérieur à ce qu'on appelle la *molécule*, et ne diffère que par des combinaisons occasionnelles. Ce système, bon tout au plus pour les premiers pas de la science, s'arrête aussitôt qu'on entre quelque peu profondément dans l'étude des phénomènes. Aussi toute la catalysie moderne, catalysie qui aujourd'hui a envahi la chimie organique au point d'en faire un chaos d'anarchie dogmatique, est-elle complétement incompatible avec un principe de géométrie qui n'accorde rien au mouvement intime de la matière. Comment admettre, en effet, qu'un mouvement en plus, tel que la chaleur et l'électricité, produise un mouvement en moins : la liquidité de corps gazeux, par exemple, ainsi que cela se voit dans la combinaison eudiométrique de l'oxygène et de l'hydrogène formant de l'eau ; dans le dédoublement du chlore en deux liquides, par la chaleur aidée de pression, etc.? Évidemment, dans ces faits, il existe une réaction de limitation du corps sur lui-même, modifiant ses parties intimes au point d'en construire une sériation nouvelle; et la nature n'agit pas ici par un simple mélange de figures, ou par ces dérangements de files polygonales, admises dans certains calculs, qui rappellent trop les évolutions de l'école de peloton.

Tout ce qui a vie, tout ce qui a mouvement, se distingue justement de la mort et du repos, par une absence complète de ces formes polygonales, affectées à la matière minérale, d'où le mouvement semble avoir été expulsé par des cristallisations plus ou moins apparentes. Et si cette matière minérale acquiert quelquefois une tendance au mouvement, elle revêt de suite une apparence utriculaire. C'est là ce qu'on doit inférer, en se rappelant les travaux intéressants qui ont été entrepris dans ces derniers temps sur la constitution des vapeurs métalliques. L'eau, elle-même, quand elle est poursuivie par un mouvement en plus qui tend à la vaporiser, quelle forme prend-elle?... La forme globulaire, qui n'est, au fond, qu'un genre de cellulation particulier aux liquides. Il en est de même, sans aucun doute, des gaz mais à des degrés très-éloignés. En parlant des gaz, nous sommes naturellement conduits à la pensée de la force répulsive qui les anime, d'après les principes de la physique moderne, c'est-à-dire à cette faculté répulsive de la chaleur, que la doctrine fait intervenir d'une façon si aveugle et souvent si contradictoire.

N'est-ce pas ce qui arrive en chimie dans la combinaison de gaz? Où est cette force expansive qui devrait si bien créer des répulsions, et qui, au contraire, fait naître les combinaisons de gaz indifférents sans l'emploi de la chaleur, de la lumière ou de l'électricité? L'attraction, la force répulsive de la chaleur, nous dit-on, suffisent pour tout expliquer en physique, et, dès les premiers pas, on voit arriver le contraire; car ces faits se produisent sans liaison, sans explication, ou avec des raisons que repousserait un enfant dans toute autre circonstance.

C'est qu'ici l'attraction n'attire rien et la répulsion ne repousse rien. L'indifférence du gaz oxygène et du gaz hydrogène, en proportion pour former de l'eau, est flagrante dans l'eudiomètre. Comment se fait-il que l'électricité qu'on introduit dans ce milange amène la combinaison, puisque la chaleur, généralement, ou tout autre phénomène qu'elle produit, ne peut amener que la distension des molécules, distension inniable, vérifiée le plus souvent par la rupture d'appareils trop faibles? Il se passe donc dans ces phénomènes endiométriques des faits placés en dehors de toute attraction et de toute répulsion; des faits, en un mot, d'excessive limitation, poussant la matière à une sériation nouvelle.

Mais, si cela nous convient, il nous est très-facile de poursuivre la limitation utriculaire dans des conditions de développement où elle est infiniment plus saisissable à notre appréciation. Qu'est-ce que l'œuf dans son état synthétique, l'œuf d'une poule, par exemple? N'est-ce pas aussi une cellule, un vase fermé? Bien mieux, un creuset brasqué, composé de diverses enveloppes admirablement combinées pour cette limitation sublime de la conception des êtres vivants? Quand nous citons l'œuf, et l'œuf des gallinacées, c'est bien rétrécir l'observation; car la matrice et le sac embryonnaire ne sont aussi qu'un œuf d'une autre forme surcomposée, dans lesquels on trouve des précautions inouïes de variété et de puissance éclosive.

L'être, une fois mis en état de se suffire, échappe-t-il à cette fonction si importante des cellules ou des enveloppes limitatives? Non. Chaque organe principal est un centre cellulaire : l'estomac, comme le gésier, les testicules, la vessie, le cerveau lui-même, dans le règne animal; les pepins, les gousses, les graines de toutes sortes, dans le règne végétal; bien mieux, les nœuds de la tige, les bourgeons de la branche, qui présentent, sans doute, d'autant plus de ces points d'arrêt que le chaume ou le rameau doivent avoir une hauteur plus grande avec un diamètre moindre, dans lesquels s'élaborent, avec des pressions variées, la sériation et la désériation des liquides de l'organisme. Et, depuis l'œuf des ovipares jusqu'au tube circulatoire, comment s'opèrent ces transformations? Par une limitation aidée d'un mouvement en plus qui est la chaleur, et d'où naît une condensation particulière, spéciale au cas en question, d'après ce que nous savons jusqu'ici, mais qui ne doit pas être circonscrit à ce mode particulier du mouvement.

Depuis le commencement de ce chapitre, nous avons omis, à dessein, de parler de la tonalisation et de la détonalisation, si importantes, qui se joignent au phénomène de la limitation, pour concourir à la structure organique des êtres de cette espèce. Nous avons consacré à ce sujet un chapitre tout entier. Il est donc inutile d'y revenir ici pour répéter les mêmes choses ; seulement, qu'on se rappelle la gravité extrême que présente cette tonalisation-forcée pour organiser. Sans elle des corps conservent les mouvements propres et indépendants des séries auxquelles ils appartiennent, et ne peuvent se soumettre à un point de vue unique, à un système, en un mot, qui est l'essence même de toute organisation.

La pression par limitation engendre toujours cette tonalité supérieure, si les corps qui sont soumis à cette pression résistent assez à l'effort qui les comprime pour ne faire que modifier leur mouvement propre, au lieu d'être obligés d'atteindre des séries nouvelles plus contractées. La lumière générale, d'après les idées que nous avons émises sur elle, n'étant, par la nature de sa production, que le résultat d'une limitation excessive, n'acquiert l'homogénéité et la couleur plus ou moins blanche, que par cette tonalisation de pression qui la constitue dans un état harmonique. Aussi tous les moyens qu'on peut employer pour la distendre dans son rayonnement ramènent-ils à un seul résultat : la coloration de la lumière, autrement dire la resériation normale du mouvement, le spectre solaire ; de même que toute contraction ou condensation la tonalise ou la rend à la blancheur. Le prisme agit ici, par sa matière, comme diminuant la condensation, et, par l'obliquité des faces, comme sériant, pour une résolution.

Toute organisation vivante doit donc être considérée aussi comme une liquidité relative ; au moins comme une mise en commun d'éléments, — individuels encore à des titres différents, — faisant taire cette individualité, sous l'effort d'une tonalité enveloppante, qui la dissimule, pour la confondre dans un tout harmonieux et convergeant vers un but unique.

ASTRONOMIE.

Des forces générales dont dispose la Physique, considérées au point de vue spécial de l'Astronomie.

Les physiciens, en écrivant la première partie de leurs traités, croient avoir établi une base générale de démonstration, quand ils ont développé les circonstances toutes phénoménales qui dérivent de l'étendue, de l'impénétrabilité, de la divisibilité, de la mobilité, etc.; quoique, au fond et pratiquement, il y ait de ces propriétés admises qui hurlent de se trouver ensemble, comme l'impénétrabilité et la divisibilité.

Nous avons déjà parcouru critiquement ces diverses façons de considérer la matière; il nous reste à suivre la doctrine dans cette partie de la science, rangée sous une demi-généralisation, qu'on appelle gravitation, pesanteur, attraction, cohésion, etc., et qu'on intitule *forces permanentes*, qui agissent sur les corps; pour expliquer, avec cela surtout, les faits astronomiques.

Ici encore, nous retrouverons la même contradiction, le même désordre; bien mieux, nous y découvrirons l'erreur didactique, qui sert à pallier le défaut de connexité et de réalité dans les principes. Ce sophisme, pour trancher le mot, consiste à appeler de noms différents les phases d'un même phénomène, dont on ignore assez le principe supérieur pour ne pas savoir le faire sortir dans toute sa généralité.

La gravitation, la pesanteur et l'attraction moléculaire sont trois phénomènes, et non pas trois principes, comme on veut l'établir. La gravitation représente l'écartement et le mouvement propre des séries astrales. Nous disons astrales, car on verra plus tard que cela peut et doit s'appliquer aux séries cométaires et à toutes les autres parties de la cosmographie. La pesanteur est l'ensemble des faits qui se produisent, quand une série collective, externe, un corps particulier, planète, masse, — sublunaire ou non, — pénètrent dans une autre série ou en sont pénétrés, l'étendue qu'ils parcourent, le temps qu'ils emploient dans leur marche, etc. Il peut et doit très-bien se faire que la pesanteur, dans le soleil et ailleurs, n'ait pas du tout les mêmes lois de descente, tout en conservant le même phénomène d'attraction apparente. Le renflement de la série terrestre modifie bien la pesanteur de l'équateur au pôle; de sorte que la pesanteur, calculée d'après les faits terrestres seulement, modifiés par les masses, peut se trouver encore en défaut pour des corps d'une autre composition que celle de la terre. L'attraction moléculaire, c'est l'influence que possède une série collective, plus ou moins simple dans cette collectivité, sur des séries qui ont avec elle des rapports variés de mouvement et d'état acquis; et cette attraction ne peut s'exercer que par le contact, car c'est seulement au contact que deux mouvements intimes peuvent avoir une influence l'un sur l'autre. Voilà ce qui a trompé les attractionistes qui ont eu beau tordre la formule du carré au cube, etc., sans pouvoir rien en tirer, ainsi que nous l'avons dit précédemment.

Maintenant, les corps tendent évidemment à se porter les uns sur les autres, à se *limiter*, ainsi que nous l'avons établi dans les lois générales. Ils tendent même à se porter les uns sur les autres en de certaines proportions, amenées par les états divers de condensation extérieure. Mais, si l'on confond tant de faits complexes dans un fait unique et uniforme : l'attraction du carré, on court le risque qu'a couru Newton, celui d'embrouiller toute la physique, sans obtenir une seule application dans les sciences naturelles, et d'avoir bien du mal encore à expliquer ceux de l'astronomie, pour lesquels cette loi a été faite.

Avec des principes plus que simples, on n'a pas à reculer, dans la physique actuelle, ni devant cette pesanteur sur laquelle la masse ne peut influer, ce qui a fait donner le nom de paradoxe à l'une de ces constatations faites par Pascal dans l'hydrostatique; ni devant cette attraction moléculaire si peu en rapport avec la prétendue attraction planétaire, etc.

En un mot, le principe radical de la conception des séries explique tout naturellement ce qui fait l'effroi des démonstrations ordinaires. L'attraction de Newton, qu'on pose en première ligne comme régissant les corps de toute la nature, qui s'attireraient en raison directe des masses et en raison inverse du carré de la distance, se trouve en défaut juste pour l'application qui nous en serait le plus utile : les combinaisons diverses de la matière accessibles à nos moyens d'action.

Nous voici arrivé au point le plus grave de la physique, celui qui, pour expliquer la gravitation, la pesanteur, l'attraction moléculaire, établit comme lois uniques les deux principes généraux de l'attraction et de la force répulsive de la chaleur, annexés à la force centripète et à la force centrifuge, dont la loi a été formulée ainsi par Newton : *Tous les corps de la nature s'attirent en raison directe des masses et en raison inverse du carré de la distance.*

Nous avons besoin de toute l'attention et de toute la sagacité du lecteur, pour développer les principes nouveaux que nous devons mettre en avant dans cette circonstance capitale; et comme on ne peut employer trop de soin pour être compris, nous demandons la permission de nous aider tout d'abord d'un exemple tiré de la vie usuelle.

Nous supposerons encore une fois qu'un cataclysme diluvial ait tout détruit en ce monde, si ce n'est le Parthénon et une peuplade très-ignorante de n'importe quel désert sauvage; puis, qu'un des membres de cette peuplade, homme de pensée et de recherches, se rencontrant plus tard en face du Parthénon, ait la prétention d'en définir scientifiquement la construction et les vrais éléments. Devant cette admirable construction grecque, cette harmonie calculée qui a produit, comme tout le monde sait, une concordance complète, géométriquement et artistiquement, entre chaque pièce de l'édifice et entre chaque partie de ces diverses pièces, notre chercheur trouvera deux voies pour en commencer l'analyse : ou il s'élèvera d'un seul bond à des jugements abstraits et supérieurs, en déclarant, par exemple, qu'une colonne est tout ce qui soutient ou qui orne un édifice, et que le principe qui régit les colonnes est variable comme les différentes constructions elles-mêmes ; ou il dira qu'une colonne est un fût couronné de telle façon, ayant telles dimensions en longueur et largeur, telles proportions; etc.; et que ces longueurs, largeurs et épaisseurs sont l'essence des colonnes, en dehors de quoi il n'y a rien. En un mot, pour parler la langue d'une logique rigoureuse, il se déterminera par un jugement synthétique ou par un jugement analytique. Dans le premier cas, celui d'une conception abstraite, il généralisera assez pour que son opinion reste éternelle et applicable à tout; dans le second cas, son opinion, excellente pour l'objet qui lui a donné naissance, bien mieux, pour presque toutes les constructions harmonieuses, dont le Parthénon est le type et sera peut-être toujours le modèle, ne trouvera plus d'application exacte dans une infinité de cas usuels, moins capitaux ou plus spécifiés que le Parthénon. Et la colonne, ainsi définie sous un point de vue étroit, se trouvera le plus souvent être un embarras pour les gens qui succéderont au premier chercheur, dans la constatation des éléments d'une architecture qui aura grandi en découvertes et en applications, comme l'arabe, le gothique, etc. La science se constituera donc, à partir de la première définition, par des raccommodages, des superfétations qu'on appelle exceptions, exceptions qui ne peuvent jamais exister dans les lois naturelles, mais seulement dans les travaux de convention; et tout cela ira en se compliquant, jusqu'à ce que l'impossibilité de se diriger dans cette savane enchevêtrée force les savants à employer la hache, pour se frayer un nouveau chemin là où il n'y a plus moyen de marcher sans encombre.

Voilà, autant qu'une comparaison puisse donner l'idée d'un fait étranger, l'histoire parallèle du travail de Newton sur les forces permanentes de la nature. Newton, en face de ce sublime Parthénon qu'on appelle le système planétaire, n'a fait, selon nous, qu'un jugement analytique, un jugement *à posteriori*; il ne s'est donc pas élevé jusqu'au jugement synthétique *à priori* qui constitue la vraie généralisation des faits. Aussi son jugement n'est-il applicable qu'au fait qu'il a étudié, au système planétaire. Moins heureux, en effet, que ce sauvage qui analyserait le Parthénon et qui, par là, courrait la chance de laisser une définition très-exacte des plus belles colonnes, Newton a rencontré un échec à la théorie trop spéciale, tout à côté de sa constatation : dans le système cométaire qui touche, qui pénètre le système planétaire, au point de le traverser en tous sens d'une manière assez fréquente et tout arbitraire. Maintenant avons-nous besoin de rappeler combien est inexacte, ou plutôt combien est dénuée d'application, la formule de Newton à l'égard de l'attraction moléculaire. Ces lois astronomiques, qu'on attendait avec tant d'impatience pour s'en aider dans la pratique des sciences, n'ont servi qu'à rendre ces dernières plus obscures. Dans l'optique, Arago et Fresnel ont constaté d'une manière positive que la masse des corps n'a aucune influence sur la diffraction des faisceaux lumineux ; bien mieux, que le mouvement de la lumière semble être en sens inverse des densités. Seulement on conçoit que ces découvertes soient restées sans conséquence ; que mettre à la place? que dire en attendant?

Il en est de même, au fond, de la pesanteur, que nous ne voyons nullement reliée à la gravitation d'une manière nécessaire. Donc, sur trois phénomènes : gravitation, pesanteur, attraction moléculaire, un seul, celui qui fit l'objet de la constatation, a pour lui peut-être la vérité ; le second, la pesanteur, en est indépendant à la rigueur, et le troisième se trouve en contradiction avec les faits.

Et cependant pour nous, pas plus que pour personne, le travail de Newton n'est une erreur : c'est tout bonnement un jugement mal généralisé. Cela est si vrai, que, si l'on ne devait jamais sortir du système planétaire tel qu'il l'observa alors, nous doutons qu'on eût besoin d'autres éléments d'analyse ; mais, comme chacun ne poursuit l'étude du monde supérieur avec tant de mal et de difficultés que dans la pensée d'en tirer des fruits pour ce qui nous entoure ici-bas, bien plutôt que par un esprit de vaine curiosité, on doit être particulièrement attentif, en fait d'astronomie spéculative, aux lois qui ne satisfont pas à la recherche qu'on entend faire des propres éléments de la physique terrestre. Certes Newton avait bien assez de génie pour étendre son travail analytique aux faits généraux du mouvement, s'il lui fût venu à la pensée que cette constatation eût pu avoir quelque utilité pratique; seulement Newton a subi, en cela, la nécessité de son tempérament timide et solitaire, la nécessité d'habitudes d'isolement, qui ont rétréci d'abord pour lui les voies d'application, et, comme conséquence, ont offusqué les chances de généralisation supérieure. La modestie, la prudence, sont de fort belles choses dans un salon, où il s'agit, en effet, d'effacer sa personnalité devant la collectivité, d'épargner aux autres la répétition ou l'exhibition d'un *moi* toujours très-disgracieux en public; mais il ne doit pas en être de même dans la science. Ici on ne relève que de sa conscience, à ce point que M. Cousin a dit avec un bonheur extrême: que Kant comme Descartes, qui semblent si orgueilleux de leurs travaux, n'étaient que des gens très-modestes, mais persuadés, convaincus de la supériorité de leur méthode. Chez Newton, tout est hésitation, incertitude, en dehors de la partie analytique, en dehors du fait matériel constaté; même à l'égard de cette attraction contre laquelle il protestait et que Roger Cotte lui a imposée, dans la préface de la réédition des *Principes*. Les *questions* d'optique, dans lesquelles Newton revient sur tout ce qu'il a dit, par des doutes inexplicables, donnent la clef de son incertitude théorique. Le génie de Newton se révoltait contre cette proposition incomplète, sans pouvoir agir assez fortement sur l'indolence habituelle de son jugement à passer à l'état synthétique. Quoi qu'il en soit, nul n'a plus rendu de services à la science que Newton, par cette constatation mathématique; et nous sommes bien heureux aujourd'hui de trouver sa glorieuse succession pour en tirer les fruits importants d'une généralisation plus étendue; aussi n'est-ce qu'avec vénération que nous devons toucher aux travaux de ce grand homme, qui devina les plus grands mystères des sciences, sans oser cependant se prononcer complétement, tant était grande en lui cette hésitation des conclusions synthétiques.

Newton n'a jamais eu probablement l'idée du mouvement simple ou intime, par rapport au mouvement collectif ou externe des corps; on n'en peut douter quand on examine ses travaux sur l'optique, où les phénomènes de la résonnance sont ses guides principaux, ainsi qu'il le laisse voir, sans l'avouer et sans le démontrer autant qu'il eût été désirable pour l'avancement des sciences, sous le point de vue de la méthode. Les phénomènes de la résonnance, tels qu'il les a vus, ne touchent que la partie arithmétique, c'est-à-dire la partie inerte, collective et externe, comme nous le verrons au moment de traiter l'acoustique. En passant loin de la vie, dans cette étude de la résonnance où il devait la côtoyer à chaque pas, Newton montre cette inaptitude à la généralisation, dont la conséquence fut l'établissement de deux principes uniques de mouvement: la force centrifuge, la force centripète.

En effet, comment put-il oublier, non pas seulement ce qu'il venait de démontrer en optique, la similitude complète des rapports des sons avec les couleurs du spectre, mais cette constance dans les rapports d'équilibre et de série qu'on retrouve chaque fois que la matière est placée dans une circonstance telle qu'elle puisse équilibrer facilement le mouvement qui l'anime : les lames minces, les irisations des bulles, des plaques d'acier poli et chauffé, les carapaces des insectes et les plumes des oiseaux?

C'était jouer de malheur pour un si grand génie, car, de cette constance, dans l'équilibre du mouvement, dégagé de trop lourds fardeaux matériels, on doit naturellement et strictement déduire les habitudes normales du mouvement dans ses sériations.

C'est incompréhensible, de la part d'un homme qui demanda aux *accès de facile réflexion*, c'est-à-dire à la constance des phénomènes lumineux, l'explication des mystères de l'optique. Que Newton, au lieu de s'adresser à une division du temps phénoménal, se fût élevé jusqu'à la division harmonique du fait lui-même, son optique était fondée, et il y a deux cents ans que nous serions entrés nous-mêmes dans une physique rationnelle. Si l'on veut suivre la louable habitude de prêter aux gens un peu de ce que l'expérience générale produit, on acceptera, en quelque sorte, comme suffisantes, ces deux lois de Newton; et cependant, nous le répétons, on étendrait la compréhension qu'il en eut, puisqu'il a pris lui-même la peine de nous prouver qu'il ne connaissait pas le principe réel du mouvement organique.

Trois questions se présentent à résoudre, non-seulement dans l'étude du système planétaire, mais dans toute communication et équilibration du mouvement en général.

1° Qu'est-ce qui a produit l'état actuel des planètes, comme matière apparente, et comme écartement de cette matière?

2° Qu'arriverait-il si la force centripète changeait?

3° Qu'arriverait-il si la force centrifuge changeait?

C'est, comme on le voit, appliquer au système planétaire, logiquement, la méthode du calcul différentiel et intégral. Newton répond à la première question : Que les planètes sont arrivées toutes confectionnées à la place qu'elles occupent aujourd'hui, par un mouvement initial. Elles s'y sont fixées suivant une force centrale constante qui les fait dévier de la ligne droite de projection primitive, par une tangente si incessamment réfractée, qu'elle produit ces courbes apparentes, plus ou moins sphériques ou elliptiques, qu'on a très-bien appris à reconnaître et à calculer. Quant à leur écartement actuel, nous n'avons jamais pu nous expliquer s'il résultait d'une pesanteur attractive normale et essentielle, ou si justement la pesanteur ne dérivait pas elle-même de cette pondération *à posteriori*, de corps qui se seraient rencontrés par hasard et à un moment donné. On peut développer et entendre plus clairement cette partie de la physique de Newton ; mais, dans Newton lui-même, nous ne pensons pas qu'on le trouve clairement et réellement exprimé.

Deuxième question :

Qu'arriverait-il si la force centripète changeait en plus; ce qui revient à dire : si la force centripète l'emportait sur la force centrifuge?

Newton n'a pas adopté ici deux hypothèses : les corps se précipiteraient sur celui qui les régit, en vertu de la loi d'attraction, c'est-à-dire en raison directe des masses, et en raison inverse du carré de la distance. En effet, Newton, ne reconnaissant que des mouvements appliqués à des corps composés, n'a jamais eu d'autre guide que cette force collective qu'on appelle pesanteur. et dont la fameuse pomme de son verger, si le fait est vrai, serait la représentation grossière. Donc pour Newton, voué entièrement au mouvement externe et collectif, la nature entière n'est qu'une vaste balance où trébuchent tour à tour, où s'équilibrent des masses définies, inertes intérieurement ou intimement, mais douées d'une propriété générale qui est la pesanteur, telle que la déterminent de simples balances. De sorte que le plus lourd emporte le plus léger, etc. Ce qui a fait dire naïvement à un physicien éminent : « L'astronomie n'est plus qu'un grand problème de mécanique qui n'emprunte que quelques données à l'expérience. » Il faut croire que l'astronomie en emprunte trop peu, car jusqu'ici nous ne voyons pas que le rapprochement des principes du mouvement astronomique, autrement dire de l'attraction newtonienne, ait porté de grands fruits en physique générale et en chimie, où les attractions et les répulsions, les affinités de tout genre, en un mot, n'y ont trouvé que contradiction.

Troisième question :

Qu'arriverait-il au contraire si la force centrifuge changeait en plus, autrement dire, si cette force l'emportait sur la force centripète?

Newton répond que les planètes ainsi détachées de l'effort central qui les retient dans leur orbite, suivant une tengente rendue à la ligne droite, se perdraient dans l'immensité du vide, où Dieu sait ce qu'elles deviendraient. Nous, qui n'acceptons pas la pesanteur pour base du mouvement, et, par cela même, de la gravitation, nous croyons très-fermement, et nous espérons le prouver bientôt, que la nature est loin d'être soumise à ce trébuchet bizarre, qui, au moindre malheur, menace des mondes d'un choc horrible et d'une destruction complète. Nous pensons que le mouvement en plus ou en moins, c'est-à-dire les variations attribuées à la force centripète et à la force centrifuge, ne font que changer la forme et la proportionnalité des séries; de sorte qu'en supposant un mouvement central moindre dans le soleil, toutes les planètes suivraient ce mouvement avec harmonie, et de même des satellites à l'égard de leur planète directrice. Cette hypothèse est appuyée par le mouvement de résolution progressive et indépendante que subit la matière dans toutes ses sériation : monocorde, lumière, acides déposés, etc. En outre, que dans le cas où le mouvement changerait en plus dans le soleil, le système planétaire tendrait, ou à s'écarter s'il se trouvait sans limites extérieures et prochaines, ou à se diviser également avec un mouvement en plus contracté, qu'on appelle liquéfaction dans la matière sublunaire. Newton, en fondant son système sur des êtres définis, collectifs et externes, comme les planètes, s'est trouvé entraîné à placer le siége du mouvement dans chacun de ces corps, et non dans le foyer réel de ce mouvement qui n'est pas même le soleil, — ce serait tomber dans une autre erreur, — mais dans la série normale, dont le soleil n'est qu'une résultante centrale. Nous verrons en effet que cette série de mouvement, peut, croissant en intensité, détruire le foyer lui-même, et proportionnellement à cette intensité. Le soleil, qui semble occuper un des foyers de la courbe elliptique que nous suivons dans l'espace, est sans doute entraîné elliptiquement autour d'un foyer supérieur qui parcourt les mêmes phases à son tour, et cela dans l'infini des mondes.

Nous voilà bien loin de ces deux forces centripète et centrifuge enchaînées à chaque globe d'une façon si étroite. Ces globes, dirigés de la sorte, constitueraient d'immenses moellons, qui, sous l'effort de la force centrifuge, pourraient éclater un beau jour comme des meules à aiguiser. La Providence a été autrement harmonieuse et intelligente dans son œuvre. Ce n'est pas à des corps définis que nous avons affaire, retenus dans la balance de l'attraction; ce sont des séries équilibrées sans doute, des séries affectant aussi pour le moment l'équilibre relatif que Newton a calculé et décrit, mais des séries variables, et si variables même actuellement, que le système cométaire nous la montre sous une face toute différente du système planétaire.

Supposons que le système planétaire soit l'exemple d'une série équilibrée normalement, le système cométaire pourrait être, à cause de la nature de sa courbe, une série ayant un mouvement en plus, tel qu'il envahit déjà sur les séries voisines, et, par un point, sur la nôtre, sans pour cela que son mouvement en plus soit assez grand pour forcer les séries voisines qu'il pénètre sans aucun dérangement apparent. En effet, nous verrons plus tard que les séries en vibration, et même les corps solides eux-mêmes, sont soustraits progressivement à l'influence d'agents extérieurs qui les dominaient complétement avant cela. Ainsi une barre d'acier placée très-rond sur un tour et mise en vibration, ne subit aucun changement par la rotation imprimée au support et à elle-même; à ce point qu'on pourrait se demander si elle tourne réellement. Le pendule de M. Foucault n'est que l'application de ce phénomène. Et si par des moyens assez puissants on pouvait pousser la vibration ou plutôt la sériation jusqu'au point de devenir très-intense, deux ou plusieurs corps se pénétreraient sans se nuire. Ainsi se présentent pour nous les rayons de soleil, les veines liquides, les sons, les ondes de l'eau agitée, etc. On ne peut expliquer autrement cette apparition des masses cométaires qui s'approchent du soleil, non-seulement sans produire la moindre perturbation, mais sans en recevoir aucun effet physique, car, pour nous, les séries, très-indépendantes entre elles, n'ont qu'une faible influence physique les unes sur les autres, cette influence ne se bornant probablement qu'à l'écartement ou au rétrécissement plus ou moins grand de leurs orbes.

Si, nous éloignant à une distance suffisante pour abréger les détails nuisibles à l'ensemble d'une conclusion, nous essayons de juger le système de Newton? il est facile de voir que le monde pour lui, vide de toute existence intermédiaire, est concentré en de certains groupes planétaires, cométaires, ou autres, entre lesquels il n'existe absolument aucune relation, si ce n'est une propriété occulte, mystérieuse, inexpliquée et inexplicable qu'il appelle attraction, dont la force agissante est tournée au mépris de toutes les lois de la mécanique. Chose singulière! nous retrouvons ici, dans la science physique, cette même erreur que nous avons constatée dans le coup d'œil rapide que nous avons jeté sur l'histoire des méthodes philosophiques, par lesquelles on s'est toujours efforcé d'établir les rapports entre le monde extérieur et l'entendement humain. Seulement Newton a joint les deux méthodes en une seule; comme les matérialistes, il isole la matière, en lui niant toute nécessité de transmission de corps à corps. Puis, avec les idéalistes, il fait intervenir le *deus ex machina*, l'attraction générale chargée des rapports extérieurs entre les corps. Mais cette attraction, tout au plus bonne pour expliquer les faits planétaires, s'est trouvée en défaut pour le reste.

Nous avouons que les savants s'accordent tous à dire aujourd'hui, d'après la conclusion vague insérée à la fin de l'*Optique*, que Newton entend bien moins expliquer un fait, par le mot attraction, que fixer une idée.

Si cela est, pourquoi baser aujourd'hui toute la physique sur un fait aussi mal expliqué? diraient beaucoup de gens; nous irons plus loin, nous, sur un fait aussi mal observé, et reconnu pour hypothétique par l'auteur lui-même?

Idées nouvelles sur les rapports de la matière.

Si, au lieu d'isoler la matière et de placer en elle seule la force centrifuge et centripète qui doivent la diriger, nous admettons que cette matière, inerte par elle-même, n'obéit qu'*à posteriori* en quelque sorte à la force centrifuge et centripète, que nous regardons comme une résultante bien plutôt que comme un principe directeur; le mouvement répandu dans l'espace se faisant équilibre à lui-même par les lois de la limitation et d'après les considérations que nous connaissons, produit ces rapports que l'on nomme gravitation, et qui sont uniquement le résultat des propriétés inhérentes au mouvement, par lequel il disperse la matière et la série, d'après des types particuliers aux rapports que ce mouvement actuel possède eu égard à la matière qu'il dirige.

Le champ infini des cieux n'est plus pour nous un désert semé de points sans jonction, le mouvement l'anime en tous sens, et la matière, *soumise à des courants de différentes formes et de différentes intensités*, rappelle l'idée parfaitement philosophique de Descartes, qui ne voyait dans le monde que tourbillons, et à qui il n'a manqué, pour en comprendre et en établir les lois, que d'abjurer son matérialisme d'atomes polyformes, en entrant dans une voie plus expérimentale.

Quand on porte les regards sur le champ des étoiles, on voit clairement que le mouvement l'emporte de beaucoup sur la matière, puisque le vide du ciel est si prédominant par rapport aux masses stellaires. L'idée du *plein-matière* tombe immédiatement, rien qu'à cette simple inspection ; et l'on comprend, au contraire, que la matière ne soit réellement qu'un prétexte à séries, un point de repos, une suite d'îlots dans cet océan du vide !...

La genèse des atomes, telle que Descartes l'avait aperçue, était donc incompatible avec le système que la science doit suivi, aujourd'hui, après les découvertes modernes de la physique ; pour lui tout est non-seulement matière, mais *forme de la matière*; et, comme à Newton, il lui suffisait d'un mouvement initial, aveugle et vague, pour animer, pour combiner et organiser ce monde harmonieux, dont les rapports simples seront bien plus facilement saisis et expliqués le jour où les physiciens, complétement délivrés du matérialisme, voudront bien reconnaître l'importance que le mouvement élémentaire exerce sur la création par sa propriété active, permanente, et par sa prédominance relative. Le vide de Newton, pas plus que le plein de Descartes, ne peuvent expliquer la variété des phénomènes, que le progrès des études expérimentales multiplie chaque jour. Il faut toujours arriver à constituer la *hiérarchie* des groupes, que deux mouvements antagonistes, seuls, se refusent à organiser.

La force qui meut et qui ordonne la matière, soit auprès de nous, soit dans l'immensité des cieux, ne réside point dans le corps lui-même, où elle serait invinciblement enchaînée. Laplace reconnaît qu'il existe une autre cause des perturbations du mouvement des astres, que l'attraction (*Système du Monde*). Bien mieux, il déclare, page 197, que la loi des distances par le carré n'est qu'approximative. Ainsi, la puissance qui pousse la terre dans l'orbe qu'elle trace autour du soleil n'est pas un effet d'une force centrifuge enfermée dans le globe de la terre, opposée à cette force centripète qui constitue la cohésion de ses parties intégrantes. Ces forces centripète et centrifuge existent bien réellement, pour la terre, non pas comme planète, mais comme corps solide; et, si l'on a exagéré la force centrifuge qui lui appartient comme solide, au point de créer avec cela la force qui la fait graviter dans le système solaire, c'est tout bonnement une erreur, un abus scientifique, qu'on ne peut attribuer qu'au désir de combler une lacune regardée comme infranchissable par d'autres moyens. Quand vous placez la matière dans une circonstance telle, que le mouvement s'équilibre en séries, avec adjonction de la forme sphéroïdale probablement, comme dans la projection du spectre solaire, dans la distribution des oxydes métalliques déposés sur les corps polis au moyen de la pile, même dans la vibration des verges et des cordes sonores en mouvement, n'est-il pas plus vraisemblable de se figurer un seul courant de mouvement s'équilibrant avec unité dans la multiplicité de ces arrangements, que d'expliquer tout cela par deux forces antagonistes isolées, centrifuge et centripète, dont la relation ne se comprend ni ne s'explique?

Dans la corde qui vibre, le mouvement unitaire est frappant, puisqu'il est déterminé par la main qui touche; si l'on s'élève alors jusqu'à la conception de la porosité infinie admise sans conteste par les physiciens pour la structure des solides, jusqu'à l'isolement de chacune des molécules vibrantes, n'a-t-on pas déjà suffisamment une réalisation spéciale des effets du mouvement unitaire dans sa production multiple, dans ses arrangements?... Qu'est-ce, au fond, que les cieux pour nous, si ce n'est la matière élémentaire vue à travers le microscope de l'infini?...

Sans doute, tous les corps se limitent; mais ce n'est pas par la limitation qu'ils gravitent et qu'ils sont mus; ce serait prendre l'effet, et pas même l'effet, un résultat particulier, pour la cause, qui est le mouvement essentiel. L'attraction n'est que l'exagération du phénomène de limitation, mal défini, mal employé. Ce sera un bienfait dans l'avenir, de savoir distinguer les propriétés inhérentes aux solides, comme solides, et les propriétés qui les affectent comme appartenant à des systèmes plus complexes, et que nous appelons leurs rapports avec le mouvement, sériel ou non.

Quand nous plaçons du mercure dans un réservoir, et que nous l'abandonnons aux effets de la gravité, il se porte en lames, en filets, en gerbes, selon les circonstances qui modifient les lois de sa pesanteur; en cela il suit exactement, et sans déviation, les principes qui régissent la matière tout entière. Mais, si nous prenons ce mercure, si bien soumis aux lois de la pesanteur, et que nous le placions à l'état de sel dans un vase où l'on a l'habitude de décomposer ces derniers par la pile, l'électricité, en lui imprimant un mouvement exagéré, intime, qu'on appelle *électricité* dynamique ou statique, poussera-t-elle le métal à suivre encore seulement les lois exactes des graves dans cette décomposition? Non. Il se fait un travail de décomposition qui, détruisant tout ce qui a trait à ce corps, en tant que solide, le porte à revêtir de nouveau les formes primitives de la métallisation, et qui, chose singulière, lui enlève les exigences de la gravité des solides ; de sorte qu'il gravira les montées les plus escarpées, qu'il passera par les ouvertures les plus ténues, sous l'influence de cette force inouïe qui le soustrait ainsi aux lois les plus nécessaires de la matière, au point de vue de la pesanteur. Or, nous l'avons dit et nous ne saurions trop le répéter, il n'y a pas d'exception dans les faits naturels ; si dans certains cas les corps sont soustraits à cette force admise comme rigoureuse, c'est que cette force n'existe pas telle qu'on la décrit.

Ainsi, les liquides détruisent la pesanteur dans toutes les dissolutions. Pourquoi? L'électricité de même, etc. Donc la pesanteur n'existe pas telle qu'on nous la démontre. Si, dans ce cas, on suppose que la force centrifuge joue le seul et unique rôle, cela pourrait nous étonner, et alors nous nous dirions que cette force centrifuge est quelque chose de peu défini, de si peu défini, que nous pourrions l'accepter comme toute autre expression servant à exprimer la puissance qui pousse un corps à sortir de son inertie relative pour gagner d'autres positions dans l'espace. La pesanteur, avons-nous dit, n'est qu'un effet de la tendance des corps à la limitation, soit dans leur état physique, soit dans leur état chimique. Si vous mettez un chlorure et un sel d'argent soluble dans une liqueur, ces deux composés, liquides d'abord si on s'est arrangé pour cela, se solidifieront par leur réunion, en formant du chlorure d'argent qui se précipite. C'est que le chlorure et l'argent se font équilibre à ce point, de dépenser complétement tout le mouvement libre ou excédant qu'ils contenaient, et que, le mouvement leur manquant, aussi bien qu'au dissolvant, pour garder le mouvement en plus qu'on appelle la *liquidité*, ils sont obligés de chercher une limitation qui conduit au précipité; parce qu'alors, corps solides avec constitution collective, que l'on nomme aussi *physique*, c'est aussi une limitation physique qu'il leur faut trouver, *celle du vase qui contient la solution*. Mais imprimez-vous à ce même chlorure d'argent un mouvement en plus par l'électricité dynamique, qui soit plus considérable que celui que peuvent fournir les solutions, vous verrez ce mouvement en plus détruire le composé d'argent, en divisant la matière solide jusqu'à la vaporisation de l'argent, si la pile est assez énergique. Tout cela n'est donc qu'une affaire de quantité dans le mouvement introduit.

Afin d'établir sérieusement notre pensée sur les rapports du mouvement avec la matière, nous déclarons que, pour nous, le mobile du mercure en action, comme le mobile de la terre en son ascension, n'est pas caché au centre du globule de mercure, pas plus qu'au centre de la planète; il réside dans le courant qui fait graviter les mondes, comme dans le courant de la pile qui entraîne les corps simples.

Ici nous nous arrêtons un instant, pour faire une protestation énergique contre l'idée d'aller placer dans le soleil une espèce de foyer galvanique, ainsi que beaucoup de gens s'efforcent de le faire entendre aujourd'hui; regardant le soleil comme un point électrique prépondérant d'où tout part et d'où tout naît pour notre système, à ce point de substituer à l'explication presque mécanique de Newton une hypothèse niaisement électrique ou magnétique. Ce serait, de notre part, une folie digne de ces pauvres diables qui croient prendre, chaque lundi, des brevets d'immortalité, en inondant l'Institut de paquets cachetés dans lesquels ils apprennent mystérieusement à l'univers la mort de Henri IV. Nous ne croyons ni à l'électricité, ni au magnétisme, ni au soleil, *comme spécialités dévorantes et exclusives*; c'est-à-dire que l'électricité et le magnétisme ne sont, pour nous, que de purs phénomènes, des accidents du mouvement, dont nous désirons établir les lois plus générales, en détruisant des principes trop exclusifs qui obscurcissent et enrayent la physique. C'est ce que nous ferons voir particulièrement dans l'acoustique.

De même, le soleil n'est pas un despote sans égal dans notre système éliaque ; nous croyons, au contraire, qu'il participe seulement pour une part toute relative dans la série supérieure de ce système, comme la résonnance de la tonique le fait dans toute corde qui vibre. Il est impossible de faire de la physique élevée en donnant plus d'importance à ce corps, déjà si prépondérant.

Le mouvement est tout pour nous : la matière lui obéit aveuglément d'après sa constitution passive, qu'on a signalée depuis longtemps déjà sous le nom d'*inertie* ; et nous repoussons bien loin, avec appréhension, les préjugés étroits et dangereux qui font de l'électricité et du magnétisme deux ogres, de nouvelle espèce, dévorant tout sur leur passage, à ce point que, si l'assimilation continue, il n'y aura pas un phénomène qui ne soit habillé électriquement ou magnétiquement, ainsi qu'on l'a fait autrefois tour à tour avec les tourbillons et surtout avec l'attraction. Bien mieux, comme il s'est trouvé, par hasard, dans ces phénomènes, des répulsions et des attractions, on a fait le mariage de la riche attraction avec le parvenu électrique, et Dieu sait les enfants positifs et négatifs qui naîtront de cette féconde alliance.

Avec l'électricité, et surtout avec le magnétisme, comme moteurs, on pourrait très-bien construire un système vraisemblable de translation et de rotation ; mais, dans tous les systèmes de ce genre, *la partie hiérarchique, sérielle du mouvement, reste toujours de côté.* Il n'y a qu'un système au monde, celui que la nature nous révèle expérimentalement dans les phénomènes à notre portée, et qui se trouve correspondre identiquement avec ceux que nous ne pouvons aborder.

Généralement on préfère aller au plus court et tirer de son propre fonds ce que nos yeux peuvent voir, notre entendement classer ; comme si une chose n'était grande que parce qu'elle sortirait tout entière de notre conception.

Ainsi va l'esprit humain : pour marcher il lui faut des béquilles, et la paresse de l'entendement est telle, qu'il acceptera plutôt dix stations de systèmes basés sur un point matériel et spécialiste, qu'une seule observation fondée sur l'étude des principes absolus. Cette tendance de l'intelligence à ramper le long de la matérialisation des faits suffirait à elle seule pour nous montrer le chemin que suit le mouvement lui-même dans ses rapports avec la matière, il s'en écarte le moins possible : et ce n'est qu'avec des subterfuges, des efforts et des précautions, qu'on parvient à l'isoler assez pour qu'il se laisse saisir à l'appréciation de nos organes, sous les noms différents d'électricité, magnétisme, couleurs, etc. De même qu'en logique un raisonnement est d'autant plus absolu, qu'il contient moins à sa base de données empruntées à l'expérience, de même aussi le mouvement physique nous semble d'autant plus radical, d'autant plus élémentaire, qu'il agit sur une matière plus ténue.

Les lois réelles du mouvement doivent donc être contenues entre ces limites :

1° Du mouvement uni à la somme la plus faible possible de matière ;

2° Du mouvement uni à la somme la plus considérable de matière ;

3° Enfin, du mouvement uni à des parties de matières soumises déjà, par une sériation antérieure, à des mouvements spéciaux, internes ou externes.

Le système planétaire et les autres systèmes similaires nous offrent l'exemple d'une série de corps disposés suivant l'ordre qu'affecte le mouvement élémentaire dans sa marche typique. La forme est celle du spectre solaire, du monocorde ; la gravitation est le résultat d'un excédant de force répandu entre ces corps, et qui ne trouve pas à s'utiliser autrement.

Des systèmes astronomiques.

Le système planétaire n'est pas explicable, à nos yeux, par les principes que Newton a établis sous le nom d'attraction et de gravitation. La revue détaillée et très-sérieuse que nous serons obligé de faire, plus tard, des critiques de ce système, dans l'histoire des théories célèbres, nous force d'être bref dans cette introduction. Nous ne voulons donc pas déflorer d'avance cette étude importante en la tronquant ridiculement ; seulement nous dirons qu'on peut se convaincre du peu de certitude des principes newtonniens, encore aujourd'hui si vantés, en parcourant la suite très-nombreuse et très-remarquable des écrits qui furent tour à tour publiés par l'école de Descartes, de Huyghens, d'Euler et de Leibnitz.

La critique qu'ils firent de l'attraction et de la gravitation est juste le plus souvent en tout point, et, certes, il y a longtemps qu'ils auraient emporté la place d'assaut, sans l'exigence du public, qui voulait, avant de lâcher prise sur Newton, qu'on lui apportât une théorie complète pour expliquer, avec moins d'hypothèses encore, les phénomènes physiques. Malheureusement, il faut bien le reconnaître, les critiques très-exacts et très-fondés du système newtonnien n'ont jamais eu rien de très-nouveau ni de très-original à présenter. Les uns se contentent d'opposer l'*impulsion* solaire à l'attraction, comme mieux fondée en mécanique ; les autres, revenant à la centième édition des tourbillons de Descartes, revue, augmentée et corrigée, restent dans la matière mue et organisée par plus ou moins de perfection dans le poli et l'adhérence des tourbillons. Tous, enfin, gardent la matière, organisée par sa forme extérieure seulement. On peut avancer, en suivant les indications fournies par le *Manuel de la librairie*, que l'esprit humain n'a pas cessé un seul instant de protester contre le système newtonnien, et, par cela même, contre l'hérésie mécanique qu'il établit pour base de ses déductions. Dire les efforts qui ont été tentés pour expliquer les difficultés astronomiques ou physiques par ces deux voies antithétiques de l'attraction et de l'impulsion serait impossible ; c'est un flux de génies et de héros, qui est venu tour à tour se briser contre le rempart immobile du mouvement incompris. Avec ce qui a été dépensé de temps et d'énergie dans cette lutte, on referait vingt sciences. Et pourtant les choses n'ont pas avancé ; car l'astronomie, loin d'y gagner en clarté, en intelligence, en développements, en a souffert des retards infinis. En un mot, l'astronomie, loin de s'être constituée comme science, est tombée en pleine décomposition.

En pleine décomposition !... Cela surprendra le vulgaire, mais n'apprendra rien aux savants. Voilà plus de dix ans qu'on cache au public le résultat irrécusable des observations modernes ; voilà plus de cinquante ans que Laplace lui-même a donné le signal de la déroute, dans son chapitre de la libration de la lune et dans sa mécanique céleste. Depuis longtemps les astronomes anglais, et surtout les astronomes américains, s'avouent entre eux ce triste résultat, sans oser en faire part au public, sans doute dans la crainte de voir bafouer cette prétendue infaillibilité astronomique dont on a fait tant de bruit, et avec laquelle on battait monnaie si fructueusement.

Il faut donc se l'avouer, l'astronomie actuelle est nulle comme science ; aussitôt qu'elle sort de certaines constatations toutes routinières, expérimentales et présentes ; aussitôt, en un mot, qu'elle veut conclure du particulier au général, elle tombe dans l'erreur ou dans le mensonge. Or, comme le travail astronomique est celui, parmi toutes les sciences, qui demande le plus de temps et le plus d'argent, il arrive que l'analyste n'a pas grand'chose à tirer des livres qui existent sur la matière. S'il voulait expérimenter, il lui faudrait plusieurs existences pour obtenir des conclusions valides. Le mieux est d'attendre que la bonne foi se soit fait jour dans ces ténèbres infranchissables.

Au lieu de cela, si nous avons bien compris cette génèse du mouvement par sa proportionnalité différente à l'égard de la matière, nous concevons toutes ces dissemblances dans les systèmes, unitaires dans leur multiplicité infinie. Qui peut nombrer, en effet, les changements singuliers que peut apporter cette différence d'intensité du mouvement, par deux voies particulières : son éloignement de la série mue, son plus ou moins d'intensité relativement à la matière à mouvoir ? Ainsi se comprendront, sans difficulté, les séries qu'on vient de signaler dernièrement à l'Institut : elliptiques, circulaires, solénoïdes, hélisoïdes, etc.

Expliquer les phénomènes astronomiques et physiques par la mécanique, quand il s'agit ne l'action du mouvement intérieur des corps, c'est expliquer l'interne par l'externe, le fond par la surface, la chimie par des plans. La mécanique ainsi que la géométrie ne peuvent régir que des points extérieurs et superficiels. Les lois du mouvement intime restent donc à découvrir et à ordonner, sous peine de ne jamais pénétrer réellement dans l'intérieur des phénomènes. Réservons la mécanique et la géométrie pour tout ce qui a rapport aux surfaces, aux projections de ligne, puis à la transmission du mouvement composé de *corps à corps*, de série à série composée, et non du mouvement simple à la matière sériée.

La physique ne présente aujourd'hui que deux forces, entre lesquelles elle n'établit aucun point de connexité, mais qu'elle se borne à opposer l'une à l'autre : 1° l'attraction, 2° la force répulsive de la chaleur. Toute la doctrine se ressent de ce manque de liaison, de ce phénoménalisme déguisé en principes, qui consiste à donner comme *canon* deux faits détachés qu'on reconnaît comme opposés, et qu'on laisse errer à travers le vague de la nature inexplorée. Aussi la physique de Newton s'échappe-t-elle ou par le rayon ou par la tangente, sans équilibre rationnel. Le mouvement est un, et seulement susceptible de plus et de moins. On peut le suivre dans ses phases, sans y découvrir aucune anomalie. Tous les phénomènes naturels se réduisent donc à une question de quantité relative de mouvement en présence de la matière; mais, ne l'oublions pas, avec *nécessité de sériation* de la part du mouvement; sans cela on retomberait dans les voies de la physique dualistique.

Si nous faisons une application rapide de ces idées à l'étude des phénomènes astronomiques, nous pourrons dire que les séries astrales sont soumises à des lois qu'on peut résumer par les questions suivantes :

1° Dans un système orbiculaire, quelle est la quantité relative de matière que le mouvement élémentaire a à soulever?

2° A quelle distance exerce-t-il son action, la distance équivalant, selon les cas, à un plus ou moins de mouvement ou de matière, ainsi que Newton l'a très-bien vu?

Si le mouvement est aux prises avec la matière dans une fonction moyenne, il y aura équilibre, et sériations par groupes, qui varieront en proportion de cet équilibre du mouvement et de la matière. Si le mouvement est excédant, il y aura dispersion des groupes, liquéfaction, vaporisation, gazéification, etc. Si le mouvement est en moins, soit quant à la somme, soit quant à son éloignement, il y aura solidification ou rapprochement des groupes

en des masses plus uniformes, quoique souvent sériées elles-mêmes
en d'autres proportions. Toute la série est élémentaire dans la nature. Supposons donc, par exemple, comme le croient certains
observateurs très-consciencieux, que, du temps d'Evelius, Saturne existât sans anneau; on devrait en conclure que la matière
stellaire qui l'entourait était, par un mouvement en plus, à l'état
de liquidité; et qu'un mouvement en moins, établissant postérieurement l'équilibre, a sérié la matière de Saturne, au point de
nous la montrer avec cette apparence ternaire, qui est la base la
plus saisissable de toutes les séries équilibrées naturelles, comme
celles de la lumière, du son, des oxydations en mouvement, etc.
Poussons-nous plus loin nos hypothèses, et, avec l'Observatoire
de Pulcowa, devons-nous nous attendre à voir l'anneau de Saturne
se décomposer sous quelques dizaines d'années? Nous devons inférer de là que, le mouvement proportionnel de Saturne diminuant progressivement, la série annulaire se résoudra, non pas par
précipitation sur Saturne, comme le veut l'attraction, mais, peut-
être, par condensation matérielle pour former de nouveaux satellites. C'est ainsi que Saturne nous offre, dans ces variations passées, présentes et présumées, l'histoire de la transmutation que
peut subir la matière aux prises avec le mouvement. Il en est
sans doute de même pour tous les autres faits planétaires plus
ou moins bien définis par l'observation actuelle, et sur lesquels
aujourd'hui il faut se taire jusqu'à plus ample informé.

Une chose qui ne manquerait pas d'un certain comique, tout
en restant des plus instructives pour la vraie science, c'est que le
monde planétaire eût été presque d'accord primitivement avec
les observations de Newton, et qu'il n'eût varié que depuis lors,
en infirmant, d'une manière flagrante, le principe étroit sur lequel Newton fondait sa méthode. Newton, avons-nous dit, partant d'une simple donnée de proportionnalité *actuelle* entre les
planètes, en déduisit l'attraction, la gravitation, etc.; mais ces
principes, issus d'un fait, ne valaient que par et avec le fait qui
les avait produits.

Si, reprenant la similitude que nous avons cherché à établir
entre Newton et un architecte qui eût prétendu déduire les lois
de son art de la concordance du Parthénon nouvellement exhumé

d'un cataclysme universel, nous en continuons la ressemblance, supposons que, par un effet quelconque, le Parthénon, construit d'une matière non arrêtée en ses éléments chimiques, se déjetât dans ses proportions primitives, et que cependant les élèves de l'architecte, mort depuis longtemps, s'entêtassent à faire sortir les principes d'architecture de ce Parthénon conservé comme l'archétype. Ils ne sauraient comment retrouver et faire concorder la loi primitive, qui veut telle proportion pour le milieu du fût, quand aujourd'hui ce fût donne, en fait, des proportions toutes dissidentes. Ou le Parthénon serait une monstruosité, ou leur science architecturale aurait menti. Or c'est ce qui peut très-bien arriver en astronomie, au moins dans quelques points. La méthode de Newton, manquant de progressivité et d'éléments sincèrement mutatifs, se trouve en défaut devant les changements qui affectent ou pourraient affecter le ciel aujourd'hui; ce qui n'aurait pas lieu si les lois du mouvement avaient été tirées, non d'un fait actuel, essentiellement mutable, mais de principes basés sur les lois éternelles qui régissent les phénomènes, même dans leurs changements les plus exagérés.

Newton n'ayant accordé de mutation possible qu'à l'égard des masses, tout ce qu'il prévoit se trouve infirmé, quand un mouvement, extérieur à ces masses, modifie leur état. En un mot, Newton a compté sans le mouvement libre; or c'est justement ce mouvement libre extérieur qui est la cause essentielle, la cause sans cesse agissante des phénomènes. Il est vrai qu'on se tire encore de tout cela par des nutations tirées des inégalités de forme qu'affectent ces énormes atomes qu'on appelle les astres : du matérialisme, toujours du matérialisme !...

Forme sphérique.

Quand le mouvement s'équilibre dans les corps, mais *en se fixant*, — ce que nous pouvons apercevoir tous les jours dans les cristaux, — ce mouvement, aux prises avec une matière particulière, sériée ou dérivant de séries antérieures, est, en quelque sorte, violenté dans ses allures et ramené à des modifications de formes dont nous devons retrouver les similaires dans le ciel, en ce qui touche des groupes de matière dans lesquels le mouvement, enveloppé, détourné de la série normale, est obligé de suivre des modifications dont nous espérons donner aussi la clef plus tard. Ce ne sont donc pas toujours des séries simples auxquelles on a affaire, des séries où la *quantité* règne seule, mais des séries simples modifiées par la *qualité* des corps en présence. De là une nouvelle occasion de variété à l'infini. Ce qu'il y a de plus singulier, c'est que Pimberton, collaborateur de Newton, déclare la non-perpétuité de l'état planétaire. Comment concilier cette mutation, cette destruction peut-être, avec les lois newtonniennes, qui, basées entièrement sur la pondération de masses régies par une inertie cardinale, ne peuvent et ne doivent jamais subir aucune altération ?

L'eau en vapeurs dans l'atmosphère nous donne, en petit, une suite des variations que le mouvement peut éprouver par la combinaison de sa quantité, jointe à la différence de qualité de la matière. En effet, dans cet état de vapeurs, l'eau est chargée de mouvement en plus qui la tient disséminée dans l'air. Faisons-nous intervenir un corps froid, un vase rempli de glace? l'eau vient se condenser en gouttelettes sur la surface extérieure du vase, par l'abandon qu'elle fait au vase, plus froid qu'elle, d'une partie de son mouvement. Les lois qui régissent l'évaporation des liquides sont impuissantes pour expliquer la suspension d'une seule vésicule aqueuse dans l'atmosphère. Elle se présente alors sous un état sphérique mal étudié jusqu'ici, et que nous reprendrons plus tard avec les plus grands détails. Seulement il est à remarquer qu'elle se constitue en des centres sphériques détachés, avec des groupements spéciaux. Puis, se condensant de plus en plus par un refroidissement progressif, elle passe à l'état solide et revêt une forme cristalline entièrement dépendante de sa constitution propre. Tous les corps vaporisés suivant à peu près les mêmes voies, il y a donc ici une remarque importante à faire, c'est que cet état globulaire, qui naît au moment d'une première condensation, leur est commune à tous; tandis que la forme cristalline de la solidification varie avec le genre particulier des corps. Doit-on inférer de là, en voyant la forme sphérique dominer dans le ciel, que tous les corps qui composent les innombrables systèmes en sont encore à cet état liquide qui impose la forme sphéroïde à la matière, abstraction faite de toute différence de composition; et ne trouvera-t-on jamais l'exemple de corps définis dans leur forme et différenciés par leur composition? Voilà ce que les progrès de l'optique seuls peuvent nous apprendre en astronomie. Ce serait contraire au principe qui régit les sphères.

Du mouvement astral, considéré comme translation dite de gravitation.

Il est une loi morale dont l'inflexibilité et la gravité ont toujours été pour nous une source de réflexions anxieuses, celle qui nous montre si constamment que tous les excès rencontrent une sanction pénale, en raison de la quantité et de la qualité de ces mêmes excès.

Santé du corps et de l'esprit, bonheur intérieur et public, succès littéraires ou industriels, tout est soumis à cette justice distributive, à laquelle on ne se soustrait que par une mort prématurée ou par des circonstances toutes providentielles.

On croirait que les sciences, ces froides semailles de l'intelligence humaine, échappent à la loi fatale imposée par Dieu à l'ordre purement moral; il n'en est rien, et l'histoire des connaissances humaines est là pour nous démontrer le contraire. On ne trouve pas un excès de l'esprit scientifique qui n'ait laissé un contre-coup dans la science, contre-coup d'une conséquence profonde et dont la durée se compte presque ordinairement par siècles.

Prenons-nous la science à son berceau, l'humanité au moment où l'idée de causalité lui révèle l'existence de Dieu? la science, alors, se fait complétement théodictique, c'est-à-dire que la nature ne s'explique que par des miracles. Si nous passons à cette ère où le philosophe a rencontré tout un monde dans cet arrangement de trois termes qu'il appelle syllogisme, c'est aussi le monde entier qu'on prétend faire sortir de l'argumentation, décorée, pour cela, du prétentieux nom de logique; et la scolastique, cet enfant bâtard du raisonnement, étouffe la filiation légitime. En-

fin la géométrie, et l'application qui lui est faite de l'algèbre, se
relèvent avec Descartes, Pascal, Galilée, etc., qui en tirent les lois
admirables de la statique, de l'hydrostatique, de l'optique, etc.;
avec elle aussi, l'abus algébrique se crée une position despotique,
si bien critiquée par Newton dans sa vieillesse, lui qui, comme
Charlemagne, sentait déjà l'arrivée des Normands. Newton et
Charlemagne avaient-ils tant à se plaindre? Ne donnèrent-ils pas
eux-mêmes, les premiers, l'exemple de l'invasion?

C'est depuis cette époque que, abusant du cinquième livre d'Euclide, dont Newton admire la prudence et la sobriété scientifique,
on a fait déborder le système des propositions composées et dé-
composées, jointes, disjointes et combinées, dans l'étude des phénomènes purement physiques. Cependant, étudiez les mathématiques avec cette sincérité logique qu'on est en droit d'exiger
aujourd'hui, après tant de travaux éminents sur l'art de raisonner
et de conclure, bien entendu, sans cet attirail impudent d'infaillibilité dont la tourbe des ignorants et des séides s'est empressée
de grossir les vrais principes mathématiques : vous ne rencontrerez, sous ce terrain fangeux d'alluvion, que des instruments inaptes absolument à découvrir autre chose qu'une division et une
organisation d'une proposition toute faite. Nous l'avons déjà dit, et
cependant nous croyons devoir le répéter : cette inconnue que l'on
veut en faire sortir n'est pas une inconnue de *fait nouveau*; c'est,
sachons-le bien, une *inconnue de division*. Sans cela, on ferait sortir
une chose qui n'est pas contenue dans le premier terme; ce qui
non-seulement est contraire aux lois les plus formelles de l'algèbre, ou plutôt des propositions mathématiques, mais encore de
tous les principes philosophiques, qui ne vivent que par l'identité
des termes. Tout le monde sait que la sophistique ne s'est enrichie
qu'en glissant dans une proposition un terme étranger à la proposition primordiale. La même chose s'est reproduite dans les
mathématiques sophistiques; on a prétendu tout expliquer en
glissant dans les propositions à résoudre des termes hypothéti-
quement choisis. Seulement, combien il est difficile pour tout le
monde de découvrir une semblable supercherie! ne faut-il pas
rester quelquefois des années dans les cryptes ténébreuses où se
traînent des calculs inextricables? Eh bien, quand vous auriez

réussi à trouver le sophisme, à qui et par quoi prouverez-vous? Par vous-même? Mais, entre le *qui dicit* et le *qui negat*, le public trop sensé vous tournera cent fois le dos, plutôt que de se condamner à de pareils labeurs de jugement et de révision.

Le temps seul, si pesant à porter pour l'impatient des mystères de la nature, pouvait ruiner un labyrinthe aussi artistement construit que les temples souterrains de la vieille Égypte. Avec une équation on a réglé le monde, et l'astronomie n'est plus devenue, comme le dit l'auteur que nous avons déjà cité, qu'un grand problème de mécanique. Il n'y a qu'un malheur dans tout cela, c'est que la mécanique est ce qui peut le moins s'appliquer à la résolution d'un tel problème, puisque, réglant les rapports externes des corps, elle se trouve opposée aux lois qui règlent les mouvements internes, c'est-à-dire la gravitation des corps célestes.

Nous n'avons jamais pu concevoir que Newton, lui qui a fait l'*Optique*, un des chefs-d'œuvre de l'esprit humain, se soit montré aussi étroitement géomètre dans l'érection de ses *principes*, dont le titre est une critique anticipée et complète :

Principes mathématiques !

tandis qu'il était nécessaire d'abord et avant tout d'avoir recours à la physique, rien qu'à la physique, sauf plus tard à y joindre le flambeau très-respectable de calculs sérieux et raisonnables.

Pour expliquer la gravitation sublime des mondes, il faut plus que ce mouvement initial et cette tangente incessamment brisée par une attraction centrale. Une telle conception est et restera toujours une simple abstraction géométrique que le temps élucidera et se chargera de réduire à sa juste valeur, comme il l'a fait pour des choses autrement imposantes encore que celle-là. A quoi bon tant d'effort d'imagination pour trouver, non pas une pauvre démonstration hypothétique et abstraite dont nul n'a jamais vu et ne verra jamais la réalisation libre, mais pour trouver l'exemple matériel du travail qui s'opère sous nos yeux? Depuis Bacon, on a rencontré, dit-on, le chemin de la vraie expérience; mais, à coup sûr, on n'a pas rencontré celui des théories expérimentales, puisqu'on va demander secours à la sophistique algébrique. Tous nos efforts doivent donc tendre à constituer le règne de cette vraie théorie physique expérimentale.

Dans les corps solides, liquides et gazeux, il s'exécute constamment un phénomène de déplacement moléculaire, de translation relative, chaque fois que le mouvement est en plus dans un corps déterminé, sans être toutefois assez fort pour opérer son changement d'état. Le corps solide qui passe à l'état liquide, le liquide qui va prendre l'état gazeux, sont tous doués d'un mouvement interne qui leur impose une agitation très-diversifiée, suivant les circonstances de production de ce mouvement. Tout le monde sait, depuis quelques années, que les phénomènes de rotation des courants liquides sont indépendants de l'effet qu'on attribuait uniquement autrefois à la production de bulles de gaz par l'élévation de température dans le fond des vases. C'est à peu près ce qu'il y a de plus sensible dans les phénomènes de déplacement des corps, car la chaleur agit beaucoup trop souvent comme désagrégeant des corps solides, pour nous fournir des observations précises à cet égard. Il y aurait bien la fermentation, sur laquelle, quant à nous, nous sommes complétement fixé, mais dont on pourrait contester le mouvement normal, au moyen de dégagements gazeux que nous ne restons pas en mesure aujourd'hui de repousser autrement que par une protestation préalable.

Mais un fait très-important, complétement inconnu, au moins sous sa vraie physionomie, c'est la force dynamique et mouvante de la prétendue électricité *statique*.

Comment se fait-il que les physiciens aient commis la grossière erreur de classer sous le titre de *statique* des phénomènes dont relèvent immédiatement les effets terribles de la foudre, la puissance dynamique la plus violente et la plus étrange qu'il ait été donné à l'homme de connaître jusqu'ici? Voici ce fait particulier sur lequel nous désirons attirer l'attention des physiciens et des mathématiciens; car si nous sommes ardent à défendre les droits de la vraie physique, nous nous empressons aussi vivement de reconnaître le bien de chacun, et comme ici il s'agit plutôt de calcul, le mathématicien doit commencer où le physicien a fini. Si donc, sur une machine électrique donnant de l'électricité statique, vous placez un vase bon ou mauvais conducteur et contenant des parcelles suffisamment divisées de corps bons ou mauvais conducteurs aussi, et que vous électrisiez le tout jusqu'à ce que l'excès d'électricité pénètre les parcelles à un point particulier, les parcelles, qui pourraient être augmentées de poids relatif, sans doute, avec la force électrique dont on disposerait, — ce qui devient évident dans les trombes et autres phénomènes de l'ordre que nous étudions, — éprouveront un mouvement libratoire d'abord, puis celles qui seront douées d'une force électrique supérieure s'élanceront dans l'espace.

Ces phénomènes incompris ont été classés avec les répulsions électriques, sans avoir égard à la connexité parfaite qui existe entre un corps qui s'élance ainsi dans l'espace, avec les effets de translation des corps vaporisés par le feu, avec le transport des éléments des sels dans la pile, enfin avec tous les corps soumis à un excédant de mouvement libre. S'il y avait une simple répulsion électrique dans le cas présent, le phénomène ne s'opérerait pas sur des parcelles métalliques inhérentes à la surface du condensateur, puisqu'elles suivraient alors les mêmes lois d'électrisation que lui-même. En outre, les corps descendraient au lieu de monter. Le fait réel est bien la communication d'un mouvement excédant.

Le feu, ayant un effet particulier de décomposition sur les corps solides, en dehors de la communication de mouvement qu'il leur procure, ne pouvait, aussi facilement que le phénomène électrique que nous citons, donner l'idée de translation remarquable qu'on aperçoit sur des matières parfaitement intactes extérieurement, et soumises seulement à un mouvement libre qui les fait agir. Cependant ici, pas plus que dans la gravitation des mondes, la cause ne nous semble difficile à expliquer. Toutes les fois qu'un corps défini, sérié, arrêté, est doué d'un mouvement supérieur à celui qui est nécessaire pour établir son équilibre, mais non assez intense pour désagréger ses parties, ce corps défini doit éprouver un mouvement de translation, s'il n'en est empêché par des causes particulières:

1° L'intensité de ce mouvement est proportionnelle à la force prépondérante;

2° Sa forme est soumise aux relations extérieures qui le modifient.

Quand on prend une plaque de métal facile à mettre en vibration, qu'on la couvre de corps très-divisés, et, par conséquent, légers ; ces corps, non-seulement se forment en séries, sous l'effort d'une vibration animée, mais ils éprouvent un mouvement de translation très-considérable, dont nous reprendrons l'expérience détaillée dans la suite de cet ouvrage ; ce qui prouve une fois de plus, ce que nous venons de montrer pour les corps légers soumis au feu, à l'électricité, à la lumière, à tous les agents de mouvement libre, que l'excédant de mouvement communiqué, quel qu'il soit, tend à opérer chez eux un effet de translation.

Le mouvement des solides n'est donc pas une exception bizarre et inconnue, comme nous sommes habitués à le préjuger, mais, au contraire, un état normal de la matière, qu'elle revêt dans toutes les circonstances que nous venons d'indiquer. Pourquoi maintenant, à la surface de la terre, avons-nous si peu d'exemples à observer de ce phénomène presque exclusif dans le ciel? C'est que le mouvement de la terre, agissant sur les solides par une loi de similitude prépondérante et par une absorption facile de mouvement, leur enlève l'initiative et l'individualité de leur mouvement, tant qu'on ne les soustrait pas à cette force prépondérante, par un mouvement au moins égal à la puissance qui les enchaîne; non pas par un mouvement de propulsion seulement, mais aussi par un mouvement intime. Il faut habituer notre esprit à sortir de cette idée étroite de la pesanteur vulgaire, et considérer les phénomènes sous leur véritable jour. L'idée de pesanteur, telle que nous la possédons aujourd'hui, nous a été imposée par un géomètre-astronome ; elle semble, aux esprits superficiels, découler tout naturellement du *jus dicendi*, qu'auraient ces derniers au plus haut degré. On ne doit reconnaître à l'astronome, absolument, que le droit de construire des CARTES sidérales. Du moment où il se met à expliquer, *ou même à calculer*, il devient physicien, et il tombe dans l'hypothèse. En effet, ne faut-il pas une base au calcul? Eh bien, cette base choisie peut être une utopie pour lui, aussi bien que pour le plus humble des mortels.

Diminution de la pesanteur à l'équateur.

Il existe, on le comprend sans peine, un certain nombre de questions qu'il serait prématuré de discuter ici ; cependant il est impossible de ne pas en dire un mot en passant. De ce nombre est, sans contredit, la *diminution de la pesanteur à l'équateur*. Cette diminution de la pesanteur est attribuée à deux faits principaux : 1° la force centrifuge ; 2° l'aplatissement de la terre, qui éloigne, dit-on, le point central d'attraction de la surface attirante.

Quant au premier point, la force centrifuge, il n'est nullement prouvé et probable qu'un corps, doué d'une force quelconque, puisse changer cette force par une simple modalité de sa position actuelle. Les molécules de la terre attirent ou n'attirent pas en raison de leur masse, suivant le principe choisi par les newtoniens. Toutes les positions d'équilibre que peuvent prendre ces masses ne font rien au résultat produit, puisque la pesanteur est basée sur une attraction qui ne varie qu'en raison des masses et en raison de la distance. Hors de ces deux points de différentiation il n'y a rien, ou il faut les introduire dans le principe ; car il est de la saine logique de ne jamais attribuer à un résultat acquis que ce qu'on déduit rigoureusement du principe établi. Masse, distance,... au delà de ces bases vous n'avez le droit de rien tirer du phénomène de la pesanteur. Bien mieux, admettez-vous, ce qui a lieu réellement d'après les démonstrations physiques, que la dilatation est ici le résultat d'une rotation inégale des molécules terrestres ? Là masse, pour un physicien, augmentant son volume, se rapprocherait du point à attirer, et les résultats logiques tourneraient contre les expériences elles-mêmes. Il en est encore ainsi, en ce qui touche la forme plus épaisse, déterminée par le second point de la doctrine, l'aplatissement des pôles et le renflement de l'équateur.

On peut, jusqu'à des limites que nous ne nous chargeons nullement de tracer, admettre qu'un corps très-distant puisse être réduit à une ligne, à un point attractif; mais, dans le phénomène de l'attraction et de la pesanteur, où les corps sont très-rapprochés, si l'on envisage surtout le phénomène avec une certaine indépendance, les corps qui tombent vers la terre ne s'en écartant que d'une façon insaisissable à toute autre observation qu'à celle de notre myopie terrestre, il est impossible de ne pas tenir compte, et même un compte très-exact, des premières molécules attirantes placées à la surface de la terre ; sans cela la science aurait deux poids et deux mesures, puisque, quelques lignes plus loin, elle invoque cette même différentiation à propos des corps qui pénètrent dans l'intérieur de la terre, et qu'elle fonde uniquement les principes de l'*attraction moléculaire* sur l'influence de la figurabilité que possèdent les corps soumis de très-près à cette force. Il nous semble donc, et par les considérations mêmes qu'on objecte, que la pesanteur devrait être plus considérable à l'équateur qu'au pôle, et que si les faits d'expérience infirment la conclusion, c'est que la cause doit en être cherchée ailleurs. Dans nos principes, le fait est clair et ne se laisse pas longtemps deviner. Un sphéroïde éclairé, échauffé par la lumière solaire, doit prendre des densités, bien mieux, une composition intime en rapport avec cette condensation particulière, occasionnelle ou non, et se divisera en deux séries normales de mouvement accolées côte à côte, mais inversement. Les parties positives se joindraient à l'équateur, et les parties négatives se répandraient vers les deux pôles boréal et austral en des proportions d'égalité qu'il nous est impossible de déterminer, si ce n'est empiriquement ; car il se pourrait fort bien qu'il n'existât qu'une seule série inégalement répartie. Si l'on se rappelle que les séries attirent par similitude de mouvement, on comprendra sans peine que l'équateur attirera moins que les pôles, types du repos, du négatif, en un mot, des résistances les plus efficaces. Dans ce phénomène comme dans beaucoup d'autres, que nous nous sommes trouvé dans la nécessité de critiquer, nous substituons toujours, on le voit, la proportionnalité sérielle, que nous regardons comme fondamentale dans la nature, et comme expérimentale surtout dans les phénomènes qui nous sont accessibles, aux hypothèses mécaniques, dont le manque de proportionnalité en face des faits est le moindre défaut. Mais comment improviser une science si difficile ? Nous laissons au temps à faire le reste.

*. Du pendule.

Au fond, et d'après ce que nous venons de voir, qu'est-ce donc que le pendule? Le pendule est un instrument qui nous décèle, par ses oscillations variables, la variabilité du mouvement intime, particulier, au milieu dans lequel on le place à différents lieux de la surface terrestre. La chute d'un corps qui tombe ne montre ses variations différentielles que dans la direction verticale; encore chacun sait-il combien il est difficile d'arriver à des constatations exactes, rigoureuses, malgré les biais de la machine d'Atwood et des plans inclinés. La chute des corps ne peut donc que nous renseigner dans un sens, le sens de la profondeur, si l'on veut nous permettre cette expression. Le pendule, au contraire, semble posséder une double propriété, celle de mesurer en profondeur, verticalement, et en longueur, horizontalement. Supposons, en effet, que le mouvement général diffus, mais rassemblé en une atmosphère de condensation particulière autour de la terre, suive des divisions qu'on peut comparer aux densités proportionnelles de l'air admises aujourd'hui par les physiciens; quand vous éloignez le point pesant du pendule de son centre d'équilibre, il tendra à y retourner, suivant des oscillations plus ou moins isochrones; le fait étant contesté, nous laissons cette responsabilité expérimentale à qui de droit.

L'isochronisme ou le non-isochronisme serait, en tous cas, générateur de différentiation dans la nature du mouvement traversé; voilà pour les dissemblances qu'on peut observer verticalement. Mais nous disons que le pendule peut fournir une autre constatation, horizontalement, par la différence de ses oscillations, eu égard à une longueur choisie comme type; et c'est, en effet, ce que les physiciens ont parfaitement compris. Or, si cette différence dans les oscillations suivant la longueur, exprime la pesanteur comparative, d'après la doctrine moderne, nous, nous prétendons qu'elle exprime aussi, et bien plutôt, les condensations horizontales relatives du mouvement, dont la pesanteur n'est qu'un phénomène de détail.

Donc, le pendule est doué de deux constatations, mal établies par l'isochronisme et le non-isochronisme sans doute, mais que des expériences mieux dirigées mettraient en ordre en très-peu de temps; et cet instrument admirable, si précieux par les résultats qu'on est en droit d'en attendre, n'a servi, ce nous semble encore à cette heure, qu'à des recherches très-minimes en dehors des points à attaquer dans l'avenir.

Le bon sens tend à faire croire que le pendule mis en mouvement peut tracer les condensations verticales, sérielles de mouvement, par l'isochronisme approximatif de ses oscillations, prises dans des mesures convenables et identiques avec les divisions des condensations. Maintenant, que n'obtiendrait-on pas, si l'on parvenait à déterminer des différences d'oscillation dans des gaz de diverses natures, sans avoir à craindre les erreurs de densité?

On se rappelle trop peu que toute lame ou barre de fer, tenue verticalement, s'arme aussitôt de deux pôles magnétiques: le pôle austral en bas, le pôle boréal en haut. Est-ce que, par hasard, on croirait que le pendule échappe à cette exigence, et a-t-on bien réfléchi à toutes les conséquences qu'on peut en tirer?

Équilibre des corps.

Il existe en physique un fait obscur, timidement blotti dans le recoin du chapitre de la pesanteur, que nous demandons la permission de ramener quelque peu à la lumière de la saine critique. Nous voulons parler de ce phénomène singulier qui force tout corps solide, inégalement constitué dans sa forme complexe, à dépenser une force particulière inconnue, à se retourner au moment où il tombe, pour présenter son centre de gravité vers le corps qui est censé l'attirer, la terre ou autrement. Il est nécessaire que nous rappelions le principe des physiciens, par lequel on prétend démontrer que tous les corps étant sollicités également sans distinction de forme par la pesanteur, chaque molécule de chaque solide doit aussi tomber comme si elle restait indépendante de la masse entière qu'elle constitue. Si vraiment les molécules sont douées de cette indépendance initiale, et si la pesanteur, comme phénomène, ne se distingue que par la loi d'accélération qu'on lui attribue dans les traités, pourquoi la dépense de cette force de retournement, si inutile dans le principe élémentaire invoqué en ce qui concerne la pesanteur? On explique ce fait, plus grave qu'on ne le pense, en disant que le point d'application de la résultante des actions de l'air doit être situé sur la verticale du centre de gravité, pour que le corps se meuve parallèlement à lui-même.

Nous ne voyons pas ici, en vérité, la nécessité de faire intervenir l'air seulement, quoique le résultat statique soit incontestable. L'air n'est qu'une cause éloignée dont le mobile se cache dans une polarité. Si la force de la pesanteur n'avait réellement pas une polarité, la masse du solide agirait sur l'air comme le veut le principe, moléculairement; et l'air serait bien obligé de subir la force qui le domine. Le phénomène du retournement des corps solides au moment de leur chute, doit plutôt être assimilé aux phénomènes de polarité qu'aux phénomènes mécaniques des résistances. Et il y a lieu au moins de faire toutes réserves à cet égard.

Dans les phénomènes du même ordre, ne trouve-t-on pas cette polarisation singulière, qui pousse les satellites à tourner constamment leur même face vers la planète qui les régit?

———

ÉLECTRICITÉ.

On rencontre, dans les études historiques, un enseignement radical dont, à notre connaissance, la conclusion n'a pas été mise convenablement en relief. Nous voulons parler de la fatuité des temps et des hommes à l'égard de ce qui leur appartient en propre, comme leurs mœurs, leurs habitudes, leurs religions, leurs gouvernements, etc. Cet égoïsme de vanité, qui fait mépriser aujourd'hui le provincial par le Parisien et le Parisien par le provincial, à des titres différents, poussa autrefois le Grec à rire du

Romain, le Romain à rire du Grec. De sorte qu'un demi-siècle
s'est toujours moqué de l'autre demi-siècle, en y ajoutant les anciens comme appoint. Il est parfaitement entendu que maintenant
nous ne tombons plus dans ces ridicules; et que, depuis l'instau-
ration de la science moderne, notre science à nous, il ne se com-
met jamais de ces injustices. Les anciens étaient tellement dépourvus de connaissances, tellement au-dessous de nous, en un
mot, que nous n'avons pas à compter avec eux : la science actuelle est la seule vraie, la seule juste, la seule raisonnable, etc.!
Croyez-vous que nous exagérions en parlant de la sorte? Ouvrez
les livres, et vous verrez de quel côté sera l'exagération! Nous
pouvons l'avouer à la honte de l'éternel orgueil humain, la
science d'aujourd'hui s'est enveloppée dans son infaillibilité,
comme la science d'hier l'avait fait elle-même, comme le fera la
science de demain, sans aucun doute. Les lois de nos faiblesses
sont aussi faciles à calculer et à prévoir, que celles qu'on peut
déduire de la meilleure statique.

Mais, nous dira-t-on, où prenez-vous donc cette fatuité scientifique que vous accusez d'envahir ainsi les connaissances humaines? Depuis Bacon, notre grand maître à tous, ne s'en est-on pas
tenu à la plus stricte expérience?... Or, à des expérimentateurs
laborieux et sévères, que vient-on parler de malversation doc-
trinaire?... Voici ce que nous avons à répondre.

L'expérimentalisme, en fait de sciences, est une des plus char-
mantes plaisanteries qu'on se soit jamais permises sur les bancs
d'une école. La science n'est pas le savant d'abord, et, à supposer
que les savants restassent purement et simplement dans la voie
expérimentale, ce qui est loin d'être prouvé, la science, elle, doit
nécessairement arriver à la doctrine; or, c'est là où nous l'attendons, cette doctrine est tout ce qu'il y a au monde de plus hypothétique et de plus romanesque; voyons plutôt! En physique
générale, c'est l'*attraction* qui est admise aujourd'hui, c'est-à-dire
le principe qui s'éloigne le plus des idées de bon sens et d'expérience dans cette même physique, où l'on n'a jamais vu un corps
déterminé à une action, sans une cause qui puisse agir réellement
sur lui, comme pourrait le faire la propulsion, etc. En physique
spéciale, vous trouverez la théorie des ondes d'Young et de Fres-

nel, dont nous nous réservons de parler plus tard et qui mérite peu d'honneur, car elle n'est qu'un plagiat maladroit de l'acoustique.

Vous avez enfin pour l'électricité, dont nous nous occupons en ce moment, l'éternelle naïveté *du même par le même*, qui constitue toujours la réponse de ceux qui ne savent quoi répondre. En effet, lorsqu'on explique les répulsions et les attractions électriques qui font la base des phénomènes, par un double fluide de nature contraire qui attire et qui repousse, n'est-ce pas répondre par la question?

On a beau nous développer les dédoublements de ce fluide sous l'influence du frottement, qu'est-ce que cela nous apprend de plus que le fait lui-même : la répulsion, l'attraction? Trouverait-on, dans l'histoire des doctrines scientifiques, quelque chose d'aussi irrationnel que deux éléments similaires plus antagonistes que leurs contraires?... Si donc nous abandonnions un instant ce quiétisme de fatuité qui nous laisse si parfaitement tranquilles sur l'opposition des morts, si parfaitement indifférents sur l'opposition de nos successeurs, et que nous cherchions à établir d'une manière impartiale la position que nous fera un jour dans l'histoire la valeur intrinsèque de nos doctrines, il est clair que nous arriverions avec un faible bagage devant la postérité.

Les savants font quelquefois des découvertes expérimentales, quoique généralement les vraies découvertes aient été dévolues jusqu'ici aux profanes; ainsi qu'on peut s'en convaincre au moyen de la plus simple statistique ; par une ironie bizarre de la nature, qui a sans doute voulu ainsi se jouer de nos amours-propres; et lorsqu'une découverte est faite, qu'on a arpenté le terrain dans tous les sens pour en connaître les plus petits détours, le savant déclare avec aplomb en électricité, par exemple : Vu les faits constants, et attendu que les électricités de nom contraire s'attirent, que celles de nom semblable se repoussent, déclarons que : l'électricité est formée de deux fluides contraires qui s'attirent ou se repoussent d'après les lois ci-dessus !

Dans cet énoncé, ou il n'y a pas de doctrine, ou cette doctrine n'est que l'énonciation d'un fait très-général. Nous disons très-général, car il y a de graves exceptions. Or, la doctrine qui re-

pose sur de simples faits très-étendus et qui n'en est que l'énoncé
court grand risque de n'être qu'un fait trop généralisé et de disparaître devant d'autres généralisations plus étendues encore.
Entendons-nous bien : quand Bacon rappela les chercheurs à l'expérience, ce que la probité et le bon sens scientifiques eussent dû
suffire à réaliser, il n'entendait pas par là qu'un fait, si vaste
qu'il fût dans les combinaisons naturelles, suffirait plus tard à asseoir des doctrines ; il prétendait seulement, lui, comme tous
ceux qui ont eu la même idée rationnelle, qu'un grand nombre
de faits éclaireraient sur la doctrine à trouver, sur ces principes
éternels qui font le désespoir du chercheur depuis qu'on s'occupe
de travaux physiques. Demander à l'électricité le secret de l'électricité, c'est vouloir beaucoup obtenir. La nature nous offre ces
effets d'une manière trop complexe pour qu'il soit en notre
pouvoir d'en démêler les éléments *a plano* sur chaque sujet et à
propos de chaque effet.

Jamais peut-être nous n'aurions bien compris l'anatomie humaine, si l'étude comparée des autres constructions animales
n'était venue nous mettre sur la voie de fonctions qui s'y rattachent si mystérieusement. De même, l'astronomie ne vit que de
parallaxes, la géométrie que de triangulations. Pour arriver à
des doctrines vraiment expérimentales, ce n'est pas dans les faits
locaux ou spécialisés qu'il fallait chercher ces doctrines; il fallait
découvrir et régulariser une partie des phénomènes *naturels*, assez dégagés de faits, pour y suivre convenablement la trace que
laissent après elles les doctrines que la nature s'est imposée, immenses dans leur simplicité. Aujourd'hui, parmi ce fatras de connaissances si faussement et si orgueilleusement décorées du nom
de science, il n'existe qu'une seule doctrine sincèrement et irré-
prochablement scientifique; nous voulons parler des mathématiques, et encore, bien entendu, des mathématiques non appliquées.
Ceux qui ont eu l'insigne honneur d'édifier les grands théorèmes
qui la composent, se sont constamment maintenus dans le domaine
de la spéculation pure; aussi nulle expérimentation maladroite
ne pouvant faire dévier leur jugement, ils ont laissé une doctrine
réelle aussi incontestable qu'elle est incontestée. Comment se
fait-il que les physiciens, qui subissent ou qui font subir de si

beaux examens sur les mathématiques pures, se soient laissés aller à cette pauvre idée, que le mystère de leur science naîtrait de l'expérimentation seule, c'est-à-dire du fait plus ou moins généralisé? C'est là un matérialisme qui ne nous fait pas honneur, en tout cas, qui ne nous a pas été chanceux. Jamais la géométrie supérieure n'eût pu sortir d'un compas et d'une équerre.

Pour faire de la vraie physique analytique, de la physique qui reste et qui profite, il faut absolument trouver un terrain assez déblayé d'éléments matériels, pour que la spéculation puisse s'y exercer à l'aise. Alors vous ne ferez plus rien de vrai, de certain, de réel, puisque vous abandonnez l'expérience, nous criera-t-on de toutes parts... Est-ce que le géomètre perd pied lorsqu'il explique les propriétés du cercle, lui qui raisonne sur des faits si dépourvus de réalisation matérielle? Qui a vu et qui verra jamais un cercle élémentaire?...

Il en est absolument de même en physique : c'est la mollesse des études qui a fait et fait encore la nullité de cette partie de nos connaissances, en tant que doctrine. Ce lieu mystérieux, où doivent se rendre les savants jaloux d'explorer les secrets naturels, est l'acoustique et quelquefois l'optique, ainsi que nous avons eu plus d'une fois l'occasion de le dire. Quand tous les similaires semblent s'harmoniser et se confondre dans la nature, dans l'acoustique seule on voit les mouvements en sens pareil se contrarier et disjoindre l'édifice harmonique, comme on voit aussi les contraires amener des réalisations de séries, impossibles sans une combinaison de cet ordre. Dans l'acoustique, en un mot, le mouvement, qui est l'âme du monde, apparaît dans un tel état de lucidité élémentaire, que l'électricité, tout immatérielle qu'on la suppose, est encore obligée de lui emprunter ses allures pour expliquer sa propre constitution. L'électricité, disons-nous, est un mouvement presque immatérialisé, et, à ce titre, elle suit les lois du mouvement rudimentaire. C'est-à-dire que, pour former les centres attractifs, ces séries que la nature impose à la création, les parties trop similaires cherchent des antagonismes pour se réunir; tandis que les similaires ne peuvent que se repousser par un effet d'expansion inhérent au mouvement élémentaire.

En musique, tous les intervalles redoublés, quintes, octaves, etc., sont non-seulement désagréables et discordants, mais destructeurs de cette harmonie qui est la série normale en action. Il en est de même de tout intervalle répété, suivant des combinaisons similaires. Au contraire, tout intervalle qui s'oppose à un autre intervalle donne naissance à un antagonisme d'où sort inévitablement l'harmonie. Aussi a-t-on appelé dissonance un mouvement incapable de sériation, d'harmonisation; comme on a appelé consonnance le mouvement susceptible de sériation. Quand vous frottez un corps, vous excitez, par cela même, ses molécules à vibrer, au point de lui faire rendre son ton électrique, composé, n'en déplaise aux physiciens, de deux électricités polarisées et harmonisées comme la quinte en face de l'octave, de la tierce, etc.; c'est-à-dire que vous déterminez chez lui une résonnance bien plus complexe qu'on ne le suppose, une résonnance portant en rudiment la série normale, dans laquelle sont contenues toutes les fractions du mouvement, suivant leur ordre hiérarchique, comme cela apparaît bien plus clairement à l'œil dans le spectre solaire, les plaques irisées; à l'ouïe dans le monocorde, etc.

Le grand travers de notre époque est de ne pas reconnaître cette équilibration du mouvement, sériant la nature constamment et dans toutes ses parties. Croire à une électricité positive et à une électricité négative, c'est croire exclusivement aux quintes et aux octaves en acoustique; c'est tomber dans une idolâtrie scientifique aussi grossière que celle des Orientaux avec leur Ahrimane et leur Oromaze, ou le bon et le mauvais génie. Sans doute, pour l'œil inattentif, le mouvement matérialisé se montre sous deux formes qui simulent l'antagonisme; avant d'arriver au thermochrose de Mateucci, on avait toujours vécu sur la croyance du chaud et du froid.

Mais, aujourd'hui qu'apparaissent de tous côtés ces consécrations du chromatisme, même dans l'électricité dynamique, par le phénomène des plaques irisées, etc., il est impossible de rester plus longtemps sourd à l'évidence. Tout ce que nous pouvons percevoir n'est que série et objet de sériation pour le mouvement; nos organes seuls nous trompent quand ils nous expriment le contraire. Soumettez les liquides, en apparence les plus homogènes, à de certaines actions physiques, vous obtiendrez de singuliers dédoublements ; c'est ce que la chimie organique vient tous les lundis proclamer à l'Institut avec une joie et une ignorance d'enfant. Nous n'en exceptons pas même les corps halogènes, comme il appert du chlore séparé en plusieurs liquides, attestant au moins par une complication physique, de ce chromatisme inouï, qui fait la base de toutes les lois naturelles. A supposer ce chromatisme dans l'électricité, comment alors expliquer les électricités positive et négative, si tenaces, qui, en somme, font fonction unique dans tout ce que nous avons vu jusqu'ici ?

Est-ce que chaque corde qui vibre chromatiquement *in se*, ne s'oppose pas *in globo*, d'une façon tout individuelle, en face d'une autre corde également chromatique et individuelle en même temps ? Ces deux cordes, qui contiennent *intùs* la série infinie de l'élémentarisme du mouvement, s'opposent suivant des lois prévues d'intensité et de développement. Mais ce qui étonnera bien autrement les physiciens, c'est qu'en acoustique il existe autre chose que des notes chromatiques, des octaves, des quintes, etc. Il existe une polarisation des plus exigeantes, fournissant le positif et le négatif, sous le nom de note attractive et de note attirée ; dénominations aussi fausses et aussi ridicules en musique qu'en physique. Seulement, ces expressions existant déjà, il faut s'en servir pour être compris. Quant à nous, nous préférons dire : *déterminatives, résolutives*; d'après les fonctions réelles qu'elles occupent dans la marche du mouvement. Nous prétendons qu'en acoustique, il n'existe que deux états pour le son en mouvement : celui qui se résout, celui sur lequel la résolution s'opère, c'est-à-dire encore : un mouvement cherchant l'équilibre, un mouvement équilibré et équilibrant.

Ainsi il est facile, non pas seulement d'expliquer le phénomène de deux électricités qui se divisent ou qui se réunissent, mais on peut voir sur le papier, par des spéculations toutes volontaires, les phénomènes intimes de ces séparations et de ces réunions, si inconnues jusqu'ici, au moins si mal comprises des physiciens. La nature, tendant à un équilibre relatif, à un antagonisme particulier d'où naît une sorte de repos, présente constamment dans toutes ses habitudes un point en mouvement tendant à l'équilibre. Le point d'appui est le plus souvent une combinaison antérieure. Qu'est-ce donc que l'électricité positive? C'est l'électricité qui se résout; terme de musique qu'on sera bientôt obligé de connaître, tant la musique deviendra importante, plus tard, dans l'étude des sciences physiques. Qu'est-ce que l'électricité négative? C'est l'électricité qui sert de point d'appui, de terme à la résolution. Aussi l'électricité positive est-elle le type du mouvement, comme l'électricité négative est celui du repos. En dehors de ces considérations toutes spéculatives, on ne rencontre que naïvetés ou folies dans l'explication des phénomènes électriques. Mais ici de telles doctrines ne sortent point toutes armées de notre cerveau, fondées sur une prétention de génie, qui n'est guère ni dans notre pensée ni dans nos habitudes; ces considérations sont calquées avec rigueur sur les phénomènes eux-mêmes; nous n'avons fait que suivre obscurément, modestement, le crayon à la main, le ponsif que l'acoustique bien comprise fournit à tous ceux qui veulent l'étudier. Quand nous disons l'acoustique, nous sommes bien obligés de prévenir que ce n'est pas dans les traités de physique qu'il faut aller chercher ces renseignements; on n'y trouverait qu'une acoustique arithmétique, morte, où les lois du mouvement n'ont pas même été soupçonnées; il en serait encore de même dans les traités spéciaux, les traités faits pour les compositeurs de musique; c'est l'enfance de la science, comme haute doctrine, en dehors de ce qui n'est pas purement musical et de routine. Cette acoustique dont nous parlons est celle qu'il faut apprendre et refaire soi-même, comme bien d'autres savants l'ont compris dans diverses carrières, sans citer Pascal à l'endroit de la géométrie; si l'on craint d'entrer seul dans ce dédale, qu'on veuille bien accepter pour un faible, très-faible guide, l'essai métaphysique que nous avons ébauché sur ce sujet, sous le nom d'*Acoustique nouvelle*.

Lorsque Jésus-Christ vint prêcher l'Évangile, cet admirable Évangile d'égalité et de renoncement, les Juifs furent indignés d'un pareil langage. Non, certes, ce n'était pas le Messie, cet apôtre des pauvres et des souffreteux ! le Messie ne devait-il pas donner, séance tenante, le secret de transformer tout en or et le chagrin en joie?... Ce ne pouvait être un Messie celui qui venait demander, au lieu d'apporter avec profusion !

Aujourd'hui, la science aussi attend son messie, et il n'y a guère de jours que certaines gens ne se lèvent avec l'espoir de trouver dans leur journal ce grand mot qui recouvre tant de trésors : « Sésame, ouvre-toi ! » Si l'on en croyait l'état des esprits, le mot doit au plus contenir trois syllabes, et pouvoir se passer rapidement de bouches en bouches comme une consigne et un mot d'ordre.

Qu'est-ce que l'électricité, la lumière, la chaleur, etc.? Pour répondre à ces grandes questions, complétement, on n'aura qu'à approcher son oreille : trois syllabes seront prononcées, et tout sera dit !

Nous avons grand'peur que les choses ne se présentent pas tout à fait ainsi; et que le mot de passe ne soit gros d'une science entière à déchiffrer et à apprendre. Quant à nous, nous l'avouons à notre honte, notre perspicacité ne va pas au delà d'une telle présomption. Oui, une science à apprendre, à ajouter encore à toutes les difficultés qu'on a déjà! C'est peu consolant sans doute, mais c'est sincère et plus certain que toutes les illusions, que toutes les panacées dont on nous berce.

Le Messie est loin encore!...

L'électricité, la chaleur, la lumière, n'étant que les modalités d'un même principe, le mouvement ne constituant, en un mot, que des phénomènes au lieu de recouvrir des doctrines, ce qu'il y a de plus sage à faire, c'est d'étudier la théorie transcendante qui régit ces phénomènes. Alors on verra qu'on s'est beaucoup trop montré exclusif dans l'ordonnance des éléments théoriques, et que la doctrine est tout ailleurs qu'où on la cherchait d'abord.

Nous venons d'expliquer de notre mieux, en l'absence d'une théorie acoustique, les vrais principes sur lesquels se fonde l'électricité : c'est-à-dire, la résolution et le point d'appui, répondant à l'électricité positive et l'électricité négative; nous ajouterons qu'il n'existe absolument que ces deux principes dans le mouvement, aussi bien pour le sujet qui nous occupe : l'électricité, que pour la lumière, le son, la chaleur, etc.

Mouvement, point d'appui,

et comme effet : résolution ou choc, voilà la base de grands et nombreux phénomènes. C'est ainsi que s'expliquent tout naturellement les attractions et les répulsions d'abord, puis ce qu'on appelle la décomposition du fluide par influence, avec ses différences de localisation; bien mieux, les répulsions de corps inférieurs changés en attraction. Les idées actuelles sur l'électricité sont déplorables d'insuffisance en ce qui regarde ces derniers faits; il fallait se trouver pris au dépourvu pour entreprendre avec une pareille témérité une explication aussi décousue, aussi incohérente; car il n'y a aucun lien qui rattache ces doctrines, avec lesquelles il est impossible de rien prévoir. Une théorie n'est valide qu'autant qu'elle nous permet de voir clairement ce qui se passe, — que disons-nous, — de prévoir même les phénomènes! avec les principes de décomposition et de recomposition tels qu'on les enseigne, il faut se donner des tours de reins pour établir quelque chose; encore ce quelque chose a-t-il besoin d'être confirmé par de nombreuses et très-attentives expériences, qui sont tout uniment un appel à la routine.

Par la théorie acoustique, devenant l'anatomie comparée des sciences physiques, vous apercevez très-distinctement, dans l'entendement, les phénomènes qui peuvent découler de telle ou telle combinaison. Est-il si difficile de prévoir, par exemple, qu'une électricité positive, énergique, déterminera un point d'appui de même intensité? La nature n'attache-t-elle pas constamment une résistance proportionnelle aux forces qu'on lui oppose? Pourquoi alors s'étonnerait-on qu'à toute électricité positive il s'oppose une électricité négative? c'est le mouvement qui vient se faire équilibre à lui-même. Ces phénomènes auront lieu directement ou indirectement; comme pour la résonnance, dans laquelle les corps vibreront au choc, puis harmoniquement à distance. L'électricité par influence n'est que le jeu d'harmoniques électriques. Or la théorie des harmoniques ne diffère en rien, quant au fond, de celle qui régit les sons directs.

Veut-on maintenant expliquer ces répulsions changées en attraction? qu'on réfléchisse un instant aux résolutions hiérarchiques qui s'établissent dans le monocorde compris d'après les nouvelles théories, et l'on verra qu'il y a toujours absorption des centres inférieurs par les centres supérieurs quand l'antagonisme des premiers n'est pas suffisant pour faire face à l'antagonisme des derniers. Il n'est nullement besoin ici de recourir à des décompositions du fluide, qui ne signifient absolûment rien. Le mouvement, dans ses allures normales, s'oppose ou se résout; il s'oppose s'il est dans les circonstances nécessaires pour le faire; il se résout dans le cas contraire, voilà tout.

Cette résolution, qui joue un assez grand rôle dans la transmission du mouvement pour produire là lumière, l'électricité, la chaleur, le son, etc., est entièrement régie par la loi du choc, que nous avons développée, et sur laquelle il est inutile de revenir. Donc l'étincelle électrique et l'effet dynamique qu'elle produit, seront en raison des intensités de cette résolution, régie elle-même, selon le plus ou le moins de facilité de transmission du mouvement, par insuffisance de matière ou de temps.

Des Corps conducteurs, et des Corps non conducteurs de l'électricité.

Dans l'électricité, plus que partout ailleurs, nous rencontrons un exemple frappant de ce dualisme, roide et exclusif, qui a fait, sans contredit, un des plus grands malheurs des sciences naturelles.

Électricité positive. — Électricité négative,

sans plus, sans moins, sans nuances en un mot, voilà pour la constitution du mouvement. Il en a été de même en ce qui touche les corps qui sont opposés à ce mouvement. On les classe aussi seulement en corps bons conducteurs, en corps mauvais conducteurs. Au premier abord, cette classification semble aussi juste qu'utile. En effet, qu'on jette les yeux sur une machine électrique, ou sur tout collecteur d'électricité statique quelconque, on y trouvera constamment, comme pièce très-importante, des supports, des isoloirs en verre, en résine, qui semblent placés là pour éviter la dispersion de l'électricité développée par des frottements ou d'autres actions physiques. Cependant rien n'est moins réel que cette théorie. Les corps sont tous non-seulement conducteurs de l'électricité, ainsi qu'on le reconnaît en physique; nous disons mieux, ils sont tous bons conducteurs. Comment alors se différencient-ils les uns des autres ?... Par la faculté de condenser plus ou moins cette électricité. L'électricité, qui n'est, avons-nous dit déjà tant de fois, qu'une modalité du mouvement, comme la chaleur, la lumière le sont elles-mêmes, traverse et occupe la matière sans distinction. Ce qui fait la différence entre les corps est leur plus ou moins grande faculté de condensation du mouvement, soit électrique, soit lumineux, soit calorique. Dans toute la nature il n'existe pas une autre façon de distinguer que la condensation du mouvement. C'est cette faculté qui crée les propriétés de l'oxygène, relativement aux autres corps simples, comme c'est elle qui distingue le cuivre de la résine, le verre du platine, etc.

Capacité pour le mouvement!

Tel est le dernier mot de la matière, et cette capacité est proportionnelle à la *résistance* actuelle que le corps peut offrir.

Sur les longues et nombreuses expériences que nous avons entreprises pour asseoir une opinion, aussi sûrement en opposition avec les doctrines actuelles, nous ne choisirons ici qu'un seul exemple, nous réservant, comme pour le reste, d'entrer plus tard dans les plus minutieux détails.

Si l'on prend une lame de verre très-longue, sèche et froide, ce qui est la condition exigée par la doctrine pour la non-conduction; qu'on place cette lame sur un condensateur de machine électrique, il ne se produira ni étincelle ni choc d'aucune espèce, à moins que la machine ne soit très-puissante, auquel cas on verra des lueurs plus ou moins prononcées aux endroits anguleux de cette lame. Évidemment, il n'y a pas dans le verre une faculté de condensation suffisante pour déterminer ce que nous avons appris à reconnaître pour un choc, autrement dire une étincelle. Le verre, la résine, le soufre, tous les corps idioélectriques, se laissent traverser par le mouvement sans parvenir à le condenser, si ce n'est à leur surface, par l'effort seul de leur *masse physique*.

Mais, sur cette lame, venez-vous à placer un fragment métallique, des fils de cuivre, d'argent, de fer, si minces qu'ils soient, à l'instant l'étincelle reparaît, et vous retrouvez, à quelque longueur que vous l'ayez placée, les phénomènes de choc qu'on est habitué à reconnaître dans les corps dits bons conducteurs ; vous retrouvez cette propriété avec la même intensité que si le corps métallique se trouvait électrisé directement, en proportion de sa capacité de surface.

Où est donc ici la non-conduction ?

Et ce que nous venons de montrer pour le verre se fera avec de la résine, du soufre, etc. Ces expériences nous ont amené à construire un condensateur comparatif où chaque métal, représenté sur un même plan, et dans des circonstances similaires par des lames minces, laisse voir à l'œil la différence qui peut exister dans la condensation électrique des métaux les plus usuels : tels que le platine, l'or, l'argent, le cuivre, le fer, l'étain, le plomb, l'antimoine, etc. On peut pousser ces expériences plus loin encore, en y joignant tous les corps qu'il s'agit d'étudier. Cela peut se pratiquer directement aussi, quoique moins sûrement, sur un carreau de verre, communiquant à la machine électrique par une longue lame de verre. Nous avons fait mieux encore en construisant une bouteille de Leyde, dont toutes les parties sont seulement composées de verre ; cette substance concassée remplace les feuilles d'or. Pour la charger, on effile à la lampe un tube d'un demi-centimètre de diamètre. Au milieu s'élève un matras à très-long cou, sur la boule duquel on peut fixer des lames minces de métal. Malgré la déperdition que subit l'appareil par la pointe du verre au moyen de laquelle on le charge quand on sépare le flacon de la machine, l'électricité contenue dans le verre concassé, et transmise par le matras renversé aux lames métalliques, suffit encore pour obtenir toutes les constatations dont on a besoin. On peut étudier ainsi très-commodément la faculté de condensation dévolue à presque toutes les substances qui se trouvent sous la main dans un laboratoire : métaux, terres, sels, produits organiques, végétaux et animaux. Il suffit de les placer dans un flacon, faisant fonction de condensateurs, comme les lames d'or l'effectuent pour les appareils ordinaires, et l'on reconnaît facilement leur pouvoir condensateur, plus facilement cent fois que les physiciens ne l'ont obtenu par les expériences qui établissent ordinairement la conduction des corps pour l'électricité.

Ceci nous amène naturellement à prouver par un fait capital le danger de classifications exclusives. En effet, les corps sont non-seulement condensateurs de l'électricité à divers titres, ils sont encore plus ou moins conservateurs de l'électricité. Si l'on croit que cette propriété de maintenir longtemps l'électricité acquise n'appartient qu'à la résine et à quelques autres corps, on se trompe étrangement. Beaucoup de substances jouissent de la même propriété, parmi lesquelles il nous suffira de citer nombre d'oxydes, en tête desquels se place la chaux. Prenez un tube bouché, de quelques centimètres de diamètre; remplissez-le de chaux vive en poudre, et placez au milieu de cette chaux le tube courbé et effilé qui sert de collecteur à l'électricité; bien longtemps après que ce petit appareil sera soustrait au condensateur électrique, bien longtemps après que vous aurez excité des lueurs, en touchant la pointe de verre avec les doigts, vous reconnaîtrez des traces distinctes d'électricité. On comprend sans peine que les expériences doivent être faites dans une grande obscurité, sans cela on perdrait tous les enseignements qu'on en peut tirer.

Nous croyons que l'électricité n'a pas été assez étudiée de cette manière; dans l'obscurité seulement, on peut découvrir et suivre les allures délicates de ce fluide, qui, le jour, ne présente que des phénomènes vulgaires et constamment répétés. Dans l'obscurité, nous avons rencontré des faits étranges, par lesquels seuls on peut trouver la voie des grands principes que la nature suit dans ses mouvements généraux. Avec ces bouteilles de Leyde de nouvelle façon, on saisira aussi les projections que le mouvement opère quand il est aux prises avec des corps qui lui résistent trop obstinément; projections mystérieuses qui prouveraient au plus incrédule que le mouvement, dans les choses créées, est le produit d'une résistance, et que l'astronomie doit chercher de grands enseignements dans de très-petites choses.

Rien ne prouve mieux la condensation et la non-condensation des corps que l'expérience que nous avons citée à propos de la lame de verre. Aucune des substances, dites de mauvaise conduction, ne produit de choc, en un mot, d'étincelle, de bruit et de sensation nerveuse suffisamment distincte. Quand bien même la machine électrique à laquelle est jointe la lame de verre serait d'une puissance considérable, on ne parvient, en touchant cette lame, qu'à produire des lueurs plus ou moins prononcées. Pourquoi cela?... Parce que la lame de verre, de sa nature, n'est pas assez *capax* d'électricité; c'est comme un conduit d'où l'eau sort facilement, sans pression aucune; nos organes ne peuvent alors être affectés d'un choc. Mais établissez-vous une digue, une limitation énergique, une pression, c'est-à-dire ajoutez-vous un corps très-capax d'électricité, un corps qui resserre le mouvement dans ses pores pour lui imprimer un effort considérable? la transmission devenant violente, le choc reparaît; ce n'est plus un mince filet d'eau, c'est un courant rapide, un fleuve rompant sa digue et qui menace de tout détruire sur son passage. Il faut croire que l'état physique est pour beaucoup dans tout cela, puisqu'on voit les mêmes substances devenir ou cesser tout à coup d'être bons conducteurs. C'est ainsi qu'un métal en poudre perd de ses propriétés conductrices par rapport à celles qu'il avait étant en barreau ou en lame compacte.

Pourquoi le verre, la résine et les autres substances, mauvais conducteurs de l'électricité, isolent-ils si facilement ce fluide, au lieu de lui livrer passage comme les métaux compactes? Par la différence qu'il y a entre le grand et le petit. Un corps bon conducteur déchargera une machine par sa simple capacité, comme un corps mauvais conducteur la déchargera lui-même avec un peu plus de temps et de patience. Personne n'ayant jamais contesté l'absolue conduction, que l'expérience, du reste, démentirait tout d'abord, il est inutile d'insister sur ce point. Le mouvement, n'éprouvant pas de condensation, sans doute, dans les corps mauvais conducteurs, il faut à l'électricité le temps de s'écouler dans un état de décondensation ou d'expansion qui en dissimule les vrais caractères. Car il est indispensable de se rappeler que c'est la condensation seule qui donne au mouvement l'aspect et les pro-

priétés générales que nous lui attribuons. On pourrait même dire
que l'électricité n'est qu'un mouvement condensé et comprimé
même quelquefois, ainsi que nous allons le voir en parlant de
l'effet des pointes.

Si donc on devait tenir encore, pour plus de facilité, à la distinction entre les corps bons ou mauvais conducteurs de l'électricité, il faudrait comprendre que les corps mauvais conducteurs
sont *décondensateurs* du mouvement.

Comment se fait-il qu'on n'ait pas mieux saisi la nature de cette
condensation par des exemples aussi frappants? Nous le répétons,
c'est la conséquence de l'exclusivisme dans les classifications théoriques. L'électricité divisée en positive et négative, les corps en
bons et en mauvais conducteurs, ont semblé suffire à tout, sauf
à donner ce qu'on appelle vulgairement le *coup de pouce*, à faire
ces petits raccommodages, qui sont déplorables pour la science. Le
mouvement, âme de tout ce qui existe, étant un, la matière le
diversifie par son inégalité de condensation, c'est-à-dire par les
propriétés que lui a données une projection de ce mouvement,
suivant les lois du monocorde normal. De même qu'une couleur,
distraite du spectre solaire, jouit de propriétés spéciales qui la
distinguent de telle ou telle autre partie de ce même spectre, de
même aussi les corps simples ou leurs composés, distraits du
grand spectre de la nature, de la résonnance générale, se distinguent les uns des autres en face du mouvement, de l'électricité
et cela, par leur différence de condensation. Voilà la clef de ce
qu'on appelle bonne ou mauvaise conduction et des écarts que le
même corps subit par ses différents états physiques.

Maintenant, que l'électricité soit positive et négative, c'est tout
une autre question, pour ne pas dire de bien d'autres questions.
Ici les choses se compliquent tellement, que c'est à une science
tout entière qu'il faut avoir recours pour en suivre les développements.

Fonction des pointes à l'égard du mouvement.

Nous venons de dire que l'électricité, appelée par nous : mouvement condensé, éprouve quelquefois des compressions sous l'influence des pointes; nous allons expliquer notre pensée.

Quand on parcourt les livres de physiologie, même ceux qui prétendent traiter le plus spécialement de la zoologie, — de la zoologie attachée de si près à la philosophie de la vie, — on ne trouve, sur la fonction des poils, des cheveux, des cornes, des plumes, — en un mot, sur tous les appendices cutanés, — que des idées incomplètes et décousues. Mais le règne animal n'est pas le seul qui soit doué de ces aspérités superficielles dont nous venons de parler; le règne végétal, lui, semble y attacher une importance bien plus grande encore, si l'on réfléchit un instant à cette constance des téguments pileux sur la surface inférieure des feuilles, et le plus souvent à leur absence à la surface supérieure. Rapprochez ces faits de la condensation de mouvement, effectuée par rayonnement à la surface de notre globe, jusqu'à une certaine hauteur; et vous vous prendrez, sans contredit, à penser qu'il existe dans ce simple rapprochement, comme dans bien d'autres qu'on pourrait faire, la base d'un principe spécial, d'où il résulterait évidemment que les pointes des animaux et des végétaux exercent une fonction bien plus importante qu'on ne l'établit généralement. La surface inférieure des plantes est toujours ou presque toujours chargée d'innombrables pilosités, tandis que la face supérieure est lisse, vitreuse ou recouverte au moins d'une substance résinoïde, qui semble placée là aussi bien pour la défendre des intempéries des saisons, que pour lui fournir un moyen de non communication du mouvement de bas en haut. Descendons-nous aux espèces, nous voyons les oiseaux, si garnis d'appendices cutanés, d'appendices doublés et redoublés sur la même tige, — car c'est là ce qui constitue la plume, véritable végétation arborescente, — nous voyons les oiseaux, disons-nous, posséder une chaleur normale au-dessus de tous les autres êtres organisés. Après ce genre viennent les espèces très-garnies de poils, les carnassiers notamment, dont la couleur s'oppose souvent à la couleur, dans des fourrures bigarrées jusqu'au pittoresque le plus élégant : il suffit de nommer les tigres, les panthères, les chats mêmes.

On dirait qu'en descendant cette échelle des appendices cutanés, on voit disparaître le mouvement, à mesure qu'ils s'appauvrissent. N'est-ce pas citer les animaux à sang froid, pris depuis les reptiles jusqu'aux poissons, en comptant la tortue? Les poissons eux-mêmes ne manquent pas au rapprochement, par leurs écailles, armées le plus souvent d'une pointe acérée.

Il ne faut pas se le dissimuler, la condensation du mouvement étant toute la différence entre les êtres, aussi bien tirés du règne organique que du règne inorganique, une des fonctions principales de l'animal vivant réside dans l'appareil qui lui fournit le mouvement, au moins, qui le lui condense.

Pour nous, nous n'hésitons pas à le déclarer, les appendices cutanés sont loin d'être seulement une parure ou un vêtement chez les races animales; c'est un appareil de condensation surtout, et cela, du reste, ne contredit pas les exigences de climat, relativement à ces divers appendices; car si, par leur longueur et leur richesse, les poils repoussent le froid extérieur, conservent le calorique normal; par leur pointe, ils agissent aussi sur le mouvement libre, atmosphérique, qu'ils condensent, cumulant ainsi les fonctions les plus opposées, en apparence, sans pour cela qu'elles se nuisent.

Une pointe est, sans doute, un défilé par où le mouvement est forcé de condenser ses éléments, et ce fait, si apparent, si vulgaire dans les machines avec lesquelles on produit de l'électricité statique, doit se poursuivre beaucoup plus souvent et beaucoup mieux que nous ne le pensons dans les diverses parties de la matière, dans lesquelles notre investigation s'est trouvée en défaut jusqu'ici. Toute la nature organisée est pourvue de pointes, notre tête possède cet appareil multiple pour suprême ornement, et chacun de nos organes se trouve plus ou moins enrichi de ces pointes. Les yeux, la bouche, le nez, les oreilles, le corps dans sa généralité, voit croître le poil, là surtout où le mouvement est nécessaire pour entretenir et réparer la force dans des muscles, qui, sans cela peut-être, seraient bientôt frappés d'inertie. L'homme auquel on fait subir la dégradation de son sexe, est aussitôt dénoncé par une absence de poils qui l'assimile à une femme de nature affaiblie.

Enfin, dans les mollusques, la *calvitie* est constamment accompagnée de la *tardigradation*. Sans doute, il y a des exceptions de l'un et de l'autre genre; mais ces exceptions, dans lesquelles nous n'avons pas eu le temps d'entrer et, par conséquent, que nous n'avons pas approfondies, peuvent tenir à des causes cachées qu'il faut étudier plus convenablement pour conclure à leur égard.

Rapprochez les appareils de condensation des êtres organisés avec les milieux dans lesquels ils vivent ordinairement, et vous serez étonnés de voir apparaître une relation exacte entre le nombre, la forme, l'importance des pointes et l'état de condensation de ce milieu. Le poisson vit dans l'eau, ses pointes sont moins nombreuses que les poils de l'animal terrestre, mais elles sont plus dures, plus fortes, plus complexes dans leurs emmanchements, parce que l'eau présente à l'animal qu'elle enveloppe une condensation de mouvement supérieure à celles que l'air seul peut produire; en cela, il donne la main aux êtres qui rampent sur le sol humide et dont la composition organique se rapproche tant de la sienne. Au-dessus de ces deux espèces, étudie-t-on les animaux qui vivent à des hauteurs différentes à partir du sol, on peut se convaincre que leur tégument, la pointe condensatrice du mouvement, est toujours en raison inverse de la condensation présumée des couches atmosphériques. Le même animal, dans la plaine ou sur la montagne, aura revêtu avec le temps des modalités proportionnelles au principe que nous avons énoncé; enfin, on retrouvera, chez les habitants de l'air, les mêmes rapprochements qu'on pourrait remarquer entre ceux des poissons qui se tiennent à la surface de l'eau le plus généralement, et les animaux qui rampent attachés au sol. C'est-à-dire que, au passage de l'espèce animale à l'espèce volatile, la chauve-souris et presque tous les insectes qui se tiennent dans les couches inférieures de l'atmosphère, malgré leurs ailes, ne seront pourvus que de poils, comme un animal ordinaire; tandis que le cygne, qui s'élève dans les hautes régions de l'air, sera garni d'un duvet extrêmement ténu et qui présente la combinaison la plus complexe de pointes additionnées qu'on puisse imaginer. En dehors de tout cela, on trouvera, sans appareil condensateur apparent, les êtres parasites qui, d'une façon ou d'une autre, dérobent le mouvement tout condensé à des êtres supérieurs qui les substantent, comme les helminthes, les *ascarides*, et autres intestinaux ; quoique le même animal, rampant sur la terre, obligé en un mot de se suffire à lui-même, possède au contraire un appareil tégumentaire, si peu développé qu'il soit.

Nous espérons bientôt faire sortir de ces rapprochements une classification zoologique bien plus générale que celle qu'on a établie sur les fonctions particulières de la vie animale.

En attendant qu'il soit définitivement statué à l'égard de tous ces faits, sur lesquels nous passons avec une extrême rapidité, nous pensons que des rapprochements si singuliers doivent au moins être pour nous un grave enseignement dans le domaine de la seule électricité. Elle nous apprend que le mouvement a d'autres formes que ce choc vulgaire qu'on appelle électricité ; car les substances qui composent la pilosité sont, sans doute, choisies pour attirer le mouvement et le condenser en des proportions harmonieuses, qui produisent la force de l'être organisé, sans aucune de ces perturbations violentes que nous constatons dans l'exercice des phénomènes électriques. Ceci est dit à l'intention de physiciens qui se croient très-avancés dans la science, quand ils ont dit mystérieusement que tout est électricité négative ou positive.

Non, certes, tout n'est pas électricité ; car l'électricité est un *summum* de condensation par lequel la nature n'est pas tenue de passer. Les nuances de la condensation du mouvement doivent être infinies, et la physique de l'avenir aura un grand travail pour en opérer les constatations. Maintenant, qu'on puisse tirer partout de l'électricité positive ou négative, cela équivaut aux concentrations, qu'on peut toujours aussi tirer des liquides complexes. Supposez que cette pluie d'orage, où il ne se manifeste des traces d'acide nitrique qu'avec des réactifs d'une infinie sensibilité, soit assez concentrée pour y réunir des quantités appré-

ciables de cette substance, et vous verrez apparaître les phénomènes d'une violente acidité.

Condensation du mouvement élémentaire, concentration des
liquides, compression des solides et des gaz, voilà le cercle dans
lequel tourne la nature. Cherchons donc à nous familiariser avec
des nuances dans la condensation du mouvement, et ne voyons
dans l'électricité qu'un phénomène le plus souvent accidentel
et artificiel, comme l'alcool ne se dégage aussi pour nous de son
état complexe, que par une manipulation opérée sur les fermentations normales.

S'il était permis de se servir d'une expression aussi hardie. on
pourrait dire que l'électricité est l'alcoolisation du mouvement
libre inséré dans la matière, par la distillation du frottement ou
des actions chimiques.

De même que la chaleur tend à mettre les milieux en équilibre
avec la matière qui y est plongée, de même aussi l'électricité, ou
plutôt le mouvement, dans ses différents états de condensation,
tend toujours à se mettre en équilibre avec chaque corps, suivant
la capacité de ceux-ci pour lui.

Le soleil, cette source immense de mouvement libre, projetant
ses rayons sur la coque terrestre, fournit une diffusion de ce mouvement dans les couches inférieures de l'atmosphère, où peuvent
s'approvisionner les corps qui s'y trouvent placés.

C'est dans le mouvement diffus que puisent les corps par leurs
appareils à pointes, présentant les phénomènes atmosphériques
qui ont été si admirablement découverts et expliqués par M. Wells
dans ces derniers temps, par la théorie du rayonnement. Mais les
racines, puisant dans un liquide de mouvement très-condensé,
ne doivent pas être d'un médiocre intérêt. Il est à remarquer
que les plantes sans racine apparente, semblent tout en pointes,
comme les mousses, les fucus, etc.

Il n'y avait, en vérité, qu'un pas à faire pour compléter des
vues aussi riches en résultats. Quand le mouvement libre, émis
par le soleil dans les longs jours d'été, a saturé complétement
la surface de la terre et épuisé les ressources d'évaporation que lui
offrait l'humidité de l'hiver, le mouvement, sans emploi possible dans ces régions, s'amplifie, passant à l'état d'électricité par

cette sorte d'alcoolisation dont nous parlions il y a un instant; et, d'un autre côté, arrêté dans son retour par un écran nuageux qu'il s'est formé lui-même, s'accumule, se tend outre mesure dans les vapeurs aériennes qu'il soutient par sa propre expansion; jusqu'au moment où, se faisant équilibre à lui-même sur une grande échelle, il tende incessamment vers une résolution d'autant plus terrible, que la communication d'un mouvement si excédant, si exagéré, n'est guère facile dans ces régions, dénuées complétement de corps solides et condensateurs du mouvement.

La foudre éclate entre le positif et le négatif, c'est-à-dire entre la résolution et le point d'appui, et, dans les feux qu'elle lance, on peut suivre les conséquences que nous avons établies pour la loi de limitation.

La foudre, mouvement exaspéré cherchant les plus fortes limitations, se jette de préférence sur les corps qui la condensent le mieux en lui offrant le plus de résistance. Mais alors, souvent, l'effet est tellement énergique, que les corps sont fondus, brisés ou même volatilisés par l'impossibilité de recevoir une si grande somme de mouvement sans changer d'état physique. Le clivage des arbres frappés par la foudre est un exemple de plus, après cent autres, de la décomposition du mouvement en des parties normales, même dans ces moments où le mouvement semble assez hors de toute combinaison cohérente pour produire l'effet saisissable.

Ce n'est pas l'été seul avec ses chaleurs violentes qui détermine ainsi le mouvement à revêtir des formes électriques; tout défaut de communication facile ou brève y aboutit, quand le mouvement est déterminé par quelque cause que ce soit. Ainsi, les trombes, les aurores boréales, ne sont pas autre chose qu'un mouvement condensé à des états différents. Le mouvement vers les pôles rencontrant une couche terrestre glacée qui le reçoit difficilement et qui le réfléchit de force, des ciels sereins qui ne lui opposent pas d'obstacles, se répand dans le ciel à de grandes hauteurs avec des apparences lumineuses qui sont encore une des étapes du mouvement en dehors de l'électricité officielle.

Condensation du mouvement, inconnue dans les rapports vulgaires de notre existence.

Maintenant, comment se fait-il que toujours les nuages se présentent électrisés inversement? La physique actuelle a déjà répondu à cette question par sa théorie de la décomposition électrique; et, si cette réponse est loin d'être claire, d'être satisfaisante comme idée rationnelle, approfondie, elle explique néanmoins les faits généraux et vulgaires.

Nous pensons qu'il faut bien plutôt se rappeler cette angulaison propre au mouvement, qui le série immédiatement en positif et négatif, avec des nuances intermédiaires, bien entendu. C'est-à-dire qu'un nuage qui reçoit un mouvement quelconque, le condense en proportion de sa faculté de résistance; de sorte que la projection électrique se trouve justement répondre à ce que serait la projection lumineuse dans les mêmes circonstances; cela nous amènera à découvrir à *priori* pourquoi les nuages les plus bas sont généralement plutôt positifs que négatifs, et par conséquent à savoir que l'électricité vient le plus souvent de la terre; car le positif est constamment tourné vers la source du mouvement émis. Les exceptions à cette règle, même en météorologie, ne sont qu'apparentes et amenées uniquement par des causes occasionnelles.

DU DUALISME,

Et du Dualisme électrique en particulier.

Aujourd'hui on peut dire que les sciences physiques reposent entièrement sur le phénomène du dualisme électrique, qui constitue toute la nature en deux états distincts : positif, négatif.

Il est à remarquer que l'électricité, dite *statique*, ayant été découverte et étudiée la première, ce sont les faits généraux qu'elle produit qui se sont imposés à l'électricité dynamique; de façon à fausser, par des réminiscences trop tyranniques, les résultats favorables que cette dernière eût pu amener dans la science.

Ceci doit être entendu particulièrement des attractions et des répulsions électriques. La science a choisi ce phénomène, le plus saisissable et le plus difficile à expliquer, pour fonder sa théorie de deux fluides qui se repoussent mutuellement. C'est expliquer le fait par le fait, comme nous l'avons dit, une apparence par un mot; tandis que Franklin au moins, lui, apportait une véritable théorie, loyale, et nullement calquée à l'avance, sur la difficulté à résoudre. Cela sans rien préjuger de la doctrine de ce grand homme.

Ces répulsions et ces attractions ne sont, comme bien autre chose dans les sciences, qu'un phénomène d'apparence d'abord, une explication que l'électricité statique seule peut excuser, mais qui se trouve complétement fourvoyée dans le domaine de l'électricité dynamique.

Quand on jette un coup d'œil rapide sur l'ensemble de la nature, il est impossible de trouver aucune base sérieuse pour fonder les idées de dualisme dans lesquelles se complaît si fortement l'imagination humaine. Au contraire, l'analyse sage, attentive, nous montre la création tout entière vouée à des phénomènes de similitude au *simple* et de complémentarisme au *composé*. Et s'il en a été autrement dans nos appréciations incomplètes ou superficielles, c'est que nous avons confondu des faits de limitation, de complémentarisme, etc., avec le fond réel des choses.

Vous partez, en effet, de l'électricité statique pour établir deux forces : l'électricité positive, l'électricité négative, lesquelles forces s'attirent ou se repoussent inversement par dissimilitude; tandis qu'au contraire dans l'électricité dynamique les corps de même nature se sérient, se classent d'une manière rigoureuse, suivant le groupe auquel ils appartiennent. L'oxygène se rendant au pôle du mouvement, l'hydrogène au pôle de la résistance, et l'azote tantôt à l'un, tantôt à l'autre de ces pôles, suivant le rôle qu'il joue actuellement dans les combinaisons. Il en est de même absolument des autres corps métalloïdes et métalliques, simples ou composés; en tenant compte de deux choses : 1° de leur nature intime; 2° (comme on voit cela clairement s'effectuer pour l'azote) du rôle actuel que ces corps jouent dans la combinaison ; et cette dernière circonstance est amenée le plus souvent par le déterminatif qui les unit et les dirige.

Mais, ceci admis pour l'électricité dynamique seulement, qui est l'action du *simple* sur le *simple*, nous retrouvons les mêmes faits dans l'électricité statique. Ici seulement, le corps électrisé, et, bien entendu, isolé, a pour antagonisme la résistance ambiante, qui doit lui servir, en cas de contact, à complémenter le mouvement particulier dont il est chargé. Le vrai phénomène est celui de l'absorption; c'est exactement la même chose que ce qui a lieu entre les deux électrodes de la pile.

Est-il bien sûr qu'il ne se passe rien de semblable dans l'électricité statique elle-même, dont les habitudes semblent le type le plus complet du dualisme roide? Entrons dans les faits; prenons un corps quelconque dans lequel nous stimulerons un développement d'électricité; si cette électricité est de nature similaire avec une autre électricité précédemment ou conjointement développée dans un autre corps qu'on oppose au premier, il y aura répulsion entre les deux corps, quand leur état physique permet la manifestation de ce phénomène. Lorsqu'au contraire les deux électricités sont dissimilaires, le phénomène sera inverse, et il s'ensuivra une attraction.

D'après ce que nous avons dit touchant les phénomènes de résolution, il est clair que l'attraction électrique comme l'attraction newtonienne ne sont que des illusions qui prennent leur source dans des analyses erronées. En électricité statique, l'attraction n'est souvent qu'un fait d'absorption, comme en gravitation l'attraction est un fait de limitation par similitude de mouvement, limitation qu'on appelle si improprement attraction, lorsqu'on veut faire de la scicence. Car entre les lois abstraites de la nature et les apparences vulgaires qui enveloppent les phénomènes, il n'y a pas d'hésitation à se permettre, c'est à prendre ou à laisser; l'homme de l'apparence, l'analyste superficiel, ne parviendra jamais à arracher le voile de la mystérieuse Isis. Le phénomène d'attraction électrique n'est pas le contraire naturel du phénomène de répulsion. Ces deux faits, tout rapprochés qu'ils semblent au premier abord par une correspondance frappante, naissent, au contraire, de deux sources toutes différentes. Et cela est si vrai,

que bien souvent un corps électrisé est attiré par un corps électrisé suivant le même fluide, positif ou négatif; si la force électrique d'un des corps se trouve dans des circonstances particulières
qui favorisent l'absorption de l'autre. L'attraction naît de la résolution générale du mouvement par complémentarisme. La répulsion naît, au contraire, du besoin de limitation qu'un corps doué
de mouvement en trop éprouve, en se portant vers des limitations nouvelles. Quoique deux balles de sureau, toutes deux chargées de mouvement en plus, tendent à s'écarter l'une de l'autre,
elles se rapprocheront indifféremment toutes les deux d'un corps
non électrisé ou doué de l'électricité contraire. La neutralité électrique contenant le mouvement dans sa sériation complexe, de
quelque électricité que soit doué le corps électrisé, il trouve dans
le corps neutre un complémentarisme suffisant à l'excès de mouvement qu'il porte avec lui.

Ce n'est donc pas la similitude électrique qui fait la répulsion,
entre deux corps étrangers jusque-là et soumis à une électricité
de même nature; puisque des corps *divisés*, soumis au *même*
mouvement électrique, se précipitent dans l'espace, ainsi que
nous l'avons décrit ailleurs, c'est donc tout bonnement l'excès
du mouvement, dans des corps qui ne peuvent s'en débarrasser
par *communication* ou par complémentarisme, qui opère uniquement cette répulsion. Pour se délivrer d'un mouvement libre,
les corps n'ont en effet que deux moyens : le premier consiste
dans la communication qu'ils en opèrent sur de vastes surfaces,
la terre le plus souvent, réservoir commun; le second prend sa
source dans ce complémentarisme dont nous venons de parler, et
qui n'est rien autre chose que le mouvement antagonisme sériel,
faisant opposition, jusqu'à une neutralisation plus ou moins parfaite, à la section sérielle complémentaire qui lui est offerte. L'attraction électrique semble toujours un effet de complémentarisme
par résolution, tandis que la répulsion peut s'effectuer par résolution et par communication.

Dans tout excès de mouvement similaire, la nature tend à un
écartement indéfini, ce qui exclut l'idée de série dans laquelle
le mouvement est pondéré par antagonisme. Si l'on admet donc
avec nous que les systèmes fixes planétaires sont le résultat d'une

série équilibrée, les comètes seraient peut-être, au contraire, des corps non sériés dans un système; de sorte que, douées comme les planètes d'une condensation de mouvement en plus, et simultanément avec ces dernières, elles pourraient traverser la série planétaire sans danger d'absorption.

Le mouvement similaire *repousse* donc bien moins les corps entre eux qu'il ne les écarte. La distinction entre ces deux mots est illusoire, dira-t-on; quelle différence y a-t-il entre repousser et écarter?

Quand on examine deux lignes tracées par la main de l'homme sur le papier, avec l'intention de les faire parallèles, l'observateur inattentif les regarde comme parallèles effectivement, et il ne s'aperçoit pas que le sinus qu'elles produisent à la distance de cent mètres serait de la hauteur des tours de Notre-Dame, à cent mille mètres, des milliards de fois supérieur au diamètre réel du soleil.

Il en est de même dans beaucoup d'applications analytiques : si vous laissez se glisser le plus petit angle entre vos similitudes, toute la théorie porte à faux.

Que le mouvement électrique de même nature écarte les corps, il n'y a là rien de bien extraordinaire, de bien mystérieux ; l'interposition des corps amène bien le même résultat. L'eau écarte les poussières dans lesquelles on l'introduit; toute force écarte, comme la matière. Mais repousse-t-elle? Nous laissons au lecteur le soin d'apprécier, d'après le rapprochement que voici :

Prenons quatre verres à expérience, d'égale dimension, dont les deux premiers soient pleins d'eau jusqu'au bord, le troisième rempli à moitié, et le quatrième vide; si nous versons le premier verre plein dans le verre vide, il y aura absorption complète du liquide : simulant une attraction pour l'observateur illogique. Le phénomène gardera les mêmes apparences si l'on verse un demi-verre d'eau seulement dans le verre rempli à moitié. Ces deux circonstances simulent encore l'attraction électrique: 1° dans le cas d'absorption complète par la terre; 2° dans le cas d'absorption par complémentarisme de la force divisée du mouvement. Mais, si on verse un verre d'eau, un demi-verre ou bien moins encore, sur le verre complétement rempli, l'eau ne pourra être introduite là où il y a plénitude; et la liqueur s'écoulera le long des bords. Le phénomène de répulsion, ici, naît-il absolument, par antagonisme nécessaire, de la répulsion, de l'absorption, que nous venons d'établir dans le cas précédent? Non! la matière maintient son écartement, comme les forces maintiennent le leur, lorsqu'elles se trouvent en présence l'une de l'autre, sans qu'il soit besoin de faire intervenir une action occulte; car le mouvement, pour être moins saisissable que la matière, suit cependant les mêmes principes. L'illusion, qui vous trompe, réside particulièrement dans ce fait : que le corps électrisé est entouré d'une atmosphère de condensation qui reste imperceptible à nos sens, et qui, par cela même, tient à distance la force qu'on lui oppose. Mais, sans nul doute, les deux condensations, loin de se repousser, se touchent, qui sait? se pressent, peut-être, dans une certaine limite? Il n'existe donc pas plus, au fond, d'attraction que de répulsion; il se produit des ABSORPTIONS et des ÉCARTEMENTS. Or, cela nous semble bien différent pour l'intelligence des voies générales de la nature.

Quant au fait initial et vraiment accessoire de la propulsion des corps légers sur un corps électrique, tout le monde apercevra que c'est l'effet mécanique de l'antagonisme des deux électricités qui s'opposent constamment, et qui, par cela même, ont l'action que nous connaissons sur les corps légers.

Que de là on doive partir pour créer des forces dualistiques, naturellement, absolument répulsives, et répulsives par antagonisme, voilà ce qui ne se comprend pas en parlant de forces similaires. Évidemment, si l'on se fût primitivement servi du mot écartement au lieu du mot répulsion, les choses ne se seraient pas passées ainsi; on serait resté dans le phénomène, et l'on n'aurait pas tendu à l'établissement d'une théorie presque métaphysique, dans son exagération.

Angulaison du mouvement électrique.

L'angulaison du mouvement, autrement dire sa répartition inégale dans les corps, semble être une loi générale de la nature.

Ainsi, le clivage des sels, la solidification du soufre, du proto-
chlorure de mercure, etc., dans les vases qui les contiennent, puis
leur séparation brusque de ces vases, constituent le soufre et le
verre dans deux états opposés d'électricité. On pourrait dire que
ce fait immense ne rencontrerait pas d'exception, si l'on pouvait
se mettre en garde contre une trop facile conduction de la part
des corps soumis à l'expérience; ou encore, si l'on pouvait acquérir des instruments d'épreuve assez parfaits. La série normale
existe donc dans toutes les condensations de la matière; or, la
preuve que la condensation sérielle du mouvement est du plus
haut intérêt dans les phénomènes, si ce n'est tout l'intérêt, c'est
que deux corps rapprochés, puis séparés, qui refuseraient de
donner des traces d'électricité, le feraient immédiatement, si l'on
chauffait un de ces corps en maintenant l'autre à la température
primitive. Maintenant, quel est celui qui deviendra négatif? celui évidemment qui aura la moindre condensabilité du mouvement : le corps le plus chaud, dont la densité a varié en moins.
Si maintenant on rapproche ces faits tout moléculaires de ce qui
se passe dans l'électricité statique par influence, toujours une
électricité à nom contraire vient se poser en face de l'électricité
dégagée. On ne peut s'empêcher d'avouer alors que le mouvement libre ou combiné se comporte sans cesse suivant la loi d'angulaison et de sériation, et que rien ne lui échappe en physique
ni dans l'électricité, ni dans l'acoustique, l'optique, le magnétisme, etc. En outre, que les conductibilités électrique et calorique se rapprochent tellement pour les métaux, qu'on doit attribuer à quelque erreur de notre expérimentation ou à quelque
raison industrielle les différences observées. Or, pour nous, la
conductibilité n'étant qu'une faculté de condensation, on voit
que cette condensation du mouvement joue le rôle le plus éminent dans les phénomènes.

A ces faits se rattachent ceux exprimés par M. Trevelyan sur
les vibrations que les corps éprouvent lorsqu'on les superpose
dans un état éloigné de température.

De même, les pointes qui apportent l'un des fluides électriques
dans les phénomènes d'angulaison diffusant le mouvement à
leur sortie par les mêmes principes que les lentilles diffusent la

lumière, il n'est pas étonnant que dans l'irisation électrique des plaques nous retrouvions une apparence complétement identique avec un phénomène optique. On se souvient trop peu qu'une lentille, système très-compliqué, peut être ramenée, pour l'effet résultantiel qu'elle produit sur le mouvement, à un point d'émission unique établi à son foyer. En effet, si la lentille était travaillée suivant une perfection absolue, le foyer serait réduit à un point mathématique. Une pointe, en électricité, suit sans aucun doute les mêmes principes, car le mouvement est un; l'enchaînement des phénomènes nous convie à de telles conclusions, et la vue des aigrettes, dans l'électricité statique, ne fait que confirmer cette manière de voir. Une pointe et le foyer d'une lentille peuvent donc sans crainte s'assimiler dans notre esprit.

Voici ce que nous lisons sur la théorie de l'électricité dynamique :

« On a fait plusieurs hypothèses pour expliquer le dégagement aux pôles des éléments séparés par le courant électrique. Une seule rend compte d'une manière satisfaisante de l'ensemble des phénomènes, c'est celle de Grothus. Ce physicien admet une décomposition à chaque pôle de la pile par les électricités contraires des éléments du corps, et, en outre, que toutes les molécules comprises entre les deux pôles éprouvent une décomposition et une recomposition successives; de sorte qu'il n'y a que les éléments opposés des molécules extrêmes qui, ne se recomposant pas, se dégagent ou se précipitent aux pôles. Par exemple, dans la décomposition de l'eau, la molécule, qui est immédiatement en contact avec le pôle positif, est décomposée, l'atome d'oxygène se dégage, et l'atome d'hydrogène s'empare de l'atome d'oxygène de la molécule suivante; l'hydrogène, mis en liberté, agit de la même manière sur la molécule d'eau suivante, et ainsi de suite jusqu'au pôle négatif, où l'atome d'hydrogène se dégage. »

C'est charmant en vérité!... et l'on dirait la théorie de l'électricité dynamique établie par des maîtres de danse. Cette façon d'agir de la molécule d'hydrogène, abandonnée par l'oxygène dans la décomposition de l'eau, s'emparant de la molécule d'oxygène suivante, etc., ne vous rappelle-t-elle pas ces contredanses où l'on prend et où on laisse successivement la danseuse tout le long d'un cercle, jusqu'à ce qu'on soit revenu à sa place?... Et cela pour expliquer la sériation du mouvement, pour dire qu'un corps, fraction de la série normale, obéit au mouvement libre, de son genre, qui le commande! Comme si dans la nature tout n'était pas composé de fractions de séries, accolées dans un complémentarisme plus ou moins complet; et que le mouvement radical peut entraîner dans sa course, par similitude de composition : l'acide, et, à un titre plus simple, l'oxygène, suivant le positif; l'alcali et l'hydrogène, suivant la résistance ou le négatif. Il en est de même de tout le mal qu'on se donne pour expliquer l'action des métaux, des électrodes dans les liquides; chaque liquide n'est-il pas doué, par sa constitution même, d'un mouvement en plus?

Or, dès l'instant où vous présentez un métal à la dissolution, il se produit le même effet que lorsqu'on présente une pointe à une lame de verre électrisée : le mouvement se porte sur le corps apte à le condenser. Et, comme vous établissez en même temps deux électrodes, c'est-à-dire deux corps d'une condensation spéciale, souvent opposée, vous recueillez aussi une double condensation qui, complémentante par rapport au mouvement qui s'est décomposé, peut aussi se résoudre ou se recombiner en rapprochant postérieurement les éléments. Par ce principe bien simple et invariable, que toutes les fois qu'on présentera au mouvement une angulaison, où un moyen de se sérier, il se sériera selon l'adage : *Ubi stimulus, ibi fluxus.*

Le moyen employé jusqu'ici pour produire l'électricité dynamique consiste toujours à placer le mouvement libre, tonalisé dans les liquides, en une double alternative de force et de résistance, d'où naissent le positif et le négatif; en un mot, à lui créer un antagonisme. Toutes les voies qu'on pourrait employer pour détonaliser le mouvement des liquides, de l'air, des gaz, par des condensations intelligemment ménagées, produiront cet antagonisme si recherché, sans qu'il y ait lieu, pour expliquer un principe aussi clair, d'avoir recours à aucune contredanse. On se moque du phalanstérien Fourier et de ses quadrilles cosmiques, d'une physique passablement hasardée; nous ne voyons pas pourquoi les physiciens se croiraient à l'abri du ridicule, derrière un sé-

rieux de mauvais goût. Ces faits sont les mêmes aux yeux de l'a-
nalyste désintéressé. Qui ne préférerait les spirituelles boutades de
l'utopiste à la tristesse impuissante du pédant? C'est à des conceptions de ce genre que conduit la pauvre théorie dualistique,
enfant d'un matérialisme sans vergogne. Lorsqu'il faut se traîner
de molécule à molécule, il est certain qu'il n'y a pas grande élévation à attendre des principes. Eût-on débattu aussi laborieusement la question du *contact*, et celle de l'*action chimique*, dans
la production de cette électricité dynamique, si l'on eût mieux
compris l'action condensante des métaux sur le mouvement en-
fermé dans la liquidité? Et nous croirions insulter le corps, si
distingué du reste, des physiciens, en cherchant à leur enseigner
le parti qu'ils peuvent tirer des idées de condensation sérielle;
on peut dire que prononcer seulement ce mot, c'est résoudre la
question, et préparer tous les développements qu'elle comporte.

Condensation électrique interne et externe, ou électricité statique et électricité dynamique.

Ce qui peut donner le plus de poids, peut-être, au principe qui
établit la condensation du mouvement, comme la loi des deux
électricités, c'est évidemment la différence de force qu'on rencontre entre l'électricité *statique* et l'électricité *dynamique*. Et
pourtant ces deux forces sont pourvues, aussi bien l'une que l'autre, du *négatif* et du *positif*.

S'il est vrai, comme le prétend M. Faraday, que les éléments
d'une simple molécule d'eau renferment 800,000 charges d'une
batterie électrique, composée de huit jares de deux centimètres de
hauteur et de six centimètres de tour; on comprendra aussi combien il y a de différence entre les deux condensations intérieure
et extérieure, dynamique et statique.

L'électricité dynamique atteindrait, par sa faculté spéciale intime, une force de condensation que la masse physique seule des
mauvais condensateurs du mouvement ne pourrait jamais réaliser. Cette façon d'envisager les faits ne nous donne-t-elle pas des
armes bien puissantes, pour soutenir l'origine unitaire du mou-

vement et de la matière proprement dite? En effet, la condensation statique, s'éloignant si prodigieusement de la condensation intérieure ou dynamique, prouve que cette dernière condensation statique, sans doute, extérieure pour les catégories de substances qu'elle enveloppe, doit encore, malgré son immense puissance, être très-éloignée de la condensation primitive qu'a subie le mouvement pour se faire matière. Qui peut embrasser, dans un effort d'imagination, les condensations successives que le mouvement a éprouvées dans la molécule sérielle, pour devenir une force passive, par rapport à la partie de lui-même qui lui fait antagonisme dans ses moindres condensations? Nous trouverions donc à l'infini une suite de condensations du mouvement unitaire, qui se succéderaient les unes aux autres, la seconde étant statique par rapport à la première, qui serait dynamique, et ainsi de suite; de sorte que ce que nous appelons l'électricité dynamique, aujourd'hui, ne serait qu'une condensation statique, par rapport à une force plus intimement cachée dans la matière; l'enveloppe physique ou de volume, la masse plus composée, perdant toujours, dans les catégories, de la puissance sur les condensations primitives. Il est certain que l'on remarque exactement cette hiérarchie dans toute force opposée et reproduite sériellement. La plus grande puissance est toujours logée au centre et au point initial. Quoi qu'il en soit de tout cela, nous devons nous défier plus que jamais de l'idée exiguë que nous gardons à l'égard de la constitution des corps. L'infini est l'infini!... aussi bien dans le petit que dans le grand. Et, si nous reconnaissons que le système solaire, dans un autre ordre, pour nous, va se perdre, lui déjà si immense, dans un système plus élevé, dans lequel il figure comme un point très-chétif, tâchons donc de comprendre aussi que, avec les idées moléculaires, la nature ne tombe pas dans le simple, dans l'a-tome, aussitôt que nous descendons d'un échelon. C'est un enfantillage qui n'est pas permis à des gens qui raisonnent. Cet infini, que l'entendement humain soupçonne plutôt qu'il ne saisit, s'applique en bas comme en haut, et il faut bien en prendre notre parti, tout contrariant qu'il se montre pour nos petites vanités. Nous trouvons une application fructueuse de ces idées, en admettant que les corps non conducteurs, ou mauvais conducteurs de l'électricité, se présentent plutôt comme des substances incapables de condenser dorénavant du mouvement, dans leur contexture intime, au moins de le condenser d'une façon importante. Alors l'action qu'on exerce sur eux ne prend quelque intensité qu'à leur surface et, bien entendu, avec des proportions toutes relatives aux différences hiérarchiques que nous venons d'établir. Quand donc, par le frottement, on force le mouvement libre à s'accumuler sur les parois du verre, les coussins, — déjà occupés à produire chaleur, frottement, *choc*, par les sulfures d'étain ou les amalgames, — exécutent encore une espèce d'*essuiement* de la surface électrisée ; de façon à extérioriser, à balayer l'électricité formée, du côté des pointes qui doivent s'en saisir. On a cru, dans ces derniers temps, augmenter cet effet en revêtant la roue de verre de quarts de cercles en taffetas gommé, et, sans contredit, il y a augmentation d'effet. L'électricité qu'on recueille ainsi est une condensation de surfaces, d'un ordre moins puissant que celle que nous pouvons demander à une condensation plus profonde dans la constitution des corps. Les partisans du *dualisme* électrique repousseront cette manière d'expliquer les choses, surtout par le fait très-peu probant, que le conducteur armé des pointes soutirantes n'est *capax* que d'une certaine quantité d'électricité. Outre que ceci est loin d'être prouvé, et nous espérons bien le démontrer plus tard, on peut, en tous cas, leur répondre que les pointes n'ont rien d'absolu dans leur action soutirante. De façon que, toujours prêtes à donner passage à l'électricité, elles établissent une sorte de pondération entre la force productive et la roue de verre, les coussins, etc., et la force condensante du conducteur métallique; bien mieux encore, entre la force condensatrice de ce conducteur et la faculté isolante de l'air extérieur. Est-on bien sûr que la faculté condensante des conducteurs ne soit pas justement une équilibration entre la force qui tend la roue, et la force qui détend, qui absorbe, quoi qu'on fasse, l'air ambiant toujours hygrométrique? Affirmer le contraire, c'est renoncer à tout ce qu'il y a de sérieux et de vraisemblable dans nos connaissances physiques, où toute matière se trouve placée entre la force qui la presse et la résistance qui la soutient. Mais, sans sortir de l'électricité, chacun ne peut-il pas remarquer que les tensions des conducteurs sont toujours proportionnelles à l'hygrométrie de l'air, si on laisse les choses suivre leur disposition naturelle, en n'employant ni réchaud, ni excitant électrique d'aucune espèce? et que, avec la même machine, dont le conducteur seul est mis en loge, avec force chlorures de chaux, déshydratants, etc., la force d'accumulation suit justement le non-partage que le conducteur doit supporter de la part de l'air ambiant? Si la tension électrique ne pouvait pas s'augmenter dans les conducteurs, si elle avait des limites, est-ce qu'on ferait rougir, qu'on fondrait, qu'on volatiliserait les corps métalliques avec l'électricité statique seule? Savez-vous pourquoi on agit si fortement alors contre ce *métal à limites*, suivant le dualisme? C'est parce que, au moyen d'une tension relative trop brusque, vous empêchez la communication possible du mouvement condensé, aux corps ambiants.

Avec la même charge électrique, essayez de produire les mêmes effets, en mettant un temps plus considérable dans les communications, vous n'arriverez à rien de tout cela.

Les tubes métalliques, collecteurs d'électricité et condensateurs dans une certaine mesure, qu'on appelle si improprement les *conducteurs*, représentent une balance qui oscille à toutes les influences extérieures. Nouveau tonneau des Danaïdes, elles sont percées d'orifices étroits; de sorte que, si la production n'est pas supérieure à la perte opérée par ces orifices, la condensation diminue ou s'annule, et réciproquement. M. Becquerel n'a-t-il pas prétendu, et à juste titre, que l'électricité, introduite dans le vide en des circonstances favorables, s'y conserverait presque indéfiniment? Vous savez bien qu'il n'y a ici-bas ni vide réel, ni isolement parfait. Ceci n'est pas concordant, sans doute, avec les constructions *élégantes* de Poisson! Que voulez-vous, il faut bien sacrifier de la beauté à la vérité, et tous, hélas! nous ne nous faisons sages qu'en nous faisant laids!

La condensation électrique est donc un fait des plus complexes, puisqu'elle dépend réellement de tout ce qui l'entoure.

Condensations du mouvement dans l'atmosphère : pluie, serein, brouillard, etc.

Après avoir expliqué de notre mieux ce qui a trait à la condensation du mouvement général, dans les rapports que ces condensations présentent avec l'électricité statique ou dynamique, il nous reste à traiter des diverses condensations qui s'effectuent partout, et qu'on ne peut rapprocher d'une manière certaine, ou variable, ni des condensations électriques seules, ni des condensations magnétiques, caloriques, lumineuses, etc. Commençons par la pluie, le serein et les brouillards.

On a observé que les nuages dispersés dans l'atmosphère finissent par se réunir du côté des hautes montagnes. Les physiciens attribuent cet effet à un refroidissement, qui aurait lieu là plutôt qu'ailleurs. L'attraction ordinaire faisant défaut à la théorie, — puisque, d'après l'attraction, c'est vers la terre que le nuage devrait tendre, — on invoque le simple refroidissement. Mais, avec les idées de limitation, on voit parfaitement que les nuages empêchés de descendre par le mouvement qui les pousse de bas en haut, exécutent nécessairement ces phénomènes de limitation qui déterminent tout corps solide supporté par un liquide à gagner les bords du vase dans lequel ce dernier est contenu, ou le promontoire qu'on établirait au milieu de ce même liquide. Quand on dit encore que le refroidissement est la cause de la formation des brouillards vespériens et du serein, on s'adresse de même à un phénomène tout accessoire, le froid, beaucoup plutôt qu'à la cause réelle. Si vous admettez avec nous que le mouvement libre serve à suspendre les nuages dans l'atmosphère, il est clair que, après le rayonnement prolongé du soleil sur la terre pendant une longue journée, le mouvement apporté en plus dans les environs du sol déterminera une évaporation au-dessus de la moyenne ; alors, quand le soleil cessera par sa présence d'alimenter ou de soutenir cette force excédante, il devra se déterminer des condensations plus ou moins subites, se présentant sous la forme de sereins, de brouillards, de gouttes d'eau même, par le ciel le plus pur, suivant les circonstances de temps, de lieu, d'heure, etc., auxquels on peut se rapporter. Si le mouvement de réaction est très-brusque, vous aurez des gouttes d'eau ; si, au contraire, le mouvement disparaît insensiblement, il ne se formera que du brouillard. Le serein semble présenter un effet intermédiaire. Pour bien se rendre compte de toutes les circonstances si peu connues de la condensation du mouvement, et de la réaction qui lui est opposée, il faudrait la rapprocher de variations barométriques et des divers ordres de phénomènes météorologiques, qui peuvent mettre sur la voie du principe général. C'est ce que nous allons faire.

Des variations du baromètre, et du mouvement diffus dans l'atmosphère.

Étant admis, comme cela doit être, que le baromètre fait équilibre à la pression des couches de l'atmosphère, ne peut-on pas également apercevoir que le mercure dont se composent les baromètres, le plus souvent, par son état métallique, possède en même temps une faculté spéciale aux métaux, qui les fait condenser le mouvement libre dans l'espace? Le baromètre, ou plutôt l'idée fondamentale qu'on pourrait en tirer, serait donc d'un secours immense et tout nouveau, appliqué à l'hygiène publique et à la physiologie médicale. Tous les corps élastiques, même les matières organiques, comme les cheveux, les cornes, la gélatine, etc., éprouvent un changement notable dans leurs propriétés physiques, selon les circonstances barométriques que les variations de la température et de la météorologie générale amènent. Et cela ne tient pas absolument, comme on le croit, à des effets d'hygrométrie ; car les cheveux mouillés à satiété sur la nature vivante, continuent à se montrer tout différents, — par certaines journées où le baromètre est haut, — qu'ils ne le sont dans le cas contraire. Les industriels connaissent que les mêmes particularités s'observent relativement aux métaux, qui semblent si bien à l'abri des phénomènes d'hydratation. Les tisserands se défient de certaines circonstances météorologiques, quand ils doivent *monter leur chaîne*

sur le métier. Ils savent que les fils se cassent, alors, avec une
telle facilité, que souvent ils en reçoivent des dommages très-
regrettables. On dirait, en rapprochant ces diverses observations,
que l'élasticité des corps, leur structure de suspension molécu-
culaire, dressée suivant l'idée que nous rappelions au moyen des
fiches à soldats, fait mouvoir la matière, la matière élastique surtout, en raison du mouvement libre condensable qui se trouve
répandu dans notre atmosphère. De sorte que tous les corps su-
biraïent un écartement modifié par les considérations que nous
venons d'indiquer. Les observations de M. Flaugergues et de
M. Bouvard, tendraient à prouver ces effets inconnus; quoiqu'elles
ne portent guère que sur l'influence attribuée à la pression de la
lune, comme dans le phénomène des marées qui serait de $1^m,48$,
depuis l'époque où la lune est à 135° du méridien vers l'est, jusqu'à 90° ouest. Toutes les considérations qu'on peut tirer des rapprochements ci-dessus amènent insensiblement à une idée unique : l'oxygène est-il le seul agent de condensation du mouvement
pour la nature matérielle? et l'organisme, notamment, n'éprouve-
t-il une adjonction de mouvement que par les oxygénations qu'il
exécute, aussi bien que par ses unions avec les corps de la famille
de l'oxygène? Ou si dans l'espace, même en dehors de la chaleur,
de la lumière et de l'électricité, il existe un foyer de mouvement
libre, dont les corps aient le pouvoir de s'emparer en de certaines
circonstances?

Tout ce que nous avons lu dans les meilleures physiologies
médicales n'affirme, ne tranche rien sur le rôle exclusif que l'oxygène jouerait dans les inflammations. L'air, sans doute, a souvent une action fâcheuse dans les plaies ouvertes; mais il n'est
pas du tout prouvé que son oxygène agisse seul comme irritant
la décomposition ; et cela d'autant mieux que, le foyer du mal
ayant un double accès, par l'intérieur comme par l'extérieur, il
est fort difficile de suivre le travail inflammatoire ainsi qu'on le
voudrait bien. Mais, si nous laissons là les lésions extérieures pour
étudier ce qu'on appelle les névralgies, c'est-à-dire l'irritation et
l'inflammation du système nerveux, nous ne tardons pas à reconnaître qu'il existe, dans cette partie, des foyers invisibles
d'action pathologique, dans lesquels l'oxydation ne peut plus

jouer un rôle exclusif, si même on se permet de lui en accorder un, si faible qu'il soit. Dans les rhumatismes, le malade souffre des douleurs atroces, sans qu'il soit possible d'assigner aucun foyer à ce trouble organique. Évidemment là il se produit une condensation du mouvement qui peut ne pas être calorique, ou électrique non plus.

Ces faits répondent en physiologie, pour le mouvement diffus, à ce qu'on connaît d'inexplicable dans les laboratoires, au moyen d'une oxygénation impossible. Il existerait donc des condensations et des décondensations du mouvement dans la matière minérale ou organique qui ne reconnaîtraient pour causes ni l'électricité, ni la chaleur, ni la lumière, ni l'oxygénation, et qui, cependant, seraient un peu tout cela réuni, à des titres qu'il nous est impossible de saisir aujourd'hui. Malheureusement, nous le répétons, les expériences physiologiques ne sont pas suffisantes pour trancher la question.

Si vous appliquez sur la peau un corps en ignition ou seulement un caustique, les tissus se décomposent; et, si faible que soit cette décomposition, l'inflammation ne tarde pas à apparaître en de certaines limites. Il suffit encore de moins que cela : Une écharde de bois, de plume, la pointe imperceptible d'une arête de poisson, d'une aiguille à coudre, d'une épine végétale, introduites dans les chairs, déterminent, le plus souvent, une action inflammatoire qui, soustraite dans son foyer à l'action de l'air extérieur, ne semblent reconnaître pour aliment qu'un agent presque immatériel. Et cependant, combien de médecins distingués n'ont-ils pas admis que beaucoup d'affections pathologiques avaient pris leur source dans des accidents de cette nature!

Il existe donc, en ce cas, un déterminatif particulier, une résistance quelconque, sans doute, qui attire le mouvement diffus et lui fait atteindre des condensations spéciales, suivies d'une congestion sanguine plus ou moins considérable, d'inflammation, de décomposition des organes, etc., etc. Chose étrange! si par hasard, le foyer du mal se trouvant à l'extérieur, vous pouvez introduire entre l'air ambiant et la plaie une couche d'huile, de graisse, et enfin d'un corps mauvais conducteur, mauvais condensateur du mouvement, l'inflammation s'arrêtera le plus sou-

vent, ainsi que nous avons vu une couche d'huile faire obstacle à
la communication du mouvement calorique, dans l'ébullition et la
solidification de l'eau. Les faits se passent exactement comme on
peut les étudier dans la combustion des matières inflammables.
Une fois le feu mis à un tas de bois, l'oxygène de l'air, soutiré par
l'action commencée de cette résistance établie au mouvement libre
et expansif, continue à se précipiter sur le combustible, jusqu'à
ce qu'il ne reste plus rien à dévorer. Mais, venez-vous à fermer le
foyer, à interdire l'accès du gaz sur la matière en ignition, l'action s'affaiblit et disparaît, faute d'aliment. N'en serait-il pas de
même, d'une façon moins matérielle, à l'égard du mouvement
diffus dont nous parlions il y a un instant ? Pourquoi les corps
doués de peu de condensabilité forment-ils une barrière, non
pas sans doute à la communication du mouvement libre, mais à
sa condensation? Parce qu'ils sont dépourvus de résistance et
qu'ils dispersent le mouvement au lieu de lui offrir ce point
d'appui. On connaît aujourd'hui, en physiologie comme en chimie, tant de faits qui ne peuvent s'expliquer ni par l'oxygénation
ni par les condensations vulgaires du mouvement, que nous sommes grandement sollicité à reconnaître une action du mouvement
diffus sur les corps, en tout semblable à la combustion, quoique
d'une nature beaucoup moins grossière dans ses applications.
Sans cela il est impossible d'expliquer les épidémies, les alternatives d'énergie et de lassitude, de gaieté et de tristesse, que les
variations de l'atmosphère font subir d'une façon incontestable
à tout ce qui respire ; à ce point que, selon les pays, une pulsa-
tion du baromètre ou un tour de girouette font virer de çà ou de
là toute une population.

L'électricité, jusqu'ici, conserve le monopole de ces états singuliers, que tout instrument physique s'est cependant montré impropre à mesurer et même à découvrir d'une façon irrécusable.
Ceci serait très-admissible si on n'observait de semblables mutations qu'à l'approche des orages ; mais elles se produisent l'été
comme l'hiver, par le chaud comme par le froid, et sans que
dans l'atmosphère il soit possible de découvrir le plus petit phénomène électrique important. Il existe donc, nous le répétons,
un fait de condensation du mouvement diffus, qui n'appartient à

aucun des agents définis que nous connaissons, et auxquels nous sommes habitués à les attribuer.

Quelle que soit l'origine de ces condensations particulières, nous pouvons au moins nous en rendre compte par le principe général que nous fournit la combustion, en dégageant les faits de ce qu'ils ont de spécial et de trop arrêté. Notre atmosphère de mouvement étant composée d'une manière assez uniforme, on conçoit très-bien que les êtres qui existent à la surface de la terre doivent recevoir ou perdre de ce mouvement, selon les partages qu'ils auront à subir avec ce qui les entoure. La terre, couverte au printemps d'une végétation luxuriante, doit perdre ou gagner du mouvement par rapport à nous, bien autrement qu'en hiver, où elle se trouve dépouillée de toute parure extérieure. Il en est ainsi de l'été, de l'automne, à des titres divers. Un vent violent, froid ou chaud, sec ou humide, qui apporte ou qui enlève du mouvement, produira des résultats du même ordre ; qui, pour être aussi dédaignés qu'incompris, n'en constituent pas moins une des connaissances les plus utiles et les plus graves qu'il nous soit possible d'acquérir. C'est au médecin, à l'agriculteur, c'est-à-dire aux gens qui dirigent la vie organique, animale et végétale, que nous devons aller demander des enseignements pour résoudre cette question si difficile ; et Hippocrate, dans son génie, n'a pas dédaigné d'intituler son plus beau livre *Des airs, des eaux et des lieux*, comme s'il eût voulu fonder les connaissances du praticien, sur les diverses condensations du mouvement que les circonstances peuvent amener dans notre existence.

M. Dumas faisait remarquer dernièrement : que l'oxygène de l'air subit une modification dans son état, dans le voisinage de tout corps en putréfaction, des marais infects, et en général des foyers de décomposition. Qu'on étudie l'hygiène générale avec ces préliminaires, et bien sûr que les expériences, mieux dirigées, conduiront sur la voie de la vérité.

Idées sommaires sur la thérapeutique médicale.

Après ce que nous venons d'admettre, par rapport à la condensation du mouvement général diffus, il est impossible de passer

outre, sans en faire une rapide application aux phénomènes
qu'elle produit dans la vie animale et dans la vie végétale. Commençons par étudier les moyens curatifs que le savant possède
pour agir sur l'organisme. Les métaux étant des espèces de récep-
tacles du mouvement, nous devons établir thérapeutiquement les
principes qui découlent de ce fait principal.

Quel est l'effet produit dans l'organisme par l'introduction des
métaux ?

Pour bien résoudre cette question, il est absolument nécessaire
de la faire précéder de l'explication que voici :

Dans la pathologie générale le médecin se trouve en face de deux
circonstances toutes radicales dans la conclusion qu'il doit admettre.

La maladie est-elle aiguë? la maladie est-elle chronique?

On peut dire que de la solution du problème dépend beaucoup
le choix des remèdes qu'il va employer. Malheureusement les
nosologies dogmatiques sont loin d'avoir classé les maladies d'une
manière philosophique suivant ces deux hypothèses. L'examen
des nomenclatures tend à prouver qu'on accepte souvent comme
chronique un état pathologique aigu ou transitoire, qui n'est
ramené à des périodes de temps, rapprochées chez le même individu, que par une propension héréditaire ou constitutionnelle.
C'est plutôt une rechute indéfinie d'un mal aigu, qu'un acte incessant, morbide, sortant d'un foyer toujours en travail. Il arrive, par
la raison contraire, que des actes détachés doivent passer pour aigus, si le médecin n'étudie pas avec un coup d'œil sûr et perspicace l'état particulier du malade, repris en quelque sorte à l'état
de santé. La distinction que nous venons d'établir suffit, pour éclairer la classification très-importante qui va suivre à l'égard de la
matière médicale. Abstraction faite de toute propriété thérapeutique, la science eût dû établir une distinction préalable dans ses
écrits, touchant les corps dont l'action est persistante sur l'économie, par comparaison avec ceux dont l'effet ne se fait sentir que
quelques instants. On chercherait vainement aujourd'hui dans
les livres la conception de cette doctrine, qui est pourtant si nécessaire à l'intelligence du but qu'on se propose en présence des phénomènes pathologiques. De cette obscurité dans les classifications

est née la disposition déplorable qui a jeté si longtemps un mauvais renom sur la médecine, et qui la fait regarder comme une république anarchique, où tous les membres s'entre-déchirent. L'emploi du mercure est ce qu'on peut citer de plus frappant à cet égard. Il n'est pas rare, dans les polémiques, de voir deux médecins se traiter réciproquement d'empoisonneurs, d'assassins, etc., etc. D'où tout cela vient-il? De ce qu'on ne veut pas entrer philosophiquement dans l'analyse des phénomènes. Divisez vos médicaments en transitoires et en constants, dans une mesure toute relative sans doute, et beaucoup de vos querelles vont disparaître par enchantement. En effet, qu'un médecin nous tue en ordonnant une dose trop forte d'opium ou de quinine? nul n'a droit de l'accuser : la nature humaine n'est pas infaillible ; il a cru bien faire, il a pu se tromper ; c'est son droit; Dieu seul ne se trompe pas. Mais si, sans vous tuer, un médecin qui prétend vous guérir de la syphilis, d'un rhumatisme aigu, des scrofules, vous laisse, après le traitement, en proie aux phénomènes terribles de l'intoxication mercurielle, aurique, etc. ; non-seulement vous vous plaindrez amèrement, mais le docteur qui vous soignera après son confrère, pour traiter le nouveau cas, prendra fait et cause pour vous, — quand ce n'est pas pour lui, — et accablera le premier médecin des épithètes les plus outrageantes. Que voulez-vous que pensent de cela le malade d'abord, sa famille, ses amis, le public enfin?... On éviterait certainement bien des avanies en se rappelant que l'introduction de certains médicaments dans l'organisme n'est pas une chose à tenter en l'air ; que ces médicaments présentent en quelque sorte une substitution d'un mal à un autre mal, et cela, souvent pour la vie !...

Il est avéré, que les métaux s'introduisent dans l'organisme, d'une façon si inhérente quelquefois, qu'il faut renoncer à les en déplacer. Où se logent-ils? On ne le sait pas très-bien, quoiqu'on doive soupçonner, à bon escient, que ce soit dans la charpente osseuse, dans les parenchymes qui composent cette cellulation calcaire. Quand un médecin emploie donc un métal, le mercure particulièrement, sa conscience d'homme et de savant est beaucoup plus engagée qu'il ne le pense généralement. Sans doute, le mal, chronique lui-même, peut et doit exiger une médication chro-

nique, ce qu'on réalise souverainement avec les préparations hy-
drargiriques, aurique platiniques, etc. Mais saisit-il bien la
chronicité pathologique avec laquelle il faut lutter? Calcule-t-il
avec sagacité l'intensité et la durée de cette chronicité? Car, s'il a
le malheur d'agir inconsidérément, d'opposer le métal en excès,
par rapport au mal; au bout d'un temps, qui n'est pas toujours
très-long, l'état pathologique, d'abord amélioré, commence à
reparaître d'un autre bord, et c'est contre le médicament qu'il
convient bientôt de porter son attention. On ne peut dire qu'aucun métal, *même le mercure*, aient des qualités toxiques, d'une
manière absolue; car l'intensité et la chronicité du mal peuvent déterminer l'emploi du métal accusé. Mais ce qu'on doit affirmer, et cela sans crainte, c'est que le médecin, avant l'introduction des métaux denses, doit résoudre de son mieux les deux
questions suivantes :

1° Le mal est-il chronique? Autrement dire, nécessite-t-il l'emploi d'un médicament chronique aussi dans son effet sur l'organisme?

2° Quelle durée de chronicité a-t-il? car de là dépend la quantité du métal à ordonner. Cela est si vrai, qu'avec plus de
temps, en restreignant les doses, on parviendra à faire équilibre au mal chronique, sans laisser d'excès métallique dans l'organisme.

Il suffit de jeter un coup d'œil sur les meilleurs ouvrages de
thérapeutique, pour voir combien on est loin encore de ces idées
prudentes. Cependant la matière de notre corps, quoique se re-
nouvelant sans cesse dans une certaine mesure, nous reste plus
longtemps que nous ne le pensons; il est fort difficile de changer
et même de modifier profondément les éléments morbides que
nous avons reçus héréditairement, ou que nous avons récoltés
en route par diverses imprudences.

Nous en appelons aux goutteux, aux syphilitiques, etc. Il est
donc de la plus haute importance de connaître les associés qu'on
nous impose dans un traitement médical. Nous nous servons du
mot associés, et cela bien à dessein; ne sont-ce pas des éléments
avec lesquels il nous faudra vivre et compter? Or qui de nous
voudrait entreprendre un voyage, aussi dangereux que la vie hu-

maine, sans se rendre compte préalablement des compagnons de route qu'on lui propose ?

L'introduction des médicaments végétaux et organiques, en général, est d'une bien moindre conséquence que celle des métaux. Charbon, soufre, phosphore, hydrogène, etc., comme la matière de nos muscles, de notre sang, etc., ils finissent par être excrétés comme la partie organique des muscles, du sang, etc. Aussi, dans l'emploi de ces agents thérapeutiques, le malade ne doit-il craindre qu'une bévue du médecin ou de l'apothicaire. La fréquence seule, même la fréquence très-exagérée de ces médicaments, peut amener les phénomènes de chronicité que le métal apporte d'un seul coup. Le Chinois, sur lequel l'abus de l'opium produit des effets si terribles, nous semble dans une condition bien meilleure de guérison, que le syphilitique auquel on a imposé une dose métallique en excès. L'action persistante du métal ne peut être combattue dorénavant que par des soins incessants et par un traitement des plus intelligents. Pourquoi cela ? Parce que les métaux, avons-nous dit, sont des foyers de condensation excessive pour le mouvement; de sorte que l'équilibre ou la tonalisation, qui fait la base de notre existence, surtout de notre santé, risque à chaque instant d'être rompu par un foyer de condensation prédominante. Nous pensons donc que, dans l'avenir, la matière médicale devra disposer ses moyens d'action parallèlement à la chronicité des affections pathologiques, bien plus encore qu'à leur intensité; quoique dans un cas aigu, menaçant, le médecin n'ait pas à choisir. Il suffit de citer la péritonite puerpérale, à l'égard du mercure, pour faire comprendre notre idée aux vrais praticiens. Là, les phénomènes morbides avancent avec tant de rapidité, qu'il n'y a pas à choisir et à calculer : la vie du malade en dépend. Au contraire, dans des cas aigus très-menaçants, mais laissant des chances convenables de succès, ne doit-on pas plutôt avoir recours à un excès dans le traitement végétal, plutôt qu'à une introduction métallique qui, plus tard, pourrait donner de mauvais résultats? C'est ce que le médecin doit décider dans sa sagesse. Notre rôle, dans un ouvrage comme celui-ci, se termine là, et ce que nous pouvons faire, c'est de nous efforcer d'éclairer le médecin sur l'action intime de ses médicaments. Si, comme cela est patent, et peu contesté du reste, on suppose que l'état morbide, généralement parlant, soit produit par un excès des forces vitales fixées par accident, extérieur ou intérieur, dans un lieu de l'organisme, où cela détermine des dangers, l'introduction d'un médicament quelconque dans cet organisme ne peut agir que par partage du mouvement en trop, ou par adjuvance du mouvement en plus, s'il y a anhémie. Un métal introduit dans la circulation s'emparera d'autant mieux et plus vite du mouvement excédant, qu'avec une capacité plus grande pour cet agent il sera présentement moins saturé.

Seulement, et là est le danger, ne croyez pas qu'une fois son action opérée spécialement il va perdre ses qualités générales, pas le moins du monde. Et vous avez à craindre, comme nous avons dit, que sa condensabilité native ne porte plus tard un trouble très-grand en des fonctions qui vivent d'équilibre. Dans les remèdes végétaux, le carbone s'utilise pour absorber le mouvement, et pour être soulevé par là en acide carbonique ou en carbures liquides, excrétés par les reins et par le tissu cutané. Mais, avec du temps, le carbone se trouve assez saturé de mouvement pour être charrié en dehors des organes, ce qui semble ou ne pas avoir lieu du tout pour certains métaux, ou demander un temps qu'il est bien difficile de déterminer. En général, les substances organiques en les mauvais condensateurs de mouvement semblent agir sur celui-ci en le dispersant, en le diffusant: comme cela se conçoit en optique dans les phénomènes prismatiques. Ces corps ne pourraient rassembler le mouvement qu'à leur surface. Les métaux, au contraire, semblables à des lentilles à foyer convergent, tendraient à condenser le mouvement et à le retenir indéfiniment. Il y a bien absorption, comme on voit, dans l'un et l'autre cas; mais la manière dont cette absorption aboutit définitivement est toute différente, et d'un grand poids pour le médecin. Le traitement organique, végétal ou animal, agira donc, à notre sens, par diffusion, par délayement du mouvement congestionné dans un organe frappé pathologiquement, tandis que le médicament métallique absorbera bien, mais restera là avec sa charge, prêt à s'en servir contre l'état général, au moment où l'équilibre normal tend à se rétablir. Les médecins ne pèchent aujourd'hui ni par ignorance, ni par sagacité; le seul reproche qu'on puisse leur adresser est un reproche d'anarchie dogmatique. Nous sommes certains qu'il suffit de leur indiquer l'action de leur matière médicale, si rapidement que ce soit, pour qu'ils en tirent le meilleur parti. Que toujours ils aient devant les yeux ces deux voies si simples, et pourtant que nous croyons si vraies : 1° diffusion, délayement: ou traitement organique; 2° condensation, persistance, concentration: ou traitement métallique Avec cela que ne peut-on pas faire? L'instinct populaire nous montre les deux types les plus simples et les plus frappants de ces grands effets, dans l'emploi des tisanes délayantes; qui semblent emporter les pyrexies, comme on voit un lavage chimique, entraîner, de sur un filtre, les matières solubles disséminées dans un précipité. D'un autre côté, les ferrugineux, connus de toute antiquité, montrent ce que peut, dans les anhémies, et cela avec persistance, l'emploi d'un condensateur bien approprié du mouvement. Tous les métaux ne ressemblent pas au mercure; les condensations se proportionnent à la nature intime du métal; nous verrons pourquoi plus tard, avec les développements que comporte ce sujet; ici nous établirons seulement comme préliminaire que, tous les corps de la nature se trouvant classés, suivant un ordre, similaire à la dispersion de la lumière, en vertu du mouvement différentiel, angulé, qui leur a donné naissance, les métaux répondent, comme tous les autres corps de la nature, à une section quelconque de l'angulaison matérialisée. De sorte qu'on peut admettre que le fer représente les jaunes, les rouges ou les verts dans le spectre chimique, tandis que le cuivre répondrait au bleu, le mercure au violet, etc. De la sorte, les propriétés toutes physiques sur lesquelles nous venons de baser une classification générale des médicaments, seraient compliquées de leurs effets spéciaux, chimiques ou intimes, avec lesquels, plus tard, nous entrerons dans des catégories plus spécifiées. On conçoit combien il est difficile de se décider sur une spécification chimique de chaque corps, dans un moment où nous mettons à peine le pied sur la terre vierge encore de la genèse des corps. Ce n'est pas au pionnier défricheur qu'il faut présenter le râteau, mais la hache, la bêche, qui font parfois des trouées si cruelles dans le domaine des préjugés. Les propriétés purement physiques de condensation et de dispersion, que nous avons attribuées aux substances métalliques et aux substances organiques, qui semblent d'abord si antagonistes, prennent de suite une corrélation saisissante, une connexion complète, quand on veut bien se rappeler que tout, dans la nature matérielle, appartient à la hiérarchie sérielle normale. Le rouge du spectre, n'est-il pas l'exemple d'une condensation du mouvement, comparé à la réfrangibilité excessive du bleu et du violet, réfrangibilité que nous devons appeler dispersion par rapport à ce qui se produit dans les premières couleurs prismatiques? Le carbone, l'hydrogène, le soufre, le phosphore, dont se composent les matières organiques, sont essentiellement placés dans les tons extrêmes du spectre; quant à la similitude de leur constitution intime, les métaux n'ont pas d'autre manière de se grouper eux-mêmes, si ce n'est qu'ils semblent reproduire l'effet sériel à une distance particulière qui a son pendant dans le phénomène octavial. Mais le fond de tout ceci, c'est que la condensation et la dilatation, quelles qu'elles soient, font la base des phénomènes, sauf à établir leur hiérarchie réelle avec beaucoup de temps et beaucoup de travail. La thérapeutique établit très-justement que l'absorption métallique quelconque a toujours ses dangers à haute dose. C'est ce qu'on peut prévoir en entendant convenablement la nature de la condensation telle que nous venons de l'établir. Mais, en dehors des hautes doses, chaque métal est doué de plus ou moins d'innocuité, même l'arsenic!.... Chacun sait, d'après le docteur Tschuldi, que, dans la basse Autriche et dans la Styrie, une certaine partie de la population a l'habitude de manger de l'arsenic, soit pour se donner l'air frais et dispos, soit pour exécuter des montées difficiles. Les chevaux eux-mêmes ressentent un effet très-important par l'absorption de ce métal; leur respiration est beaucoup plus longue et plus puissante; ce qui tend à nous prouver combien la condensation du mouvement par les métaux peut apporter de variété dans les phénomènes de la vie organique; aussi bien que nous avons vu il y a un instant, en parlant de l'électricité, la condensation acquérir des proportions énormes dans le domaine de la matière, si inerte en apparence.

De la répartition du mouvement dans les végétaux.

Nous venons de voir quel est le rôle que le mouvement joue par ses condensations dans la nature animale ; nous allons dire quelques mots seulement de ce qui se passe à cet égard dans la matière végétale. Les phénomènes de la végétation semblent encore s'identifier avec ceux de la combustion, que nous connaissons beaucoup mieux. Seulement, la plante s'*oppose* au mouvement diffus, pour ses combinaisons, ses fixations, bien plutôt qu'à l'oxygène ou à tout autre corps simple, chimique, défini. De même que dans la combustion, les produits excrétés se différentient en raison du mouvement en plus apporté par l'oxygène, en fournissant de l'acide carbonique ou des oxydes de carbone, de compositions infinies sans doute ; de même aussi la plante fixe ou excrète des produits chimiques en raison du mouvement libre qui la pénètre. L'agent déterminatif ici, moins matériel que l'oxygène des combustions, réside dans toute condensation du mouvement général. De sorte que, l'oxygène devient une excrétion, correspondante à l'excrétion de l'acide carbonique des combustions carbonneuses. Parce que, pendant le jour, le mouvement étant en excès sur la résistance, c'est l'oxygène qui est produit ou éliminé. La nuit, le mouvement étant en moins du côté de l'atmosphère, et en plus du côté de la terre, l'excrétion change de terme dans sa résolution ; ce n'est plus de l'oxygène qui sort de la plante, c'est l'acide carbonique ; pour deux raisons : par le changement de terme, comme nous l'avons développé ailleurs ; enfin, par la différence comparative des deux mouvements, diurne, nocturne. Mais nous pensons que ces excrétions sont loin d'avoir la fixité qu'on leur attribue généralement. Les temps humides, bas en mouvement, doivent modifier singulièrement les résultats. Il en est de même inversement des temps secs, chauds, électriques, etc. Ce qu'on doit surtout se rappeler, pour y voir clair dans les phénomènes de cet ordre, c'est que la végétation présente au mouvement diffus une résistance, et une résistance variable. Il suffit de suivre les plantes, pen-

dant une seule série végétative, de mars en décembre, pour se
rendre parfaitement compte de ce principe fondamental. Vers les
premières pousses, la coloration du végétal, herbacé, arborescent
ou non, prend une teinte claire, animée par le jaune ou le rougeâtre, qui indique ce mouvement relatif en plus, propre à tout
travail embryonnaire. C'est la prépondérance du système liquide
sur le système solide, la préexistence de l'élément cellulaire et
vasculaire à l'élément fibreux et crétacé. Dans la vie organique,
le solide naît toujours d'un liquide. L'enfance de la végétation,
annuelle ou vivace, en cela ne présente guère de différence ; car,
pour les arbres, dont la durée est si longue quelquefois, chaque
printemps amène une résurrection, une vie nouvelle. De sorte
que, si la mort n'est pas totale, comme dans le végétal annuel,
les phases d'existence n'en sont pas moins identiques. Quand
vient l'âge *viril* de la plante, — qu'on nous permette ce rapprochement, — la coloration acquiert un équilibre approximatif entre le mouvement en plus de la liquidité embryonnaire ou au
moins du premier âge, et la caducité des derniers jours. La
plante alors et le rameau prennent une couleur verte, foncée, atteignant souvent les approches du bleu, du violet, etc. Mais,
vers l'automne, les parenchymes ont subi une modification amenée par le contact prolongé de l'individu, avec les rayons d'un
soleil caniculaire ; la liquidité, qui maintient la vie, a disparu
dans une certaine mesure, soit par l'évaporation insensible des
stomates, des appendices pileux, etc., soit par la conversion
de l'élément cellulaire et vasculaire en des produits plus avancés,
soit enfin par la simple obstruction de ces appareils nésessaires,
dans toute leur intégralité, au maintien d'une liquidité tonalisante. Ils suivent les mêmes lois que le corps humain, dont l'incrustation, progressivement ossifiante, annonce une solidification
excessive, incompatible avec la liquidité, agent radical de l'harmonie tonale. On peut remarquer que la couleur des feuilles, et
même des tiges, des rameaux, et jusqu'aux ramoncules, est d'autant plus colorée qu'elle est placée en opposition plus directe
avec les rayons du soleil, l'intensité de la résistance suivant
toujours l'intensité de l'effort du mouvement. Aussi les parties
inférieures des feuilles, des rameaux, etc., sont-elles toujours

d'une couleur plus claire que la partie supérieure. De même que, dans une dissolution dicroïque, c'est toujours aussi le côté opposé au mouvement lumineux qui prend le ton le plus foncé, le plus bas, le plus avancé vers les limites extrêmes de la réfrangibilité. De même encore que, dans l'électricité, l'élément négatif des oppositions par influence se présente toujours dressé en face de l'élément positif. Là encore on peut dire : *Ubi stimulus, ibi fluxus !* C'est la conséquence la plus frappante de l'antagonisme incessant du mouvement.

Si, vers le printemps, vous passez par hasard auprès d'une haie d'épines, vous serez à même de constater un singulier phénomène. Du côté du soleil, les ramoncules, peu chargés de feuilles encore, qui sortent du buisson, dans la pousse de l'année, sont toujours colorés de ce rouge violâtre, né sans doute d'une combinaison particulière du mouvement excédant de la séve, avec la résistance externe de la plante à la lumière du soleil. Mais, en tout cas, on remarquera que ce ton violent ne se produit exactement que là où le soleil frappe la plante de ses rayons directs, rouges d'un côté, verts de l'autre, si le soleil ne tourne pas suffisamment autour du filet rameux : rouge en entier si le soleil la prend sous des angles capables de l'atteindre convenablement ; enfin, vert en entier, si, par une circonstance quelconque, le soleil manque dans cette partie du végétal. Il en est de même pour la coloration des drupes charnues de beaucoup de fruits : la cerise, la prune, l'abricot, et surtout la pêche. Nous montrerons plus tard que cette couleur pourpre, qui constitue la tache des fruits parenchymateux, est une résultante très-facile à décomposer et à analyser au moyen de simples rapprochements chimiques. Si nous revenons à notre point de départ, c'est-à-dire aux modifications de résistance, que les végétaux imposent au mouvement diffus dans sa condensation, nous trouvons que le printemps, l'été, l'automne, l'hiver, ne peuvent présenter les mêmes résultats dans leur relation avec nos organes. De là, sans doute, la douce gaieté qui annonce le printemps, la mélancolie inséparable des automnes. La couleur des végétaux indique aussi, bien certainement, une diversité de fonctions médicamenteuses et alimentaires. La botanique, dont toutes les méthodes sont comprises dans le nombre, dans la quantité d'organes similaires, à proportion gardée, devra, pour acquérir une position plus philosophique, plus utile même, s'inquiéter un peu mieux des proportions de résistance que chaque plante est en mesure d'opposer au mouvement. Ce serait l'ébauche la plus sûre et la plus fructueuse d'une matière médicale inabordée.

Puisque les grands efforts amènent les grandes résistances, ne devrions-nous pas nous rappeler que les poisons violents, comme les colorations végétales curieuses, ne naissent que sous le mouvement solaire des tropiques; et que c'est à peine si la bête la plus venimeuse de nos climats, la vipère, est capable de produire, dans un grand nombre des cas, autre chose que des gonflements volumineux? Sous certaines latitudes brûlantes, l'aiguillon imperceptible du chardon inoffensif arrive à produire le tétanos. C'est qu'en face d'un mouvement aussi intense, il ne fait pas bon jouer avec les résistances, quelles qu'elles soient. L'Esquimaux s'enfoncera impunément des dards acérés, de part en part d'un muscle important, l'Asiatique mourra sous l'influence d'un coup d'aiguille!...

MAGNÉTISME, DIAMAGNÉTISME.

Idées générales.

Le magnétisme, en grand, est l'action du mouvement circulaire propre à la terre, en tant que série particulière, et les corps magnétiques sont des corps qui ont la faculté de condenser assez ce mouvement, pour le faire apparaître à nos moyens d'observation. Il doit exister d'autres magnétismes spéciaux à chaque corps orbiculaire, et aussi des magnétismes généraux attachés à des systèmes entiers. Nous montrerons bientôt que ces systèmes, en apparence si étrangers les uns aux autres, ont, au contraire, une action antagonisme fort importante, d'où naissent des résultantes spéciales. Ce qui a déterminé l'obscurité actuelle sur les principes du magnétisme terrestre, c'est le dédain qu'on apporte dans les observations qui se trouvent en dehors des deux principes newtoniens de l'attraction et de la répulsion. Chaque série est douée d'un circuit, que nous avons appelé magnétisme, avant d'avoir la moindre idée sur sa nature réelle ; ce circuit est son mouvement propre, la puissance qui la maintient dans l'état où elle est actuellement ; en un mot, qui compose sa série. Et ce magnétisme constitue la preuve la plus évidente, la plus irrécusable, non-seulement de l'existence des circuits de mouvement créateurs de séries, mais l'exemple le plus palpable, le plus commode à étudier des allures des séries en elles-mêmes, et dans leurs rapports réciproques. C'est citer en entier toutes les expériences d'Ampère, d'Arago, d'Œrsted, etc.

Le magnétisme, en petit, est la création naturelle ou artificielle d'une atmosphère de mouvement condensé : solénoïdes, tubes, etc., les travaux de MM. Faraday, Becquerel père, Edmond Becquerel, Weber, Plucker, Verdet, etc., démontrent clairement, par leur propre contradiction même, que les corps magnétiques comme le fer, le cobalt et le nikel, sont composés de substances ayant la faculté de condenser le mouvement d'une façon énergique, et encore de le sérier très-distinctement, par une sorte d'angulaison de puissance condensatrice, semblable à ce qu'on voit s'opérer dans les prismes très-dispersifs. Au contraire, les corps non magnétiques, les diamagnétiques de Faraday, seraient composés de substances peu condensatrices de mouvement en général, et particulièrement dénuées de la faculté d'acquérir une sériation énergique ; comme cela arrive à certains corps et à certains états des corps, qui influencent le rayon tonal de lumière blanche, d'une manière unique ou uniforme.

Les corps magnétiques s'attirent entre eux, parce qu'ils sont soumis au même genre de condensation du mouvement, c'est la loi commune qui régit le *simple* ; mais ils s'attirent ou se repoussent suivant des directions polaires, en vertu de cette autre loi du complémentarisme qui, elle, dirige le *composé*. Dans les corps diamagnétiques la condensation du mouvement étant peu énergique, ces corps n'éprouvent pas une action assez forte pour être portés sur un pôle quelconque de l'aimant; au contraire, ils doivent être écartés de ces pôles par le champ magnétique, si bien décrit par Faraday. Mais ils peuvent posséder, sans aucun doute, dans leur ensemble, une ou plusieurs nuances de série, fût-elle négative, qui leur donne cette sorte de polarité transversale, reconnue dès 1822 par M. Becquerel père, et définitivement observée, plus tard, par Faraday. Ce plus ou moins de force et de sériation dans la faculté condensatrice du mouvement des corps diamagnétiques, *plus* ou *moins*, variable à l'infini, est la cause des tergiversations, des obscurités et des discussions qui ont fait et font encore l'objet des études entreprises sur le diamagnétisme.

Les corps diamagnétiques sont certainement repoussés du champ magnétique. Voilà ce qui les distingue des corps réellement magnétiques. Maintenant ont-ils une polarité et surtout une polarité opposée à celle du fer, du cobalt et du nickel, tournée en sens inverse? Oui, certainement; mais cette polarité n'a, pour la plupart d'entre eux surtout, qu'une sériation très-incomplète, obscure ou même nulle, de sorte que, souvent, c'est à un état négatif seul qu'on a affaire. Là est le point important, nous ne saurions trop insister sur ce sujet. Une substance essentiellement privée et de la force condensatrice et de la faculté sérielle devra être le plus souvent unipolaire; il y a mieux, on peut supposer des corps très-condensateurs de mouvement, qui restent unipolaires eux-mêmes par la négation de la faculté sérielle; comme il semble que cela arrive à l'égard du cuivre et du zinc, qui font exception à la liste des corps magnétiques, basée sur la force des équivalents.

La différence des effets acoustiques, produits sur les divers métaux soumis aux chocs brusques d'une induction répétée, eût dû mettre sur la voie de la sériation magnétique. Les sons de l'acier et du fer aimanté, placés dans des circonstances favorables de tension, ont été comparés au mouvement vibratoire de plusieurs cloches éloignées; on eût pu beaucoup plutôt y reconnaître l'existence de ces harmonies sérielles, qui accompagnent sans cesse dans la nature, la véritable existence de la sériation. Si avec cela on se rappelle la différence que nous avons trouvée entre le bruit et le son, on comprendra clairement pourquoi cette harmonisation des corps très-magnétiques, comme l'acier et le fer aimanté, se distingue si bien par un son harmonique des corps moins bien sériés, ou moins bien sériables par leur contexture intime.

La condensation joue donc, comme la sériation, le rôle capital dans le magnétisme. L'air froid est moins diamagnétique que l'air chaud, dont la dilatation est évidente. L'oxygène l'est moins que l'air ordinaire, dans lequel l'azote le prime des deux tiers de son volume. Est-il besoin de dire que l'azote et l'hydrogène restent diamagnétiques, quoique, d'après les idées très-remarquables de M. Edmond Becquerel, sur la différence des milieux, l'azote doive jouer certainement un double rôle dans les phénomènes? Si l'on jette un coup d'œil sur la table dressée par Faraday, des corps magnétiques et diamagnétiques, on est frappé du rapprochement qu'on y rencontre, entre la classification qu'il établit, et celle que nous sommes amenés à présenter, comme base des corps doués d'une forte ou d'une faible condensation de mouvement. Il en est de même, quand on songe que, des deux cyanures de fer et de potassium, le jaune soit diamagnétique, tandis que le rouge est magnétique. Bien mieux, l'oxygène intervient dans les composés pour modifier leur magnétisme. Ainsi l'oxyde de cuivre, le bioxyde d'argent, le cuivre chauffé dans du chlore, sont magnétiques, tandis que l'oxyde d'argent, l'oxydule de cuivre, sont diamagnétiques. Nous sommes convaincu d'un autre côté que le soufre, le phosphore et le carbone agissent dans un sens contraire à l'oxygène, et peuvent lui faire équilibre dans les composés où ils se rencontrent avec lui en antagonisme. Mais l'étude de la chimie nous portera plus avant dans cette voie.

Cette différence dans la condensation du mouvement, que les corps affectent tous sous une *angulaison* que nous regardons comme une des lois les plus considérables de la physique conduit tout droit à l'explication des phénomènes observés par MM. Plucker et Faraday, à l'égard des axes optiques et de résonance, signalés déjà par l'illustre savant. De façon que, non-seulement toutes les substances cristallines obéissent à la condensation particulière, introduite par la direction unitaire ou binaire de leurs axes, mais que le négativisme et le positivisme de ces axes les constitue diamagnétiques ou magnétiques suivant les cas. Ces faits seuls suffisent pour conclure que le magnétisme naît dans tous les corps, cristallins ou non, d'une condensation relative d'abord, puis comme polarité de la direction et de la sériation particulière négative ou positive de cette condensation. Dans les cristaux, la série de cristallisation fait tous les frais du phénomène; dans les corps non cristallins, comme le fer, le cobalt, le nickel, c'est une facilité de sériation angulaire affectée à leur texture intime qui produit cet effet. De sorte que les corps magnétiques sont non-seulement doués de polarisation par cette tendance sérielle, mais doués de positivisme par l'intensité relative de leur condensabilité propre. Tandis que d'autres substances, les diamagnétiques, sont frappées de négativisme et restent inaptes à une sériation complète.

Tous ces faits ne sont-ils pas confirmés par les expériences de M. Mitscherlich, dans lesquelles il établit l'angulaison que la stucture des cristaux fait subir à la communication de la chaleur, et dont M. de Sénarmont vient de donner les rapports différenciés par la position d'axes anomaux; enfin, par les travaux correspondants de M. Wiedemann sur l'angulaison déterminée par la différence de conductibilité électrique des cristaux?

Il n'est donc pas étonnant que MM. Tyndall et Knoblanch soient parvenus contre M. Plucker à établir un fait plus simple que l'axialité cristalline, qui consiste à regarder une différence quelconque de densité dans les corps cristallins, comme étant la vraie cause des phénomènes de direction, attribués jusqu'ici seulement à l'axialité optique ou cristalline. C'est ce qui arrive en effet lorsqu'on choisit des substances capables de subir différents genres de groupement dans leur stucture générale, comme la gutta-percha, l'ivoire et les substances qui se dirigent axialement ou équatorialement à volonté. Le fait devient bien plus frappant encore dans les expériences que M. Rieu a exécutées avec des rectangles de carton et des substances fibreuses. La condensation du mouvement terrestre ou artificiel se fait immédiatement sentir dans les directions prévues ci-dessus.

Nous venons de parcourir très-rapidement les phénomènes les

plus remarquables du magnétisme; il ne reste plus, pour compléter la série, que ceux qui ont trait à la polarisation rotatoire des liquides. Ici toutes les explications fournies par l'arrangement moléculaire nous abandonnent, et nous perdons pied avec ces théories électriques, magnétiques, optiques, acoustiques, etc., qui, jusque-là, ont suffi à tout. C'est que la nature est peu complaisante, généralement, pour les théories à la mode ; et, le plus souvent, elle leur rompt en visière au moment où elles comptent le plus sur elle. La polarisation rotatoire provient uniquement de la condensation spéciale des corps qui lui sont soumis; mais nous ne devons parler de ce sujet qu'après avoir bien établi en chimie la nouvelle genèse des corps simples. Ce qu'on peut ajouter à ceci, c'est que l'idée de M. Faraday, sur les décompositions d'un champ magnétique absolu, au moins type, pour les substances magnétiques et diamagnétiques, suivant leur ordre, ne répond pas, ce nous semble, à la manière dont on doit envisager les faits. Ce n'est pas sur le champ magnétique des aimants seuls que les corps diamagnétiques opèrent une sorte de diffusion, de divergence, mais sur un mouvement libre quelconque; il est probable du reste que le génie de M. Faraday lui a déjà révélé ces idées, ou qu'il ne tardera pas en arriver là, aussitôt qu'il réfléchira au rôle que la condensation spécifique des corps joue dans la nature.

De la faculté coercitive des métaux à l'égard du magnétisme.

D'après ce que nous avons dit de l'action de condensation externe, exercée par le mouvement sur les corps mauvais condensateurs, on ne s'étonnera pas de voir le charbon, le soufre, le phosphore, déterminer dans le fer, le cobalt, le nickel et le chrome cette action coercitive qu'on leur attribue généralement. L'origine du magnétisme, attaché à la condensation du mouvement général, se spécialise dans les corps par une combinaison singulière de la condensation extérieure et de la condensation intérieure. C'est au moyen de ces données qu'il faut poursuivre les expériences, et nous sommes convaincu qu'elles deviendront décisives. Quant à l'état magnétique naturel du fer et des métaux ci-dessus, qui se limite à une oxydation peu avancée, à des associations minéralogiques d'une nature spéciale, les études en ont été si mal dirigées, qu'on ne peut rien connaître de fixe à cet égard. Seulement il ne faut pas oublier que les oxydes magnétiques de fer ne possèdent pas, en général, de polarité, si ce n'est un seul; et encore faut-il chauffer le minerai, jusqu'au rouge quelquefois, pour qu'il donne des signes, toujours vagues, de cette polarité. Dans les minerais donc, le magnétisme se réduit à la condensation du mouvement, pour le plus grand nombre des cas. Nous devrions chercher particulièrement à savoir quel rôle jouent ces sous-silicates de fer hydraté, mélangés eux-mêmes de sous-silicate d'alumine, avec lesquels le fer magnétique est uni le plus souvent. Ceci est d'autant plus important, qu'on sait fort bien que des traces de silice dans le fer métallisé et forgé, lui donnent les qualités de l'acier, c'est-à-dire une nature coercitive d'un autre genre. Il est si difficile de débarrasser le fer des corps étrangers, qu'on peut dire qu'il n'existe guère de fer pur. C'est ce dont se plaignent si justement les constructeurs d'électro-aimants. Une expérience que nous continuons depuis plus d'un an va donner une nouvelle idée sur le magnétisme et, en général, sur les condensations diverses du mouvement. Étant convaincu depuis longtemps de la condensation du mouvement libre par les métaux, nous achetâmes, chez un quincaillier de la rue Saint-Martin, — dont la vente s'exerce presque uniquement avec les ouvriers qui emploient les basses tôles, — nous achetâmes, disons-nous, quelques-unes de ces feuilles carrées de diverses épaisseurs qui servent à doubler des chaufferettes ou à construire la plupart des ustensiles de cuisine. Nous découpâmes, avec des ciseaux ordinaires, une aiguille longue de quinze centimètres et assez effilée; au moyen d'un poinçon nous y pratiquâmes une chape, et nous la suspendîmes sur la pointe d'une aiguille à coudre. Même dès le premier jour elle avait acquis, non-seulement la faculté de se placer dans le méridien magnétique, mais encore elle possédait une polarité constante. De peur qu'en la coupant, ou même dans le travail préliminaire du laminage, elle n'eût acquis, à notre insu, la propriété magnétique, nous essayâmes de lui faire attirer des limailles de fer; mais ce fut vainement, les parcelles de fer les plus ténues ne montraient aucun mouvement à son approche et n'adhéraient que comme des poussières ordinaires. De même nous n'avons pu amener aucun phénomène sérieux d'attraction et de répulsion. Le fer agit donc ici comme simple condensateur du mouvement magnétique de la terre, sans posséder une force magnétique propre, pour s'envelopper d'une atmosphère spéciale de condensation.

Il nous est fort difficile de parler convenablement sur un sujet comme celui-ci, qui n'a guère de limites, et sur lequel la science actuelle des traités se montre d'une légèreté effrayante. L'esprit des élèves est tellement convaincu que l'acier seul, aimanté avec soin par les méthodes de la simple et de la double touche, etc., est susceptible de magnétisme, qu'on se trouve tout honteux en venant affirmer des faits de l'ordre ci-dessus, qui détruisent les idées de l'enseignement pour remettre tout en question. Et cependant rien n'est plus vrai. Tous les métaux sont condensateurs du mouvement, à divers titres, et nous conservons une expérience radicale, qui n'a pas atteint son développement, pour montrer que c'est ainsi que les choses doivent réellement être comprises. Le magnétisme des corps, grossièrement étudié, sur les aimants seuls d'abord, par les savants, est aujourd'hui tombé dans un autre excès : le diamagnétisme. Rien, certes, n'est plus beau que les recherches qu'on peut tenter au moyen des courants énergiques que nous fournissent les piles aidées des multiplicateurs à bobines. Mais la nature, ordinairement, ne se place pas dans ces circonstances de condensation; il faut d'abord se rendre compte de ce qui est en mesure de se produire de soi auprès de nous. C'est ce qui fait qu'au lieu de demander au diamagnétisme des enseignements sur la faculté condensante des métaux, et du fer en particulier, nous avons préférer laissé agir le mouvement terrestre, le mouvement libre même; et nous montrerons plus tard que nous n'avons pas perdu notre temps.

Que le fer oxydé et tenu pendant longtemps verticalement ou dans la direction du méridien terrestre, acquière les propriétés d'un véritable aimant, il n'y a rien que de bien naturel là dedans les livres le relatent à juste titre ; mais que le premier morceau de tôle venu se conduise comme une aiguille de boussole, voilà, ce nous semble, ce qu'on eût bien dû établir également. Et si le magnétisme reste encore si mystérieux dans son origine, cela tient évidemment aux mauvaises études qu'on fait à son égard. La constitution du fer, telle que nous la fournit le commerce, suffit donc pour condenser le mouvement magnétique de la terre; quoique cette constitution ne se montre pas assez forte pour se revêtir d'une atmosphère de condensation, capable d'attirer les corps magnétiques ; et cette faculté d'obéir au mouvement diffus n'est pas plus spéciale au fer qu'au nickel, au cobalt, etc.; tous les métaux, tous les corps la possèdent à des titres différents. Seulement la force coercitive n'est plus la même. On dit que l'impureté des fers du commerce leur fait acquérir une certaine propriété coercitive, c'est traiter la question par la question. Ne vaudrait-il pas mieux définir tout de suite ce que c'est qu'une impureté? Et si ce mot cachait une cause de condensation? Aussitôt que nous aurons acquis une certaine conviction de détail, nous ferons connaître un autre fait bien autrement curieux et qui, cependant, peut se déduire tout naturellement du principe général.

Si l'on a bien suivi ce que nous venons d'exposer, on comprendra clairement que le magnétisme de rotation, découvert par M. Arago et expliqué par le diamagnétisme, etc., n'a rien de bien extraordinaire en principe, puisque ce n'est que la simple condensation d'un mouvement quelconque. Pense-t-on que la nature se borne à des faits de cet ordre? mais, tout autour de nous, la condensation du mouvement diffus exécute des myriades d'effets dont nous ne savons pas nous rendre compte, aussitôt qu'ils sortent de la *double touche* ou du dualisme électrique. Pourquoi les tiges des plantes s'élancent-elles vers la lumière? Pourquoi les vrilles des végétaux grimpants, du lierre, de la vigne, des convolvulus, etc., se portent-elles, comme des griffes, vers les corps résistants?

Il n'y a pas besoin, croyez-nous, de contourner l'électricité en hélices pour déterminer tous ces résultats; résistance, condensation, limitation, voilà les idées auxquelles il suffit d'avoir recours. Votre hélice électrique est un fourreau de condensation, reproduisant les aimants naturels, agglomérats confus, sans doute, quoique circulaires, d'un mouvement condensé. Mais la nature varie ces condensations au delà de ce que notre imagination paresseuse et routinière peut nous dévoiler. Ampère trouve l'idée de l'hélice électrique; il applique ce principe au magnétisme, dont il a l'honneur de briser l'existence isolée, et qu'il rattache au principe plus vaste de l'électricité.

Mais, chose inouïe! il n'a pas la conception philosophique de l'hélice! Lui, mathématicien, il faut qu'il paye sa dette au Minotaure; son génie reste accroché au cadavre d'une figure géométrique, sans pouvoir atteindre l'idée, si simple, si naturelle de la condensation générale enveloppante. L'hélice est magnifique, quand vous ne sortez pas de ces fils de fer avec lesquels on démontre, dans un cours, la direction et l'influence des courants les uns sur les autres; mais il faut bien se garder d'aller ensuite, avec cela, se placer en face de la nature, car là on reste court, les faits de cet ordre ne se prêtant pas aux conceptions étroites, fussent-elles géométriques.

Inclinaison, déclinaison des aiguilles aimantées, variations générales d'intensité dans le magnétisme.

Après avoir jeté un coup d'œil général sur les phénomènes magnétiques, il n'est pas sans utilité de descendre à quelques faits de détail, pour essayer si nos principes ont réellement plus de puissance d'observation que ceux que nous combattons. L'inclinaison et la déclinaison des boussoles peuvent nous servir d'exemples. Il est inutile de rappeler que rien dans la science actuelle n'est propre à donner le moindre aperçu des effets que ces incidents recèlent. Et cependant, si nous saisissons bien la marche du mouvement dans ses condensations, nous voyons que le fer du commerce non aimanté est apte à déceler le mouvement général de la terre, quoique ne s'entourant pas d'atmosphère magnétique, de ce foyer de condensation toujours allumé, qui attire dans son courant les corps doués, comme le fer, d'une coercition à l'égard du mouvement. Donc, si au lieu de choisir immédiatement une aiguille d'acier, si coercitive qu'elle n'obéira plus qu'au mouvement absorbant de la terre, nous prenons seulement une aiguille de tôle et que nous l'abandonnions sur un pivot élevé, dégagé de toute influence extérieure trop rapprochée, aux mouvements diffus dans l'espace; nous verrons qu'en approchant l'aiguille de la lumière, de la lumière du soleil surtout, cette aiguille sera déviée fortement du méridien magnétique de la terre, et cela, en proportion de la hauteur du soleil sur l'horizon, de l'intensité du mouvement lumineux, etc., etc.; à ce point que l'aiguille partagera son action entre la force directrice de la terre, d'abord et toujours plus fortement que pour le reste, mais qu'elle sera influencée aussi par le cours du soleil, et même par le cours de la lune, dans un autre sens, sans doute. Car le magnétisme de la terre, ne rencontrant pas une condensation suffisante sur l'aiguille de fer, est obligée de partager son influence avec les autres mouvements de l'espace, qui sont loin d'être restreints à ceux du soleil, de la lune, etc., mais qui s'étendent à toute condensation permanente ou éphémère : l'état électrique, les aurores boréales, les éruptions volcaniques, les tremblements de terre, etc. En un mot, ce que la boussole ordinaire ne fait qu'indiquer faiblement sera exagéré et rendu patent par l'aiguille de tôle. Lorsqu'un physicien prétend étudier les allures du mouvement avec une aiguille d'acier, aimantée surtout, c'est comme si un musicien préférait la touche roide du piano à la corde libre du violon, pour approfondir les résonnances. Si vous montrez à des villageois, — toujours si méfiants à l'endroit des gens de la ville, — une boussole fonctionnant dans son enveloppe métallique, ils écouteront patiemment tout ce que vous leur expliquerez sur le magnétisme de la terre, de l'aiguille aimantée, etc. Mais ils s'en retourneront chez eux, avec la ferme conviction qu'il se trouve un petit animal caché dans la boîte, et qu'ils ne sont pas votre dupe. Les physiciens qui riraient du paysan auraient peut-être tort, car eux aussi prennent trop au sérieux les agents invisibles qu'ils ont entre les mains; comme celui qui veut faire le revenant, et à qui on trouve une face blême sous son linceul de commande, le physi-

cien finit par être la proie de ce qu'il professe ; il croit trop qu'il
y a quelque animal de caché dans ses petites boîtes. Pourquoi
n'imite-t-il pas les enfants, qui brisent leur joujou, quand ils veulent en connaître les rouages ? En physique, il faut décomposer
les effets pour atteindre la cause ; il faut poursuivre le magné-
disme au delà de la boussole, jusqu'aux limites de la condensation la plus ténue. Et, certes, ce n'est ni avec l'acier seul, ni avec
l'acier aimanté qu'on y parviendra. M. Aymé a constaté, par un
travail des plus ingénieux, que les seuls rapprochements à tirer
de la déclinaison de l'aiguille aimantée étaient basés sur des
maxima et des *minima* de chaleur. Or ce que M. Aymé n'a fait
que soupçonner au moyen des aiguilles d'acier aimantées et très-
coercitives, il l'eût vu en grand avec des aiguilles de tôle.

On peut ajouter aux observations de M. Aymé celles que M. l'a-
miral Duperré a effectuées, en coupant six fois l'équateur magnétique dans son voyage autour du monde ; et d'où il résulte
que les lignes isodynamiques et les lignes isothermes ont la plus
grande analogie dans leur courbure et dans leur direction ; qu'en
outre, les points de l'équateur magnétique sont précisément les
points les plus chauds de chaque méridien. Pour expliquer de
semblables analogies, et les phenomènes qui en dérivent, il faut
plus que des théories électriques, il faut une loi d'angulaison dans
le mouvement qui amène des polarisations. Rien n'est plus facile
que d'entrer dans cette voie lorsqu'on se rappelle qu'un barreau
de fer, d'un mètre par exemple, placé verticalement, acquiert
immédiatement un pôle austral dans sa partie inférieure, un pôle
boréal dans sa partie supérieure. Quelle différence trouve-t-on
donc ici, par rapport à l'angulaison du mouvement, entre le
barreau de fer, opposé au mouvement condensé autour de la
terre, par couches sériellement disposées, et entre le prisme de
verre qu'on interpose sur le chemin d'un rayon lumineux ?
Certes. il n'y en a aucune, et nos préjugés font toute la besogne.
Le mouvement libre vient se sérier, se différentier dans le fer
doux, comme le rayon lumineux se nuance dans le prisme. S'il
existe un privilége en faveur de l'un de ces deux limitateurs de
mouvement, c'est au profit de la barre de fer, qui peut conserver
quelque temps la sériation acquise par divers moyens méca-

niques; tandis que, jusqu'ici, les corps qui colorent la lumière tonalisée se montrent peu propres à conserver la sériation acquise. Plût à Dieu qu'on essayât intelligemment ces données pour le daguerréotype! Le magnétisme n'est donc pas, comme nos mauvaises méthodes d'enseignement tendent à le faire croire, le résultat d'une friction, d'une communication, etc. Le magnétisme est toute sériation du mouvement dans les corps propres à le condenser sériellement, et tout le reste n'est que fixation de cette angulaison de forces. Sans électricité aucune, le mouvement se dispose en catégories autour de nous, à propos de tous les phénomènes, en dépit de notre aveuglement scientifique. Et, si l'on ne peut pas remuer le moindre objet sans produire immédiatement un courant électrique, il est impossible de considérer le plus petit corps matériel sans songer qu'il série le mouvement libre en une angulaison, proportionnée à la nature spéciale des condensations qu'il est en puissance de communiquer au mouvement. Quant à les apercevoir et à les mesurer, c'est une autre affaire. On n'aperçoit guère, croyons-le bien, ce qu'il y a de très-délicat dans les productions électriques des corps; il est malheureusement, en cela, de nos observations, comme des composés organiques en chimie : nous composons, nous recombinons, plus que nous ne séparons les éléments de la nature tonalisée.

Le fait de la barre de fer doux se polarisant d'elle-même, *verticalement surtout*, là où le courant magnétique ne peut fournir ces mauvaises raisons si communes à la paresse humaine, ce fait de sériation autogène, disons-nous, devrait dans l'enseignement être placé en tête de toute démonstration sur le magnétisme, peut-être même en tête de toute notion élémentaire de physique. N'est-il pas assez important de savoir que le mouvement libre, diffus, est soumis aux mêmes lois que le mouvement déjà condensé de la lumière, de la chaleur, de l'électricité? Il est vrai que le parquement des modalités du mouvement général en des fluides individualisés : lumière, chaleur, électricité, magnétisme, empêche tout développement didactique; mais alors ceci eût dû servir à briser ces entraves, sous l'effort de la logique. Au lieu de cela, on a le regret de voir les traités se complaire dans les détails de la *simple* et de la *double* touche, voies toutes matérielles, toutes routinières de fixation de cette sériation du mouvement dans les solides, par une disposition plus stable des molécules.

Vous qui parlez tant de vibration, d'ondes et de demi-ondes, pourquoi ne frappez-vous pas vos barres de fer dans toutes les directions, pour leur imprimer la série?... Cependant l'occasion est belle ici de recourir à la VIBRATION, pour établir ces effets que vous lui attribuez uniquement en optique, en calorique, etc. Si la vibration était tout dans la création des séries, il serait indifférent de tourner la barre de fer dans tel ou tel sens, puisque de cette vibration seule naîtraient ces systèmes d'ondes et de demi-ondes créateurs de série. Il n'en est rien ; la condensation du mouvement ne s'établit que par angulaison, et il faut se placer sur le chemin de la série de condensation pour obtenir un résultat. La vibration n'est donc, comme nous l'avons dit, tantôt qu'un moyen concédé à nos sens pour interroger des phénomènes latents, tantôt qu'un seul ébranlement mécanique propre à faciliter un arrangement dont l'organisation est ailleurs. Et cette vibration n'a pas plus de puissance sérielle, que n'en a le tapotement de la main, sur le sablon qu'on veut étendre dans une catégorie de cases toutes faites.

Quelques philosophes modernes ne se sont préoccupés des causes premières, en physique, que pour arriver à détruire la puissance organisatrice de Dieu sur la création. D'autres, aveuglément, ont rejeté le mystérieux de la nature sur une direction essentielle, constante et effective. Il y a aussi peu de raison dans l'une que dans l'autre de ces deux manières de penser. La première arrive à la négation de Dieu ; la seconde, à la destruction de la liberté humaine. Ce sont là des idées que nous avons déjà esquissées précédemment, et sur lesquelles nous ne reviendrions pas, si le magnétisme, à propos de la vibration, ne nous forçait à nous expliquer pratiquement, une fois de plus, sur cette matière. Nos intérêts les plus chers ne sont pas attachés à une lame d'acier aimantée; notre vraie boussole, c'est l'*Espérance*.. vertu théologale qui s'assied dans les cieux.

Si jamais on nous accusait d'introduire dans cet ouvrage des digressions philosophiques trop étendues, ou hors de sujet, nous enverrions le critique aux cours de physique, de chimie, d'astro-

nomie, qui sont professés dans les grands établissements publics,
par les hommes éminents de notre époque. Ils verraient que là,
la majeure partie de l'auditoire est composée de vieillards. Or,
nous le demandons, que viennent faire en ce lieu des hommes,
quelquefois si caducs, que leurs yeux manquent à la marche,
que leurs jambes défaillent en se heurtant aux bancs des amphithéâtres? Ils viennent demander une dernière fois à la science si
elle n'a pas un mot de consolation à leur donner sur l'intelligence des grands phénomènes de la nature. Ils semblent conjurer
nos savants illustres de réconcilier la religion avec cette science,
afin qu'ils puissent s'écrier comme le vieillard Siméon :

Nunc dimittis servum tuum, Domine...

« Pour Dieu, dites-nous quelque chose sur les causes présumées, dussiez-vous vous tromper une fois de plus!   Voilà les
paroles que nous avons entendu prononcer à un homme éminent,
qui abordait un professeur de physique après une brillante leçon sur l'électricité, leçon dans laquelle le *positif* et le *négatif*
semblaient avoir pris une part trop absorbante à ses yeux.

Dans la vieillesse, moment de la vie cruel par ses incertitudes,
la raison, essence profondément scientifique, se réveille en face
de la foi, de la croyance religieuse. Malgré toute la sincérité d'une
foi chrétienne, elle doute encore systématiquement, et le désir le
plus saisissable, dans la nature du moribond intelligent, est évidemment l'absorption de son doute par une conviction religieuse
fortement appuyée sur des éléments rationnels. Or la liberté de
nos actes, pendant une longue vie agitée, n'est pas d'un faible
poids dans la balance de la responsabilité morale.

A tous ces pauvres mendiants d'idées, qui tendent la main, un
pied dans la tombe, que va répondre la *vibration*, monarque pré-
somptif de la causalité physique?

Elle répondra par une négation complète de la liberté morale.
La vibration suppose un corps vibrant, et plutôt encore, pour
aller de suite au fait, un agent initial directeur, mais un agent
toujours en action. Comme nous n'avons pas à faire ici de l'ontologie morale, nous pouvons resserrer le raisonnement, en décla-

rant de suite qu'il n'y a pas de religion ou de cour d'assises qui puisse exister une heure avec une telle conclusion. Nos livres religieux ont eu bien garde de tomber dans cette erreur. La *Genèse*, pourtant écrite on ne sait où et l'on ne sait quand, établit avec rigueur la cessation de l'intervention *physique* de Dieu après le sixième jour. Or, où prendrez-vous, — rien que depuis six mille ans, comptés d'après la Bible, — l'agent déterminatif de vibration ? Le mouvement organisé par Dieu en série, avec un antagonisme et une incessance d'effets, peut seul donner une conclusion rationnelle, en conciliant la sublimité de la conception divine avec la liberté humaine.

Il nous semble donc plus sage de nous déclarer pour la *série* contre la *vibration*.

Ce premier fait de sériation établi pour le magnétisme, nous pensons que l'enseignement eût dû se préoccuper ensuite du complémentarisme qui se décèle si ouvertement par l'annulation des phénomènes généraux, lorsqu'on superpose deux pôles opposés, de deux aimants différents. C'eût été suivre les données de l'optique, dont l'enchaînement, pour n'être pas irréprochable, est loin de tomber dans le chaos des théories magnétiques. En dehors de la satisfaction de parler juste, on se fût éclairé de force sur la nature des attractions et des répulsions magnétiques, et même électriques, qui reconnaissent au fond le même principe. On eût vu que l'attraction est un effet de complémentarisme qui annule deux forces disjointes; tandis que la répulsion n'est que la rencontre de deux forces de même nature, qui, ne pouvant s'annuler en se complémentant, se tiennent à distance par leur propre expansion. Nous nous sommes suffisamment exprimé à cet égard, pour qu'il soit inutile d'y revenir.

LA LUMIÈRE.

Systèmes vibratoire et émissif.

Il n'y a pas longtemps encore, l'enseignement était divisé entre le système vibratoire et le système émissif, en ce qui touche l'explication des phénomènes lumineux; mais cette division de doctrines continue toujours pour le développement des théories qui concernent les autres fluides impondérables. Il est probable cependant que les deux systèmes ne sont que les deux faces d'un même phénomène plus étendu, celui du *mouvement général.*

Dans son premier jet, le mouvement ne peut être qu'émissif, comme il ne peut être que vibratoire lorsqu'il a pénétré la matière en lui imprimant de certains effets secondaires qui donnent lieu à ce qu'on appelle une vibration. En un mot, le mouvement simple, émissif, correspond à la mobilité simple, intime, élémentaire, des corps, comme le mouvement composé ou vibratoire correspond au mouvement complexe, externe.

L'idée de vibration, telle qu'elle est conçue aujourd'hui, pèche, comme beaucoup d'autres idées que nous avons signalées, par un défaut d'analyse le plus complet. En effet, au mouvement simple de Newton, on a substitué la théorie vibratoire de Descartes, entièrement, sans distinction des circonstances dans lesquelles les faits peuvent se produire. Or, nous pensons que la vibration des corps est un état tellement spécial, tellement occasionnel, que le mouvement vibratoire doit être considéré le plus souvent comme un mouvement complexe, ou mieux comme donnant lieu à des phénomènes complexes. Newton, si intelligent, si plein de ressources dans son optique, sentait instinctivement que les phénomènes de la vibration n'avaient rien à voir dans les éléments de la lumière, pour lesquels le mouvement émissif suffit à tout; et, si lui-même il n'a pas su en trouver l'explication rigoureuse et suffisante, il apercevait néanmoins, par un suprême effort de génie, qu'il devait en être ainsi. Aujourd'hui tout se démontre par les vibrations de l'éther! c'est que l'acoustique a fait trébucher la sagacité des savants, en fournissant à leur paresse le modèle d'une vibration normale.

Mais, en acoustique, le mouvement imprimé est toujours extérieur à la matière; il en est de même des ondes pressées par le vent. Dans la lumière, au contraire, on n'aperçoit rien de pareil, au moins rien qui nécessite une telle supposition. Le mouvement est égal dans sa marche homogène; il n'influence donc en rien les corps qui le reçoivent, d'une manière ostensible quant à des vibrations; et toutes ses allures indiquent, au contraire, une pénétration intime qui se dévoile par de la chaleur et de l'électricité.

Il y a, nous pensons, une grande différence entre faire vibrer, et sérier. Pour nous, la vibration ne serait pas l'oscillation des corps, au moment où ils changent de mouvement intime pour en revêtir un autre, mais le résultat final, constituant l'équilibre établi dans la matière.

La vibration nous apparaît donc particulièrement sous deux formes : 1° un mouvement complexe externe; 2° une existence transitoire et relative.

Quand l'air frappe une corde ou une cloison métallique, quand le vent ride normalement la surface des eaux, change-t-il véritablement et sérieusement la nature des corps qu'il fait vibrer? Nous ne le croyons pas, et bien des gens répondraient que la matière, sous l'effort de ce mouvement complexe, ne semble qu'interrogée sur la série qu'elle revêt actuellement : le son, les rides, sont une réponse, une constatation de ce qui était, de ce qui est encore et de ce qui sera tant que le mouvement intime n'aura rien modifié.

Vous demandez, par l'organe de l'air, à un corps acoustique quelle est sa constitution présente, sa série préétablie et persistante; il vous répond, et il vous répondra longtemps ainsi tant que vous ne changerez pas les circonstances intérieures de cette constitution.

Dirigez, au contraire, un rayon de lumière sur un corps quelconque, sur ce même corps qui persiste si bien dans ses réponses acoustiques, vous répondra-t-il encore par une constatation uniforme? Nullement, la vibration manque ici d'homogénéité dans l'intensité de temps et d'espace. L'état intime du corps a subi de vraies modifications intérieures. Sa chaleur, sa densité, son état électrique, tout va prendre des proportions nouvelles. Bien mieux, sous l'influence solaire, les corps se mettent en mouvement pour opérer des combinaisons, impossibles à tout autre agent moins intime, témoin l'hydrogène et le chlore, qui se rapprochent avec une violence si épouvantable, pour former l'acide hydrochlorique. La série subit des modifications presque de polarité, puisque deux gaz, jusque-là inhabiles à se rapprocher, contractent, au contact d'un rayon solaire, une affinité aussi irrésistible.

Ce que nous venons de dire de la lumière, on peut l'étendre, par la pensée, à la chaleur et à l'électricité. L'action de ces phénomènes ne reste en quoi que ce soit, dans la simple constatation que nous avons signalée comme l'apanage d'une vibration simple. Nous pensons donc que si des phénomènes de vibration peuvent quelquefois exister en ce qui regarde la chaleur, la lumière et l'électricité, il faut les attribuer à ces mouvements complexes, extérieurs, que nous avons montrés dès le commencement de cette introduction comme appartenant aux mouvements externes des corps, mais ne jamais se laisser aller jusqu'à en faire une fonction générale de leur constitution.

D'après ces considérations, on devrait donc établir deux cas bien distincts : 1° le fait interne, intime et élémentaire, ou le mouvement émissif pur et simple; 2° le fait externe, complexe et invariable de la vibration; constatant dans certaines circonstances des phénomènes invariables aussi dans leur position relative.

Si le monde savant veut mériter la considération dévolue aux travaux sérieux et habiles, il devra recommencer avec courage, avec persévérance, l'étude des phénomènes de lumière, de chaleur, d'électricité, etc., en les divisant en deux parties bien tranchées :

La partie purement émissive;

La partie purement vibratoire.

Il est certain alors qu'un observateur attentif et logique en tirera des lois très-remarquables, par la clarté qu'elles apporteront dans l'explication des phénomènes.

La vibration doit être le pont jeté sur l'abîme des sensations, sur cet abîme qui sépare la matière de nos aperceptions intellectuelles.

Nous ne pouvons guère, en effet, communiquer avec la matière que par l'entremise des vibrations. Quel moyen avons-nous à notre disposition pour suivre le mouvement intime dans ses diverses transformations? Quand il est en marche, il nous faudrait devenir ce qu'il est lui-même pour le suivre; quand il s'arrête, quand son équilibre est définitivement réalisé, oh! alors, en interrogeant la matière, en la faisant vibrer, nous savons ce qu'elle peut nous répondre d'après le mode d'excitation qui nous incombe et le talent de l'expérimentateur. La vibration ou l'état vibratoire n'est donc pas un mode d'action comme on l'établit aujourd'hui, mais seulement et uniquement un mode de constatation!

Maintenant, dans la communication du mouvement émissif, qu'il s'établisse ou qu'il se rencontre, de temps à autre, des phénomènes vibratoires, cela peut arriver; les phénomènes sont si variés, si multiples, et dans leur forme, et dans leurs résultats, qu'il n'y a rien d'impossible là dedans; mais nous osons dire que là n'est pas le principe général d'action affecté par le mouvement dans son état normal.

L'accumulation du mouvement intime dans les corps tend à un *changement* d'équilibre *incessant* et nécessaire.

La vibration, de sa nature, est, au contraire, essentiellement *similaire, égale* dans ses manifestations.

Qui dit émission dit changement, accumulation, etc.

Qui dit vibration dit similitude et persistance.

Il est impossible, après avoir lu les observations très-rapides que nous venons de présenter, surtout après les réflexions qu'elles amèneront sans aucun doute dans l'esprit du lecteur, il est impossible, disons-nous, de ne pas apercevoir clairement qu'une théorie de la communication élémentaire du mouvement, fondée sur un état vibratoire, est une chose aussi illogique qu'impossible.

Le mouvement, primordialement, n'est point vibratoire; il est émissif, ce qui sous-entend une propriété d'augmen-

28.

tation et de diminution à l'infini dans son accumulation. Mais quand le mouvement élémentaire vient à rencontrer la matière dans les conditions de cette communication difficile, d'où nous faisons dériver les phénomènes aperceptibles à nos organes, lumière, chaleur, électricité, il est très-possible qu'alors, quelquefois, un choc occasionnel mette la matière en vibration dans des proportions spéciales, et que la matière, en ce moment seulement, nous apparaisse avec la forme, les apparences que nous lui connaissons, sans suivre en cela théoriquement, les idées que nous établissons pour les systèmes vibratoires

C'est alors le choc qui se charge d'interroger pour nous une matière silencieuse dans les cas de communication normale du mouvement, et le phénomène émissif, circulatoire à l'état latent, prend à ce moment des formes sensibles et une apparence différente.

Voilà comment les deux systèmes : émissif et vibratoire, peuvent se donner enfin la main, en conservant une individualité réelle et propre qu'on n'a pas su découvrir, empêché qu'on était par l'exclusivisme aveugle de théories étroitement comprises. On doit donc conclure en disant : que le mouvement reste parfois latent, pour nous, quand il n'est qu'à l'état émissif et circulatoire, tandis que nous en acquérons immédiatement la perception dans le cas où un choc l'a rendu vibratoire.

Quels sont, en pratique, les faits d'observation qu'on peut ranger sous l'un ou l'autre de ces phénomènes ? C'est ce que nous allons essayer d'indiquer maintenant d'une manière un peu plus étendue.

Quand on songe aux effets complexes produits par le mouvement autour de nous, il devient nécessaire de se demander, comme nous venons de le faire, si les phénomènes qui en résultent sont le résultat d'une vibration imprimée à l'occasion de ce mouvement, ou si seulement le mouvement lui-même ayant la faculté de se sérier, la vibration ne ferait que décéler la série, que l'extérioriser en quelque sorte.

Les phénomènes, si profondément engagés dans la nature intime des corps organiques ou inorganiques, ne permettent guère de penser qu'une vibration radicale, essentielle à ces corps, suffise pour déterminer des effets aussi longs, aussi persistants; effets qui, détruits pour un instant, voilés bien plutôt, reparaissent sans changer de position, avec la même intensité et le même pouvoir.

La vibration ne peut être réellement qu'une constatation passagère d'un mouvement déjà acquis et développé dans les corps; vibration proportionnelle à la puissance vibrante, et susceptible d'être mise en action sans rien changer à la nature du corps qui lui est momentanément soumis. Le propre de la vibration est donc la *constatation* sans *changement* dans les corps.

Ainsi vous touchez une corde, elle résonne et vous indique l'état sériel du mouvement communiqué. Si vous éclairez une substance colorante retenue jusque-là dans l'obscurité, elle vous montre la couleur dont elle est douée. Vous interrogez telle ou telle partie d'un aimant, d'une dissolution complexe, d'une plante ou d'un organe, ils vous diront aussi de quel genre de magnétisme, d'électricité, de chaleur, ils sont doués. Voilà quelquefois comment on arrive à admettre une sorte de vibration décélante, seule façon dont nous puissions nous mettre en rapport avec la matière, en ne changeant pas son état. Mais, comme au lieu d'une simple constatation, on exerce dans bien des cas une action nouvelle, on produit aussi un effet nouveau; le phénomène, selon nous, se complique, et la vibration doit bien encore être présente pour effectuer une nouvelle constatation, mais elle n'est pas cause effective des changements d'état qui viennent de s'opérer.

Ainsi donc faut-il sans doute, dans tout phénomène aperceptible, distinguer deux choses toutes différenciées par la nature elle-même : la cause qui amène le phénomène, intimement : le moyen qui nous le fait connaître ou vibration.

Il résulte de ces principes que : toutes les fois que nous verrons dans un phénomène à étudier, un changement d'état quelconque soit dans le corps, objet du phénomène, soit par communication, dans le corps mis en présence et servant à la constatation du phénomène, ce n'est pas une vibration à laquelle nous avons simplement affaire, mais bien un véritable changement d'état. L'électricité nous offre un exemple de ce genre. Lors même qu'avec un faible plan d'essai en clinquant isolé, vous consultez un électroscope, évidemment vous n'arrivez á la constatation que vous prétendez faire qu'en chargeant cet électroscope d'une portion quelconque de l'électricité développée sur le corps électrisé primitivement; il y a donc bien moins dans ce cas une vibration électrique qu'un transport réel, effectif.

Dans l'impossibilité où nous sommes en ce moment de dire le dernier mot expérimental sur l'existence de la théorie vibratoire, dont on est si engoué en ce moment, qu'on lui demande le secret de tous les mystères scientifiques, nous avons cru devoir établir provisoirement la distinction ci-dessus, en attendant mieux dans l'avenir.

Théorie de Young, Fresnel, etc.

La théorie de la lumière a présenté de tout temps, en physique, l'une des plus grandes difficultés que cette science ait dû tenter pour constituer ses doctrines. Qu'on songe seulement aux travaux admirables de Newton; à cet effort de génie qui lui fit si bien découvrir la composition intime des rayons lumineux et leurs variations de combinaison. La diffraction, seule, et la multiplicité des phénomènes qu'elle amène, pouvaient arrêter un si grand homme sur la route des découvertes.

Par malheur, en ce moment-là, Newton resta mathématicien, calculateur même; et ce fut à son idole qu'il demanda l'explication de faits qu'une pensée plus sérieuse eût été si capable de résoudre et d'expliquer. Cependant, lorsqu'on lit les divers traités d'optique, combien celui de Newton ne s'en distingue-t-il pas par cette élévation de vues, cette simplicité de matériaux, signe particulier et très-certain d'un travail rationnel! Ce livre de l'*Optique*, dont les profanes s'effrayent comme d'un grimoire indéchiffrable, est presque écrit dans le genre des *Mémoires* que pourrait tracer un savant sur les impressions de sa vie de recherches. Quelle bonhomie! quelle aménité dans le *traité!* quelle timidité dans les *questions* finales! Voilà, selon nous, où Newton s'est montré dans toute la grandeur de son intelligence. Le livre de l'*Optique* restera toujours comme une des plus hautes productions de l'entendement humain, et pour la forme et pour le fond.

Young et Fresnel sont venus après Newton, bien longtemps après, compléter la théorie transcendentale de la lumière, entrevue par le premier, à sa louange, d'une tout autre façon.

Du temps de Young, l'acoustique était en honneur et fort avancée sous le point de vue des divisions de nombres. Il était tout naturel qu'il lui prît fantaisie d'en essayer les principales règles à la théorie de la lumière, qu'on commençait à regarder comme ayant une origine vibratoire. Nous l'avons dit déjà, un des traits radicaux dans la faiblesse intellectuelle de l'esprit humain, est de se traîner de plagiats en plagiats jusqu'à ce que l'édifice tombe, pour recommencer sur une nouvelle base. Quand vous opposez un barrage au fleuve qui s'écoule tranquillement, l'eau monte petit à petit sans incident nouveau tant qu'elle n'a pas atteint la hauteur de la digue, puis elle se répand avec fracas dans le nouveau lit qu'il lui faut suivre; il en est de même des connaissances humaines, elles sont obligées de franchir le barrage des âges, en subissant des temps d'arrêt marqués par des plagiats sans nombre et des redites stériles, entre chaque œuvre de génie vraiment progressive.

Avant Descartes, on expliquait tout par les idées péripatéticiennes. Après lui, les tourbillons s'étalèrent dans chacune des parties de la physique, comme depuis et jusqu'à nos jours on le vit faire à l'attraction, qui menace cependant d'être détrônée par le *positivisme* et le *négativisme* de l'électricité, qui, elles aussi, pour les physiciens peu avancés, ont l'air de suffire à tout.

Attaquer Fresnel et Young aujourd'hui, au moment de leur plus beau triomphe, au moment où ils se prélassent dans toute leur gloire au fauteuil des théories, c'est une grande témérité, et, bien certainement, nous le savons d'avance, ce ne sera pas impunément; il y a trop peu de temps que cela dure pour que des luttes convenables aient eu le loisir d'en saper les fondements. Faut-il pour cela s'arrêter devant l'évidence, et dire *amen* à tout ce qui se fait pour le seul plaisir de ne contrarier personne? c'est au lecteur à être juge du débat.

Bien longtemps, en voyant la superbe typographie qui compose les *Mémoires* de Fresnel, nous restâmes frappé d'admiration. Quelles magnifiques formules analytiques illustrées de croix, de parenthèses, de sinus et de cosinus, de lettres grecques, françaises, majuscules, minuscules, romaines, etc., etc., que de nuits, que de travaux elles représentent !

Alors le découragement nous prenait en face de si grandes et si respectables choses.

Mais si, par une nuit étoilée, nous venions à vaguer le long d'une mer en fureur, si dans un jour brûlant, nous nous inspirions du silence profond d'un bois solitaire ? oh ! alors, nos idées prenaient un autre cours, et nous nous disions : « Faut-il donc vraiment qu'un homme charge son esprit d'une bibliothèque algébrisante, pour comprendre des idées aussi simples ? »

Nous sommes obligé de l'avouer, notre insuffisance scientifisance nous a constamment éloigné de cette conclusion.

Il est impossible, pour arriver à l'intelligence de tant de merveilles, que l'homme ait besoin de rester éternellement soumis au travail abrutissant des chiffres. Notre entendement ne suit-il pas les lois de la mécanique d'application, qui va, elle, en se compliquant, se compliquant, jusqu'à ce qu'elle revienne un beau jour à la plus étonnante simplicité ?

Le progrès dans les sciences chassera toute complication inutile, détruisant ces égarements d'une prétendue science qui effraye le pauvre et l'ignorant, pour devenir, plus tard, aussi accessible que les règles les plus élémentaires de la grammaire et du calcul arithmétique. Tant de richesses n'ont pas été rassemblées pour rester l'apanage de quelques hommes à lunettes, taupes qui creusent leur trou à l'opposite de la lumière.

On ne peut mieux décrire les phénomènes principaux de l'optique que ne l'a fait Newton. Supposons donc que nous en sommes restés là, en fait de théorie, et demandons-nous ce que veut dire cette constance de coloration de la lumière dans les lames minces, dans de minimes couches d'air, dans son passage à travers des fentes étroites, sur les bords des écrans, au milieu d'une poussière fine, de pilosités, de raies suffisamment ténues : colorations, annulaires ou longitudinales, qui affectent constamment la disposition si connue du spectre solaire.

Quand on trouve dans une science un fait si répété, il a toujours une vraie signification. Faut-il aller chercher l'explication de ce mystère dans le système des ondes produisant les interfé-rences? Oui et non. Oui, — si l'on considère les interférences comme représentant la résolution du mouvement et ses phases ; non, — si l'on n'y voit que des ondes purement et simplement, car elles ne rendent pas compte le moins du monde des colora-tions, et ne pourraient servir qu'à expliquer tout au plus la lu-mière homogène. Pour faire comprendre les phénomènes de l'op-tique, si compliqués qu'ils soient, il suffit de se rappeler deux choses :

1° Une corde qui vibre produit *intus* l'infini des résonnances, rendues hiérarchiques par l'équilibre qui s'établit postérieure-ment et d'où sort, d'où se dégage le son spécial à cette corde, seulement comme *résultante* de la résonnance multiple ;

2° Que dans tout mouvement opposé à un autre mouvement, il se produit aussi des résolutions et des antagonismes créateurs de centres hiérarchiques composés, qui rentrent dans la forme et dans les lois de la résonnance normale.

La lumière est une *résultante*, un *son* équilibré et totalisé de toutes les résonnances du mouvement confusément réparties dans l'espace. De sorte que la lumière blanche représente dans le genre lumineux, ce que le son général, dit tonique, représente pour une corde qui vibre. En effet, quand vous tirez sur une corde tendue, une oreille habituée perçoit une immensité de réson-nances, d'où quelques-unes seulement sortent très-claires. Et pour nous, le son de cette corde n'est que le résultat de tous les sons confus qui se groupent pour s'équilibrer, et créer ainsi un représentant unique, d'une collectivité, sans cela, trop anarchique.

Ne pouvant donc suivre la résonnance dans ses détails infinis, notre oreille accepte ce son résultantiel que le vulgaire est habi-tué à regarder comme inhérent à cette corde, et son seul produit ; quoiqu'à vrai dire le son d'une corde soit justement ce qui ne lui appartient pas, pas plus que les nombres dix, vingt, cent, ne sont des choses existantes en soi, mais des éléments intellectuels représentatifs d'unités plus ou moins objectives. Seulement ici la matière s'impose à un degré plus objectif que les créations de l'entendement, et l'oreille perçoit un résultat qu'on peut à la ri-gueur revêtir d'une certaine existence propre.

Si par une circonstance quelconque vous venez à éliminer, au moins à obscurcir le son résultantiel de la corde vibrante, aussitôt la résonnance hiérarchique apparaît dans beaucoup de ses détails, et vous obtenez ce que l'on désigne sous le nom de chromatisme musical, vous obtenez le spectre sonore normal.

Mais, nous demandera-t-on, par quel moyen ?... En s'habituant à écouter de très-près une corde tendue qui vibre, pendant que la nature est plongée dans un repos aussi complet que possible.

Alors on entendra, non pas seulement les harmoniques, double octave, quinte, tierce, etc., indiquées dans les traités, mais des effets inconnus de résolution sur les centres dont nous n'avons jamais trouvé aucune mention dans ces traités; effets d'une conséquence très-grande, pour les théories de la lumière et de l'électricité, mais que nous ne pouvons développer en ce moment. Ce phénomène est reproduit plus clairement dans l'harmonica d'hydrogène, où les bords du tube fournissent des déterminatives contre l'axe de ce même tube, donnant la consonnance ou le repos relatif. Malheureusement tout cela reste inconnu.

Mais ce qu'on réalise pour le son du monocorde, ne peut-il aussi s'effectuer à l'égard de la lumière?

Qui l'empêche?... Le blanc dans la lumière est, comme nous l'avons dit, le pendant du son résultantiel d'une corde qui vibre. Éliminez ou diminuez seulement le pouvoir absorbant de cette couleur, et vous verrez apparaître immédiatement la hiérarchie du mouvement lumineux équilibré normalement, c'est-à-dire le spectre solaire. Donc, tout ce qui entravera momentanément le pouvoir de la tonique, du blanc, découvrira immédiatement le spectre, le chromatisme...

Parcourez maintenant tous les détails de l'optique, le flambeau à la main, et vous verrez qu'effectivement sans ondes, sans interférences, les faits les plus complexes, les plus dissemblables en apparence, viendront se ranger sous ce principe si simple de la résonnance normale.

Un prisme, une lame même, d'eau, d'air, de savon, d'huile, etc., des écrans, des fentes, des réseaux, des poils, des poudres, etc. : toutes ces modifications à l'infini d'une coloration lumineuse ne sont au fond qu'un moyen différent de faire apparaître le chromatisme, en éteignant pour un instant la faculté absorbante et envahissante du son résultantiel, du blanc, et en le sériant par une angulaison progressive que nous avons développée déjà. En dehors de cela il n'y a rien.

Mais, quand les rayons décolorés ne présentent qu'une ombre et un clair, ou des raies obscures, que devient votre chromatisme?...

Alors nous répondrons par la seconde observation, que nous avons insérée au commencement de cet article. Une lumière homogène étant soumise aux résolutions, hiérarchiques, aussi bien qu'une lumière coloriée et complexe, elle reproduit les mêmes phases d'équilibre, de résolutions, et partant de hiérarchie, que la lumière complexe et colorée. On a des anneaux à centre blanc ou à centre noir, les raies de Frauenhofer, etc., et bien d'autres phénomènes non découverts, sans doute, qui viendront se ranger encore sous le même chef; ce qui prouverait surabondamment le principe radical : que le mouvement suit le même équilibre normal, qu'il se présente à l'état complexe ou à l'état simple et spécialisé.

Dès le commencement de cette introduction, nous avons dit que le mouvement mis aux prises avec une matière assez maniable pour qu'il pût la disposer à son gré, fournisssait constamment l'exemple d'une hiérarchie normale, d'un chromatisme; c'est ce qui arrive dans le cas des lames d'air très-minces, des bulles de savon, des couches d'huile insaisissables, etc.

Au contraire, quand de la lumière blanche passe près d'un écran compact, la tonique, la couleur blanche résultantielle s'affaiblit pour laisser place à ce chromatisme qui détermine les franges et les colorations, par une angulaison facile à saisir.

Il en est de même du passage de la lumière blanche à travers les prismes, et cela en vertu de lois que nous donnerons en chimie d'une manière très-détaillée, le mouvement résultantiel du rayon blanc étant arrêté ou affaibli, par une action de la substance, sur le rayon, et sérié par la différence des épaisseurs qui constituent les faces du prisme, le blanc se trouve détruit pour faire place encore au chromatisme.

La généralité d'un principe aussi simple peut seule donner

raison de la constance des effets de coloration dont nous venons
de parler.

Au contraire, si l'on réfléchit aux modifications incessantes et
multipliées qu'une combinaison dans le croisement des ondes
apporterait dans les phénomènes optiques, on se convaincra tout
d'abord que ces théories n'ont aucun fondement réel. Jamais on
n'a vu de couleur nouvelle; bien mieux, d'association nouvelle
dans les couleurs, si ce n'est dans des combustions chimiques dont
l'explication ressort des lois ci-dessus, mais ne peut se développer qu'en chimie. La constance de la hiérarchie chromatique exclut l'enchevêtrement des ondes, enchevêtrement incessant, complexe au-dessus de toute expression, qui bouleverserait à chaque
instant, et à propos du plus simple phénomène, les apparences
que nous retrouvons pourtant toujours les mêmes dans la pratique des expériences.

Dire que Fresnel est, par son système, en contradiction avec la
pratique, constamment, serait exagérer les choses d'une manière
très-palpable; car ses ondes et ses demi-longueurs d'ondes, représentant souvent la marche matérielle, empirique, des choses, il
est clair que là où il a bien observé certains phénomènes, il a pu
établir aussi des calculs d'une justesse assez convenable. Il n'est
donc pas étonnant que beaucoup de ses calculs restent comme
constatation de fait.

Mais là était-elle la question?... Est-ce bien des conclusions de
chiffres, qu'on désirait voir sortir de cette théorie de la lumière,
sur laquelle les physiciens avaient en quelque sorte mis leur dernier enjeu, pour découvrir enfin la voie si désirable des principes généraux?

Non, évidemment!... Des ondes concordantes et discordantes,
les interférences n'apportent rien de neuf dans la science;
Fresnel emprunte à l'acoustique, et passe une fois de plus sur
l'optique, comme ses devanciers, sans en faire jaillir aucune connaissance nouvelle. Et cependant, on ne peut pas se le dissimuler, chaque partie des sciences physiques contient ce que nous
avons appelé sa parallaxe, sa triangulation, qui la relie aux autres parties des connaissances spéciales, et qui laisse le seul espoir de fonder par là la vraie science générale.

Si donc, dans l'étude de la lumière, on rate cette parallaxe, l'affaire est manquée, et l'on ne risque rien de recommencer à ercher sur de nouveaux frais.

C'est ce qui est arrivé à Fresnel et à Young. Leur théorie n'a pas eu assez d'haleine pour aller jusqu'au bout des phénomènes, même existant à leur époque. Elle s'est arrêtée à moitié chemin.

Arrivé à la diffraction, il a fallu recourir au principe d'Huygens, la superposition des petits mouvements, pour se tirer d'affaire, en laissant derrière soi nombre de cas parfaitement inexpliqués de l'optique, les raies de Frauenhofer, la division quaternaire constante dans les anneaux obtenus par les poils, les poudres, etc.

Et nous le disons ici, en expliquant d'une façon très-cavalière les faits les plus simples et en même temps les plus importants de cette optique, le prisme, par exemple.

Cette théorie nouvelle, venue à point pour tirer d'embarras non pas la science, mais les savants, qui commençaient à rester bouche close devant les phénomènes nouveaux de la polarisation et des colorations, n'est qu'une trêve qui finira, comme toutes les trêves, ou par une paix définitive, ou par une guerre sur de nouvelles bases.

Le parallélisme, dans la réfraction, est en quelque sorte corrélatif d'harmonisation, d'équilibration du chromatisme, pour en former un monocorde résultantiel, une résonnance unique qui est la lumière blanche.

Aussitôt que vous enlevez ce parallélisme, aussitôt aussi se brise la résonnance équilibrée, et le chromatisme apparaît. Ce n'est pas le lieu ici de discuter le pourquoi de ce phénomène; il suffit de bien le constater.

Fresnel a basé son système sur deux grandes expériences : 1° celle des miroirs; 2° la superposition des petits mouvements.

Or, si l'on dépouille cette construction *si élégante*, comme disent les géomètres, du prestige des détails géométriques qui l'obscurcissent, au point d'en étourdir l'entendement, elle se réduit à ceci : Une source commune, unique de lumière, frappant deux glaces légèrement déviées de la droite, et produisant des ondes inégales, interférencielles. Cette seule exposition fait apparaître le véritable phénomène, c'est-à-dire une obliquité procurée à la source lumineuse, comme le peuvent faire les prismes; et cela est si vrai, qu'aujourd'hui, dans aucun cours ou cabinet d'expériences, on ne se sert des deux miroirs, mais bien de ce prisme d'une obliquité à peine sensible que les opticiens exécutent de routine.

Ces ondes, si étranges dans leur interférence, ne sont pas autre chose que l'obliquité ordinaire, créatrice des chromatismes lumineux. Comme cela s'est retrouvé, plus tard, dans le phénomène nouveau des glaces dépolies, vues très-obliquement.

Quant au second instrument de démonstration choisi par Fresnel, le principe d'Huygens, nous n'y voyons absolument qu'un moyen de troubler l'eau pour y pêcher à volonté des ondes et des demi-ondes, qui servent d'appoint à toutes les difficultés passées, présentes et à venir.

Obliquité et sériation sont tout un, non-seulement en optique, mais en acoustique, où tout mouvement parallèle entrave les mouvements distincts qui pourraient se former.

C'est ainsi qu'on peut émettre une suite aussi nombreuse qu'on veut, aussi intense même, d'un intervalle quelconque, sans pouvoir déterminer le moindre sentiment de chromatisme ou de mouvement réel

Au contraire, venez-vous à changer ces intervalles par une obliquité quelconque, le mouvement de résolution, d'appui, apparaît à l'instant et le chromatisme ou la hiérarchie s'ensuit également.

Il doit en être de même dans toutes les parties de la nature calorifique, électrique, etc., même dans la pesanteur.

Le parallélisme ne produit-il pas l'équilibre dans les balances, cet équilibre qui est la négation apparente du mouvement, comme la même obliquité détermine cette résolution de la matière complexe, sur une autre matière complexe, suivant les lois de la *pesanteur ?*

Obliquité, égale : mouvement, résolution ; parallélisme, égale : repos, équilibre, consonnance, lumière blanche, électricité dissimulée, chaleur latente, etc.

Quoique les accès de facile réflexion et de facile transmission, de Newton, aient été et soient encore le plus beau type de l'hypothèse romanesque que puisse se permettre un savant en vogue auquel l'opinion publique ne sait rien refuser, il n'en est pas moins vrai que cette théorie contient en germe la discordance des ondes, les interférences, en un mot, avec un aspect plus philosophique ; car Newton, en parlant ainsi, s'attaquait à une propriété inhérente au mouvement lui-même ; et ceci au moins, bien compris, pouvait mettre sur la trace de cette sériation constante qu'on retrouve dans ce mouvement à propos de tout. Mais la diffraction qui courbe le mouvement à son passage près des corps, qui se colore dans les ombres, dans les défilés étroits, ne pouvait s'arranger de ce dualisme rétréci, et qui n'a pour terrain d'évolution qu'un accès de facile réflexion et de facile transmission.

Que serait-ce donc, aujourd'hui qu'il faudrait expliquer non-seulement les raies du spectre, mais leur variation d'intensité selon le changement des corps producteurs de lumière ? Une chimie nouvelle, seule, aidée des principes que nous avons énoncés, peut éclaircir des faits que chacun explique à sa façon, mais sans le moindre fondement et la moindre connexion.

En effet, tous les corps simples de la nature représentant une résonnance fractionnaire et spécialisée, distraite du monocorde par une circonstance quelconque, une nuance du spectre si l'on veut, ces mêmes corps apportent aussi en brûlant l'influence de la portion qu'ils représentent dans le monocorde de la matière. C'est ainsi que les raies importantes du cuivre sont dans le vert, parce que le cuivre effectivement affecte une somme de mouvement spécifique, qui répond au vert du spectre dans la série des métaux.

Accès de facile réflexion répondant aux proportions définies de la chimie.

Entre Newton, Young, et surtout Fresnel, la question philosophique n'a jamais été vidée. Newton admettait des accès de facile
29.

réflexion, c'était la pensée philosophique; mais, par des calculs empiriques, il déterminait les habitudes de ces accès contenus entre
des nombres pairs, 2, 4, 6, 8, etc., et des nombres impairs 1, 3,
5, 7, 9, etc., à ce point que Fresnel a trouvé là la besogne toute
faite, n'ayant qu'à substituer à l'idée de facile réflexion la théorie
des ondes combinées. Mais la théorie des ondulations a-t-elle
répondu philosophiquement à Newton en ce qui concerne les accès? Nous ne le pensons pas.

Quand Newton prétend que la lumière, NATURELLEMENT, éprouve
des accès, Fresnel et son école ne disent pas pourquoi ces accès
existent en tant que RÉGULARITÉ de reproduction. Et certes cette
constance dans les allures du mouvement était autrement sérieuse dans les idées de Newton, que dans celles d'Young et de
Fresnel. Nous comprenons parfaitement que des ondes interfè-
rent. L'acoustique seule nous le démontre à chaque pas. Mais
pourquoi les interférences se présentent-elles toujours de la même
façon et dans les mêmes proportions? Une projection d'ondes
quelconques ne produira jamais qu'un résultat informe, sans
suite, sans hiérarchie.

Là est le point important que Newton, s'il vivait, saurait opposer à Fresnel. Dans tous les phénomènes d'interférences, quelles
que soient la position, l'épaisseur, etc., la coloration reste la même,
toujours gardant une même proportionnalité. Les différences
qu'on croit y apercevoir ne viennent que de certaines circonstances
de production faciles à saisir. C'est singulièrement jouer de bonheur avec un effet aussi variable que des ondes de *millionièmes
de millimètre*, de toucher constamment à des interférences de
même nature! Si la lumière n'a pas *d'accès de facile réflexion*,
avouons au moins qu'elle possède des accès de commode interférence. Ah! c'est qu'ici, comme dans tout le reste, la question
doit être prise de haut, et Newton, le géomètre, éprouvait plus
de goût pour le compas que de facilités pour synthétiser des analogies. Dans l'optique Newton a mesuré, comme Newton a pesé
dans l'astronomie. Honneur au génie patient, honnête, exact, duquel nous tenons à peu près tout ce qu'il y a de sérieux dans les
sciences physiques, mais bien entendu avec les restrictions de la
prudence, avec les réserves pour le progrès. Revenons aux faits

d'interférence. Si vous prenez un miroir concave en verre, vous obtenez des anneaux, et, nous ne saurions trop le dire, des anneaux réguliers ; si vous prenez un miroir de métal et une lame parallèle mince, comme dans l'expérience du duc de Chaulnes : anneaux. Chosissez-vous, comme le fit M. Pouillet en 1816, un écran opaque et d'une ouverture facultative, triangulaire, carrée, oblique, etc. : anneaux ! Bien mieux, interposez-vous des poils, des poudres d'épaisseurs et de formes,—si diverses, si capricieuses que vous voudrez,—entre le miroir et le plan de réflexion : anneaux, toujours anneaux, et anneaux identiques.

Qu'est-ce donc, vraiment, qu'un phénomène si délicat dans ses moyens de production, qui, depuis des siècles, ne présente pas un exemple de variation dans ses résultats? Et faut-il tant médire des accès de facile réflexion, quand, évidemment, la science d'aujourd'hui sait nous faire voir que le mouvement, sériel de sa nature, se divise effectivement de lui-même en des productions constantes?

Mais il y a mieux : jusqu'ici nous n'avons considéré que des lames minces ou épai...s; des corps, en un mot, doués d'une certaine proportionnalité dans leurs faces, proportionnalité ridicule quand on l'oppose à des millionièmes de millimètre sans doute ; jetons donc les yeux, par un demi-temps de pluie, sur ces gigantesques anneaux colorés que, depuis Noé, on appelle *arche d'alliance, arc-en-ciel*. Ici ni surfaces planes ni infiniment - petit des interstices. Des cercles énormes, jetés sur l'espace avec une effrayante audace, et à travers des milieux incohérents et incommensurables. Que voyons - nous encore? Les anneaux, ces éternels anneaux!...

Avouons franchement qu'il faut une assurance peu commune, pour venir parler de ces ondes et demi-ondes interférencielles, de millionièmes de millimètre, quand vous vous trouvez face à face avec l'infini !...

Et l'on rit de la Bible, de Noé, ce vieux chef de tribu à qui Dieu promit son alliance, après avoir définitivement rétabli la série normale du mouvement, momentanément engloutie sous les eaux du déluge, suprême effort du vieux chaos. Python, succombant dans la mythologie grecque sous les flèches d'Apollon, dans les fables hindoues et égyptiennes, sous les efforts d'Osiris et d'Oromaze, au fond ne représentent qu'une seule et unique loi, la série, l'harmonie, victorieuse du désordre. La théorie des interférences est née dans une époque extrêmement bizarre et complétement méconnue de la génération actuelle. Nous voulons parler des temps qui suivirent le déluge de 1793! Sciences, arts, littérature, politique, tout sembla s'engloutir pour un instant dans ce gouffre de l'intolérance, excusée ou non par un *salus populi* très-contestable. Les profondes critiques scientifiques de l'école française des Bernouilli, et de l'école allemande d'Euler et d'Huygens, avaient fait naufrage dans ce cataclysme d'où il ne devait rien sortir de bon, s'il ne fût passé par le feu, c'est-à-dire par la consécration de quelque témérité de nouvelliste. Il suffit de citer cette école enfantine de la philosophie écossaise, qui, en France, avec l'aide du libéralisme tapageur de la Restauration, s'était hissée au plus haut des psychologies abracadabrantes, comme on voit un gamin coiffer audacieusement de sa casquette, une statue de Phidias qu'il vient d'escalader; et les ponsifs des versificateurs se disant poëtes, de ces dessinateurs d'académies se disant peintres, parmi lesquels Bernardin de Saint-Pierre, Chateaubriand, Staël ou Prudhon passaient pour des hérétiques.

La mort avait anéanti, ou l'exil avait dispersé les représentants des idées vraiment indépendantes, tandis qu'une liberté despotique courbait tout sous son joug de fer.

C'est de cette époque surtout que date la forme pédante des livres d'enseignement scientifiques; autrefois les auteurs, Newton lui-même, que disons-nous, Newton surtout, prenaient la peine de témoigner au public une déférence, qui est autant une marque de bon sens qu'un acte de convenance. Depuis, partant de ce pied, que la science est faite et refaite, on n'entend sous aucun prétexte se commettre avec le lecteur, et, avec ces moyens, la porte s'est ouverte commodément à tous les plagiaires, à tous ces retourneurs de phrases pour lesquels la curée se présentait si belle: autrefois, on faisait laborieusement un petit livre; aujourd'hui, on confectionne rapidement des traités où l'honneur, si honneur il y a, en revient particulièrement au fabricant de ciseaux.

Malgré la résistance si brillante et si honorable de M. Biot, il était impossible que les théories de Fresnel n'eussent pas le dessus, tant on avait hâte de rompre avec la doctrine rococo de Newton. Young, qui était un peu dans le vrai, fut donc en quelque sorte dépossédé par son continuateur Fresnel, dont le principal apport, *comme théorie élémentaire*, constituait justement la partie erronée de la question.

Car il ne faut pas se le dissimuler, à part Grimaldi, qui ne fit que remarquer cette singulière propriété de deux rayons lumineux, de produire des ténèbres, l'Angleterre, jusqu'ici, a eu l'insigne honneur de donner naissance aux deux physiciens les plus sagaces dans l'intelligence des lois optiques. Newton trouva les accès, c'est-à-dire la constance et la régularité dans le phénomène. Young trouva l'antagonisme du mouvement interférenciel ou l'annulation de deux forces opposées ; mais seulement, entendons-nous bien, après Robert Hooke, qui avait développé cette thèse du vivant et sous le conteste de Newton ; qui, sans doute, n'y vit rien à glaner.

Newton le géomètre, sur le terrain du mesurage, devait être vaincu par un arpenteur français. Mais l'idée philosophique !... Elle est en germe au moins dans la théorie des accès, comme dans les interférences d'Young.

En un mot, avec Young, la lumière (ou le mouvement) réagit sur elle-même.

Avec Newton elle constitue des groupes symétriques.

Maintenant, entre Newton et Young, Fresnel doit-il intervenir avec ses ondes et ses demi-ondes ?

Tel est au fond l'état actuel de la question. Si Fresnel a pour lui l'analogie des faits acoustiques, il a contre lui tout ce qui se rapporte au mouvement électrique, magnétique, calorique, etc., dans lesquels le mouvement semble se produire et se communiquer directement. Or, l'acoustique naît d'un mouvement STATIQUE complétement externe, le son meurt dans le vide !... En est-il de même de la lumière ?

Tonalisation de la lumière.

Nous voudrions le répéter encore: si, après avoir lu le traité immortel de Newton sur l'optique, on se condamne à passer en revue les livres modernes écrits sur le même sujet, on est frappé de la sécheresse de leur style, de la pédanterie cassante des doctrines, et surtout du peu de profondeur dans les vues générales. Nous ne plaçons pas dans cette catégorie le recueil d'optique de M. l'abbé Moigno, qu'on dirait entrepris justement pour faire ressortir la vérité de ce que nous avançons sur les traités scolastiques. Le littérateur et le philosophe décèlent dans cet excellent livre, l'esprit souverainement chercheur de celui qui l'a écrit. Dans la plupart des traités qui s'occupent de l'optique, pas un mot de philosophie qui rappelle les pensées célèbres de l'ancienne école; c'est tout au plus si l'on se permet quelques nouveautés dans les formules, en déplaçant par-ci par-là un cinquième chiffre. Aussi, de même qu'on a dit l'école de Descartes, de Leibnitz, de Newton, d'Huygens, etc., on dira, pour ce qui est de notre temps, l'école des DÉCIMALES!... Et sur les nombreux mémoires qui encombrent les comptes rendus de l'Académie des sciences, vous trouverez, tant qu'il vous plaira, des permutations de lettres dans les termes des propositions, mais d'idée générale, de pensée élevée, point; la science n'est-elle pas faite, et son temple de Janus fermé à tout jamais? Or remarquez que, philosophiquement, cette science optique est un peu moins avancée que du temps de Newton et d'Huygens. En effet, la pierre de touche d'une théorie n'est pas seulement dans la connexion de ses parties à elle-même, mais aussi dans l'analogie qu'elle acquiert avec les autres parties de la science qui sont les faces multiples de la pyramide divine. Aujourd'hui, en dehors des ondes lumineuses d'Young et de Fresnel, inventées par Huygens, qui y renonça, repoussées par Newton, l'optique est parquée dans les phénomènes qui lui sont propres, et se montre incapable de donner la main à aucun phénomène étranger à ce qui la touche directement.

Du temps de Newton et d'Huygens, d'Euler surtout, la théorie optique est mise en regard de l'acoustique dans ses parties élémentaires, et Newton laisse voir tout le long de son optique, les analogies musicales qui l'ont dirigé dans ses travaux. Euler, plus explicite encore, déclare que l'avenir des sciences physiques est tout dans l'acoustique.

On peut saisir, en se pénétrant bien des travaux de ce grand homme, quelle importance il attache à la réfrangibilité de la lumière, phénomène radical ; que d'expériences capitales dans son esprit ont été mises de côté de nos jours, et remplacées par un semblant de recherches qui vise à la rigueur des sciences exactes, par un mensonge déplorable pour une science comme l'optique, complétement hypothétique dans ses bases ! Si le temps et l'espace le permettaient, il suffirait de prendre le traité de Newton à la main, pour écraser, par le simple rapprochement, la pédanterie des études modernes. Choisissons un point entre mille !...

La lumière, supposée homogène pendant si longtemps, est décomposée, par Newton, avec un soin incroyable; il tourne et retourne cette idée sous toutes ses faces, de façon à faire comprendre l'immense importance qui la caractérise. Un rayon de lumière blanche, arrêté par un prisme, s'étale en se colorant des nuances du spectre; mais, plus loin, un autre changement, le parallélisme, par exemple, ramène les rayons divisés à l'état primitif, à la lumière blanche. Voilà le fait dans sa plus grande généralité : les rayons blancs peuvent se colorer sans perdre la faculté de revenir à leur point de départ.

Est-ce là tout?... N'y a-t-il que le parallélisme des rayons, ou une réunion des faisceaux, qui puisse amener le retour à la lumière blanche? Sans changer rien dans la disposition des instruments, ne serait-il pas possible d'obtenir le même résultat?...

Voilà où Newton devient grand et admirable!... Par des effets de mouvement brusque dans le peigne qui divise les teintes, par des rotations de couleurs, et surtout par l'*éloignement de l'œil* à l'égard du phénomène observé, il arrive à reconstruire le blanc, sans rien changer à son appareil; bien mieux, sans que le chromatisme cesse d'exister réellement. On peut dire que Newton, à ce moment-là, touchait du doigt la conclusion de l'optique.

Comment se fait-il qu'avec tant de génie il ait passé par à côté du principe? Nous ne pouvons nous expliquer cela que par la tendance de son caractère à l'hésitation, qui a donné lieu aux questions insérées à la fin de l'*Optique*, et qui resteront comme le monument le plus authentique de la fragilité de l'esprit humain : tergiversations en partie double et triple; ciel couvert de nuages, au travers duquel passent et repassent des éclairs de génie dont la puissance éblouit.

Puisque le blanc ne se produit qu'au moment où le chromatisme disparaît, par diverses circonstances entièrement dépendantes de notre organisation à nous, et ceci résulte de la proposition et de l'expérience accumulées depuis un siècle, la lumière blanche, comme le son monocordique, ne sont qu'un effet résultantiel, un ensemble de phénomènes de détail réunis en un faisceau qui prend sa cause dans notre organisme, par imperfection ou par destination volontaire de Dieu. En un mot, la lumière blanche, comme le son tonal du monocorde, sont des créations subjectives dans lesquelles l'objet se trouve enveloppé, comme en psychologie le raisonnement et le jugement enveloppent les sensations particulières de nature toute subjective. Il en est de même encore en mécanique, où la résultante des forces n'existe pas dans l'objet, dans chaque force en particulier, mais pour le sujet qui en construit la collection. Et cela ne se remarque pas seulement dans les séries élémentaires du spectre et du monocorde, mais dans les séries les plus composées de l'un et de l'autre ordre. Le fond d'un paysage, quittant les teintes variées des couleurs qui l'animent, revêt une teinte uniforme amenée par le bleu de l'air, ou par le rouge d'un soleil couchant.

En acoustique, le fait est plus frappant encore. Écoutez, dehors, une musique militaire qui s'éloigne : d'abord la mélodie et l'accompagnement se trouveront cadrer ensemble de la manière la plus harmonieuse; puis la mélodie perdra peu à peu de son importance pour ne laisser entendre que l'harmonie seule; enfin celle-ci disparaîtra à son tour, et l'on ne pourra plus distinguer que les tonalités flottantes de la basse, se balançant entre la tonique et la quinte, pour se perdre enfin dans une résonnance unique. Les Grecs avaient si bien la clef de ce phénomène, que leur

musique solennelle ne portait jamais d'accompagnement ; par
une excellente raison, c'est que cet accompagnement eût été écrit
en pure perte pour des masses aussi nombreuses, échelonnées en
plein air d'après les exigences de leurs *théories* processionnelles
ou de leurs amphithéâtres. Dans les congrès musicaux de l'Allemagne, on n'a jamais pu obtenir d'effet qu'avec des morceaux
peu surchargés de détails, et dont le chœur de *Joseph* est le type
bien connu.

Le sentiment des couleurs dans le spectre, celui du chromatisme dans la résonnance normale du monocorde, indiquent donc
une sensation plus rapprochée de l'objet en lui-même; sensation
facilitée par l'influence de corps réfringents pour la lumière, et par
une attention très-exercée, très-soutenue, pour la résonnance monocordique de corps placés dans un état particulier de vibration.
Les corps réfringents, en donnant passage à la lumière, forcent
le mouvement à se sérier suivant un équilibre normal, que nous
retrouvons dans toutes les phases de ce mouvement; de sorte qu'il
s'étale au delà du prisme dans un état qui démontre que le rouge,
plus chargé de mouvement, a souffert moins de réfrangibilité de
la part des substances qui composent le prisme, que le violet,
plus dilaté sans doute, et par cela même moins apte à forcer le
passage. Ici l'obliquité des faces du prisme fait en quelque sorte
fonction de coin, et les résultats sont en raison de l'effet opéré.

Faut-il s'étonner, après cela, qu'en dehors de la partie visible
du spectre il existe encore du mouvement, c'est-à-dire des effets
caloriques, chimiques, etc.? Si l'on se rappelle ce que nous avons
dit du choc, producteur de la lumière, ne conçoit-on pas immédiatement que le mouvement, éparpillé par l'obliquité du prisme,
devienne assez peu intense au delà du violet pour ne pas subir de
choc dans sa communication, et, pour cela même, ne reste point
sensible à l'organe de la vision, mais seulement à des instruments
d'une sensibilité relative plus considérable? L'obliquité des faces
du prisme n'est pas le seul agent de sériation du mouvement; tout
ce qui peut arracher ce dernier à l'influence tonale ou subjective
opérera le même effet : les couches minces d'huile, d'air, de savon,
les orifices étroits, les écrans; de même que le retour à la tonalité ou lumière blanche, est reproduit par tout ce qui tend à réu-

nir les rayons dans un faisceau collectif; à ce point, que le spectre
lui-même commence par être fort peu sensible à sa naissance,
comme il finit par ne plus se voir du tout à une distance considérable entre l'œil et la projection [1].

De la différence à établir entre la série, phénomène intime, et l'onde, phénomène de propulsion.

On a confondu, par le système des ondes, en acoustique et en
optique, le mouvement de propulsion avec le mouvement réel,
intime. A quoi reconnaissez-vous chacun de ces mouvements?
nous dira-t-on. Nous reconnaissons le mouvement externe à sa
proportionnalité, autrement dire à sa propriété de s'ajouter et
de se soustraire rigoureusement dans tous les phénomènes; de
façon que l'on retrouve toujours dans les détails des fractionnements la somme initiale entière.

Au contraire, le mouvement intime, réel, se reconnaît à la hiérarchie qu'il affecte, d'où il résulte des centres prédominants,
placés normalement d'après un principe qui n'a rien de propor-

---

[1] Malheureusement, l'optique n'a pu être étudiée jusqu'ici avec beaucoup de
fruit, à cause du prix excessif des instruments, et surtout à cause de la disposition peu ingénieuse de ces instruments. Pour *centrer* la moindre combinaison de
verres, de prismes, etc., il faut se procurer des appareils très-dispendieux, dont
l'ensemble représente une fortune fort raisonnable. De sorte que les phénomènes
si éclatants, si variés de l'optique, restent le privilège exclusif de quelques personnes qui ont le loisir de puiser dans les grandes collections. CENTRER une combinaison optique, voilà un résultat que n'atteint guère le public, sans en excepter
même beaucoup d'établissements importants, où l'on s'efforce de suppléer à la nécessité par tous les expédients. Nous avons fait construire dernièrement un appareil optique, qui nous semble réaliser à peu de frais les difficultés les plus insur-
montables. Dans une boîte de trente-huit centimètres de longueur sur vingt-cinq
centimètres de largeur, se trouvent contenus : 1° le meilleur microscope, armé des
plus forts grossissements connus, et des accessoires au microscope : micromètres,
loupes, appareils de polarisation des sels, etc.; 2° un appareil de polarisation de
Noremberg, de Biot, etc., formant saccharimétrie à l'occasion; 3° un microscope
solaire et à projection, capable d'exécuter, au moyen de la pile, les plus belles démonstrations de cours. Enfin, et par surcroît, dans une réserve suffisante, tout
ce que l'optique peut désirer dans des études fondamentales. Tant de choses, contenues dans un sac de voyage; de façon à transporter l'enseignement public dans
les pays les plus éloignés, comme dans les établissements les plus difficiles.

tionnel, et qui, au contraire, emprunte tout à la hiérarchie. Il existe donc une distance énorme entre le système des ondulations et le phénomène des vibrations qu'on lui soumet ordinairement en physique. La vibration est toujours le résultat d'un choc dans les phénomènes ; et n'est pas même essentielle à toute production du mouvement ; l'onde n'existe que dans les seuls cas de liquidité, où la propulsion semble revêtir cette forme. C'est par un abus téméraire de similitude que l'on a assimilé et expliqué l'acoustique et l'optique aux phénomènes de propulsion des ondes liquides, phénomène tout extérieur et *proportionnel*.

Le système de Fresnel est plein de biais tirés, tantôt de la non-homogénéité de la lumière, tantôt d'une accession ou d'une soustraction toute supposée de ces fameuses demi-ondes et de leurs fractionnements. Pendant ce temps, il profite des calculs empiriques de ses devanciers, auxquels il ajoute lui-même par des expériences très-recommandables du reste. Newton n'avait-il pas calculé, avec une rare précision, les proportions des anneaux colorés ? Les calculs de Fresnel n'ont fait que confirmer les beaux travaux du physicien anglais. De même, MM. Biot et Pouillet avaient déjà soumis au calcul nombre de phénomènes qui rentrent aussi, empiriquement, dans les formules établies et admises depuis par l'école des ondes. Fresnel a pris tout bonnement, pour le résultat de vibrations ondulatoires les formes ordinaires qu'affecte normalement le mouvement dans ses résolutions. Et avec ce qu'on nomme vulgairement le coup de pouce, quand il a été embarrassé, il a ployé les phénomènes à la théorie des ondes.

Mais son système, comme toute idée basée sur les phénomènes d'observation simple, s'arrête aussi au phénomène ; de sorte qu'au fond cette théorie optique, dont on fait tant de bruit aujourd'hui, qu'on regarde comme infaillible et définitive, n'a pas dit et expliqué un mot des phénomènes utiles en chimie, en électricité, etc. ; c'est-à-dire justement dans les points qu'il était essentiel de connaître. Fresnel, en finissant son célèbre résumé, inséré au commencement du supplément à la *chimie* de Thomson, se trouve forcé d'avouer, quoique avec des biais encore, et pas mal de réticences, qu'il reste des points très-graves à découvrir.

Ces points sont pour lui l'absorption partielle de la lumière dans la réflexion et la réfraction, soit à l'égard des métaux, soit à l'égard des corps plus ou moins transmissifs, et, enfin, la couleur propre des corps. Le premier point, le passage de la lumière à ce qu'il croit être l'état calorique, est tout bonnement la plus grave et la plus essentielle question de l'optique. Ne décide-t-elle pas la condensation du mouvement lumineux ?

De même, les influences multiples opérées par les corps métalliques, ou diversement transmissifs, contiennent également le nœud de la réaction des corps d'un mouvement défini et série, sur le mouvement libre qui leur est présenté. Encore une question radicale dans l'étude des sciences physiques. La théorie de Fresnel, que l'on nous permettra d'appeler une explication seulement, quoiqu'elle embrasse plus de faits de détail que celle de Newton et d'Young, nous semble moins philosophique au fond que celle des physiciens anglais. Newton, par l'émission, touchait aux phénomènes généraux de la physique, de même que Young, par les interférences, se rapproche des résolutions réelles et normales du mouvement intime. Fresnel, en se jetant sur les ondes et les demi-ondes, nous reporte de plus en plus vers le mouvement propulsif, externe et proportionnel, d'un corps défini contre un autre corps défini; en un mot, dans les voies de la dynamique proprement dite.

Or, de l'avis de tous les hommes intelligents, de l'avis de Newton lui-même, la mécanique n'aurait vraiment rien à faire dans ces phénomènes. La dynamique s'appuyant sur des corps définis, inaccessibles, au moins d'une façon sérieuse, à l'action intime et dominante du mouvement, ne présente, ainsi que nous l'avons exprimé, que des communications proportionnelles, par conséquent dénuées de toute hiérarchie, de toute sériation nouvelle. Un corps défini, enfin, communique la propulsion en raison directe du mouvement reçu, et en raison inverse de la résistance matérielle qui lui est opposée.

Rien ne se passe ainsi lorsque le mouvement intime est aux prises avec une matière qu'il peut remuer et façonner à son aise, ainsi qu'on en a un exemple dans les phénomènes de l'acoustique, de l'optique, de l'électricité, etc. Il s'établit des centres,

nullement proportionnels, mais hiérarchiques dans leur génération, comme cela se voit à l'égard du monocorde dans la production des octaves, des quintes et des tierces, dominant tout le
reste de la série dans les couleurs rouge, jaune et bleu, dominant aussi la série colorée du spectre dans les anneaux colorés
de l'électricité statique et de l'électricité dynamique, qui gardent
les mêmes apparences que celles qui sont observées dans l'optique.

Les phénomènes d'interférence sont exacts, puisqu'ils reposent
sur l'action exercée par un mouvement, simple d'abord, émanant
d'une source unique, mais bifurqué plus tard et rendu antagoniste par l'action des deux miroirs disposés suivant des angles
sensibles. Ce phénomène des interférences, devenu si célèbre et
si commode pour tout expliquer, est autrement vaste encore dans
la nature où nous le retrouvons à chaque pas, en chimie, en
physique, en astronomie, en physiologie, sous le nom de résolution, sur des centres prépondérants. L'antagonisme du mouvement, puis sa sériation hiérarchique, sont la clef unique de ces
phénomènes.

En effet, si vous résolvez un mouvement coloré partiel, donnant
nécessairement une nuance du spectre, vous obtenez une raie
obscure, par absorption et neutralisation de ces deux mouvements, comme, si ce sont deux faisceaux colorés de toutes les
teintes du spectre, vous obtenez du blanc. Mais ces divisions du
mouvement qui s'oppose à lui-même sont-elles dues à un simple
phénomène de propulsion ondulatoire ?

Non, certainement ; car avec une théorie semblable l'optique se
barricaderait dans son système, sans jamais pouvoir aider les
autres branches des connaissances naturelles. Nous verrons, au
contraire, qu'en acceptant la sériation normale, il ne reste pas un
seul fait physique en dehors de la conception théorique. C'est là,
où nous nous trompons fort, la pierre de touche des théories ra-
tionnelles.

Achromatisme.

L'achromatisme est dans la lumière, ce qu'est en acoustique la
résolution des déterminatives sur un centre prépondérant ; et si,

comme nous venons de le dire, deux mouvements simples se détruisent, le cercle tonal lumineux, le spectre se détruit aussi lorsqu'on lui fournit une résolution sur un centre prépondérant, d'où naît une tonalité blanche, composée, dans l'achromatisme de deux faisceaux colorés. Ici, on le sait, il n'y a plus de parallélisme nécessaire entre les surfaces, il n'y a que *compensation*. Fresnel a beau dire que ce sont des ondes et des demi-ondes qui se combinent en des proportions plus rigoureuses, ainsi que nous venons de le rappeler, le fait n'en reçoit pas une explication développable aux autres branches de la physique. Si, au contraire, vous savez reconnaître le phénomène de ces résolutions, si frappantes en acoustique, vous pourrez passer de là sans peine, par la pensée, à ce qui se passe dans les phénomènes de dissolution chimique, où la liquidité des substances, leur suspension homogène dans les menstrues, constitue cet achromatisme par compensation, qui se brise immédiatement lorsque vous introduisez dans la liqueur un corps trop prépondérant qui fait pencher la balance d'un côté ou de l'autre dans le composé. C'est un praticien qui a trouvé l'achromatisme, contre la sentence sans appel d'un calcul newtonien, en face des calculs stériles d'Euler. C'est encore aujourd'hui à des praticiens qu'il faut aller se renseigner, pour apprendre quelque chose de neuf dans cette partie. Ils vous feront toucher avec le doigt, sans s'en douter bien entendu, la règle des résolutions acoustiques, en vous montrant comment il faut opposer dispersion contre dispersion, densité contre densité, souvent dans le même morceau de cristal, de façon à rendre ridicules ces beaux calculs des savants, construits à *vide*, sous la *dictée* de l'utopie.

Impuissance du temps pour modifier les phénomènes optiques.

On se rappelle qu'Arago, ayant placé une lame de verre plane et translucide sur le trajet d'un des miroirs de Fresnel, avec lesquels on produit les franges, découvrit que ces franges produites par les miroirs à nu se trouvaient déplacées par l'interposition de la lame de verre. Si l'on raisonne, cependant, dans les principes de Fresnel, c'est-à-dire avec la pensée que l'un des miroirs, établissant un retard d'onde sur l'autre miroir, produit par cela même les franges, on verra que la lame de verre, d'après Arago, et cela est reconnu par Fresnel lui-même, constituant un retard par la différence des milieux traversés, verre et air, ce n'est vraiment pas un déplacement qui devrait s'effectuer dans les franges, mais ou une destruction, ou au moins une modification. Les franges, comme les raies de Frauenhofer, sont donc beaucoup plutôt produites par l'influence de deux rayons l'un sur l'autre, que par une division particulière d'ondes qui les constitueraient dans tel ou tel état actuel et rhythmé. En un mot, nous pensons que deux rayons s'influencent en certains points hiérarchiques, dépendant de la nature élémentaire du mouvement et de ses combinaisons; mais que cela s'opère sans aucun phénomène de *retard* ou d'*avance* dans le *temps* des mouvements, la nature intime des substances traversées étant seule pour quelque chose dans les modifications que subit la lumière.

De telle sorte que le rayon de lumière, comme toutes les autres spécifications du mouvement élémentaire, subirait des changements de la part de la matière, par diminution ou par augmentation de mouvement, mais jamais quant au temps qui règle les phénomènes. Le temps ne nous semble avoir rien de commun avec le mouvement lumineux, calorique, électrique, etc., parce que la transmission en est, sans aucun doute, inappréciable à nos moyens d'observation, malgré ce qu'on affirme des expériences fort imparfaites qu'on apporte pour édifier ces faits.

La théorie de la transmission des sons à travers l'air a seule donné un prétexte et un modèle à l'établissement de ces principes; car l'air, véhicule principal du son, se montre soumis aux lois de la dynamique ordinaire, c'est-à-dire à la communication du mouvement externe, comme des corps parfaitement élastiques et matériels. Aussi le vide éteint tout phénomène acoustique, la matière manquant : *Cessante effectu, causa deesse paret*. Mais qu'on nous cite un phénomène lumineux, calorique, électrique, etc., qui éprouve un changement appréciable par l'interposition du vide; tout le monde sait que cela n'existe pas, et cette pensée toute naturelle eût dû arrêter les physiciens sur la pente où ils glissaient : l'assimilation des phénomènes du mouvement élémentaire, lumineux, électrique, etc., avec ceux d'une véritable propulsion externe, d'un mouvement acoustique qui, à l'origine du phénomène, agit toujours matériellement, par un effet de déplacement d'un corps sur un autre corps, tous, soumis aux lois ordinaires de la dynamique et de l'élasticité. Est-ce que quelqu'un a jamais vu un effet acoustique se produisant *per se*, et ne démontre-t-on pas aujourd'hui avec le crayon l'existence matérielle des vibrations sonores? Les machines elles-mêmes se chargent de nous dessiner ces preuves, que notre cerveau affolé repousse, comme trop indignes des hautes conceptions de la science.

Pour que des phénomènes de physique puissent se soumettre aux lois du temps, au moins d'un temps qui soit sensible à nos observations, il faut qu'il y ait subséquence dans les forces produites ; or c'est ce qu'un esprit sincère et éclairé ne pourra jamais reconnaître, en ce qui touche les fluides impondérables, qu'on eût pu aussi bien appeler intemporels. Vous niez donc, nous dirat-on, les admirables observations opérées sur les éclipses des satellites de Jupiter, et tout ce qu'on a fait récemment sur les lois de la vitesse de la lumière ?

Nous ne nions rien, nous admirons même, mais nous avons peur qu'on n'ait pris bravement parfois, des effets subjectifs pour ces phénomènes objectifs qui font seuls le *quod demonstrandum*. Nous avons peur encore que le temps de la communication du mouvement lumineux ne soit, comme pour toutes les autres spécifications du mouvement, un effet de condensation opéré dans notre atmosphère, ou au moins dans le trajet du soleil à la terre. N'est-ce pas là, nous le demandons, la conclusion sérieuse et importante des belles recherches de M. Faraday sur les condensations du mouvement électrique à travers les fils du télégraphe sous-marin? Dans ces expériences, l'électricité, agent reconnu aussi prompt que la lumière, si ce n'est plus, a subi, devant la pensée d'un homme de génie, des condensations dont plus d'un physicien a lieu de s'étonner, et dont, sans aucun doute, il cherche la raison négative ou positive, tandis que cela dérive des condensations générales qu'un enfant expliquerait de lui-même. Mais que dire en ce moment sur des choses aussi mal définies que les fluides impondérables? On risque de frapper dans le vide. Tant qu'en physique les fluides lumineux, électrique, calorique, n'auront pas perdu ce caractère qui les rend indifférents à toute mutabilité par condensation, il n'y a guère à discuter avec eux. Ce sont des êtres de raison, construits par le physicien, sans existence saisissable; on ne sait où les trouver et que leur appliquer quand on a affaire à eux; c'est un fouillis d'illogicité, au milieu duquel le plus patient perd courage. Voilà pourquoi on s'est avisé de croire jusqu'ici qu'un rayon lumineux traverse l'espace sans subir aucun effet intime, n'étant soumis qu'à un phénomène de temps et d'espace. La question du TEMPS, en physique, est une difficulté de premier ordre à résoudre; ce n'est pas ici le lieu de l'aborder à fond : tout ce que nous pouvons avancer, c'est que l'examen des faits tend à l'amoindrir très-fortement, si ce n'est à l'écarter complétement, en ce qui touche les manifestations du mouvement élémentaire. Pour plus de sûreté, nous déclarons nous abstenir en doutant un peu toutefois, si l'on veut bien nous le permettre, de ces beaux romans construits sur l'apparence, encore actuelle, d'astres disparus depuis des centaines d'années.

Le monde que nous voyons est si petit, par rapport au temps absolu, qu'il est bien douteux que la nature n'ait pas agencé le mouvement lumineux de façon que nous voyions réellement ce qui est, au lieu de ne voir que ce qui n'est pas.

Dans le phénomène d'interposition observé par M. Arago, évidemment il y a une influence produite; mais cette influence n'est ni de temps, ni d'élasticité, comme on est habitué à le dire et à l'enseigner en dynamique, science qui traite des communications externes du mouvement. Ici le mouvement est intérieur, intime, et l'effet d'un corps interposé consiste uniquement dans la diminution ou le déplacement de force que le mouvement primitif doit subir. Cela est si vrai, que les corps interposables observés jusqu'ici, ont tous agi sur la nature du mouvement d'une façon franche, nette, souvent si énergique, que le mouvement est détruit par absorption, tandis que jamais nul n'a aperçu un seul effet de retard appréciable dans les expériences réalisées.

Prenez un verre bleu, c'est-à-dire un verre doué d'un mouvement intime diminué ; avec ce verre, vous allez éteindre tous les rayons d'un spectre qui iraient du vert jaunâtre au rouge extrême. Au contraire, si vous choisissez pour cette interposition, un de ces vitraux gothiques dont la belle teinte rouge a la faculté d'éteindre tous les rayons étrangers à sa nuance, vous n'observerez absolument que le rouge du spectre correspondant à la teinte de la verrine. Voilà une action passablement sensible, il nous semble, puisqu'elle est exclusive; eh bien, dans ces phénomènes, cherchez à découvrir le plus petit effet de retard, vous y perdrez inutilement vos peines.

Notre conclusion est donc que, si le temps intervient dans les phénomènes lumineux, etc., ce qui peut être, puisque, en tout cas, il y a action du mouvement libre sur des corps, en un mot, succession d'effet, le mouvement expérimental, sensible pour nous, n'est pas la cause des phénomènes d'interférence, de diffraction, etc., et c'est à la nature particulière, intime, du mouvement qu'il faut nous adresser pour en connaître les principes.

Combien Fresnel est plus dans le vrai, quand il établit les inégalités de la longueur des rayons, le chemin parcouru; rentrant ainsi dans cet aperçu admirable de Newton, qui groupe les séries en deux classes distinctes, paires et impaires; effet sériel incontestable dont on retrouve l'application dans tous les phénomènes de l'optique.

Pour bien comprendre ce qui a rapport à l'interposition des corps sur le trajet d'un rayon lumineux ordinaire, il faut se représenter cette lumière ordinaire comme étant un composé d'éléments pareils, identiques, tant qu'ils restent égaux, c'est-à-dire soumis à la tonalité normale qui constitue l'égalité dans le mutualisme. C'est donc bien à tort qu'on considère aujourd'hui la lumière blanche comme un composé de couleurs, *ab initio*, inégalement réfrangibles, ce qui veut dire inégalement et à l'origine diversement constituées. Le mouvement lumineux est *un*, quoique divisible et modifiable. Mais, à l'état tonal blanc, chacune de ses parties, si parties il y a, reste identique à l'ensemble jusqu'au moment de la modification. Venez-vous à agir sur l'ensemble, de manière à différencier l'action dans telle ou telle proportion? le mouvement élémentaire se différencie proportionnellement à l'action, et revêt les apparences variables que nous lui connaissons.

Au lieu de prendre pour exemple d'une comparaison les nuances infinies produites par le spectre, qu'on nous permette de rappeler encore une fois la comparaison que nous avons faite déjà des sept nuances principales de ce spectre à sept voyageurs riches de dix francs chacun, mais qui ont sur un même chemin de fer des distances inégales à parcourir. Si le premier ne va qu'à une unité de distance, le préposé de bureau ne lui fera payer qu'un franc; le second n'allant qu'à deux unités de distance ne payerait que deux francs, et ainsi de suite. Maintenant, faites le compte de ce qui reste à chacun : évidemment le plus riche, après le péage, sera celui qui, n'ayant qu'une unité de distance à parcourir, n'a payé qu'un franc; il lui reste neuf francs, tandis que le septième compagnon ne possède plus que trois francs seulement.

Il ne se passe pas autre chose dans l'interposition des corps translucides à l'égard de la lumière. Le rouge du spectre était blanc comme le bleu, comme le violet, avant son passage à travers la matière absorbante et condensatrice du prisme; mais il a moins de matière à parcourir que le bleu, et sa couleur, pleine de mouvement encore, affecte ces tons violents qui sont l'apanage d'un mouvement peu diminué dans sa nature, du rouge enfin. On conçoit sans peine qu'il en soit de même proportionnellement pour les autres couleurs. On devinera en même temps les effets physiologiques et chimiques qui s'ensuivent : le rouge produisant les ophthalmies que le bleu soulage ou guérit; le rouge détruisant au contraire ces fixations daguerriennes que le bleu et le violet seuls sont susceptibles d'opérer ou de favoriser; et la nature, constamment, se présentera soumise à cette proportionnalité du mouvement, si simple, qu'on s'étonne de la voir méconnue par les chimistes, qui n'ont pas d'autres moyens d'action pour reconnaître la triple génération des corps: acides, neutres, ou basiques, que le rouge, le blanc, le bleu, qui sont la représentation condensée des trois phases principales que peut affecter le mouvement dans ses apparences phénoménales.

Un mot, un seul mot suffira à présent pour expliquer la couleur des corps opaques, maintenant qu'on sait comment et pourquoi se colorent les rayons lumineux qui traversent des substances diaphanes. Ces corps opaques étant doués, par leur constitution présente, d'une somme de mouvement particulière, ils ont par là une action proportionnelle sur les rayons réfléchis, et cela avec des modalités qu'il serait déplacé de développer ici. Seulement, qu'on n'oublie pas que toute différence dans l'action opérée sur un rayon tonal par réfraction ou par réflexion, c'est-à-dire dans les corps translucides ou opaques, est constamment suivie d'une différenciation correspondante dans la couleur du rayon transformé. Les anneaux des couches d'air, des lames minces, ne sont pas autre chose que la consécration de ce phénomène général. Il en est de même dans les cristaux, où la différence de coloration, annulaire ou non, n'indique rien autre chose, sinon une différence de densité dans les couches cristallines, dévoilant ces séries éternelles qui semblent présider à la confection de tous les êtres placés dans une certaine indépendance de formation. La nature tout entière fait donc en quelque sorte fonction de prisme, c'est-à-dire de différenciation dans la répartition du mouvement élémentaire. Les corps sont colorés, parce qu'ils modifient les rayons du spectre, opposés à leur mouvement intime. Cela est si vrai, que, là où il n'y a pas de modification possible, il ne se fait pas aussi de coloration, comme cela appert pour les couleurs du spectre, déjà modifiées.

Qu'ont donc à faire, parmi ces phénomènes si clairs, si apparents, et le temps et l'élasticité ?...

C'est en chimie surtout que ces erreurs deviennent manifestes, quand il s'agit d'expliquer ces partages ou ces compensations de condensation du mouvement qu'on rencontre à chaque pas dans l'étude des phénomènes ; car, là, ce n'est plus toujours la masse, comme dans le prisme, qui produit la différence. La condensation des corps intervient aussi et surtout, comme on le voit en physique, quand on se sert de diverses substances translucides, flint-glass, crow-glass, boro-silicates de plomb, etc., et la masse n'agit, ainsi que Berthollet l'a si bien démontré, justement que par des effets de condensation accumulés, qui paraissent

lutter avec une masse plus faible relativement, mais de condensation supérieure.

Condensation spéciale, masse!... voilà deux bien grandes voies
de différenciation dans les corps.

Mais pourquoi alors, dans l'expérience des deux miroirs, de la
lumière, ajoutée à de la lumière, produit-elle des ténèbres? Parce
que le mouvement lumineux étant avant tout une force, mais
une force sériée, hiérarchique, s'oppose à lui-même quand il se
rencontre dans les conditions au-dessus ou au-dessous de ses
points sériels, fait si admirablement décrit et calculé par Newton
dans les anneaux colorés, et qu'il eut grand tort de limiter à l'i-
dée trop étroite de l'ACCÈS.

Réflexion de la lumière sur les corps.

La réflexion, comme presque tous les phénomènes physiques,
est soumise aux doubles lois du mouvement intime et de la collectivité des forces. C'est par l'obstacle, la limitation qu'opposent
les corps polis à la projection lumineuse, que le rayon est réfléchi
ou dévié de son mouvement normal, pour suivre la loi particulière du rebondissement des corps composés, sur des surfaces
composées. C'est par la loi du mouvement intime qui donne les
couleurs que les surfaces deviennent réfléchissantes, à proportion
de leur rapprochement vers la couleur blanche.

Le noir, en effet, étant la plus absorbante des couleurs, la lumière est absorbée, pénétrée par lui, comme elle l'est inégalement et proportionnellement par les autres couleurs, à mesure
qu'elles se rapprochent plus de la couleur noire, selon leur loi
expérimentale de réfrangibilité.

Plus une surface est polie et blanche, plus elle présente, sous
une surface donnée, d'opposition au mouvement externe; en
cela, elle suit la loi des solides. Plus une surface est terne, colorée, et plus elle rentre dans la loi de l'assimilation des mouvements internes, c'est-à-dire qu'elle est plus propre à se laisser pénétrer par le mouvement intime.

Le phénomène de réflexion est donc complexe ou dualisé; il

se rapporte au collectif et à l'externe : par la couleur et par la
forme des surfaces, c'est la catoptrique ; au particulier, à l'intime,
encore par la perméabilité interne : sa *nature* et sa *direction*, c'est
la dioptrique. De sorte que la réflexion n'est, à vrai dire, qu'un
phénomène de choc extérieur que les corps opposent au mouvement lumineux.

Les corps blancs et polis, repoussant le mouvement, produisent une réflexion très-énergique ; tandis que les corps dépolis
et colorés, acceptant le mouvement dans une certaine mesure,
lui impriment le cachet de leur propre état spécial, depuis le
rouge jusqu'au violet, c'est-à-dire dans les limites de la résonnance lumineuse.

Planètes, étoiles, comètes, etc., considérées sous le point de vue de leurs propriétés lumineuses.

Pour ne pas interrompre ce que nous avions à dire sur la nature des corps célestes quant à leur formation, à leur mouvement et aux considérations physiques qu'on peut en tirer, nous
avons laissé à dessein un point de la plus haute importance
dans ce sujet : leur propriété lumineuse. Les astres sont-ils lumineux par eux-mêmes ou non ? Voilà une question grave et que ne
cessent d'agiter les savants depuis qu'on s'occupe de physique.
Pour la doctrine moderne, la question est d'autant plus difficile
à résoudre, qu'elle professe encore l'existence du fluide lumineux comme existence directe, élémentaire et réelle.

Si l'on a bien compris la manière dont nous expliquons la lumière, on devancera l'explication que nous allons essayer des
phénomènes de lumière astrale. Le mouvement, répandu dans
l'univers, cherche ses limitations aussi bien dans les proportions
gigantesques des sphères que dans les phénomènes modestes de
nos microscopes. Qui s'en étonne ? L'homme voué aux préjugés
d'une éducation incomplète. Or, les astres répandus dans l'espace,
ne sont-ils pas les seules stations que le mouvement rencontre à
sa disposition ? Il s'y accumule, comme la vapeur d'eau, disséminée dans l'atmosphère, s'accumule sur les surfaces froides

et denses qui peuvent lui enlever son mouvement excédant.

Le mouvement aussi vient se condenser sur les orbes planétaires, cométaires, stellaires, etc., et, bien mieux, il s'y condense dans des proportions toutes variables, selon la densité du corps sous-jacent.

Pourquoi a-t-on été chercher ailleurs que dans cette idée si simple l'explication des taches du soleil et des modifications lumineuses de ce genre? Le mouvement diffus de l'univers, répandu dans les cieux, composés presque exclusivement de ce mouvement peu ou point allié à la matière, trouve donc ainsi des limitations, des points d'appui, qui varient considérablement, et par la densité, et par l'écartement qu'ils affectent relativement à des corps de la même espèce. Or, nous savons que la condensation est en raison directe de cette densité et du carré de l'isolement; il est donc évident que les modifications lumineuses éprouvées par les astres devront être soumises à ces lois constantes de la condensation. Comment se fait-il, avec ces idées, que le soleil soit un centre si remarquable, si exclusif même, de véritable lumière, tandis que les planètes en ont si peu?

Rien n'est plus facile que de répondre à cette question. Mais pour cela il faut se reporter à la nature du monorcorde acoustique; bien mieux, à la nature du spectre solaire lui-même. Ne regardons-nous pas le système solaire comme l'expression d'une de ces séries normales que le mouvement affecte dans la matière en action? Or, quels sont les principes des monocordes? Une dépendance des séries inférieures sur les séries supérieures; un abandon de la force individuelle à la force résultantielle; en un mot, une soumission de tous les termes de l'équilibre sériel au centre tonal. Le soleil, placé au milieu des planètes co-sérielles, attire à lui la majeure partie du mouvement, la partie la plus appréciable. Nous disons la plus appréciable, car nous sommes convaincu que les planètes, individuellement, gardent à l'œil attentif une certaine lumière propre, comme une oreille exercée sait saisir les sons, propres aussi, aux divisions acoustiques que la résonnance tonale donne dans la corde qui vibre. C'est à ce phénomène qu'on doit rattacher la lumière bleue de la lune, la lumière rouge de la terre, dévoilée par des reflets rougeâtres dans les éclipses de lune, etc., si mal expliquée jusqu'ici, et bien d'autres faits point ou peu observés chez les diverses planètes. Le soleil, par sa masse relativement énorme, par l'écartement de ses satellites planétaires et leur infériorité comme matière apte à la condensation de son mouvement excédant, éprouve ce choc, apanage d'une concentration suffisante de mouvement, et nous apparaît, à cause de cela, resplendissant d'une lumière majestueuse, bien digne d'un chef de système astral.

Mais la nuit, les corps rayonnent l'excédant qu'ils ont reçu, et, par ce flux et ce reflux, éternisent sans doute l'émission lumineuse qui est afférente au monocorde, à la série à laquelle nous appartenons. Par ce double mouvement des jours et des nuits s'expliquent aussi les phénomènes de la végétation, dans lesquels la lumière solaire joue un rôle si important.

Maintenant nous touchons du doigt aux idées si admirables de Bessel et de Laplace (bien mieux, des Grecs eux-mêmes, car c'était aussi leur opinion) sur la possibilité d'un monde d'étoiles, invisibles ou visibles, selon les époques et les circonstances.

Il suffit, en effet, de songer à l'immensité des combinaisons que peuvent éprouver les corps dans leur écartement ou leur densité, pour comprendre la possibilité de ces revirements lumineux. Il n'est pas besoin, pour cela, de supposer des combustions monstrueuses d'astres toujours en feu, ou des foyers éteints; un changement de position, une interposition de milieux, une différence de densité, tout cela peut amener le résultat que l'on cherche à saisir et à expliquer. Or, comme les séries monocordiques astrales sont emportées dans un mouvement incessant de progression, il est facile de se figurer les mutations auxquelles elles se trouvent occasionnellement soumises. Nous pensons que cette idée est au moins aussi vraisemblable, soit pour la lumière en elle-même, soit pour la différence de la coloration des étoiles, que les théories nouvelles des couleurs complémentaires, du contraste, de la rapidité de la course, de M. Doppler, etc., etc.

Dicroïsme.

Nous n'avons pas à dire ce qu'on comprend en physique par le dicroïsme; ce phénomène reste sans explication en optique; il suffit de rappeler ce qu'on désigne généralement par cette désignation toute nouvelle.

On appelle dicroïque une masse solide, liquide ou gazeuse, aux divers contacts de laquelle la lumière éprouve plusieurs colorations. Il existe telle solution pour laquelle, même le dicroïsme, est insuffisant, car on peut y remarquer des effets de tricroïsme, et, pour être plus exact encore, de polycroïsme.

Nous qui n'admettons guère que les lois très-incontestables de la réflexion et de la réfraction de la lumière, nous devons dire que le dicroïsme est : le résultat de la différence que le mouvement éprouve dans son contact avec les corps, résistance toute proportionnelle aux effets de réflexion et de réfraction que tout bon physicien saura prévoir et établir aussi bien que nous.

Remarquons, en effet, que, pour qu'une liqueur soit dicroïque, il faut que l'œil aperçoive le rayon frappant en quelque sorte les superficies de la substance, par une réflexion plus ou moins profonde. Toute réfraction est sans effet, puisque le rayon blanc n'a subi aucun changement de composition. Si en même temps on se rappelle, premièrement, que les corps les plus dicroïques sont des composés de carbone, tirés de la matière organique, ou encore la potasse, la soude, le soufre, le phosphore, extrêmement dilués, et certes à des titres bien moindres sans doute; secondement, que cette couleur affecte généralement la couleur bleue, on comprendra que la résistance au mouvement lumineux est, dans le dicroïsme, la seule cause de tous les effets qu'on observe. Si les expériences de M. Herschel, sur l'épipolisme, se trouvent prendre de la consistance, que le rayon épipolisé ne puisse être ramené à l'état naturel ; il est clair que le dicroïsme, dans bien des cas, contiendra un effet *mono-prismatique*; c'est-à-dire que les dissolutions opéreront sur la lumière une action spéciale, répondant seulement à une des nuances du prisme de verre. Le spath-

fluor vert d'Alston-Moor est dicroïque comme bien d'autres solides non étudiés.

Voilà pour les liqueurs, dans lesquelles la condensation semble
extérieure aux substances ; il existe des dissolutions dans lesquelles, au contraire, la coloration est double, quoique simultanée. Ces dicroïsmes arrivent invinciblement, toutes les fois qu'il
y a dans les substances en présence deux ou plusieurs agents de
mouvement, nettement dissimilaires. La réflexion du rayon lumineux donnera toujours la plus grande résistance, par rapport à la
transmission qui offrira la plus faible, et cela, suivant les principes que nous avons établis pour les couleurs d'après leur hiérarchie de mouvement ; de sorte que l'on aura toujours, par réflexion,
la couleur basse en mouvement, et, par transmission, la couleur
qui aura conservé la force la plus grande. M. Brewster, dans un
de ses derniers travaux, parcourt diverses combinaisons de corps
minéraux dicroïques, qui donnent tous, par transmission, une
couleur plus claire que par réflexion. Ainsi l'alcool de feuilles de
laurier réfléchit le rouge de sang et transmet une teinte olivâtre
La dissolution alcoolique de la résine, qui s'obtient par l'oxydation lente de l'orcine, donne un rouge brun par transmission, et
un vert brillant par réflexion.

On pourrait avancer sans crainte qu'il n'existe pas une seule
substance dans la nature qui n'affecte plus ou moins le dicroïsme ;
et cela pour une bonne raison : c'est qu'il n'y a pas de corps colorés assez homogènes, assez égaux dans leur construction formelle, pour ne pas opposer au mouvement lumineux une différence quelconque, une angulaison. Il est rare qu'une coloration
ne cache pas un précipité qui apparaît à la longue. Et c'est de ce
précipité naissant que sort le dicroïsme. Nous développerons cela
amplement plus tard. Les verres les plus transparents, les plus
limpides, vus par la tranche, sont toujours colorés en vert, en
bleuâtre ou en violet, selon qu'il y a excès d'une des substances
qui les composent. On attribue cela à l'épaisseur, avec une légèreté
impardonnable, sans aller plus loin, comme si justement le fait
d'épaisseur n'était pas le phénomène à observer. Du moment où
l'on voyait la matière en excès exercer une influence sur les colorations, il fallait se demander pourquoi cette influence? et l'on

fût arrivé à conclure pour la résistance ! Inégalité de résistance, telle est au fond la raison de tous les polycroïsmes.

Polarisation de la lumière.

Nous avons développé outre mesure, dans le cours de ce livre, les phénomènes de la polarisation générale. Cependant il reste, pour la lumière, à entrer dans des détails très-intéressants. C'est ce qu'il est impossible de réaliser dans une introduction déjà fort étendue; cependant il est indispensable de ne pas laisser passer ce sujet sans en dire quelques mots, tant les idées nouvelles qu'on peut y rapporter ont d'importance ! Ce qu'on appelle *polarisation*, en optique, est loin d'être l'expression ou d'un phénomène unique, ou même d'un principe unique. Nous ne connaissons aucun point de la science qui renferme quelque chose de plus complexe. D'abord, quand on prétend que la lumière se polarise, on s'exprime faussement ; car elle se GROUPE plutôt, puis se différencie. Il existe une représentation matérielle de ce fait lorsqu'on regarde la figure lumineuse qui se forme sur une plaque de cuivre circulaire, tournée récemment et non adoucie par le poli. La lumière se partage en des groupes qui expriment exactement à l'œil le fait mal étudié 1° du groupement de la lumière diffuse ; 2° de sa différentiation eu des groupes inégaux de force. Le mot *polarisation* est tout ce qu'il y a de plus impropre à exprimer un phénomène de ce genre, et le spectre solaire s'arrangerait beaucoup plutôt de cette expression, à cause de son hiérarchie réellement polarisée. C'est là, uniquement, où Fresnel a montré une véritable originalité; en comprenant, mieux que personne, les groupements de la lumière et les effets qu'on peut en tirer; idées, du reste, tout à fait indépendantes de son système ondulatoire ; quoique, pour l'observateur inattentif, elles semblent s'en déduire nécessairement.

Parmi les phénomènes dits de *polarisation*, on trouve encore quelque chose de mal classé, qui consiste dans la résurrection d'une couleur éteinte. L'expérience-principe la plus propre à déceler le pourquoi de ce phénomène, est bien certainement

celle présentée dernièrement par M. Stockes, de laquelle il résulte qu'au moyen d'un éclairage au soufre, brûlant dans
l'oxygène, des caractères tracés par la quinine, l'esculine, le da-
tura-stramonium, invisibles à la lumière ordinaire, prennent
une teinte bleuâtre. Ce fait est exactement le pendant de ce qui
s'opère à l'égard des prismes de quartz, qui ont une action plus
forte sur le mouvement lumineux que les autres prismes déjà
employés. Ce qu'on appelle donc coloration polarisée, pouvoir
rotatoire, etc., n'est réellement que la réapparition ou plutôt le
renforcissement d'effet d'une couleur faible, par l'interposition
d'un corps plus énergique à nous la montrer. Il existe ensuite
dans la *polarisation* des *traités*, nombre de faits, plus complexes
encore, entassés sans ordre, qui proviennent uniquement de l'action toute mécanique des instruments. Enfin, et ceci est le principal, l'angulaison radicale de la polarisation est un phénomène
qui se devine avec les principes de la différentiation du mouvement, mais qui n'a pas reçu la moindre solution dans l'optique
actuelle. Voilà un terrain qui demande, comme on le voit, passablement de temps et de mal pour être déblayé.

Avant de quitter l'optique, nous devrions encore nous occuper
des actions lumineuses inconnues que produit le toucher sur l'organe même de l'œil. Nous développerons ceci très-attentivement
dans le commentaire spécial à la physique; mais le lecteur n'a pas
besoin de notre entremise pour comprendre provisoirement que la
lumière, naissant d'un mouvement incommunicable, relativement, comme cela arrive même dans les corps inertes : le sucre que
l'on casse, il doit nécessairement se produire un effet lumineux
pour le *sensorium*, quand on frappe ou qu'on frotte trop vivement l'organe de la vision, ce que le vulgaire exprime énergiquement en disant que cela fait voir *trente-six chandelles*. Ce
centre d'action n'est pas plus exempt que tout le reste de la nature des effets intimes du mouvement : ce n'est pas lui qui juge
la sensation; il n'est que l'intermédiaire du cerveau. Or, et voilà
ce qui prouverait la vérité de notre théorie optique, si les faits
ne se pressaient pas pour cela de tous côtés déjà : tout mouvement
excessif dans l'œil amène un choc, produit de la lumière. Quand
un observateur ferme les yeux, qu'il se place même, si l'on

veut, dans la chambre obscure la mieux construite, et qu'il passe la main sur les paupières avec une certaine rapidité, aussitôt une lumière apparaît... une lumière proportionnelle au mouvement dépensé, et surtout à la brièveté du choc d'où doit sortir la non-communication. N'est-ce pas là une réunion bizarre, des circonstances les plus favorables à prouver notre théorie, sans sortir du sujet voyant? Et que peut-on arguer de fluide lumineux, *per se*, d'ondes et de demi-ondes? Car non-seulement on produit ainsi la lumière générale, mais encore des couleurs diverses, selon l'angulaison du mouvement qu'on fait subir à l'organe.

Est-il rien de plus saisissant que cette épreuve, et Dieu, en vérité, n'a-t-il pas donné, dès le premier jour du monde à notre intelligence, la facilité de saisir la naissance et le développement de lois aussi simples?

Pour découvrir l'optique... il suffisait de se frotter les yeux!...

CALORIQUE.

Ce que nous appelons *calorique* est cette partie du mouvement, libre, excédante, qu'on peut découvrir dans les corps par des phénomènes extérieurs. Comment ce calorique excédant s'accumule-t-il dans les corps? C'est par les différents états de résistance que ceux-ci peuvent opposer au mouvement. A l'état solide, la construction moléculaire sérielle se charge d'emprisonner ce mouvement excédant, par une condensation que nous ne pouvons bien connaître.

Dans les liquides, la molécule a encore, quoi qu'on en ait dit, beaucoup d'influence; mais ce qui l'emporte ici, c'est la pression inhérente à la nature de tout liquide : car liquidité et pression sont complétement corrélatifs, la liquidité n'étant pas dans la nature autrement que par pression; c'est-à-dire le mouvement ne s'exerçant normalement que *per descensum* ou *per ascensum*.

L'isolement produit aussi des effets appréciables, quoique moins importants que pour les solides. C'est à l'isolement qu'il faut attribuer l'augmentation du terme d'ébullition des liquides chauffés dans le verre, la porcelaine, etc. Cet isolement n'est pas ici une simple modification de la chaleur; elle constitue un liquide à part ayant une constitution moléculaire différente.

On peut aussi assimiler à ces faits celui de l'inégale réduction des métaux, d'après leur inégale facilité d'oxydation. En parcourant ces différents phénomènes, voyons d'abord ce qu'on entend par calorique latent.

Calorique latent, ou de la condensation du mouvement dans les corps.

Par calorique latent on désigne généralement la faculté qu'ont les corps d'absorber un certain degré de mouvement, non-seulement sans changer d'état, mais même sans rien laisser apercevoir de cette concentration de mouvement. On dirait que c'est la portion de mouvement qui peut se communiquer de proche en proche à la masse, sans nouvelle limitation. En un mot, par calorique latent, on comprend généralement tous les faits que nous avons attribués à une condensation du mouvement dans les divers états de la matière.

Il n'est pas douteux que cette inégale condensation du mouvement dans les corps n'indique une différence réelle dans la contexture intime de ces corps; de façon que quelques-uns opposent une résistance plus grande au mouvement, tandis que bien d'autres, étant dans de moins bonnes conditions pour opérer cette condensation, n'atteignent jamais ce résultat; de même qu'entre deux solides d'égale volume, l'un demandera une grande accumulation de forces pour être déplacé, tandis que l'autre ne résiste pas au plus petit effort.

D'après ces idées, que nous n'avons fait qu'ébaucher au chapitre de la métallisation, nous nous trouvons forcé de changer de fond en comble tout ce qui s'est dit jusqu'ici sur le calorique. Commençons par établir la doctrine généralement professée.

Elle remonte, pour les études récentes, à Lavoisier, d'une manière évidente, et Berthollet, dans sa *Statique*, a complété là-dessus ce que son maître et son émule avait pu laisser d'incomplet. Lavoisier compare la présence du calorique, dans les corps, à l'interposition du sablon entre des balles représentant les molécules élémentaires. Plus l'espace qui sépare les balles ou molécules sera considérable, soit par l'écartement seul, soit par la différence polygonale des molécules, plus il s'y introduira de sablon ou calorique.

C'est toujours sortir d'affaire par le matérialisme d'Épicure, de Descartes et d'Ampère. Donc, un corps est doué de plus ou moins de capacité pour le calorique, suivant que ses molécules sont plus ou moins écartées.

Tout ce qu'on a refait là-dessus, depuis le célèbre auteur du *Traité élémentaire de chimie*, n'est qu'une redite et ne peut en différer que par moins de clarté et de bonhomie. Mais le calorique, ainsi répandu dans les corps avec la seule faculté de plus et de moins, ne garde aucun mécanisme qui permette d'expliquer son existence progressive, sa vie à lui, qui est le mouvement élémentaire. Il faut de toute nécessité recourir encore là, comme pour l'attraction, à une propriété occulte, celle de la répulsion. L'état vague, aveugle, de la physique actuelle, les phénomènes contradictoires qu'elle présente, indiquent assez que la théorie n'explique qu'un fait seul parmi tous les faits caloriques, celui de cette distension, qui, en effet, est la partie formelle, la plus générale qu'on connaisse, dans les corps qui lui sont soumis. Mais comment se tirer des cas où le calorique, au lieu de distendre ces corps, les rapproche et les condense, comme cela arrive pour les gaz notamment? On ne s'en tire pas, voilà tout.

Admettons, comme nous l'avons fait au chapitre de la métallisation, que les corps, divisés élémentairement en séries, qu'on pourra appeler *molécules*, si l'on veut, soient naturellement aptes à limiter le mouvement; ce fait devient la base de toute physique, et la matière fait équilibre au mouvement d'après les principes que nous avons cherché à établir dans la première partie de cette introduction. Or le mouvement commence par envelopper chaque molécule dans un état de condensation, en raison directe de la densité de la molécule et de son éloignement des autres molécules, ou de l'écartement du système des molécules composant le corps en question. Donc, outre le mouvement, outre le calorique, si l'on veut, nécessaire à la série du corps pour se constituer, il s'établira autour de chaque série moléculaire un mouvement diffus, libre d'abord, qui composera absolument la même atmosphère, en petit, que celle qu'on remarque sur les corps électrisés ; car l'électricité procède justement par les mêmes principes et nous donne la clef, en grand et très-ostensiblement, des voies suivies en petit par la nature. Seulement la machine électrique, avec sa roue, ses frottoirs et ses pointes, disparaît ici et se résume en un corps dense d'un côté, en un écartement de l'autre.

Le mouvement diffus, cherchant constamment de nouvelles limitations, se condense de lui-même dans l'intérieur des corps à la surface des molécules, et sa condensation suit les lois qui ne diffèrent que par une saine théorie, des lois empiriques établies dans la physique moderne. Nous pouvons donc, sans inventer de nouveaux mystères, comprendre et expliquer la faculté répulsive de la chaleur, comme déjà nous avons fait voir la force incessamment agissante du mouvement, produisant le phénomène de la limitation, d'où l'on a tiré l'attraction. Mais, le mouvement étant une force, et, à ce moment-là même, une force condensée, ce qui veut dire surajoutée, il est clair qu'il va se faire équilibre à lui-même par des antagonismes d'autant plus énergiques que son accumulation sera plus grande. C'est aussi ce qui a lieu : l'écartement ou la répulsion devient une suite nécessaire de la tension du mouvement par condensation.

Ne répugne-t-il pas à la pensée de supposer, d'après la théorie actuelle des balles et du sablon, que les corps les plus capables de calorique, étant ceux qui offrent les pores les plus nombreux, soient justement ceux qui en ont le moins : témoins le bois pourri, le charbon et les gaz ?

Lavoisier, dans sa loyauté scientifique, et mécontent des doctrines qui expliquaient la répulsion par la répulsion, cherche à revenir à l'attraction toute seule, comme s'il eût eu le pressentiment de l'importance des phénomènes de la limitation. Voici comment il s'exprime : « Rien de plus simple que de concevoir qu'un corps devient élastique en se combinant avec un autre qui est lui-même doué de cette propriété. Mais il faut convenir que c'est expliquer l'élasticité par l'élasticité ; qu'on ne fait par là que reculer la difficulté, et qu'il reste toujours à expliquer ce que c'est que l'élasticité, et pourquoi le calorique est élastique. »

Plus loin il ajoute en parlant des gaz : « Il faut convenir en même temps qu'une force répulsive, entre les molécules très-petites, qui agit à de grandes distances, est difficile à concevoir. »

La densité ou limitation puissante est beaucoup plus vraisemblable, et les faits s'expliquent d'eux-mêmes dans cette hypothèse. Bien mieux, on conçoit plus facilement les différences qui peuvent naître ainsi, dans le mouvement général, pour prendre la forme spéciale attribuée au calorique. La division du calorique latent et du calorique libre se fait aussi de soi, et l'on devinera avec la plus grande simplicité que, dans l'acte de la combinaison des gaz, les deux caloriques, autrement dire les deux mouvements 1° intérieur, ou de sériation ; 2° extérieur, ou de condensation, se réunissent, par le phénomène de la limitation, pour constituer une série nouvelle, qui est le passage de la série gaz à la série liquidité. Dans la liquidité, en effet, les choses ont changé complétement et de forme et de propriété ; car des deux mouvements spéciaux il ne reste aucun souvenir : la série, forme essentielle de la matière, a pris un nouveau caractère dont le rapprochement est difficile à tenter, pour ce sujet, dans l'état actuel des études.

On a cherché, comme toujours, à expliquer ces faits si simples, par des mouvements polygonaux de la matière ; mais, dans ce cas, on ne sait dire ce que sont devenus les caloriques latent et libre qui composaient individuellement les deux gaz.

Rien qu'en songeant au simple phénomène d'écartement des séries, dans lesquelles la densité amène une condensation, on voit surgir des phénomènes de la plus grande curiosité.

Une barre de fer, à laquelle on attache des poids considérables, s'échauffe considérablement au point où elle doit rompre postérieurement. Ici on ne saisit d'autre fait mécanique que l'écartement moléculaire amené par la traction des poids.

« La compression, dit Berzelius (pag. 89, vol. I de sa *Chimie*), diminue la capacité des corps pour la chaleur et met du calorique en liberté. Par exemple, quand on passe un métal à la filière ou au laminoir, son volume diminue ; il devient plus dense et perd de sa chaleur spécifique. »

En effet, tout ce qui tend à rapprocher les groupes moléculaires tend aussi à déterminer une communication de mouvement condensé plus efficace ; de là naît, non pas une chaleur spécifique diminuée, comme le comprennent Berzelius et les physiciens, mais une condensation moins énergique, par faute d'isolement.

Le fait cité plus loin par le même auteur est digne d'être rapproché de ceux-ci : « Que l'on taille une bandelette de gomme élastique qu'on échauffe jusqu'à la température du corps ; qu'on la pose ensuite contre les lèvres sèches, et qu'on l'étende avec force et rapidité, on sentira manifestement qu'elle s'échauffe, et, si l'on porte assez d'attention, on reconnaîtra aussi qu'elle se refroidit en revenant sur elle-même. »

Le secret de toutes les actions calorifiques et frigorifiques est, dans ces quelques exemples, tout ce qui tend à écarter les molécules des corps, produisant une condensation du mouvement.

Le mouvement relatif des liquides et des gaz, dans lesquels l'écartement, obtenu primordialement ou artificiellement, produit une tension énorme de mouvement ou calorique, par défaut de communication possible entre les molécules ; d'où résulte une limitation constante cherchée par ces mêmes liquides ou gaz vers les corps solides, sur lesquels, à leur tour, ils s'établissent dans un état de condensation très-remarquable, nous donne encore là le modèle le plus palpable des voies que suit moléculairement le mouvement élémentaire dans ses condensations.

En effet, quand on interroge sérieusement la nature, il est rare qu'elle ne répète pas, à des octaves différentes, en des proportions variées, les phénomènes inaccessibles à nos observations dans l'infiniment petit. La condensation des vapeurs de l'atmosphère sur les corps denses et froids, celle des gaz, dans des circonstances à peu près identiques, sur le charbon, le platine, et même sur tous les corps ou des proportions diverses, celle de l'électricité sur les corps dits *conducteurs*, voilà autant de preuves d'une action intime; moins apparente sans doute, de molécule à molécule, mais non moins vraisemblable. C'est là l'anatomie comparée des sciences physiques, et le préjugé seul nous a empêché jusqu'ici d'en profiter. Comprimez solides, liquides ou gaz, il en sortira du mouvement, comme on obtient de l'électricité par l'entremise des condensateurs électriques ; distendez solides, liquides ou gaz, vous produirez du froid, car la condensation qui se reforme emprunte les éléments qui lui sont nécessaires pour se reconstituer dans le premier état d'écartement.

La constitution de la série élémentaire est donc tout dans le phénomène du calorique ; c'est elle qui règle la densité de la molécule, aussi bien que l'écartement normal de toutes les parties entre elles.

Et quand il s'agit de joindre ensemble deux séries dissemblables pouvant former une série supérieure, il faut recourir aux moyens que nous offre l'acoustique du mouvement, c'est-à-dire tonaliser, en imprimant à chaque série, jouant alors le rôle des tétracordes, ou membres disjoints, une influence générale qui les embrasse tous pour les réunir dans une sériation commune et supérieure sous l'influence d'un déterminatif, qui est l'oxygène ou ses congénères, le chlore, etc. ; et cela dure tant que dure la circonstance particulière qui s'est imposée aux séries définies et isolées. Le moindre choc, le moindre accident peut tout déranger, et, en détonalisant, rendre chaque terme individuel à l'existence qui lui était propre avant la jonction qui s'est opérée.

Cet asservissement momentané de séries inférieures et dissemblables, à un cercle tonal absorbant, engendré par des déterminatifs de nature très-variée, est un des phénomènes les plus profonds sur lequel la physique ait à appesantir ses méditations. Qu'on ne pense pas que nous allons en développer les éléments et les résultats dans une esquisse aussi rapide que celle-ci. Les physiciens ont, avant cela, toute une science à apprendre et bien des réflexions à faire ; car jusqu'ici ce qu'ils possèdent est loin de leur donner l'idée de ce qui reste à conquérir. Qu'il nous suffise de dire ici : qu'asservissement et combinaison sont tout un, et que deux séries différentes ne peuvent absolument se joindre, que

sous l'impression d'une tonalité enveloppante ; comme on le remarque dans les phénomènes tonalisants de la liquidité, de la
chaleur rouge, de l'électricité, de la lumière, etc.

Mais ceci devient accessoire à ce qu'on peut traiter du calorique, et doit être reporté au chapitre de la combinaison.

Vaporisation, volatilité, odeurs.

La volatilité est une limitation de mouvement externe par une
composition intime très-résistante au mouvement de condensation, un effet de dispersion du mouvement diffus. Les corps mauvais condensateurs sont généralement volatils. On pourrait donc
définir la volatilité : une résistance à l'accumulation latente de
mouvement, à la condensation de ce mouvement latent, en un
mot. Aussi, quand à un corps mauvais condensateur de mouvement on ajoute un peu de ce mouvement libre, la volatilité en
résulte-t-elle immédiatement ; c'est-à-dire que le corps, opposant
une faible résistance au mouvement qui tend à le gazéifier, passe
à l'état de distension qui caractérise ces sortes de fluides.

Il arrive des cas cependant où une action toute mécanique peut
aider à la condensation anormale du mouvement dans certains
liquides : par exemple, l'eau, aidée d'une pression considérable,
condense une portion de mouvement beaucoup plus élevée qu'elle
ne le ferait dans les circonstances de vaporisation que nous sommes habitués à lui voir contracter. Il en est de même du phénomène observé par M. Galy-Cazalat, et qui consiste à développer la
température de l'eau au-dessus de son point ordinaire d'ébullition,
au moyen d'une couche d'huile ; de la sorte, elle atteint $+ 123^{\circ}$
avant d'entrer en vapeurs.

L'huile agit ici, non-seulement par la simple pression, mais
par une difficulté de conduction de mouvement, qui force l'eau
à en condenser au delà de sa faculté normale. Il est à remarquer,
comme nous l'avons dit tant de fois, que les corps mauvais condensateurs du mouvement retiennent plus particulièrement ce
mouvement à leur surface, avec une faible condensation ; de
sorte qu'ils forment une classe à part : *de condensateurs superfi-*

ciels qui les a fait appeler idio-électriques, en ce qui touche les phénomènes de ce dernier ordre. Or l'état de vapeur se distingue, on peut le dire, de l'état des gaz permanents, en ce que les vapeurs s'élèvent dans l'atmosphère, sans aucun doute, à l'état liquide encore, quoique vésiculaire, tandis que les gaz permanents auraient une composition beaucoup plus élémentaire. Supposons donc que les liquides mauvais condensateurs de mouvement conservent, dans leur état vésiculaire, cette propriété qu'ils ont à l'état liquide, de condenser seulement le mouvement à leur superficie; il arrivera de cela justement qu'ils seront facilement enlevés dans l'atmosphère à l'état vésiculaire, par cette puissance de mouvement superficiel qui entoure les petites vésicules dont ils sont formés. Aussi remarque-t-on que les liquides mauvais condensateurs sont odorants et généralement volatils: bien mieux, que tous les acides en *eux* le deviennent, quoique celui en *ique* ne le soit pas toujours, par ce fait que la condensation, le mouvement apporté par une certaine somme d'oxygène ayant disparu, une plus faible condensation ramène la volatilité, comme si ces corps peu condensateurs intimement, n'étaient capables que d'une condensation *en masse*, extérieure par conséquent.

D'après nos théories, il y a peu à s'étonner du phénomène pourtant si curieux de l'interposition de l'huile dans l'expérience de M. Galy-Cazalat, quand on songe que l'air, dans l'ébullition ordinaire, joue en définitive le même rôle que joue l'huile dans le dernier cas. Sa plus ou moins grande conduction fournit une pression que nous attribuons bien à tort aujourd'hui à son poids spécifique, sa nature intime jouant là dedans le rôle essentiel et important. Qu'on varie l'expérience ci-dessus avec des gaz, des liquides et même des solides de natures calculées, on sera fort étonné des résultats concordants qu'ils sont à même de fournir.

C'est ainsi, et par ces seuls principes de la différence dans la conduction du mouvement élémentaire, et non pas de la chaleur, que l'on peut trouver la clef des autres expériences qu'on est dans l'habitude de citer sur les anomalies de l'ébullition des liquides. Les vases de verre, surtout ceux dans lesquels de l'acide sulfurique ou une dissolution de potasse concentrée ont séjourné, élèvent la température de l'ébullition de + 105 à 106°, et jusqu'à 132°, si l'eau est parfaitement purgée d'air; et ces phénomènes sont souvent accompagnés de soubresauts, qui à eux seuls auraient dû suffire pour dénoncer la difficile conduction du mouvement.

Au lieu de cela, qu'on fasse intervenir un métal condensateur du mouvement, soit comme vase servant à l'ébullition, soit même en grenaille, dans le liquide, les phénomènes disparaîtront complétement ou s'amoindriront dans des proportions faciles à prévoir. On a expliqué ces faits de simple condensation du mouvement, en présence de tel ou tel corps, par beaucoup de raisons, dont la plus sérieuse est la présence ou l'absence de l'air interposé ou en dissolution dans les liquides. L'air agit ici évidemment, comme la limaille de fer, avec des proportions qui lui sont propres, mais n'est pas la seule cause et encore moins l'explication définitive, complète, du phénomène.

L'industrie et les gouvernements, souvent placés par des circonstances désastreuses en face du danger de l'explosion des machines à vapeur, ont demandé tour à tour des explications et un remède à la science. La science a cherché dans les expériences et dans les théories dont elle dispose, et elle n'a trouvé que l'air, pour se tirer de là, ainsi que la constatation de l'incrustation; c'est fâcheux, car il est évident que, le plus souvent, les accidents des chaudières ne se produisent que sous l'influence de *certaines* incrustations seulement. Or, nous le demandons à la physique comme à la chimie, avons-nous aujourd'hui une seule théorie générale à laquelle il soit sérieusement possible de rapporter de pareils faits?

Tout les gens raisonnables répondront... non...

Une différence dans la conductibilité du calorique n'est pas en jeu entre le métal de la chaudière et la surface encroûtante, car le calorique tel qu'on l'explique ne produit pas un fait de cet ordre. Nous en dirons autant de la pression plus ou moins grande attribuée à l'air ambiant ou interposé. L'air, compris par la pesanteur barométrique, n'a pas plus affaire là dedans; les différences sont trop minimes. Nous passerions en revue, l'une après l'autre, chacune des hypothèses qu'on peut tirer des théories présentes, que nous ne trouverions rien de plus satisfaisant.

Il faut donc prendre les choses de plus haut, et, revenant à la loi du choc que nous avons développée ci-dessus, voir que, dans ces phénomènes si pleins d'anomalies en apparence, il se passe tout bonnement un fait de sur-condensation, qui n'est exceptionnel qu'à nos yeux prévenus, et tout naturel si nos idées, s'agrandissant à la hauteur des faits usuels, voyaient aussi largement que la nature agit elle-même. La théorie des chaudières à vapeur nous représente, pour la chaleur, ce que nous sommes habitué à prévoir tous les jours pour l'électricité. En effet, nous ne savons développer des phénomènes électriques qu'en entourant les surfaces électrisables, que nous appelons, nous, condensatrices, au moyen de substances peu condensatrices. Alors nous voyons naître ces effets de condensation électrique qui étonnent les plus habitués : étincelles, foudroiement, etc. Pourquoi en serait-il autrement en ce qui regarde le calorique, autre mode du mouvement?

La chaleur, répartie entre une chaudière métallique et un liquide aérifié, suit, tout le temps que dure cet état, les voies qu'on s'est efforcé de calculer avec le plus de soin possible ; mais si, par des phénomènes d'incrustation, la couche métallique se trouve recouverte intégralement d'une substance inattendue et peu condensatrice du mouvement, ce mouvement, calorique ou non, par le choc qui doit en résulter, s'exalte au point d'imposer au liquide ou à la vapeur d'eau des tensions, dites anormales, et qui, à un moment donné, s'échappent en vapeur sur-tendue en brisant tout ce qui leur fait obstacle. C'est, dans un autre ordre et de forme et de force, ce qui se produit dans l'expérience de M. Cazalat. La chaleur arrive au liquide vaporisable par n'importe quelle conduction; *ce n'est pas par là* que commence le danger, c'est quand il s'agit de la communication du mouvement condensé dans la vapeur. La couche incrustante n'est plus propre à lui offrir une libre circulation, et la force de tension emprisonnée finit par éclater.

Tout ce qui a été dit ou écrit sur la vaporisation se ressent d'une préoccupation unique, la pesanteur atmosphérique. Or, les faits

que nous venons de citer se placent en dehors de semblables prévisions, et montrent de quelle importance sont les contacts de
corps à corps, même en ce qui touche l'ébullition et la vaporisation des liquides à l'air libre. Sans doute, l'air entre pour beaucoup dans les calculs qu'on doit faire, mais il n'y entre pas seul.
On se convaincra d'autant plus des faits ci-dessus, qu'on multi-
pliera les expériences du genre de celles qu'a tentées M. Galy-
Cazalat, en variant les liquides superposés et les corps ambiants.

Les liquides, dans les vases de verre, ayant la faculté d'élever
leur température de 5 ou 6 degrés au-dessus de la vapeur qu'ils
émettent ordinairement, montrent que, en cela, ils subissent une
condensation de calorique amenée par la nature du vase qui les
contient; tandis que la même substance à l'état de vapeur, échap-
pant aux influences de condensation, garde la température normale de $+$ 100 degrés.

De la viscosité.

Nous avons montré que la physique, en expliquant l'état des
corps : solide, liquide et gazeux, par la forme des molécules, s'est
montrée purement matérialiste, sur les traces de la Grèce et de
Descartes; la viscosité, comme l'acidité, l'alcalinéité, etc., ont été
expliquées de la même façon, surtout par Ampère, qui a fait le
portrait géométrique de chacune de ces propriétés des corps. Cependant, n'est-il pas plus simple de se demander, à l'égard de la
viscosité, par exemple, si cela ne proviendrait pas beaucoup plutôt d'un effet de la nature intime des corps, et de leur capacité
spécifique pour le mouvement?

Il est à remarquer que les corps sont d'autant plus visqueux,
qu'on peut les classer dans les catégories de substances le moins
douées de mouvement : ainsi tous les carbures d'hydrogène, l'a-
cide sulfurique, qu'on a même appelé huile de vitriol, le phosphore, sans en excepter même les éthers et l'alcool, dont la viscosité est dissimulée par l'extrême volatilité, mais qu'on découvre encore facilement en les promenant autour du verre qui les
contient. Ne pourrait-on pas conclure de là que les substances

dites volatiles sont justement des corps peu condensateurs du mouvement, ainsi que nous l'avancions il y a un instant? En effet, du moment où ces corps ne se montrent pas aptes à condenser le mouvement intérieurement, c'est qu'ils lui opposent peu de résistance de ce côté, et que tout son effort est employé à les faire passer extérieurement de l'état liquide à celui de gaz ou de vapeurs. C'est aussi ce qui arrive à l'eau placée en de certaines conditions ; le mouvement qu'on lui imprime la fait entrer en vapeurs dès 100 degrés au-dessus de zéro, sa condensabilité restant à l'état que nous avons appelé normal. Au contraire, augmente-t-on, par une circonstance particulière d'isolement, de communication du mouvement, la faculté condensatrice de l'eau par son ébullition dans le verre, etc., elle n'entre alors en vapeurs qu'à + 105-106 degrés, et quelquefois purgée d'air, à 132 seulement.

Dans les substances volatiles, le mouvement qui leur est appliqué, ne rencontrant intérieurement, sans doute, qu'un faible obstacle, est tout employé à leur volatilisation, au lieu de s'emmagasiner dans une combinaison de liquidité qui le laisserait à l'état latent. La viscosité nous montre le phénomène de la non-condensation du mouvement sous un nouvel aspect.

Le corps solide, ne pouvant pas condenser le mouvement dans une proportion suffisante pour atteindre une liquidité complète, reste dans un état intermédiaire qui n'est ni solide, ni liquide, et que l'on a désigné sous les noms de pâteux, visqueux, suivant les circonstances. De sorte que la viscosité, comme la volatilité, qui semblent séparées par des phénomènes tout opposés, dérivent au fond de la même cause. Ce sont toujours des substances auxquelles la faculté condensatrice a été refusée, et qui, pour rester visqueuses comme pour atteindre la volatilité, emploient extérieurement, sans condensation intérieure, tout le mouvement qui leur est offert. Les phénomènes de limitation, par le contact de corps divers, aidés du calorique, modifient profondément les propriétés que nous venons de parcourir; c'est ce qui résulte des travaux très-remarquables de M. Marcellin Berthelot, sur l'influence des corps composés : chlorures alcalins et terreux, etc., mis en présence des matières organiques. Dans tous ces cas, le pouvoir rotatoire, le point d'ébullition, l'odeur, la densité, éprouvent des changements importants.

Odoriférence.

Il est inutile de faire remarquer que la faculté de porter des odeurs saisissables appartient surtout à ces deux classes de substances, et leur donne ainsi un point d'union qui n'est pas d'une faible importance dans l'étude physiologique qu'on pourrait en faire. Ces substances, ne pouvant pas résister au mouvement libre ou diffus qui les atteint et les pénètre, par un phénomène de la condensation qu'on retrouve dans certains autres liquides, comme l'eau, par exemple, ce mouvement tantôt les volatilise et les dissémine sous cette forme dans l'espace, tantôt se réfléchit sur elles seulement, en acquérant de certaines propriétés qui le spécifient et l'individualisent au point de produire, sur notre sens olfactif, le sentiment des odeurs, ainsi que nous en avons donné une idée suffisante au chapitre de la liquidité

Effet du calorique, sur la vapeur d'eau répandue dans l'atmosphère.

Si la lumière, en tout temps, dissout l'oxygène fixé dans la végétation : dans les jours longs et brûlants de l'été, elle parvient à dissoudre ce composé d'oxygène et d'hydrogène qu'on appelle l'eau, par ce phénomène si vulgaire de l'évaporation ; et, sans se décomposer sans doute, les vapeurs aqueuses se soutiennent dans l'atmosphère, tant que le mouvement libre excédant, déterminé par la chaleur et la lumière solaire, continuent de rester dans cet état de liberté et de diffusion. Mais ces vapeurs aqueuses, s'agglomérant incessamment dans l'air, finissent par se rapprocher en forme de nuages, et par condenser leurs parties, dans une proportion qu'on peut établir sur les facultés de saturation du mouvement libre atmosphérique. Une fois que la vapeur d'eau a atteint cette condensation suffisante, le mouvement lumineux ou calorique, rencontrant une limitation nouvelle dans l'espace, change de nature, suivant le phénomène de la condensation, devient électrique, autrement dire doué de tension, et comme les nuages présentent des différences dans cette tension, ils s'électrisent aussi diversement; de manière à fournir des résolutions électriques par neutralisation des électricités contraires, d'où naissent les orages, la pluie, la grêle, et tant d'autres phénomènes accessoires à cet état météorologique.

La théorie que nous développons nous place ici en face de deux faits très-curieux, et sur lesquels les physiciens se sont exercés à l'envi, sans parvenir, que nous sachions, à les résoudre clairement. D'abord, la grêle ne tombe guère que dans les saisons chaudes et dans les jours les plus brûlants de l'année; l'apparition d'eau glacée, à ces époques, avait des raisons pour étonner les moins difficiles. Cependant il nous semble que le mouvement libre, en se condensant et en se résolvant par des effets électriques, explique tout naturellement la solidification instantanée des vapeurs d'eau, délaissées subitement par le mouvement en excès qui les dissolvait. Aussi, la grêle précède-t-elle presque toujours les orages; même à notre appréciation vulgaire, on pourrait dire toujours sans restriction, si des circonstances particulières de résolutions électriques, successives, ne nous donnaient quelquefois le change sur la véritable détermination de ces résolutions électriques.

Par la soustraction instantanée du mouvement en excès qui soutient la vapeur d'eau, l'eau se congèle, et cela en des limites de temps déterminées par toutes les circonstances dépendantes de la transformation, par condensation des mouvements diffus, lumineux et calorifiques en électricité, puis enfin de la résolution des deux électricités contraires en une seule.

Mais, deuxième difficulté, pourquoi les grêlons sont-ils composés de couches concentriques, séparées entre elles, au lieu de présenter cet aspect uniforme que revêtent les corps gazeux ou liquides dans leur solidification ordinaire?

Voilà où nous attendions les météorologistes.

Quelque hypothèse qu'on ait imaginée, ballottement, etc., rien n'a pu sérieusement rendre raison mécaniquement du phénomène des couches séparées.

Si dans les chapitres relatifs au mouvement élémentaire on a pu saisir les allures qu'il emploie dans ses manifestations, on saisira immédiatement la composition des couches de grêle. Tout dans la nature se produit et se classe dans le même ordre. La grêle nous offre en petit la composition des mondes. Le mouvement d'abord diffus, en excès relativement, se condense peu à peu comme un nuage dans notre atmosphère, comme une nébuleuse, une comète dans les contrées lointaines du ciel. Ce phénomène de condensation est bientôt suivi d'une transformation du mouvement élémentaire, en mouvement de tension, vulgairement appelé électrique; lequel mouvement de tension, se développant avec les phénomènes, finit par rencontrer une autre tension complémentaire, qui résout les deux parties séparées dans un tout défini, semblable à la neutralisation électrique, chimique, tonale, lumineuse, etc.

Mais que deviennent les corps primitivement solides, gazéifiés et tenus en suspension par le mouvement en excès, lorsqu'il n'était encore ni condensé ni résolu?

Abandonnés par la force qui les soutenait, ce qui explique la brièveté de ces pluies glacées, ils se contractent subitement, en reproduisant cette forme typique universelle, qui représente un chétif glaçon pour la vapeur d'eau atmosphérique, et qui constitue une sphère céleste, quand le phénomène s'opère lui-même entre des nébuleuses.

Cette condensation est loin de s'arrêter à la grêle. On peut dire qu'elle atteint bien d'autres substances dissoutes dans l'atmosphère, comme la vapeur d'eau elle-même.

De là ces formations d'acide nitrique, d'ammoniaque, de soufre, d'oxyde de fer, de matières charbonneuses indiquées seulement par Fusinieri, et qu'on rencontrerait en plus grand nombre encore sans doute si l'on observait mieux et plus souvent.

Les étoiles filantes et la chute des aérolithes sont placées entre la production des sphères célestes et celle du chétif grêlon; ce sont toujours des concrétions subites, qui s'opèrent par les phénomènes successifs de condensation et de résolution dont nous venons de parler. Les lieux de production, l'importance des phénomènes, peuvent varier, les principes restent identiques.

Il est inutile de faire remarquer que, dans le grêlon, la série ne peut guère apparaître que par une différence dans l'opacité et la translucidité de la masse glacée; l'eau, étant un corps défini, ne peut être mise sériellement sur la ligne d'une vaste condensation nébuleuse, où les principes de la matière se trouvent dans cet état de composition complexe d'où naissent, sans doute, les concrétions stellaires.

Connexion des fluides lumineux, calorique, électrique, dans le phénomène des transports de matière.

Il y a quelques années, M. Moser, physicien allemand, découvrit un phénomène singulier, et qui, depuis des siècles, passait tous les jours sous les yeux des savants sans parvenir à attirer leur attention. Nous voulons parler de la reproduction des images par juxtaposition. Si l'on place une médaille ou tout autre objet métallique gravé en creux ou en bosse sur une plaque métallique bien polie, comme cela se pratique notamment avec les plaques du daguerréotype, au bout d'un temps variable, selon les circonstances, on obtient une reproduction plane de l'objet gravé sur la plaque polie. M. Moser, d'après des études les plus éminentes, consignées dans de nombreux mémoires, crut devoir attribuer ces transports de matière à l'action de la lumière.

M. Knorr, son compatriote, reprit les mêmes expériences, avec des données toutes différentes, il crut établir que ces images étaient dues à une différence dans la chaleur des plaques, et fit voir que ces impressions sur la plaque unie entraient bien plus profondément qu'on ne se l'imaginait d'abord. Enfin, M. Karsten vint plus tard payer le tribut aux images, en les obtenant au moyen de l'électricité; bien entendu qu'il regarda encore ce dernier agent comme la véritable cause du phénomène. Ne doit-on pas rester frappés d'étonnement à la pensée de cette lenteur de l'esprit scientifique à prendre un parti en face de cette trinité mystérieuse de la lumière, du calorique et de l'électricité, venant tour à tour consacrer une pensée première : la reproduction

des images par un transport de matière, sous l'influence du mouvement libre? Les savants français, moins enthousiastes encore
que les Allemands, ont repris ce phénomène par la critique matérielle, et prétendent aujourd'hui que tous ces faits de transport,
lumineux, électriques et caloriques, ne sont au fond qu'un transport de matière grasse.

La question, à nos yeux, est loin d'être vidée; mais acceptons
la matière grasse, les gaz condensés sur la surface métallique et
tout ce qu'on voudra, pourvu qu'on nous laisse ce transport,
qui devrait être, pour le savant, la chose importante et principale. Il n'est pas moins vrai que le mouvement est incessant
dans la natı.e, et que, par suite de la loi de limitation, des corps
de composition bien diverse se portent les uns sur les autres
avec une régularité, une symétrie qu'on ne saurait trop étudier
en l'admirant.

Certes, c'est là de la physique nouvelle, et si les Français se
sont hâtés de recourir aux analyses de détail, pour éviter ce nouvel assaut donné à la vieille forteresse dogmatique, il n'en est
pas moins vrai que le fait réel, le fait capital, subsiste : un transport de matière, grasse ou non. Que devient alors l'inertie?

M. Knorr avait établi en même temps que le phénomène se
produisait d'autant mieux que les métaux en contact étaient en
contrariété plus flagrante de conduction du calorique, ce qui
amène un nouveau rapprochement avec les phénomènes de limitation, que nous avons décrits à leur place.

Si de ces faits, en apparence si simples, on rapproche ce que
nous avons dit à l'article des affinités, sur la faculté que possède
le mouvement de conduire les corps vers des limitations, par similitude de composition, on verra qu'ici le dépôt de matière,
grasse ou non, sous l'influence d'un mouvement lumineux, calorifique ou électrique, constitue une de ces limitations par similitude, qui est frappante dans les travaux remarquables que
M. Niepce de Saint-Victor a entrepris par la fixation des vapeurs
d'iode sur les gravures; faits qui se rattachent tous, ainsi que la
photographie, la galvanoplastie, à une limitation ou précipitation par similitude de mouvement. Tantôt par la similitude
même du mouvement intime, tantôt par un mouvement unique,

imposé à deux corps dissimilaires intimement, comme dans la galvanoplastie.

Tonalité composée, dans la lumière.

Dans la haute stratégie de la peinture, comme dans les mouvements combinés du contre-point, on retrouve les lois complètes des tonalités enveloppantes. Qu'est-ce, en effet, qu'un tableau, si ce n'est un rhythme d'idée morale, historique, artistique, etc., sur lequel le coloriste, quand coloriste il y a, a établi un effet chromatique? Or, remarquons que les grands maîtres se distinguent, dès le premier aspect, d'un peintre médiocre; nous ne disons pas assez : *par le simple aspect*; c'est-à-dire qu'on peut, *sans voir le tableau*, en apercevant de loin un ensemble, déclarer que l'œuvre est d'un maître ou d'un mauvais peintre. N'est-ce pas ce dont on a tiré un si étrange parti dans les décorations des théâtres, où des lignes, informes de près, simulent de riches galeries, dans lesquelles Raphaël, Rubens, Corrége, Titien, etc., sont reproduits, pour l'œil, avec une fidélité d'effet qui fait la plus complète illusion. Comment se fait-il qu'un décorateur, dont le talent des lignes n'irait pas souvent à copier une tête avec une complète rectitude, puisse simuler d'aussi grands chefs-d'œuvre? C'est qu'il s'attaque uniquement à une gamme colorée, à la gamme favorite du maître, dont il tend à reproduire les effets généraux. Ceci, tout naturellement, établit, par des faits, l'existence de ces gammes, de ces tonalités singulières, dans lesquelles l'artiste reste, se complaît en organisant sa conception. Plus il entreprendra de *grandes machines*, comme on dit dans les ateliers, plus sa gamme devra être adroitement emmanchée. Paul Véronèse nous offre, par ses études, le type de ces constructions gigantesques, dans lesquelles le *parti-pris* est colossal, comme la réalisation qui en a été faite.

Quelle est donc cette gamme étrange qui distingue si singulièrement le grand maître du croûton? En nous plaçant devant un chef-d'œuvre, devons-nous nous exprimer comme le paysan qui n'y voit que de la *peinture fine*, voulant dire de la peinture brillamment teintée et laborieusement porphyrisée? Non, sans doute, puisqu'il existe des chefs-d'œuvre qu'on dirait faits en grisaille : l'*Antiope* du Corrége est tout entière d'un blond doré. Le secret, le voici!... C'est une gamme admirablement appropriée à l'idée qui a conduit l'artiste, ou même des gammes soigneusement reliées à la tonalité générale, si, dans l'œuvre la plus composée, comme les *Noces de Cana*, etc, on a dû faire entrer plusieurs conceptions d'effets non identiques.

En musique, on sait beaucoup mieux approfondir et raisonner les données que nous venons d'indiquer. Les gammes du chromatisme général ont toutes une physionomie connue, dont on tire parti pour le gai, le mélancolique, le terrible, selon la pensée du compositeur. Les peintres exécutent aussi bien que les musiciens, mais ils ne comprennent pas de même les fondements philosophiques de leur art; et cela pour une raison bien simple : c'est que les musiciens ont créé, sans le savoir, la vraie acoustique de la physique, tandis que les peintres connaissent à peine l'optique vicieuse, au moins incomplète, de la physique actuelle. Le tableau d'un grand maître est le plus souvent une gamme *accidentée*, une nuance particulière de la résonnance chromatique, d'où il est parti pour fonder tout son édifice pictural. De sorte qu'une fois ce parti pris, il faut qu'il le soutienne et le conduise toujours dans la même tonalité, sans faire la moindre fausse note. Et là est le danger, surtout pour des gens qui n'ont, malheureusement, aucune voie scientifique de redressement. Cependant rien n'est plus facile que d'indiquer aux artistes ce moyen d'épreuve. Qu'ils considèrent leur tableau, établi par une ébauche, comme placé sous l'influence d'une nuance générale, nuance qui enveloppe, pour eux, l'idée avec laquelle ils entendent frapper l'esprit du spectateur. Ce sera, si l'on veut, n'importe quel ton résoluble du spectre solaire. Pour cela, ils peuvent s'aider d'une série de verres de couleur bien ordonnée, dans laquelle ils puiseront, jusqu'à ce qu'ils aient bien et réellement rencontré. Les objets de leur atelier, au moment de l'épreuve, doivent leur apparaître sous l'effet général qu'ils désirent introduire dans leur tableau. Cette base arrêtée, et pour résoudre une difficulté chromatique quelconque, il leur suffit ensuite, dans tous le cours de leur travail, de consulter le verre teinté dont la nuance s'est rapportée à leur effet général primitif. En regardant, soit les figures, soit les vêtements, soit même le ciel et la nature, ils doivent trouver identiquement les effets cherchés; bien mieux, les absorptions de lumière qui se réaliseront dans leur travail. Car là est souvent la difficulté, dans ces absorptions connues des physiciens, mais sans aucune interprétation judicieuse pour les arts. Un peintre ne sait pas que tel vert, tel rouge, tel bleu, est incompatible avec sa gamme, et que non-seulement il doit être modifié, comme on le croit trop uniquement dans les ateliers, mais, bien plus, qu'il peut être absorbé.

Cherchez donc dans la gamme de *si bémol* ur *mi naturel!* dans celle de *la bémol*, de *sol bémol*, d'*ut bémol*, que reste-t-il de naturel? Il y a plus ici que des modifications; ce sont des absorptions! Les grands peintres se sont particulièrement distingués par la direction puissante qu'ils ont su donner à leur effet général, d'où provient ce jugement sans réplique du premier aspect. Maintenant on voit les œuvres des maîtres se compliquer de gammes composées et sur-composées, cela ne fait rien absolument au principe; il en est de la couleur, alors, comme de la perspective compliquée, ce sont des bifurcations, mais nullement de nouvelles règles à suivre. On dit la *manière* de Rubens, de Léonard de Vinci, de Salvator Rosa, etc., pour exprimer le point de vue habituel d'où ces maîtres partaient ordinairement pour réaliser leurs œuvres. Mais, au fond, c'est un résultat de leurs études, et surtout de leurs tempéraments personnels. Il en est de même en poésie et en littérature. La *manière* de Ronsard, de Marot, de Rabelais, de Montaigne, de Corneille, etc., représentent une physionomie générale de l'écrivain, plutôt que tout autre chose; et cette physionomie tient à la gamme favorite qu'ils ont cru devoir garder le plus souvent dans leurs conceptions; à Molière, l'ironie; à Corneille, l'ampleur; à Gilbert, le découragement; à Millevoye, la mélancolie et la tristesse, comme à Albert Durer, le mysticisme; à Ribéra, la terreur; à Paul Véronèse, cette profusion patricienne des hommes inscrits au livre d'or, ses modèles et ses maîtres. Pour faire un grand artiste, il faut donc:

premièrement, avoir une idée à soi ; secondement, trouver une gamme qui la réalise.

Nous attachons aux développements que nous venons d'entreprendre, sur les gammes picturales et musicales, un tout autre intérêt que celui purement artistique qu'on pourrait leur attribuer au premier abord. Nous reprochons positivement et sérieusement aux hommes de science leur ignorance de la stratégie de l'art en général, qu'ils cachent sous un dédain de mauvais aloi. M. de la Fontaine, un grand naturaliste, aurait-il écrit la monographie du *Renard et les Raisins* à l'adresse de ses successeurs ? En général, un naturaliste croit avoir fait une œuvre d'art quand il a colorié un hanneton. Si les gens qui ont entrepris l'histoire et la classification des êtres organisés avaient pénétré philosophiquement dans la conception artistique des maîtres, ils y auraient vu plus clair pour l'intelligence de leurs méthodes et de leurs divisions les plus simples.

Dans la nature, l'entendement découvre et suit subjectivement les principes abstraits. Mais le naturaliste, homme des détails, doit avant tout se pénétrer de la partie mécanique, non-seulement tirée d'un engrenage, d'une poulie, comme on l'a fait si exclusivement (c'est avilissant pour un penseur !) ; mais de cette stratégie esthétique des maîtres artistes, peintres et musiciens. Par là, le savant eût vu que la nature organisée représente aussi d'immenses gammes accidentées, des partis-pris, choisis sur des nuances résolubles de la grande tonalité générale. De sorte que toutes les espèces, comme chaque espèce, sont des points de vue spéciaux de mouvement, de force, d'où le grand Artiste divin a prétendu animer la matière. Quand le savant voudra s'ennoblir, qu'il quitte parfois l'atelier du forgeron pour visiter le cabinet du compositeur et l'atelier du peintre. Par là on comprendra mieux comment il se fait que l'on rencontre des êtres vivants qui semblent les uns tout en pattes, les autres tout en estomac, tout en nez, tout en yeux, tout en cheveux ou poils, etc., et enfin, comment l'homme voit son cerveau dominer magistralement les appareils de détail qui composent son organisme. Au moyen de cette machine à penser, l'homme se distingue uniquement du reste des espèces bestiales. Et cela savez-vous comment ? Par la confection de ces *substratum* singuliers refusés, sans aucun doute, au reste de la création. Voilà d'où naît l'*analyse* philosophique, diamant de la pensée. L'analyse est la base des éléments logiques d'où sortent les grandes choses. Elle représente, pour les conceptions supérieures, ce que le moulage produit dans les faits d'application. C'est un vide, un creux que vous dressez ; mais quel vide, grand Dieu !... Un vide qui porte la forme, un vide qui porte la création !... De sorte qu'une fois le moule construit, vous y jetterez à volonté, depuis les viles matières terreuses qui recouvrent le sol à chaque pas, jusqu'au métal précieux qu'on va arracher aux entrailles de la terre, aux dépens de la vie d'une population de malheureux. Et l'œuvre, toujours, sortira radieuse, belle comme la pensée de l'artiste. Dites-nous, qu'est-ce donc que l'imprimerie, en vérité, si ce n'est le *substratum* de l'écriture, le moulage de ces caractères restés inféconds au bout de nos doigts, trop lents au désir de l'impatience humaine ? Se figure-t-on bien une chaire où l'on exercerait la jeunesse à découvrir ces *substratum*, non pas dans le domaine stérile de la psychologie, dans les voies dangereuses des questions théologiques, comme on se borne à le faire aujourd'hui, mais dans le domaine des faits, des sciences, des arts et de l'industrie ? Dans la boîte crânienne, il faut que toute pensée ait son creux, pour que nous obtenions ces *substratum* qui nous distinguent si bien de la bestialité. La bête pense aussi bien que nous. Le vibrion, l'infime vibrion, ne fuit-il pas lorsqu'il a peur ? Or sait-on ce que la *peur* cache de pensées ?... Seulement, et là est la différence, l'animal, dans aucun de ses actes, ne semble pas recéler ces moules vides de la pensée, qui constituent le *substratum*. Voilà ce que la philosophie a fort mal indiqué dans ses méthodes psychologiques. Descartes même, ce génie inimitable, a plutôt établi des garde-fous aux erreurs de l'entendement, dans l'appréciation de nos facultés propres, qu'il n'a fondé les délimitations réelles qui sortent de la connaissance bien entendue de notre organisme.

L'antiquité grecque se montra folle de ces *substratum*, auxquels elle sacrifia ses plus belles années : mais Rome représente, plus tard, cette époque de copie qui suit tous les grands mouvements humains. Après Giotto, la peinture fut cent ans à revivre par elle-

même ; après Descartes, il faut atteindre Pascal, et même Lavoisier,
pour rencontrer des gens qui se résignent à penser d'eux-mêmes.
Après Lavoisier on se rencroûte ; mais le *substratum* humain est
toujours là qui attend les hommes de bonne volonté. Il n'y a pas
aujourd'hui une seule de nos grandes inventions qui ne soit un
substratum du mouvement : électricité des télégraphes, des électro-aimants, de la galvanoplastie ; jusqu'à la lumière, qui a
voulu faire acte de présence par la photographie. Les chemins
de fer ne sont qu'une abstraction appliquée. Mais, quelque
brillantes que se montrent nos applications. il nous faut toujours en revenir à la loi générale pour faire mieux encore et étendre nos conquêtes. Eh bien, c'est au principe des tonalités, des
gammes accidentées ou non, mais *asservies* à un point tonal,
qu'il faut se rattacher.

Différence entre la conception du mouvement normal et celle de l'éther, des forces, etc.

Nous avons assez développé notre idée de *série*, d'*incessance*
dans le *mouvement*, pour que nous nous croyions bien fondé ici,
à nous permettre un examen plus approfondi de la constitution
de l'*éther*, tel qu'on le conçoit dans la science, par opposition à
la nature du mouvement, que nous admettons. On peut en dire
autant du mot FORCE, dont on se sert en physique. C'est timidement, bien timidement encore, que les savants se hasardent à
prononcer ce mot de *force*. Ne sachant pas la différence qui
existe entre l'externe et l'interne, entre le simple et le collectif.
ils sentent fort bien d'instinct que le mot *force*, employé jusque-
là à définir les mouvements externes de la STATIQUE, ne peut jouer
qu'un rôle très-médiocre, lorsqu'on l'applique à des mouvements
abstraits, simples, de la lumière, de la chaleur et de l'électricité.
En effet, le mot *force* veut dire une puissance, définie le plus souvent ; tandis qu'en présence des mouvements diffus, condensables, c'est toujours à un agent variable qu'on a affaire. Quand
nous disons : la force de la pesanteur, la force de projection, la
force catalytique, etc., c'est effectivement comme si nous écri-

vions : la puissance de la pesanteur, la puissance de projection, la puissance catalytique, etc. La science se trouve donc, à bon droit, très-embarrassée quand elle veut employer le mot *force* à la place du mot *mouvement*, qui, lui, ne spécialise jamais ; car, le mouvement étant, d'après les principes que nous avons établis, une chose susceptible, *à tout propos*, de se condenser et de se décondenser diversement, au moyen de l'action diversifiante de la matière, l'écrivain comme le professeur peuvent employer cet élément d'idée sans jamais craindre un faux pas. Le mot *force*, au contraire, introduit dans la physique, peut être arrêté par le logicien dès le premier mot ; on peut demander de quelle force il s'agit ; quelle est son origine, sa quantité, sa persistance, etc. En un mot, on peut demander au physicien qu'il refasse sa science, logiquement parlant, car l'emploi du mot *force*, comme la conception vague des fluides impondérables, constituent un enseignement vague aussi, sans point d'appui, sans base, sans connexion : c'est la porte ouverte à toutes les obscurités, à toutes les contradictions. Il en est de même du mot *éther;* dans les travaux des physiciens on ne le voit apparaître que dans les cas très-graves, où l'on ne sait plus à quel saint se vouer. On peut dire qu'il joue, pour le savant, le rôle que la madone joue à l'égard du marin battu par la tempête : aussitôt le danger passé, la difficulté vaincue, on oublie madone et éther, comme si jamais on n'en dût entendre parler.

Si parfois quelqu'un doutait que la science, en physique, n'existe pas ; qu'elle n'est qu'un ensemble de recettes routinières, certes, à ce propos des forces et de l'éther, il y aurait beau jeu à le prouver. Dans une science, pas plus que dans un drame honnêtement et sainement édifiés, il n'est permis de faire sortir et entrer les personnages, comme les agents, sans un motif raisonnable. Donnez-nous, en physique, une définition exacte de la force, de l'éther, une description de leur développement probable, ou abandonnez-les à leur triste sort. Si la *force* est d'un emploi si fautif dans une exposition logique, l'*éther*, lui, n'est qu'une superfétation inutile. L'éther n'avance rien ; c'est une couverture de plus jetée sur la matière ; mais qui n'est pas susceptible de la plus petite action, si vous ne savez pas faire naître et expliquer cette action dans vos livres. C'est l'éternelle histoire des éléphants qui portent le monde; mais après les éléphants?

Nous avions déjà l'atmosphère, à quoi bon l'éther? Il suffisait, et il suffit au logicien, d'admettre que cette atmosphère peut parfaitement s'étendre aux confins du monde en des états de condensation différents.

Mais c'est cela que nous appelons l'éther, nous dira-t-on. Ah! c'est cela que vous appelez l'éther? Eh bien, qui fait mouvoir cette mer immense, réduite par vos éléments d'action à se tenir morne comme la surface d'un lac glacé? C'est la vibration, répondra-t-on. Outre que nous croyons avoir démontré que la vibration n'est et ne peut être qu'un état accessoire du mouvement dans les corps, nous reviendrons à la pensée morale qui met la force et l'initiative de la vibration entre les mains d'un agent quelconque, de Dieu si vous voulez, et qui, comme nous l'avons démontré, tend à faire fermer la cour d'assises, à rendre odieuse l'idée d'autorité et de répression. Au contraire, le mouvement abstrait, créé par Dieu avec une constitution d'équilibre sur lui-même, sériel, avec une incessance d'effet, une faculté d'hiérarchie composée, que nous nommons tonalités, si compliquées qu'elles soient, avec les combinaisons que tout cela peut produire, vous obtenez, comme nous l'avons dit, la réconciliation de la science et de la religion, l'accord de la dignité de Dieu avec la liberté humaine. Mais, objectera-t-on, où est le *coup de pied* initial, la divine chiquenaude dont personne n'a su se passer jusqu'ici, en établissant un système?

Pour nous, la réponse est facile, n'étant pas de cette école qui étudie la physique pour s'en faire une arme d'athéisme, nous croyons que Dieu a créé le monde, d'une façon ou d'une autre, cela ne fait rien à ce que nous voulons dire; mais qu'il a établi les choses de façon à avoir fini, quant aux résultats, une bonne fois pour toutes, ne restant pas à la merci du premier goujat à qui il plaira de remuer. Ce que nous croyons ne pouvoir jamais atteindre dans la causalité générale, c'est celle que Dieu a en soi et qui ne s'est jamais extériorisée. Mais tout ce qui dans l'acte divin a reçu une forme, une allure persistante, que ce soit un mouvement ou un corps défini, nous pensons que nous pouvons le saisir et en poursuivre les lois, qui ne sont au fond que la constation d'une persévérance dans les phénomènes. C'est donc une erreur très-grave de penser que l'intelligence des causalités nous soit autant refusée qu'on veut bien le dire ; nous pensons au contraire qu'une des plus grandes voies de Dieu est de nous initier à l'entendement parfait de ces causalités. Seulement, ne serait-il pas ridicule de vouloir saisir ce qui n'est pas une manifestation, ce qui n'a pas pris forme? C'est comme si l'on prétendait savoir ce qu'une personne peut dire avant de parler.

Qu'est-ce que le mouvement en lui-même? C'est l'action de Dieu, un verbe!... Le comprendre, ce serait comprendre Dieu dans son essence, dont le mouvement est la plus sublime émanation. Que de plus forts que nous l'entreprennent! Seulement, et contrairement à bien des opinions timorées, nous ne craignons pas de saisir la manifestation divine, susceptible de différentiation, aussitôt qu'elle s'extériorise, qu'elle prend une forme véritable. Car l'esprit humain est construit de façon à saisir ces modifications, bien mieux, à en tracer les lois. Voilà pourquoi le mouvement accepté par nous à l'état abstrait, ce qu'on ne verra jamais sans doute, nous le suivons dans toutes les condensations qui s'opèrent en lui, par son équilibre naturel et par les combinaisons de cet équilibre qu'il réalise. Voyez-le sans cesse se transformant en plus et en moins de condensation, selon les condensations-matière qui lui sont opposées, s'équilibrant en des systèmes de tonalité, immenses dans leur complexité, mais simples, très-simples dans leur disposition analytique : et vous apercevrez bientôt que la FORCE, telle que la science l'admet aujourd'hui, ne présente qu'une logomachie indigérée, comme l'éther n'est qu'un éléphant de plus, ajouté à ces quatre pachydermes de la cosmogonie hindoue, qui attendent si patiemment, à leur poste, que le bon sens humain veuille bien les relever de faction.

CHIMIE.

IDÉES GÉNÉRALES.

Quoique le système atomique ait perdu beaucoup de considération depuis qu'on sait manier facilement la théorie des équivalents, il n'est pas moins vrai qu'on retrouve l'idée d'atome au fond de tous les traités, et au fond de tous les travaux chimiques.

Une division *égale* pour tous les corps de la nature ! Voilà la base fondamentale de ce système, qui marchera de plus en plus vers sa décadence à mesure que la science fera des progrès. Encore s'il représentait en chimie ce que la vibration prétend être en physique, et surtout en acoustique, on comprendrait son utilité ; mais il n'en est rien, et nous verrons que le système atomique n'a pas même de fondement, compris de la sorte.

Qu'on jette au contraire les yeux sur une table des corps simples, on sera immédiatement frappé de ce rapprochement qui va jusqu'à l'identification de certaines séries de corps, placés en ces catégories. Bien mieux, ces corps ont une origine semblable, et s'extraient du même minerai, comme les congénères du platine, c'est avec des peines énormes qu'on arrive à les retrouver, à les saisir dans le métal plus connu qui les recèle et les enveloppe. Il en est encore ainsi du cadmium, relativement au zinc, du manganèse pour le fer, de l'argent pour le plomb, etc. C'est donc avec beaucoup de justesse et d'intelligence qu'on a eu la pensée de les ranger en des familles naturelles, déterminées par un ensemble de propriétés qui les font très-peu différer les uns des autres, selon l'heureuse expression de M. Dumas dans son dernier cours de chimie

La soude et la potasse, qui commencent la division des métaux, peuvent à peine, d'une manière au moins sûre, se reconnaître aux réactifs les plus délicats, et la découverte de l'antimoniate de potasse, comme réactif de la soude, faite par M. Fremy, ne date que de quelques années. On retrouve aussi une très-grande similitude dans les cinq terres qui constituent la seconde catégorie : la chaux, la magnésie, la baryte, la strontiane et la lithine. Comme il est parfaitement inutile de suivre, à cette heure, de pareils rapprochements, nous nous bornerons à constater le fait important : cette similitude entre les corps groupés, qui les constitue à l'état de *nuances,* en quelque sorte, de dégradation de propriétés, à l'égard les uns des autres.

Là, encore, en y réfléchissant sérieusement, il est clair que la nature a dû fonctionner, suivant cet équilibre normal que nous trouvons constamment dans chacune des parties de l'histoire naturelle. Non pas que nous nous fondions en principe, encore moins en idée sur ce vieil adage : *Natura non facit saltum,* vague et approximatif ; les anciens entendent par là une chaîne non interrompue dans son égalité ; mais parce que nous reconnaissons comme principe supérieur cet équilibre hiérarchique, constitutif de centres, comme on les rencontre dans la résonnance du monocorde, ou dans la gradation du spectre lumineux Le mouvement projeté sur la matière s'est sérié, ici comme ailleurs, d'après son allure ordinaire : l'équilibre normal ; et nous retrouverions sans aucun doute la forme non dérangée de cet équilibre, si des bouleversements accidentels, quoique peu profonds, des révolutions de notre globe, peut-être du système solaire tout entier, n'avaient pas confondu ces éléments d'une manière assez remarquable, pour que nous ne puissions aujourd'hui les rencontrer qu'à l'état de combinaison complexe et secondaire.

Nous pensons donc que les matériaux chimiques, qui sont arrivés aujourd'hui à notre connaissance, sont les produits d'un équilibre sériel, normal, à l'état de combinaison postérieure plus ou moins multipliée et compliquée.

Dans la chimie de l'avenir, le travail devra consister à rétablir théoriquement les choses comme elles devaient être à leur origine, et, par là, tendre à constituer les principes absolus de cette partie des sciences physiques. Nous avons fait, de notre côté, des efforts considérables pour entamer ce travail immense, et peut-être n'avons-nous pas toujours perdu notre temps dans cette étude; mais que peuvent les travaux d'une seule personne en face de si grandes et de si nombreuses difficultés?

Si l'on étudie avec soin les propriétés du monocorde, dont les rapprochements sont ici d'une extrême utilité, avec les idées d'une acoustique nouvelle, on remarque que, dans toute hiérarchie résonnante, il n'existe réellement que trois points de première importance, la tonique, la quinte, la tierce. — Les octaves étant des reproductions à des hauteurs diverses, — et, dans les trois résonnances, la tonique, restant point d'appui, la quinte son antagoniste, la tierce un point indifférent, prêt à suivre l'une ou l'autre des deux antagonistes qui prendra le dessus.

C'est aussi ce qu'on va retrouver dans trois corps simples dont l'importance relative n'a nullement besoin d'être rappelée : l'hydrogène, l'azote et l'oxygène. L'hydrogène, ne serait-ce que par son négativisme absolu, vis-à-vis des autres métalloïdes, par ses propriétés essentiellement basiques, prend la place de la tonique, ou repos relatif. L'oxygène, par des propriétés antagonistes, occupera celle de la quinte; enfin, l'indifférence bien connue de l'azote lui assigne le rôle de la tierce. C'est avec ces considérations générales qu'il nous faut entamer la revue des grands principes de la chimie.

Quand on réfléchit sérieusement à la manière dont on rencontre les métaux, que nous appellerons de seconde formation, c'est-à-dire ceux que des recherches délicates ont fait découvrir dans ces derniers temps, au milieu de minerais qu'on croyait jusque-là purs de tout mélange : on ne peut se défendre de cette idée que, dans toute substance en apparence pure, il doit se cacher une nuance de cette même substance, d'autant plus abordable à nos moyens d'action, que des corps de nature similaire existent en moins grande quantité autour de cette même substance.

La mine de platine, étudiée à satiété par des gens très-habiles, a fourni, l'un après l'autre, l'iridium, le rhodium, l'osmium et le palladium. Dans la chimie organique, nous retrouvons les mêmes faits. L'opium, si longtemps regardé comme un corps d'une composition homogène, s'est trouvé successivement divisé en morphine, codéine, narcotine, thébaïne, pseudomorphine, porphyroxine, narcocéine, papavérine. Nous pensons donc que si un analyste de talent et de patience reprenait les minerais de cuivre, et une substance organique quelconque, peu étudiée, par exemple, il ne serait pas impossible du tout d'en voir sortir des corps nouveaux, que, bien entendu, nous regardons comme des nuances distinctes, saisissables, appartenant à une formation plus générale, le cuivre ; nuances que l'on ne peut saisir et apercevoir qu'au moyen d'une attention très-déliée.

De la sorte, on pourrait concevoir la génération métallique, comme composée des nuances grossières correspondantes aux sept couleurs du spectre, qui auraient été découvertes pour les métaux, dans l'antiquité, suivant l'ordre des productions saisissantes : le rouge, le jaune, le bleu, par exemple. Puis le vert, l'orangé, l'indigo, le violet, seraient venus s'ajouter, au moment d'une étude plus délicate. Enfin, aujourd'hui, nos découvertes actuelles seraient le produit d'un fractionnement des nuances supérieures, dans une série indéfinie, qui reste toujours ouverte aux moyens d'action de plus en plus perfectionnés. L'histoire des découvertes métalliques donne en effet raison à cette hypothèse.

Couleur chimique.

Les couleurs des corps, en chimie comme en physique, dérivent nécessairement des mêmes causes. Il n'en est pas moins vrai qu'en physique on s'est beaucoup occupé des couleurs en général, tandis qu'en chimie le sujet est resté complétement neuf, de la manière dont nous entendons l'envisager, puisqu'il n'a servi, en analyse, qu'à distinguer empiriquement un corps d'un autre corps, sans intention de causalité.

En physique, la couleur est la résultante des états divers de condensation ou d'absorption que les corps peuvent faire subir au mouvement. Ainsi une substance, dans sa nature intime, condense le mouvement avec une tendance au repos ou résistance; elle sera colorée depuis le vert jaunâtre jusqu'au violet; si, au contraire, elle condense le mouvement avec une tendance vers des résolutions plus ou moins déterminatives, cette couleur sera comprise entre le jaune et le rouge. Les couleurs de la matière organique ou inorganique sont loin d'être ainsi disséminées pour servir à distinguer un individu d'un autre individu; elles vont plus loin, et servent d'étiquette réelle à la composition intime de ces corps. Ainsi le vert, le rouge, le bleu, le jaune, sont des nuances dans la condensation du mouvement, et, pour la matière tangible, représentent exactement les séries que la lumière seule fournit dans la division des couleurs. Les corps solides, plus ou moins complexes, sont donc, par ces couleurs, la constatation apparente du mouvement intime condensé qu'ils portent avec eux.

En chimie, le phénomène se complique, parce qu'on se trouve le plus souvent avoir à faire à des solutions composées, dans lesquelles les corps n'apparaissent guère que sous cette apparence collective qu'on appelle la liquidité, et qu'un apport nouveau ou une soustraction quelconque changent immédiatement le rapport du mélange et la couleur qui en résultait. Cependant, nous le répétons, entre les couleurs physiques et les couleurs chimiques, il n'y a de différence que celle qui existe entre la stabilité et la mobilité, entre le simple et le composé.

Les corps doués d'une condensation résolutive, à la tête desquels nous rangeons le carbone, affectent particulièrement la couleur bleue. On pourrait dire que les cyanures sont généralement voués au bleu. Ce n'est pas seulement parce que le cyanogène étale dans ses combinaisons avec le fer une nuance si connue sous le nom de *bleu de Prusse,* que nous nous sommes empressés de choisir le carbone, comme le représentant le plus certain de la condensation qui répond à cette couleur. Il y a bien d'autres corps dans le même cas ; c'est parce que le carbone, dans tous ses états, non-seulement avec le fer, mais même avec le chlore, produit des bleus et des couleurs qui se rapprochent et qui s'éloignent de ce point d'après des lois que nous allons étudier. Nous ferons voir, plus tard, que les composés organiques très-riches en carbone, relativement, sont tous plus ou moins dicroïques et colorés en bleu, par l'opposition qu'ils forment au rayon lumineux qui les traverse. Le soufre s'avance sur la limite des corps résolutifs, jusqu'au vert, qui est le point de jonction entre le repos des bleus divers, jusqu'au jaune terrain neutre, qui joint immédiatement les rouges déterminatifs. Le chlore suit immédiatement avec les allures du jaune, le brome continue et l'iode, encore déterminatif, va se perdre vers la partie récurrente des résolutifs extrêmes, dans lesquels le bleu se fond, lui aussi, dans une sorte de violet, qui est déjà un précurseur du rouge. Car, ainsi qu'en acoustique, le spectre est un cercle tonal, et la couleur violette touche de très-près au pourpre, qui est une position octaviale d'une gamme supérieure. L'oxygène, dont la couleur est certainement rouge plus ou moins écarlate, en tous cas, type de fulgurence, garde une position plus indépendante, qui semble brocher sur le tout, par sa jonction avec des corps d'une nature variée. L'oxygène, en un mot, serait presque le chef des déterminatifs rubiques, dont le chlore, le brome, l'iode, ne seraient que des détails, et qu'on pourrait exprimer ainsi, en cherchant à intercaler entre eux ceux des autres métalloïdes dont les propriétés, moins faciles à constater, doivent garder une place toute provisoire. L'azote, si connu pour son indifférence, occupe une position intermédiaire et neutre entre le repos et le mouvement, tandis que l'hydrogène serait pour les résolutifs ou bleus divers, ce que l'oxygène est pour les rouges, et jaunes mêlés de rouge.

Il nous semble qu'après les réflexions qui précèdent, nous devons considérer dans les métalloïdes, par analogie, l'oxygène comme dominant le groupe des rouges ou condensateurs du mouvement par excellence; l'hydrogène comme dominant à son tour le groupe des bleus, tandis que l'azote, répondant sans doute au jaune, dominerait ces corps, qui affectent des qualités qui lui correspondent. En un mot, dans la classification des métalloïdes comme dans celle des métaux, nous devons retrouver cette division générale du type normal, en trois points : rouge, jaune, bleu. Tonique, médiante, dominante, sous-tendant des nuances en mouvement, comme les déterminatives, lumineuses ou acoustiques. C'est ainsi, seulement, qu'on peut s'expliquer l'espèce d'indifférence à la combinaison que l'oxygène, l'hydrogène et l'azote affectent dans certains cas ; tandis qu'une simple modification dans leur état, probablement en rompant l'harmonie qui les soutient, les pousse à la combinaison avec une énergie toute particulière.

Quand, placés en face d'un spectre lumineux, nous cherchons à nous rendre compte du rouge, nous sommes obligés, d'abord de nous rapprocher beaucoup de la projection sérielle, puis de distinguer d'un point à un autre; car l'effet primitif, l'effet général, distingue fort peu lui-même. Dans le monocorde qui résonne, on n'entend d'abord que *do, mi, sol;* mais on saisit un peu et l'on devine surtout la série infinie des résonnances intermédiaires, dont *do, mi, sol* ne semblent être que les points résultantiels.

Pourquoi donc l'oxygène, l'hydrogène et l'azote ne seraient-ils pas, eux aussi, l'effet résultantiel de la série normale des projections typiques du mouvement dans la création? Nous n'éprouvons pas le moindre doute à cet égard ; et nous ferons remarquer, en passant, que l'histoire du brome s'est trouvée toute faite en prenant des propriétés intermédiaires entre l'iode et le chlore découverts précédemment, comme si dans le clavier chimique il eût manqué une touche qu'on pouvait calculer sur la voisine de droite et de gauche. Il en est de même entre trois corps séparés par de si faibles différences : le soufre, le sélénium, le tellure.

Les métaux sont-ils hydrogénés?

Quand on jette un coup d'œil sur la liste des corps simples qui forment la base des études chimiques, on voit immédiatement que les métaux en forment de beaucoup la partie la plus nombreuse. Si donc, admettant sommairement la qualité de corps simple, pour une portion notable de cette liste, les métalloïdes, par exemple, on prétendait, dès l'abord, discuter cette qualité à nombre d'entre eux, ce sont bien certainement les métaux sur lesquels tomberait tout d'abord le fait de suspicion.

Les métaux sont-ils donc réellement des corps simples ou seulement des corps composés ? Newton croyait les métaux des corps composés, et il est patent que Davy, partageant la même opinion, s'est fortement laissé influencer par cette idée dans les recherches qu'il a tentées en chimie. Les phlogisticiens en tête, ceux qu'aucun revers n'a rebutés d'une conviction première, continuent à soutenir que l'hydrogène, nouvelle incarnation du phlogistique, reste caché dans la métallisation. Enfin, les chimistes philosophes, comme M. Dumas, ne repoussent pas du tout la possibilité de l'existence de l'hydrogène dans la masse du métal, indécomposable jusqu'ici.

Que ce soit l'hydrogène, ou tout autre corps très-élémentaire, qui existe dans les métaux, il est certain qu'ils contiennent une base de résistance au mouvement, d'où naît la combustibilité. Les phlogisticiens, qui ont si mal défini cette combustibilité, peuvent dire que c'est du phlogistique, comme les chimistes pneumatiques peuvent n'y reconnaître que l'hydrogène, de la façon dont ils comprennent son existence si absorbante. Nous pensons que les métaux sont effectivement des corps très-résistants au mouvement, par cela même combustibles, et tombant dans les allures de l'hydrogène ; mais la résistance seule au mouvement suffit pour leur faire acquérir les propriétés que les phlogisticiens et les chimistes pneumatiques cherchent vainement, en individualisant une fonction générale. Nous dirons ici, une fois pour toutes, ce qu'on doit entendre par *résistance au mouvement*, dans les corps que nous regardons fondamentalement comme dispersifs.

Un corps dispersif ou peu condensateur de mouvement, a besoin d'un temps quelconque pour s'emparer comme pour se débarrasser du mouvement plus ou moins condensé qui lui est offert. De sorte qu'il subit toujours les conséquences de son peu de condensabilité et des retards qui en dérivent. De là cette *résistance occasionnelle* au mouvement, que nous signalons parfois dans les phénomènes. Quoique cette résistance existe réellement *comme résultat*, il faut bien se garder d'en faire une force *per se*; sans quoi, on retomberait dans les utopies de la vieille école, dont une bonne analyse des phénomènes garantira toujours.

Quand donc on tend à déterminer la proportion d'hydrogène qui est dans un métal, dans le potassium, par exemple, par la quantité d'oxygène que ce métal absorbe, comme si avec cela il devait former de l'eau, il est très-possible, très-probable même, qu'en cela on ne fait que mesurer sa résistance seulement, comme on y arriverait en faisant condenser des quantités proportionnelles de vapeur d'iode et l'oxygène : l'iode en vapeur et les corps doués de mouvement en plus ne peuvent, en effet, que mesurer des résistances.

Voilà l'idée générale sur la composition des métaux et leur combustibilité. Nous avons besoin de la suivre en détail en traitant du phlogistique.

Du phlogistique.

L'étude du phlogistique est le passage le plus naturel qu'on puisse choisir de la physique à la chimie ; c'est aussi par elle que nous commencerons. En suivant la lutte importante qu'engagèrent les phlogisticiens Priestley, Bergman, Laméthérie, Karsten, par l'organe de Kirwan, contre Lavoisier, Laplace, Monge, Fourcroy; puis contre Berthollet et de Morveau, nouveaux convertis, on peut saisir tout particulièrement la théorie du phlogistique. En effet, cette théorie, si difficile à comprendre avant la découverte de l'hydrogène, ou air inflammable, sur lequel les phlogisticiens se rejetèrent à l'apparition des nouvelles doctrines chimiques instaurées par Lavoisier et son école, se montre alors dans tout son jour. Dans cette querelle, si honorable pour tous les champions qui y figurèrent, et qu'on peut citer comme un modèle de loyauté scientifique aussi bien que de courtoisie littéraire, la base phlogisticienne ressort avec une clarté qu'on n'avait pu y rencontrer jusque-là.

Qu'est-ce que le phlogistique? Le phlogistique, c'est l'inflammabilité.

Les corps perdent ou gagnent cette inflammabilité dans des
circonstances que Sthal lui-même, d'après Lavoisier, ne sut expliquer que par les affinités, et que ses disciples attribuèrent, du
temps de Kirwan, à la présence de l'hydrogène dans tous les
corps inflammables. On voit, d'après cela, que la théorie actuelle
du calorique comme corps existant *per se* n'est pas nouvelle, et
qu'il y a longtemps déjà qu'on a cherché à expliquer les phénomènes de la combustion par une existence automate, susceptible de paraître et de disparaître à la volonté des dogmatistes.
La paresse est une si belle chose! Tout le fond philosophique de
la théorie phlogistique est là : se débarrasser de l'analyse, de l'é-
tude progressive des phénomènes au moyen d'un fétiche. A cette
pensée vague et indolente du phlogistique, qu'ont opposé les
nouveaux chimistes? Le calorique!...

Autre fétiche !

Et si les phlogisticiens, plus adroits, au lieu de se défendre sur
le terrain de leur inflammabilité, eussent porté la guerre sur celui du calorique, les choses eussent bien changé de face. Qui sait
si des hommes d'un génie aussi éminent que celui de Lavoisier,
de Berthollet, de Laplace, etc., n'eussent pas réfléchi sérieusement à la vanité de leurs doctrines, et, par là, par cette limitation morale, parallèle aux autres limitations physiques qui produisent de si grandes choses, n'eussent pas découvert enfin la
liaison des phénomènes, en entrant plus profondément dans les
faits? Admettez le calorique *per se*, ou l'inflammabilité phlogisticienne, avec condition d'affinités et de combinaisons, vous n'at-
teindrez jamais le but nécessaire, la raison d'intensité et de variabilité qui fait le fond de toutes ces recherches.

Aujourd'hui, que les expériences se sont multipliées à l'infini,
il ne s'agit plus de donner l'explication des phénomènes qui
agissent dans la mutation chimique des corps; il faut expliquer
les changements qu'ils éprouvent par de simples actions physiques sur eux-mêmes, sans intervention de corps ou de phénomènes nouveaux, ce qui arrive, par exemple, dans cette barre

de fer qui s'échauffe parce qu'on suspend à son extrémité inférieure une charge considérable. Dans ce cas, le calorique dit peu, et le phlogistique ne dit rien. Quand on martelle une barre de fer sur une enclume, la théorie calorique peut avancer que le resserrement des molécules dégage le calorique interposé ; mais ici il acquiert plus de place par la distension. Que répondre?... Dans ce cas, certainement, la chaleur développée ne peut venir que d'une condensation, que fait éprouver le phénomène d'écartement à la barre de fer, c'est-à-dire une difficulté plus grande à se communiquer. Et ce résultat n'est pas limité au fait que nous venons de citer, il se produit à chaque distension des molécules de la matière. Cela résulte encore des dernières expériences de M. Person sur la tension des cordes métalliques. Quand vous martelez, au contraire, il y a mouvement communiqué ; le fait est donc complexe. La théorie du phlogistique, imaginée par les premiers chimistes pour expliquer l'inflammabilité de certaines substances, ne vaut que pour les cas les plus vulgaires de l'inflammabilité, comme le calorique ne rend raison que des faits les plus généraux de cette partie de la physique.

A ces deux théories, la théorie chimique du phlogistique, la théorie physique du calorique, il doit s'en substituer une seule, embrassant les deux parties de la science, sans changer pour cela de principes. Nous avons vu, au chapitre de la métallisation, comment nous entendions la théorie physique du calorique; il nous reste donc en ce moment à montrer comment nous prétendons constituer à son tour la théorie chimique du phlogistique. En chimie, on se trouve constamment en face de séries de corps définis, ayant, en un mot, une existence propre, individuelle, qui ne peut changer que par des actions étrangères physiques bien connues. Comment se fait-il alors que l'action physique, ne changeant pas le mélange, le contact, la combinaison de deux corps, de deux séries, change à ce point les états primitifs? que tel corps, initialement inflammable, soit devenu plus tard incapable d'inflammation, et réciproquement? On comprend très-bien que Becher et ses élèves, Sthal surtout, l'homme au génie d'aigle, aient cherché à trouver dans les séries définies un principe défini lui-même, dont la présence ou l'absence constituait l'inflammabilité ou la non-inflammabilité, autrement dire la phlo-gistication et la non-phlogistication.

Seulement, il fallait montrer à quelque jour ce corps *in se*, ou du moins en faire saisir les effets palpables. C'est ce que les phlo-gisticiens n'ont jamais pu effectuer, même de l'aveu de Kirwan. Voici comment il s'exprime dans son introduction à l'*Essai sur le phlogistique*, page 5 : « Il faut avouer cependant que cette doc-trine portait sur la supposition que les corps inflammables con-tenaient une *substance* qui n'existait pas dans les corps non in-flammables. Les chimistes, même de ces derniers temps, n'ont jamais pu fournir la preuve de cette supposition; ils n'ont jamais pu montrer ce principe séparé des corps; cette impuissance les a conduits à dire que, en quittant un corps, il s'unissait toujours avec un autre. La plupart des chimistes se contentaient de ce raisonnement, principalement parce qu'ils regardaient comme impossible d'y substituer une meilleure théorie. »

Rien n'est plus difficile, en effet, que de montrer une chose qui n'existe pas. Les corps, par leur constitution sérielle intime, sont doués d'un état fixe, affectant des nuances infinies de com-binaison; comme on peut relever sur la tonalité lumineuse du spectre, une nuance aussi déliée que l'œil puisse la saisir ; ou dans la tonalité acoustique un son si chromatique, qu'on veuille bien le supposer.

Dieu a lancé dans l'espace la résonnance normale de la matière, c'est-à-dire les effets du mouvement élémentaire, sur la matière qui lui fait équilibre. Les corps que nous connaissons ne sont que l'émiettement de ce grand spectre naturel, et, pris en particulier, ne gardent, à moins de changements extérieurs contenus dans de certaines limites, que les propriétés qui sont afférentes à la nuance spéciale à laquelle ils appartiennent ou correspondent. Et, sans doute, ils ne peuvent pas plus changer ces propriétés, que le rayon coloré par un prisme et séparé du spectre, ne peut chan-ger lui-même la dose de mouvement qui lui a été communiquée ou dont il a subi la modification. Quand donc, en chimie, vous mettez deux corps en présence, c'est comme si vous rapprochiez deux couleurs du spectre, ou deux sons du monocorde.

Si l'on voulait créer des corps à volonté, comme le préten

daient les alchimistes, il faudrait retrouver le moyen de recréer
la série-matière, le monocorde. Car de cet état complexe, seul,
peut sortir facultativement ce qu'on désire, comme de la lumière
blanche apparaît une couleur spécifiée, de la résonnance complexe une résonnance définie.

Les corps de la chimie sont ces substances spécifiées, sorties de
la série et, sans nul doute, immutables, si ce n'est physiquement
et dans des proportions arrêtées par des *maxima* et des *minima*
de condensation libre du mouvement.

Maintenant la liquidité, qui est l'état des corps le plus indépendant que nous connaissions, est-elle à même de ramener la
série normale? Telle est la question.

L'influence qu'exercent les actions physiques ou extérieures
sur ces corps définis, est semblable à ce qui s'opère en un rapprochement de notes par la combinaison des tonalités. Si donc
vous mettez en présence deux corps éloignés de composition intime, c'est comme si vous placiez en regard deux couleurs d'une
réfrangibilité différente, deux notes de vibrations dissemblables.
Or, comme l'acte chimique de combinaison ne peut s'opérer qu'au
moyen des tonalisations liquides, ignées, électriques, lumineuses, etc., *corpora non agunt, nisi soluta*, dit l'ancienne maxime, et
que cette combinaison réside essentiellement dans le phénomène
de la limitation de série contre série, par ce phénomène étrange
de la jonction des tétracordes, il arrive tout naturellement que la
jonction des deux séries, comme apparence formelle, extérieure,
est en raison de leur plus ou moins de dissemblance intime;
c'est-à-dire que cette union passagère qu'ils vont contracter,
détermine un choc plus ou moins violent, suivant la difficulté
qu'ils auront à se communiquer le mouvement pour se mettre en
équilibre.

Nous avons vu que de cette difficulté à prendre l'équilibre tonal, l'équilibre de mouvement, résultaient les dissonances dans
l'acoustique et l'optique, et la lumière, la chaleur, l'électricité,
dans la combinaison chimique.

Voulez-vous donc produire des phénomènes physiques de l'ordre que nous venons de citer à l'instant, accouplez par une tonalité enveloppante deux corps d'inégale composition intime, l'oxy-

gène et le soufre, par exemple, et vous verrez naître aussitôt la lumière, la chaleur, l'électricité, etc. Il y a longtemps que la routine a conduit les chimistes à cette conclusion du dualisme électrique, positif, négatif; aussi s'était-on hâté de construire ces tables, d'où devait sortir une chimie toute mathématique. Malheureusement, et chacun le sait, le dualisme, dans ces faits chimiques, n'est que la seconde étape de la nonchalance scientifique. Ahasvérus se trouve forcé de reprendre les grands chemins. Nous avouons que c'est dommage, et qu'il eût été très-commode d'aligner quelques noms qu'on eût fait débiter par cœur aux jeunes perroquets des écoles; mais Dieu en a disposé autrement, et, sous ce dualisme apparent, il a caché une variété, sublime dans son infinité.

Par l'influence des tonalités, bien mieux, avec le secours d'attractions bizarres, le corps le plus limitatif devient, à son tour, centre de mouvement, comme on le voit par l'exemple de l'acide sulfurique : où le soufre, série inférieure dans l'état actuel de la science chimique, doué d'une limitation énergique, par un mouvement propre, très-bas dans l'échelle tonale, se trouve acquérir une qualité de mouvement très-énergique, au moyen de sa réunion sérielle avec l'oxygène, chef du mouvement intime. Ces séries, qui se modifient d'une façon si multipliée par ces enchevêtrements de combinaison, n'échappaient pas à Lavoisier, pour lequel ce fut un argument très-puissant dans sa réponse à Kirwan, sur l'imperfection que ce dernier reprochait à la table d'affinités des antiphlogisticiens. « Un premier défaut, dit Lavoisier lui-même, commun à toutes les tables d'affinités qui ont été formées jusqu'ici, consiste à ne présenter que des résultats d'affinités simples, tandis qu'il n'existe pour nous dans la nature que des cas d'affinités doubles, souvent triples, et peut-être beaucoup plus compliquées encore. »

Nous verrons combien l'étude de la vraie acoustique, et les travaux de l'avenir en chimie, donneront raison à cet aperçu réellement prophétique. Mais il ne faut pas croire que ces reproches de Lavoisier ne conviennent qu'aux tables dressées par Geoffroy, Bergman et Fourcroy, au moyen de recherches immenses ; elles s'appliquent tout aussi bien à la liste électrique de Berzélius, sur laquelle nous vivons aujourd'hui, qui n'en est que la traduction et le résumé.

Et pourtant le dualisme existe, comme en acoustique on retrouve une note d'appui négative, une note qui s'appuie ou posive, autrement dire le repos et le mouvement. Seulement, il n'y a pas que cela entre ces deux points.

Et qu'y a-t-il donc?

L'infini!... l'infini des nuances et des combinaisons de nuances. N'avons-nous pas dit que le caractère essentiel du mouvement intime était l'antagonisme!... Cet antagonisme commence par créer le dualisme d'opposition, mais il continue la sériation par une résonnance normale, qui fixe des lois à cet antagonisme et constitue une hiérarchie de composition dont il faut bien tenir compte si on veut arriver jusqu'au fond des phénomènes. C'est ainsi que la Providence a jugé convenable de diversifier ses matériaux, pour produire l'immensité de combinaisons dans lesquelles l'imagination se perd.

Afin d'obtenir ce résultat, on croirait peut-être qu'elle se contente d'unir les séries simples entre elles, et ces séries conjuguées à des séries plus compliquées encore. Pas le moins du monde; ses moyens, pour être simples, n'en sont pas moins fertiles en créations nouvelles. Deux séries jointes ensemble ne reproduisent pas toujours un tout proportionnel aux éléments séparés, comme deux parties du spectre lumineux ne reproduisent pas toujours de la lumière blanche. Mais, en vertu d'un phénomène similaire, découvert, ou du moins très-vulgarisé par le musicien Tartini, et qui montre deux ou plusieurs fractions de la résonnance typique reproduire le monocorde d'où elles sont sorties; de même, en chimie, la jonction de deux séries plus ou moins composées, peut reproduire dans leurs propriétés extérieures, une tonalité générale, étrangère aux qualités spéciales à chaque série en particulier; et ces tonalités, assises souvent sur les bases d'un chromatisme incalculable, produisent aussi des nuances de composition dont on ne peut prévoir la diversité. C'est ainsi seulement qu'on peut s'expliquer la dissemblance physique des combinaisons métalloïdes ou métalliques, celle des alliages et jusqu'à celle des simples mélanges.

Le cercle dans lequel s'exécutent les voies de Dieu est construit de façon, que la série la plus infime sorte du monocorde, du spectre tonal, dont elle compose une des nuances; et deux ou plusieurs nuances mises en présence, reproduisent à leur tour le sentiment du monocorde auquel elles appartiennent normalement.

Tous ces phénomènes de combinaison sont dominés par la loi de limitation, qui engendre les chocs relatifs de lumière, chaleur, électricité, c'est-à-dire des apparences!... d'où sortit, du temps de Becher et de Sthal, l'idée du phlogistique, et du temps de Lavoisier, celle du calorique; de sorte qu'aujourd'hui, pour cette dernière théorie, on pourrait dire ce que Guyton de Morveau disait lui-même de la théorie du phlogistique, en concluant contre Kirwan :

« Nous croyons donc devoir conclure de l'examen que nous venons de faire de ces arguments qu'il n'en résulte aucune preuve de l'existence du phlogistique, aucune preuve de son identité avec le gaz inflammable, ni même aucune induction capable d'établir la composition des combustibles et des métaux avant la combustion et la calcination; *en un mot, que tous les phénomènes s'expliquent d'une manière beaucoup plus simple et plus sûre sans hypothèse*, en ne tenant compte que des matières qui se manifestent par des effets sensibles, et dont on peut retrouver les poids exacts dans le calcul des produits, ce qui est l'unique base d'une analyse. »

Que tous les phénomènes s'expliquent d'une manière beaucoup plus simple et plus sûre sans hypothèse !... On ne peut mieux critiquer, en vérité, non-seulement le phlogistique, mais le calorique, que ne l'a fait M. de Morveau dans ce passage, et il suffit aujourd'hui d'une simple transposition de mots pour se ménager ainsi une besogne toute faite. En effet, pourquoi créer un *fluide calorique* existant *per se*, au lieu de descendre dans les phénomènes eux-mêmes, comme l'entendait l'école de Lavoisier ; ce n'est pas peu de chose que de pouvoir se passer, dans une science, d'un fluide de l'importance du calorique; car lui aussi exerce un terrible népotisme, celui des fluides magnétiques, électriques, lumineux, etc., etc. L'étude attentive des phénomènes nous débarrasse de tous ces parasites.

Le phlogistique, la combustibilité des pneumatiques, n'est qu'un résultat, celui qui provient de l'union entre deux corps séparés fortement dans l'échelle du mouvement; de telle sorte que, en les rapprochant, un choc se détermine, qui diffuse ou qui condense le mouvement en lumière, chaleur, électricité, etc.

Être combustible, pour un corps, c'est présenter une grande résistance à la communication et à la condensation du mouvement.

Être comburant, c'est porter avec soi un mouvement puissant, qui se diffusera, se condensera, s'il vient à rencontrer la digue, le choc du corps combustible.

Genèse des corps en chimie.

M. Dumas, dans sa leçon du 1er décembre 1853, exposant les trois nomenclatures possibles : celle du passé, celle du présent et celle de l'avenir, a fait voir que Lavoisier avait prétendu attacher l'oxygène aux combinaisons définies, comme partie agissante ; nous dirons, nous, comme attractive spéciale du tétracorde. Dans la nomenclature de Davy et des nouveaux chimistes, au contraire, les éléments sont confondus en groupes, sans tenir compte de la place que doit occuper l'oxygène dans les deux parties antagonistes de la combinaison. Ainsi l'acide sulfurique hydraté est considéré comme un sel, SO^3HO ; mais au lieu de le grouper de la sorte, on réunit l'équivalent d'oxygène de l'eau aux trois équivalents d'oxygène de l'acide, dont on élève la formule de SO^3 à $SO^4 + H$. H restant seule en face de SO^4 et pouvant se remplacer par toutes les bases possibles. Nous ne voyons pas, d'abord, quelle nécessité il y a à déplacer les policordes $SO^3 + HO$, puisqu'on peut en tirer des inductions, dans bon nombre de cas, sur la marche des combinaisons, en réservant, bien entendu, le principe qui consiste à traiter H comme un métal. Au fond, dans ce dernier aperçu est toute l'idée. Or il est bien inutile, en faisant une bonne chose, de l'équilibrer par une mauvaise.

L'eau, suivant l'expression originale de M. Laplace, rappelée par M. Dumas, ayant été mal comprise des chimistes pneumatiques, leur a joué un mauvais tour, c'est-à-dire qu'on a été trop longtemps à reconnaître que H n'était et ne pouvait être qu'une base ordinaire ; non pas un métal, mais un corps jouant, comme les métaux, le rôle d'un corps résolutif. Nos principes y conduisent tout droit ; mais dans l'étude de la chimie actuelle, ce n'est encore qu'une énormité, qui demandera beaucoup de temps avant de prévaloir sur les routines scolastiques. Ce qu'on a dit de l'hydrogène avait été indiqué par Ampère au sujet des autres métalloïdes : le chlore, l'iode, le brôme, etc., c'est-à-dire qu'on pouvait les substituer à l'oxygène comme corps oxydants et acidifiants. Il y a bien longtemps, du reste, que l hydrogène a été considéré par les chimistes comme faisant partie lui-même des divers métaux. Qu'est-ce que tout cela prouve ? C'est qu'il n'y a, au fond, que trois états des corps : 1° le mouvement acidifiant ; 2° le repos alcalisant, basifiant ; 3° enfin, l'équilibre entre les deux, représenté par l'azote et ses nuances. Si donc la chimie voulait réellement se faire philosophique, que faudrait-il qu'elle professât ? Ceci :

Les corps se divisent en déterminatifs de mouvement, ou acidés, en résolutifs ou bases, et en indifférents.

Tout déterminatif peut se substituer à son congénère dans la série des corps simples, de même que tout résolutif peut aussi se substituer à un autre résolutif. Et depuis l'oxygène jusqu'au dernier des métaux, pourvu qu'il soit déterminatif de mouvement, il n'y a pas lieu de distinguer ; tous, ils joueront le rôle déterminatif, acidifiant, positif, etc., selon l'idée qu'on a particulièrement en vue, et leur rapprochement particulier. De même qu'à partir de l'hydrogène résolutif, base, alcalisant, etc., jusqu'au dernier des métaux basiques, la substitution s'opérera avec succès, sans qu'il y ait encore lieu de distinguer. L'azote se placera entre ces deux groupes, revêtant, tantôt la faculté déterminative, tantôt la faculté résolutive, selon qu'il sera joint à des corps qui joueront à son égard un rôle plus ou moins tranché de l'un ou l'autre genre. Ainsi, avec l'hydrogène dans l'ammoniaque, il se fait alcali et déterminatif ; avec l'oxygène, dans les acides nitreux, nitrique, etc., il se fait acide et résolutif ; avec le chlore, dans le chlorure d'azote il produit un composé qui n'est ni acide, ni alcalin, ni déterminatif, ni résolutif; et par cela même, grâce à l'instabilité de l'azote et même du chlore, il déploie des facultés détonnantes et destructives d'une force effrayante, qui prennent leur source dans cet état ambigu, particulier à la nature de l'azote, toujours déterminé à changer brusquement ses points d'appui. Il en est sans doute de même de l'ammoniure d'or; mais les formules données par les chimistes ne nous semblent pas de nature à établir de sérieuses analogies. Maintenant, qu'on veuille étendre notre idée des corps binaires aux composés redoublés ou quaternaires, etc., on verra que ce sont toujours les mêmes points de départ et d'arrivée. Quand le chimiste moderne pense avoir avancé une nouveauté, en assimilant l'hydrogène à un métal, le chlore à l'oxygène, il n'a fait que la moitié du chemin; il lui reste encore à établir la place, l'ordre et surtout les mouvements des déterminatifs, des résolutifs et des incertains. Lavoisier avait tort, sans aucun doute, de donner l'*oxygénité* à l'oxygène seulement, puisque ce métalloïde ne doit être considéré, jusqu'ici, que comme le chef de file de tous les déterminatifs; mais la question de savoir s'il convient, en principe, de garder à ces déterminatifs leur place naturelle, primordiale, dans les séries où ils s'engagent, ou de comprendre en bloc les éléments similaires de diverses séries, est loin de paraître résolue à l'avantage des nouveaux chimistes. Ceux qui, par l'acoustique nouvelle, se pénétreront bien de la fonction des appellatives dans les groupes tétracordiques, pourront se convaincre que la position des appellatives, des déterminatifs, en chimie, ne doit pas être négligée, et Lavoisier, sur ce chef, reprendra tous ses droits. Supposons, en effet, d'après ce que nous avons dit de la genèse des corps, qu'ils soient la reproduction, dans la matière, de la série typique lumineuse, acoustique, etc., en un mot, les nuances, — infinies, comme nos moyens d'observation, — d'une matière-mouvement, primitivement homogène; dans la pratique, nous n'aurons jamais affaire à autre chose qu'à ces divisions importantes, qu'on peut alors comparer aux sons de l'échelle acoustique.

Or, si nous entrons sérieusement dans ces analogies, nous remarquons que l'affinité, en chimie, suit des lois similaires à celles

que les tons et les couleurs présentent dans leur résolution. De
sorte que les parties attractives et résolutives, dont les combinaisons sont formées, s'identifient, en quelque sorte, avec les poly-
cordes qu'on voit fonctionner dans la marche des sons. L'affinité
serait donc une simple convenance de résolution ; la limitation des
corps sur les bases, en chimie, équivalant à l'appui des sons sur
les bases en acoustique. On comprend, d'après cela, pourquoi
certains corps présentent plus d'affinité que tels autres dans des
circonstances spéciales. C'est qu'en chimie, comme en acoustique,
l'état des corps constitue des séries octaviales, dont il faut absolument tenir compte, sous peine de se tromper à chaque instant. En
chimie, comme en acoustique, toute combinaison est basée sur
un mouvement équilibré par une résistance. Or, comme ces résistances sont engendrées, dans les deux cas, par un phénomène
de hiérarchie, il est tout naturel que ces combinaisons présentent
une sorte d'électivité dans leur rapprochement. Depuis l'hydrogène, qui nous semble le type et le chef des points de résolution
ou de résistance, jusqu'au carbone, placé au bas de cette échelle,
nous ne voyons qu'un ensemble de nuances déterminées par
une hiérarchie à découvrir et à fonder. On pense bien que nous
n'avons pas la prétention de donner ici la solution d'un problème qui peut occuper des siècles. Cependant, d'après de nombreuses recherches, nous serions assez porté à établir la série
suivante :

> Hydrogène,
> Phosphore,
> Soufre,
> Sélénium,
> Tellure,
> Carbone,

par ordre de résistance matérielle, et avec cela, la série de tous
les métaux suivant un ordre qui naît, sans doute, de ce qu'on a
dit touchant leur état électrique. Dans la série qu'on peut appeler
série du mouvement, et qu'on doit mettre en rapport d'antagonisme avec cette dernière, nous placerons l'oxygène en tête,

comme nous avons placé l'hydrogène en tête des bases, et nous
dirons :

> *Oxygène* : Fluor.
>   Iode.
>   Brome.
>   Chlore.   *Azote.*
>   Phosphore.
>   Soufre.
>   Sélénium.
>   Tellure.
>   Silicium.
> *Hydrogène* : Bore.
>   Arsenic.
>   Carbone.
>   Métaux, etc.

Certains métaux représentent à l'égard du mouvement ce que
certains autres décèlent, relativement à la série des points d'appui. Les métaux sont des nuances de condensation dans des proportions si différentes, qu'un métal peut et doit jouer, par rapport
à un autre métal, des rôles tous différents aussi, selon son union
avec l'oxygène, ou l'union de l'oxygène avec un autre métal, et suivant des rapports de contexture métallique, physique,
très-mal connus jusqu'ici. Pour l'affinité de combinaison on
peut sans doute tirer un enseignement des couleurs du spectre,
qui doivent être complémentaires pour réformer cette tonalité
qu'on appelle le blanc. Ainsi deux corps auraient d'autant plus
d'affinité l'un pour l'autre, qu'ils contiendraient de parties dissimilaires, capables de se neutraliser par antagonisme ; en formant
ces cercles tonals qu'on appelle blanc pour la lumière, monocorde
pour le son, et recomposition pour l'électricité. C'est toujours
rentrer dans le même principe qui tire la partie du type sériel,
comme un certain nombre de parties sont aptes à reproduire le
type entier lui-même. Mais ceci ne ferait qu'une évolution particulière et presque primordiale des combinaisons, un corps simple
résolutif-repos se combinant à un corps simple déterminatif-mou-

vement pour former un acide ou un oxyde, selon la mesure et l'intensité des éléments en présence. Mais, pour former des composés plus complexes, la voie change, et ce sont au contraire les combinaisons similaires qui semblent s'unir. Nous verrons ensuite pourquoi et comment.

Nous venons de rappeler le phénomène dénoncé par Tartini, qui consiste en ce que deux ou plusieurs sons émis ensemble, avec quelques précautions spéciales, reproduisent un monocorde entier, basés sur des rapports tirés de la position des sons émis par une liaison à l'échelle absolue. L'ouvrage de Tartini est antérieur au livre de Rameau, sur la base fendamentale. Ce qui a fait dire à Serre, chimiste distingué de Genève, mais surtout excellent physicien, que Rameau n'avait fait que reproduire l'idée de Tartini d'une manière inverse, en établissant que toute résonnance sort du monocorde, quand Tartini avait avancé lui-même que toute résonnance multiple reproduisait le monocorde d'où elle était sortie. La série fournit les portions de son type à tous les degrés sensibles, de même que deux ou plusieurs portions du type reproduisent la série. Ce phénomène, non-seulement n'est pas particulier aux séries du mouvement acoustique, lumineux, électrique, etc., elle est surtout la propriété constante des cercles en géométrie. Dans ce cas, en effet, il suffit de trois points pour reconstruire une circonférence; dans la série moléculaire il suffit de deux points pour en produire un troisième, qui, lui, base, indique la position des autres centres hiérarchiques. Ce n'est sans doute qu'à la condition de produire un type entier, défini, que la nature consent à ce repos relatif que nous appelons *cohésion*, et qui a pour instrument de réalisation un autre phénomène désigné sous le nom d'*affinité*. Quand les chimistes nous apprennent que, dans une dissolution hétérogène, il se formera un précipité, si les éléments en présence sont capables de s'unir en tout ou en partie de manière à former un composé insoluble; nous devons comprendre par là, que si dans la dissolution il se rencontre des corps construits de façon à porter en eux cette faculté sérielle, si apparente dans la lumière, et à reproduire, par conséquent, un type défini sous l'influence de la liquidité tonale qui les unit, la combinaison s'effectuera en effet, et la précipitation en sera le résultat et l'indication. Ce que nous venons d'établir par des exemples, tirés de l'acoustique et de l'optique, n'est que le développement rationnel et exact de phénomènes énoncés en bloc, d'une manière inconsciente, par les théories de l'affinité et de la dualité électrique.

Que nous dit-on, en parlant des fluides *négatifs* et *positifs* dans l'acte de la recomposition? Que les corps sont tous plus ou moins pourvus de l'un ou de l'autre de ces fluides décombinés, et que leur réunion effectue ce qu'on appelle une neutralisation. Le mal est, ici, que le dualisme électrique, ne s'appuyant sur aucun phénomène qui le guide et l'éclaire, reste aveugle dans ses développements, resserrés entre deux actes purement antagonistes. Ce n'est pas un dualisme que la nature a placé dans les corps, c'est UNE PORTION DE TYPE, de sorte qu'en réunissant deux corps, vous tendez à reproduire le type sériel à proportion que les deux corps se trouveront plus ou moins contenir de ces parties complémentaires d'où le type peut sortir en entier, dans la première évolution, puis des groupes sériels dans la seconde évolution. En acoustique, en effet, les tétracordes se forment de parties antagonistes, mais les accords ne se lient, ne se classent que par leur grande relation. La simple union de deux corps suffit pour constituer un type défini, de façon à établir une série aussi constante que possible dans les phénomènes de combinaison. En effet, prenez l'oxygène qui affecte une couleur rouge-jaune dans la plupart de ses apparitions physiques, puis l'hydrogène, dont la couleur sensible se rapproche particulièrement du bleu : deux corps, comme on le voit, complémentaires suivant les apparences que nous pouvons tirer de nos organes. La combinaison qui s'ensuivra, équivalent à équivalent, fournira un liquide : l'eau, connue pour la singulière neutralité de ses effets. Si vous changez la proportion des deux éléments, les propriétés de combinaison changeront aussi, et cela d'après des lois si constantes, qu'elles pourront et devront toujours faire prévoir les résultats définitifs. La neutralisation dans les combinaisons, c'est la réunion de deux corps complémentaires dans des proportions typiques. L'acidité, c'est une prédominance du mouvement, dans la réunion des deux portions de type c'est l'excès du rouge dans deux fractions du spectre, la surabondance de déterminatives dans un tronçon du monocorde. L'oxydation, la basicité, — ce mot aujourd'hui est possible et surtout très-utile, — dépendront de circonstances tout opposées à celles que nous venons d'indiquer, trop de bleu pour le spectre, trop de résolutives pour le monocorde. Dans le raisonnement des physiciens et des chimistes, à l'égard de l'électricité ou des affinités de combinaisons, le tort est donc de ne pas distinguer, de ne pas entrer assez profondément dans les phénomènes par analogie, pour sortir des ténèbres du dualisme. Il est rare qu'on y voie clair à suivre son chemin, quand on ne distingue que le ciel et la terre, l'ombre et la lumière, le négatif et le positif. C'est un crépuscule si l'on veut, que suivra l'aurore d'un beau jour, nous n'en doutons pas ; mais, pour en arriver là, il faut se trouver en face des nuances infinies du mouvement, d'où naît la lumière par une harmonie sérielle.

Les phénomènes électriques se présentent d'une façon si intense le plus souvent, qu'on a pu se contenter d'un dualisme, qui, en définitive, est bien l'expression *in globo* et grossière du complémentarisme que nous venons de développer; quoique bien des faits de détail, en électricité, restent justement obscurs par cette non-intelligence de la série type. Mais dans la chimie des affinités, le dualisme si vanté, porté si haut, s'est arrêté tout court en un certain point ; par cette bonne raison qu'il est un instant où avec des à-peu-près, avec des idées déduites d'un ensemble mal digéré, on ne peut plus atteindre aux déductions spéciales. Quand, avec une lunette astronomique, vous avez la fantaisie d'étudier et de reconnaître la figure d'une planète dans tous ses détails, il arrive un instant — dans la position que prennent les tubes développables dont est composée l'enveloppe métallique de cette lunette, — où l'on n'aperçoit, à travers le système des verres grossissants, qu'un point éclairé, l'orbe de la planète, et un champ obscur : le fond du ciel; c'est-à-dire un instant où l'on ne distingue que lumière et ténèbres. Dualisme inconscient, qui représente parfaitement l'état actuel des sciences physiques, dans ce qui a trait aux divisions du mouvement élémentaire. Pour arriver à se rendre compte des faits d'une façon plus convenable, il faut mettre l'instrument *au point*, et alors ce n'est plus un dualisme incomplet dans ses déductions qu'on rencontrera; mais une observation rationnelle des faits, tirée sur des phénomènes sensibles, discernables et pleins d'enseignements par analogie. Nous savons à quel adversaire nous nous attaquons aujourd'hui : le *dualisme!...* la routine l'a adoré de tout temps sous des noms bien différents, et nous n'avons pas la prétention de le bannir à tout jamais de l'entendement humain. Ici, nous ne nous occupons que des sciences naturelles, le reste n'est pas de notre compétence. La voie s'ouvre magnifique aux générations de l'avenir. Reconnaître la position spéciale qu'occupe tel ou tel corps; bien mieux, telle ou telle combinaison dans le monocorde chimique!... Que de nuances, que de variétés dans ces accouplements! Les combinaisons se déroulent, suivant un horizon sans bornes, ainsi que nous le prouve si bien la chimie organique, pleine de tels enseignements. Il est probable, d'après ce que nous avons énoncé ci-dessus, que beaucoup de combinaisons acides, basiques, salines, etc., ne sont pas contenues en des limites de complémentarisme qui leur permettent de constituer un type défini, persistant et vraiment sériel. De là, les nuances incalculables qu'on remarque dans les propriétés acides ou alcalines des substances minérales et organiques; ce qui a permis à M. Dumas d'avancer publiquement qu'il croyait à l'existence possible de quatre cent mille variétés d'ammoniaque. Les combinaisons organiques sont à la chimie générale ce que l'enharmonisme est à la musique transcendantale, une mine inépuisable de points de départ toujours nouveaux, et qui, *par comparaison*, constituent un ensemble de faits où l'esprit s'égare, où l'œil se perd dans un lointain insaisissable. Tandis que la chimie minérale, soumise à des modifications, prévues par la loi fort remarquable des proportions multiples, se tient dans un espace équivalent à celui qui est dévolu au simple *chromatisme* en musique. En chimie organique, l'oxygénation ou l'hydrogénation du carbone ne suivent plus la loi des proportions multiples, elles partent de l'enharmonisme le plus diversifié, ce qui introduit dans la science des séries infinies d'acides ou d'alcalis nés d'une oxygénation et d'une hydrogénation incessantes, sans point d'arrêt intermédiaire. Ce serait se faire illusion si l'on pensait que l'enharmonisme chimique soit renfermé uniquement dans la chimie organique. Il y est plus développé, voilà tout.

Étudiez philosophiquement la nature des corps pyrogénés de M. Pelouze, puis les acides conjugés de M. Dumas, copulés de M. Gérard, vous verrez que leur combinaison provient d'un point de départ tout autre que celui attribué à la combinaison ordinaire, obtenue selon les proportions multiples. C'est de la chimie organique dans la chimie minérale, autrement dit un envahissement du système enharmonique dans le système chromatique.

Inversion des termes.

L'acoustique met en relief, avec une netteté surprenante, un fait extrêmement obscur en chimie jusqu'ici, et que nous avons appelé autrefois *inversion des termes*, fait qui explique cette idée de Berthollet sur la *quantité* en matière de combinaison, et qui, depuis ce grand homme, est resté passablement stérile dans les études de la chimie. Un corps jouant le rôle de *déterminatif*, en s'unissant avec une substance plus résistante que lui, et, par conséquent, *résolutive*, se trouvera, à son tour, dans une autre combinaison, jouer le rôle *résolutif*, selon la position relative que cette première combinaison se trouvera posséder en face d'une combinaison nouvelle mise en jeu. Ainsi l'oxygène, si déterminatif, attaché à une base, devient *résolutif*, en qualité d'oxyde ou même d'acide, si l'acide qui lui est opposé l'emporte sur lui en mouvement.

C'est alors qu'on peut voir sans étonnement un déterminatif ou un résolutif enchaînés dans une combinaison avec des caractères tout différents, suivant le point d'appui qu'ils constituent relativement à la combinaison présente. Ces faits sont vulgaires dans l'acoustique nouvelle, et on peut les suivre avec le doigt; ici, il est impossible de les développer, sous peine d'embrouiller outre mesure des rapprochements par analogie, qui ne sembleront encore que trop obscurs aux personnes peu familiarisées avec l'acoustique.

Coloration des dissolutions.

Nous avons vu que les dissolutions de corps complémentaires
donnent lieu à une union tonale qui, pour la couleur, représente plus ou moins le blanc, pour les liquides la non-coloration.
Or supposons que, dans une dissolution d'abord incolore, on verse
en excès un corps mauvais condensateur du mouvement, il arrivera que le complémentarisme normal ne sera pas atteint, et que
la dissolution se colorera du côté où penche la dissolution, c'est-
à-dire du côté de la couleur affectée par le corps prédominant :
le bleu et ses annexes, si, comme nous venons de le supposer,
le corps excédant est peu condensateur du mouvement : le rouge
et ses annexes dans le cas contraire. Il est peu de colorations liquides sans précipité, s'il en est toutefois, avec du temps, bien
entendu. Si donc on pouvait croire que la masse des deux liquides
agit dans le résultat final, cette simple observation ramènerait,
sans doute, à des principes plus rationnels, par cette pensée que
les combinaisons agissent molécule à molécule, et qu'il se forme
peu ou beaucoup du précipité sans que, pour cela, la relation entre deux corps change sensiblement. Il ne faut pas confondre
cette remarque avec les opinions émises par Berthollet sur l'influence des masses dans l'affinité : ces deux points de doctrine, qui
semblent se rapprocher ici, sont fort éloignés l'un de l'autre en
application. Berthollet parle de deux corps qui s'en disputent
un troisième; nous n'avons en vue, nous, que deux corps mis en
présence pour s'unir, et qui agissent en cela sans pouvoir rien
changer à leur composition intime. Nous croyons donc devoir insister tout particulièrement sur ce phénomène des précipitations
colorées. Quand cette précipitation a lieu brusquement, quand
elle est effectuée en réalité, disons plutôt, l'adjonction d'un corps
nouveau ne fait rien à la coloration acquise, à moins qu'il n'ait la
propriété de redissoudre le précipité. Au contraire, quand la précipitation se fait lentement, d'une façon très-faible d'abord et peu
arrêtée, l'adjonction d'un corps nouveau, ou redissout plus facilement le précipité incomplet, ou acquiert une force d'action plus

grande encore, relativement à la nature spéciale de précipités.

Cette observation s'étend jusqu'aux combinaisons hydratées, dont la texture intime est infiniment plus perméable aux agents externes que la texture solide qu'on admet aujourd'hui comme contenant peu ou point d'eau en combinaison. Les corps, dans ces divers états, constituent une hémi-liquidité à laquelle on n'a pas attaché toute l'attention qu'elle mérite certainement, s'il est vrai surtout que, au lieu de présenter l'apparence cristalline, elle garde momentanément l'aspect globulaire. Cependant, c'est avec des considérations de ce genre qu'on peut expliquer seulement, d'abord, les phénomènes si nombreux, si importants, des précipités hydratés, dont on se borne aujourd'hui à dire quelques mots dans les traités de chimie; puis enfin, et par opposition, la résistance que présentent des précipités d'un autre genre, l'indigo, si rebelle aux agents extérieurs; la nature du précipité jouant, dans ce dernier cas, un effet tout contraire à celui qui dérive de l'hydratation. Comme exemple contraire à l'indigo, on peut citer ces liqueurs des papiers réactifs, impressionnées à tour de rôle par toutes les substances de l'un et de l'autre ordre.

Dans la coloration des végétaux par la lumière solaire, on devrait reconnaître, avec la belle théorie de Fourcroy sur la désoxygénation des plantes, que la lumière, en offrant du mouvement libre, dissolvant, à l'oxygène condensé dans la combinaison organique; cet oxygène se gazéifie dans l'excédant de mouvement, et abandonne ainsi le carbone et l'hydrogène en des proportions variées, d'où naît cependant cette couleur verte, garant irrécusable de la nature particulière des corps qui restent fixés, et de la nature propre de leur mouvement condensé; d'où naît aussi un vert passant du rouge ou du jaune au bleu, selon des proportions faciles à prévoir et à déduire des faits usuels. Quand, au contraire, vous maintenez une plante dans l'obscurité et le non rayonnement calorique, lumineux ou électrique, cette plante, conservant un équilibre stable entre l'oxygène et les corps non condensateurs qui lui sont opposés, reste blanche : signe d'un complémentarisme suffisant, insipide et inodore, autres déterminations du même phénomène appliquées à l'organe du goût et de l'odorat. Ce phénomène de la dissolution de l'oxygène dans l'atmosphère est bien plus important qu'on ne le pense. Le mouvement libre condensé, qui enveloppe tout corps solide et, par conséquent, la terre dans une proportion énorme, relativement pour nous, tient en suspension, non-seulement l'oxygène, l'azote, l'acide carbonique, la vapeur d'eau, et quelques autres gaz que l'on est habitué à rencontrer dans les analyses de l'air, mais il doit en dissoudre beaucoup d'autres inconnus, non soupçonnés, qui influent à la longue sur les rapports de l'atmosphère avec la terre. C'est ainsi que l'on peut véritablement expliquer la composition chimique des pluies, et surtout des pluies d'orage.

État naissant, oxygène, ozone, phosphore, etc.

Depuis quelques années, on parle beaucoup, en chimie, d'un état particulier à certains métalloïdes, et qu'on appelle l'*état naissant*. L'oxygène, le chlore, l'iode, etc., sont particulièrement soumis à cet état naissant, qui s'opère au moment même où l'un de ces corps sort d'une combinaison définie pour en commencer une nouvelle. Quel est donc cet état naissant, et ne pouvons-nous le rattacher à aucun des principes généraux des sciences naturelles? Dans la chimie de l'attraction, du dualisme et des proportions multiples, l'inertie joue un rôle trop exagéré pour qu'on n'ait pas été complétement empêché de donner un sens au phénomène dont nous nous occupons. Il est, dans l'enseignement, des barrières qu'une génération tout entière ne pourra franchir, tant les mouvements de l'intelligence en sont obscurcis et empêchés.

L'oxygène, avec d'autres métalloïdes dont il n'est pas temps de parler ici, sont particulièrement soumis au phénomène de la condensation. L'état qu'ils affectent dans l'atmosphère, condensé qu'il est naturellement et relativement, ayant épuisé déjà toute combinaison possible avec les corps à leur portée, c'est-à-dire avec les corps terrestres à l'état vulgaire, ne peut entrer en combinaison que sous l'influence de condensations nouvelles, spéciales, très-connues en chimie, quoique inexpliquées. Il n'est pas utile, ce nous semble, d'insister sur cette idée que l'oxygène, notamment, répandu à profusion dans l'atmosphère et introduit dans les couches du globe, aussi profondément que nous pouvons les pénétrer, se soit mis en équilibre de combinaison dès l'origine du monde, au moins, il y a bien longtemps, avec tous les corps qui étaient susceptibles de s'unir à lui d'une manière commode et naturelle. De là sont nées ces immenses associations fossiles d'oxydes de tout genre, qui composent partout la croûte terrestre, et qui montrent l'oxygène uni pour moitié, dit-on, aux métaux et aux terres. Mais, une fois ces associations formées, l'oxygène, soit qu'il ait épuisé sa tension, soit qu'il ait épuisé au moins le genre de résistance qui pouvait s'employer normalement, s'est trouvé, pour la généralité des cas, dans l'impuissance de former aucune combinaison nouvelle; il est devenu, en tout ou en partie, ce qu'on appelle aujourd'hui *inactif*. Ce fait, qui semble si nouveau dans la science, est purement et simplement un acte vulgaire de saturation, telle qu'elle est manifestée pour tous les autres corps de la chimie. L'oxygène, pour parler net, ayant depuis longtemps saturé tout ce qui reste à saturer dans les substances que nous connaissons, selon nos moyens d'action, se trouve dans un cas d'équilibre, de repos, commun à tout corps saturé. Est-ce à dire, pour cela, qu'il a perdu les propriétés essentielles de saturation? On sait bien aujourd'hui que rien ne se perd en chimie, pas même une propriété; elle se trouve momentanément voilée, déguisée, paralysée, cela peut être, mais elle reparaît avec les circonstances qui la replacent dans son intégrité première. Quel principe manque donc à l'oxygène, en pareil cas, pour retrouver sa force initiale? Une contraction ou une condensation nouvelle!... A l'*état naissant*, l'oxygène sort d'une combinaison, c'est-à-dire qu'il sort tout contracté d'une union définie où il n'avait pu entrer qu'en revêtant cette propriété nécessaire. Il est donc tout simple que, en lui présentant au sortir de cette union, de suite, et dans des circonstances faciles à prévoir, une combinaison qui soit dans ses habitudes, il attaquera d'autant plus énergiquement le nouveau corps mis en présence, que sa condensation antérieure se trouve plus ou moins en rapport avec la nouvelle combinaison à effectuer. Les principes sont tellement clairs ici, tellement évidents, qu'il faut, comme nous le disions tout à l'heure, des doctrines aussi confuses que celles de la physique moderne, pour obscurcir un seul instant la compréhension de faits qui sautent aux yeux.

Voilà pour l'*état naissant*. Est-ce le seul cas où l'on rencontre un changement important de l'état inactif dans l'oxygène? Ces cas existent par myriades, seulement on n'en connaît aujourd'hui encore qu'un nombre assez limité, faute de principes justes et d'observations intelligentes. L'ozone nous fournira le second exemple. Pour arriver à rendre actif l'oxygène indifférent, obtenu par une décomposition de laboratoire, il faut le chauffer au rouge, comme cela se pratique, dans sa combinaison avec l'hydrogène, pour former de l'eau, ou l'électriser fortement, en faisant passer dans le gaz une multitude d'étincelles électriques. Ce moyen est, pour l'oxygène, le pendant de ce qu'on fait tous les jours encore à l'égard de corps plus grossiers et, par cela même, plus connus de nous. La chaleur, l'électricité, qui sont des mouvements *en plus*, stimulent la tension de l'oxygène et le forcent à chercher des limitations plus intenses. Est-ce que nous nous récrions d'étonnement chaque fois que nous employons le feu ou la lumière pour favoriser les combinaisons si multiples des laboratoires? Quelle différence existe-t-il donc entre les deux cas?...

L'oxygène, tout grand seigneur qu'il soit, est un corps comme un autre, et soumis aux mêmes lois que le plus infime d'entre eux. Le mouvement qui anime les corps contractiles, condensables, à tension plus ou moins énergique, agit sur l'oxygène comme il agit sur les autres corps de la même nature.

De la même nature... Que signifie cette restriction? Elle cache un fait grave, mais que nous ne pouvons pas expliquer encore, la chimie n'étant pas en mesure, pour le moment, de nous fournir des bases solides aux analogies. Qu'il suffise de dire : que les corps de la nature la plus déliée étant des substances définies, ils oscillent entre des *minima* et des *maxima* de mouvement qui établissent les modalités de leur essence. De sorte qu'à notre idée le mouvement libre, amené *en plus* dans le sein d'une substance, ne produirait pas le même effet sur les corps doués d'une condensation primitive, d'où naît la faculté DÉTERMINATIVE, et sur les corps doués d'une extension primitive également, d'où naît la faculté RÉSOLUTIVE; en un mot, nous pensons que le mouvement en plus : lumière, chaleur, électricité, magnétisme, etc., n'agit pas sur l'oxygène type des *déterminatifs*, de façon à produire les mêmes effets qu'il produit sur l'hydrogène type des RÉSOLUTIFS. Il est très-probable que, si l'on pouvait faire agir de l'oxygène chaud sur de l'hydrogène froid ou de l'hydrogène chaud sur de l'oxygène froid, les résultats seraient tout différents. C'est, en effet, ce qu'on observe dans la réduction de l'oxyde de fer à la chaleur rouge, par l'hydrogène qui forme de l'eau, tandis qu'à la même température le fer décompose l'eau, produit de l'oxyde de fer et dégage de l'hydrogène. Il en est de même, comme on sait, du carbonate de potasse formé par l'hydrate de potasse; il se dégage de l'acide carbonique, qui décompose, à son tour, l'hydrate de potasse et reproduit du carbonate en dégageant de l'eau. Le corps sur lequel se porte la chaleur n'est donc pas indifférent dans les combinaisons à effectuer; seulement, nous le répétons, les expériences n'ayant pas été faites directement sur les corps simples, il y a peu moyen d'en tirer des conséquences fructueuses. On sait seulement que, de tous les corps, l'oxygène est celui qui s'électrise le mieux, qui sort le plus facilement de son état inactif, tandis que l'hydrogène reste parfaitement insensible à toutes les mutations qu'on tente de lui faire éprouver. Qu'y a-t-il en cela d'étonnant? L'hydrogène est constitué par la nature dans un état résolutif; si l'on parvenait jamais à modifier cet état au point de le changer en déterminatif, on ferait faire à l'hydrogène le même pas qu'au plomb qu'on changerait en or pur.

Les substances ayant revêtu à l'origine du mouvement sérié une *faculté active* ou *passive, déterminative* ou *résolutive*, changer cette faculté essentielle en une autre tout opposée, c'est détruire l'essence même de ces substances, c'est TRANSFORMER. Ce qu'il y aurait de plus sage, ce serait, au contraire, d'augmenter sa force résolutive, et c'est aussi à quoi l'on parvient dans beaucoup de manipulations empiriques. Car les changements qu'on croirait radicaux dans le premier cas ne seraient, sans doute, qu'apparents.

En acoustique, on voit constamment une résolutive devenir tonique, et réciproquement. En est-il de même en chimie? Cela peut être, et, cependant, paraît d'autant plus difficile, qu'en chimie les corps sont fixes, stéréotypés en quelque sorte, de façon qu'il est très-difficile, sinon impossible, de changer les rapports qu'ils observent entre eux. C'est exactement comme si, abandonnant le monocorde indépendant, on se renfermait dans une division de notes à touches fixes, tel que le piano, ou quelques instruments à vent. On ne fera jamais d'un *si* un *ut*, et réciproquement. Même sur les instruments à touche fixe, si cependant on change les tonalités, on appuie une déterminative plus solidement en l'accolant avec quelque autre force de nature résolutive; l'effet change, on voit des *déterminatives* se dresser brusquement comme *résolutives*, et *vice versa*. Voilà ce qu'en acoustique nous avons appelé l'inversion des termes; c'est ce qu'en chimie on appelle une mutation dans les formules. De sorte qu'en chimie, comme en acoustique, on voit des corps *négatifs* devenir *positifs* tour à tour, mais moins encore selon la position qu'on leur laisse occuper, que d'après l'adjonction qu'on leur fait subir dans les combinaisons. On comprend, d'après cela, combien il est imprudent d'imiter l'école de Davy, qui semble prendre à tâche de brouiller toutes les formules, en faisant une somme d'équivalents, sans distinction d'origine et d'accidents initiaux. C'est comme si en accoustique on comptait par demi-tons seulement. Il serait impossible alors de s'y rendre compte des transformations successives qu'une combinaison a pu subir, en un mot, de rien reconnaître dans la formation des séries.

Mais si, revenant au sujet que nous devons traiter spécialement dans cet article, nous voulons encore une fois nous aider des analogies incroyables que nous rencontrons en acoustique, nous verrons que les *déterminatives* seules ont la faculté de revêtir une tension progressive; c'est-à-dire qu'une déterminative peut se rapprocher *indéfiniment* par tension, par contraction, par condensation, de sa note d'appui ou résolutive, tandis que celle-ci ne peut pas éprouver le moindre changement sous peine de détruire tout l'édifice harmonique. Ce fait a été mal compris des musiciens eux-mêmes, qui ont été chercher l'enharmonisme partout, excepté où il n'est pas. Cette *progressivité* des *déterminatives*, en pratique musicale, s'opère chaque jour, à chaque instant, soit pour les instruments à touche libre, soit et surtout pour la voix des artistes lyriques, dont le plus grand moyen de séduction repose sur une progressivité calculée de la déterminative, au moment d'aborder une cadence finale. Eh bien, le phénomène est équivalent ici en acoustique et en chimie. On peut exciter la faculté de tension de l'oxygène, comme on peut irriter le sentiment du public par le retard habilement prolongé d'une déterminative progressive. L'oxygène, le chlore, l'iode, etc., sortiront de leur inactivité, comme une déterminative trop compassée sortira de sa monotonie, et l'effet sera le même : une combinaison fortement attachée. Après de tels développements, que nous reste-t-il à dire sur le rôle des bâtons de phosphore, sur l'oxygène qu'on veut ozoniser si ce n'est que le phosphore joue ici, comme le platine ailleurs, les métaux, le charbon, etc., le rôle de condensateur. Il se forme autour du phosphore une tension ambiante qui donne à l'oxygène, par une résistance convenable, la contraction nécessaire pour opérer ensuite efficacement sur les réactifs ou sur toute autre résistance insuffisante en temps ordinaire, mais dont les circonstances viennent de modifier les rapports. Nous ne saurions trop le répéter, on n'accorde pas assez d'importance au phénomène, si constant, des atmosphères de tension, que les corps déterminatifs ou condensateurs établissent autour des corps résolutifs ou doués de résistance. De cette légèreté dans les observations naissent la plupart des difficultés qu'on présente aujourd'hui comme presque insolubles. Le phosphore n'est pas un corps placé dans un état normal, par rapport à l'oxygène libre atmosphérique, et la preuve, c'est que cet oxygène n'a pas besoin d'une tension particulière pour se combiner avec lui. Quand donc l'oxygène rencontre le phosphore, ou des corps de même nature, la résistance qu'il éprouve étant toute spéciale, il subit une contraction, une condensation dans toute sa masse, qui le rend propre, non-seulement à entrer en combinaison avec le phosphore qu'on lui présente, mais avec des corps bien différents, incapables, avant cela, de déterminer sa combinaison. Le phosphore est un corps tellement rebelle à la condensation du mouvement libre, que ce n'est pas seulement avec l'oxygène qu'il se pose de la sorte, mais avec le mouvement diffus dans les vides les plus parfaits que nous puissions effectuer. La lumière qui lui est propre, et qui, de son nom même, sert à désigner tous les effets du même genre, n'est absolument que le résultat d'une condensation du mouvement libre à l'approche de ce corps si singulièrement résolutif.

D'après la place que nous avons assignée provisoirement à chaque corps de la classification chimique, on peut se convaincre que les phosphores artificiels ne doivent leur vertu, la propriété qu'ils partagent avec le phosphore ordinaire, de condenser à leur surface le mouvement libre, diffus, calorique, électrique ou lumineux, qu'à l'introduction dans leur composition intime, ou à la modification de cette composition, d'où il résulte une résistance plus ou moins énergique à la condensation du mouvement diffus. La calcination joue un grand rôle dans la préparation des phosphores artificiels. Or tout le monde sait combien la calcination modifie la composition des corps qui lui sont soumis. Il n'est pas douteux qu'en cela la chaleur n'agisse par excès, comme un excès d'oxygénation rend aussi incombustibles les substances qui en sont atteintes. Dans la chaleur encore, comme dans le reste des combinaisons, il est un état de saturation qu'on peut difficilement surpasser ; la grande oxydation, chloruration, etc., d'une substance, comme sa calcination, lui font atteindre un degré de saturation du mouvement igné ou oxygénant, qui la met plus tard à l'abri de toute adjonction nouvelle de mouvement excédant dans ses pores intérieurs, sans dénoncer à l'extérieur l'effet acquis. C'est ainsi que par la chaleur et la calcination on peut rendre phosphorescents un nombre très-étendu de corps, qui, suivant l'opinion de Dessaigne seul, pouvaient déjà se monter à plus de quatre-vingts. Voilà un premier point dans la phosphorescence, il est loin d'être le seul. Si, en effet, au lieu d'avoir recours uniquement à la calcination, vous joignez à la baryte du soufre en poudre par lits, de façon à former un genre de sulfure de baryum pyrogéné, vous obtenez ce qu'on appelle le phosphore de Canton, remarquable, non-seulement par l'intensité de ses effets lumineux, mais bien mieux par la durée de ces mêmes effets. Dans ce dernier genre de phosphore, il appert clairement que c'est la nature intime du composé qui agit ; car le phosphore peut perdre bien des fois la propriété d'être lumineux dans l'obscurité, et l'acquérir de nouveau par une insolation répétée. Il semble donc que les phosphores artificiels se divisent en deux classes assez tranchées : la première, qui nous montre certaines substances développant de la lumière à partir de leur calcination, d'un grand coup de feu, pendant un temps très-variable, suivant la capacité phosphorescente de ces substances; pour la seconde classe, au contraire, la calcination ne serait plus le fait principal, celui qui semble emmagasiner la lumière dans ces corps par un excès de mouvement calorique, il faudrait l'intervention de la lumière solaire, dont l'action condensatrice semble agir d'une manière fondamentale dans le phénomène. Les premiers phosphores condensent le feu immédiatement et le refléchissent ou le rejettent une fois soustraits à son influence, comme cela se voit dans la bouteille de Leyde, qui repousse le fluide électrique dès qu'elle est soustraite à la puissance de la machine. Les seconds phosphores, par la calcination, ne font que disposer leurs parties à repousser le mouvement et par conséquent à opérer la condensation de la lumière et de la chaleur qui leur est offerte. Dans l'électricité statique ou de tension, on peut imiter de la façon la plus complète les phosphorescences dont nous venons de parler, en électrisant des flacons remplis de toutes sortes de substances qui condensent très-peu le mouvement. Tels sont : le verre pilé, les résines, la chaux, la baryte, les sels de plomb, de mercure, etc. Une fois que ces espèces de bouteilles de Leyde sont chargées, il est facile d'en tirer à volonté des lueurs en remuant les fragments qui les composent, comme si le mouvement condensé électrique était caché entre leurs parties. On ne saurait se figurer combien ces expériences sont intéressantes à faire dans l'obscurité, et ce qu'on y trouverait d'utile, pour connaître la faculté condensatrice des corps, par les rapprochements qu'on pourrait en tirer.

Si nous joignons à tous ces faits de phosphorescence, la propriété pareille que semblent acquérir les corps organiques lorsqu'ils entrent en putréfaction, nous serons bien forcé de convenir qu'il y a là matière à de sérieuses réflexions. M. Dumas a comparé l'effet que peuvent exercer sur l'oxygène les corps en voie de décomposition, à celui que le phosphore produit sur ce métalloïde

pour le transformer en ozone, et il a justement conclu en disant que le voisinage de ces foyers d'infection devrait être pris en
grande considération dans les recherches hygiéniques. Nous allons plus loin, et, avec des principes tels que nous les avons posés, nous osons dire que toute fermentation, toute putréfaction,
sont des foyers de condensation, non pas de l'oxygène seulement,
mais du mouvement libre, diffus; et que ces déterminatifs du
mouvement condensé équivalent aux déterminatifs en acoustique,
qui brisent les tonalités établies pour constituer des séries plus
simples, à moins qu'une tonalité toute prête, assez énergique, ne
les enlace de nouveau dans son cercle prédominant. Nous avons
développé, à l'article de la loi de tonalité générale, la base sur
laquelle il faut s'appuyer pour comprendre les lois de l'organisation des végétaux et des animaux; il est donc inutile de revenir
sur ce point. Seulement qu'il nous soit permis encore une fois
de rappeler l'attention sur le phénomène tonal de l'organisme.
Par cela même qu'une existence organique est brisée, par cela
aussi les fractions plus ou moins compliquées de cet organisme
se débandent pour tendre de côté et d'autre, suivant les circonstances environnantes. On peut donc dire que la décomposition
commence aussitôt que la vie finit, quoique des apparences trom-
peuses semblent indiquer le contraire. Le mouvement général des
corps, qui se manifeste particulièrement sous la forme d'une chaleur moyenne, disparaît peu à peu, abandonnant chaque substance élémentaire ou combinée à la condensation spécifique
du calorique ambiant qu'elle opère. Une fois ce nouvel équilibre
établi, il est clair que les corps se trouvent placés dans une tonalité toute différente de la première; les combinaisons n'étant plus
pour lors dans un rapport convenable entre elles, tendent nécessairement à se désunir, et à se désunir d'autant plus promptement,
qu'un phénomène de liquidité, de chaleur diffuse, viendra les
solliciter extérieurement à dissoudre et à séparer leurs parties
enchaînées dans une masse solide. La fermentation, la putréfaction et toutes les décompositions de cet ordre, ne sont donc absolument que des changements de tonalités. Le végétal ou l'animal, par un phénomène quelconque, était parvenu à réunir
diverses substances dans un tout harmonieux; la tonalité brisée

la matière organique retourne à ses affinités propres, et la destruction commence avec la mort, qui amène cette diminution de chaleur, acte principal de toute existence équilibrée.

Maintenant pourquoi la mort, comment la vie?...

Parce qu'il s'est formé, dans un coin de l'organisme, dans une partie de la tonalité, une déterminative dominante, et que, sous l'effort de cette déterminative, le cercle a craqué; comme la vie elle-même était née d'une autre déterminative initiale, aidée d'une force tonalisante. La vie, la mort, procèdent identiquement des mêmes principes; ce qui fait la différence entre les deux, c'est la tonalité seule. En médecine, la conservation et la pondération de cette tonalité s'appellent la santé, qui n'est qu'un mot, mais plutôt l'équilibre, qui est un fait. Le jeu de ces tonalités est tout ce qu'il a été donné à comprendre de plus sublime aux hommes. L'acoustique peut là-dessus nous renseigner outre mesure, et ceux qui voudront bien se pénétrer de ses leçons, qu'ils soient chimistes ou médecins, montreront aux sceptiques algébrisants que l'étude de la nature n'est pas toute comprise entre des points.

Nous baignons dans une atmosphère de mouvement.

Le mouvement général peu condensé qui entoure la terre, comme il baigne sans aucun doute les autres concrétions solides du même genre, agit beaucoup plus qu'on ne le croit dans tous les phénomènes d'organisation et de désorganisation, semblable à un liquide au milieu duquel s'opèrent des combinaisons de tout genre. Si, par une cause quelconque, des corps définis trouvent à s'arranger en série, en organisme, en combinaison simple, le mouvement général subit ce changement, comme un liquide permet à une précipitation, à une cristallisation, de s'opérer dans son sein. Mais quand, par une circonstance nouvelle, l'affinité, le cercle organique, la solidification, se trouvent détruits, le liquide, dont la puissance dissolvante n'était dissimulée que pour un temps, reprend ses droits et ses propriétés générales, et il agit en cette qualité sur les corps qui lui sont soumis. La même chose

a lieu exactement en ce qui touche le mouvement libre et diffus
dans lequel nous sommes plongés : les tonalités organiques, les
combinaisons, les solidifications cristallines, peuvent s'individua-
liser par accident; mais bientôt, hélas! pour l'homme comme
pour toute la nature, le phénomène prend fin, et là mort s'ensuit avec les mutations de tout genre qui lui correspondent. Il
existe donc une lutte perpétuelle entre les corps condensés et le
mouvement diffus et libre. L'oxygène étant le représentant le
plus remarquable des effets matériels de condensation a à lutter
constamment avec ce mouvement libre, qui tend à le dilater, à
lui faire lâcher prise en face des solides qui lui offrent, au contraire, une cause de condensation par la résistance qu'ils lui opposent. De là ce va-et-vient de l'activité et de l'inactivité, qui
n'est pas aussi limité qu'on pourrait le faire croire en parlant
de l'ozone, mais qui se divise et se diversifie à l'infini. Si la
plante composée de carbone et d'hydrogène amène la condensation de l'oxygène par une commune résistance, le mouvement
libre surtout, celui que produit la lumière, la chaleur, etc., tend
incessamment à détacher l'oxygène de la tonalité organique en
le dissolvant, le dispersant en quelque sorte dans l'atmosphère,
comme une rosée bienfaisante, selon la charmante expression de
Fourcroy. La lutte ici est établie entre deux tonalités rivales :
notre tonalité à nous, pauvres insectes du monde; la grande tonalité du soleil, à laquelle nous n'échappons que pour quelques
annnées, et Dieu sait comment encore.

Des tonalités générales : Lumière, électricité, feu, air, eau, terre, etc.

Puisque nous sommes sur le terrain de la tonalité solaire, il
n'est pas inutile de dire un mot d'autres tonalités du mouvement
très-importantes, qui sont comprises dans les éléments de la lumière, du magnétisme, de l'électricité, du feu, de l'air, de l'eau,
de la terre, etc. Déjà nous avons eu à nous occuper de ces divers
sujets à d'autres titres, comme agents particuliers du mouvement;
maintenant, voyons ce qu'ils produisent sous le point de vue de

la tonalisation. Nous appelons TONALITÉ, comme on sait, tout élément prédominant qui enveloppe, qui embrasse, dans un effet général, un nombre plus ou moins étendu d'effets particuliers. C'est ainsi que nous venons d'avancer que l'organisme végétal ou animal, tonalité intime, individualisée, a constamment à lutter avec la tonalité extérieure et très-prédominante, relativement, de la lumière solaire, à laquelle on peut joindre, sans danger, le mouvement externe diffus, et l'action des gaz atmosphériques. Mais la lumière solaire est loin d'être la seule tonalité à laquelle les corps terrestres soient soumis. Le feu et l'eau, après la lumière et l'air, pour jouer un rôle moins étendu, plus rapproché de la puissance limitée de l'homme, n'en exercent pas moins une puissance très-considérable sur les phénomènes à notre portée. Ce sont ces phénomènes que nous allons retrouver, avec les modifications qui leur sont propres, dans ce qui a trait aux menstrues.

Des dissolutions et des dissolvants ou menstrues, au point de vue chimique.

Lorsque M. Beudant fit remarquer l'influence de certaines substances sur la cristallisation des dissolutions salines, lorsque dernièrement M. Biot arriva au même résultat, par ses beaux travaux sur les mélanges liquides, à l'égard du pouvoir rotatoire, on eût dû, ce nous semble, apercevoir la corrélation qui existe entre l'addition de ces substances et les modifications qui en sont le résultat. Voilà pour l'état solide des sels. Mais ce fait, déjà si remarquable, est-il le seul qui donne l'éveil sur les additions et les soustractions de mouvement libre contenu dans les liquides? Pour répondre à cette question très-grave, comme on le comprend, il suffit de réfléchir au rôle que jouent les dissolvants ou menstrues dans la liquéfaction des corps solubles. L'eau n'agit pas comme l'alcool, qui précipite les sels parfaitement dissous dans l'eau, dans les acides, les alcalis, etc. Bien mieux, l'eau elle-même n'agit pas de la même manière à toutes les températures. Ce sont là deux faits très-graves : différence de menstrue, différence de température dans le même menstrue. Mais l'air, la lumière, le calorique diffus, l'électricité, etc., viennent à leur tour modifier ces résultats. De sorte que, au menstrue que nous croyons simple, il s'ajoute d'autres effets plus composés, qui entourent le premier et qui l'affectent tantôt dans un sens, tantôt dans un autre, comme si ce corps dissous ou à dissoudre était renfermé réellement dans une série d'enveloppes concentriques. La dissolution d'un corps étant l'emprunt que fait ce corps à un réservoir de mouvement excédant, qu'on appelle un liquide, il est clair que les changements observés pendant cette dissolution doivent varier avec les facultés spéciales de l'emprunteur comme du prêteur. C'est donc à tort qu'on n'a étudié la question que sous un seul point de vue, celui du sel en dissolution ; c'est faire de l'analyse incomplète. En effet, la dissolution peut et doit être assimilée complétement aux phénomènes de combustion. Entre les deux corps qui se rapprochent, le mouvement est-il plus ou moins semblable, plus ou moins éloigné, les phénomènes vont changer complétement de forme et d'apparence. Le muriate de chaux, sel très-soluble et, par cela même, très-voisin de l'état aqueux, n'ayant aucune difficulté à joindre son mouvement intime de condensation à celui que possède l'eau elle-même, ne produit que du froid extérieur, qui est la représentation de l'emprunt qu'il fait au liquide pour entrer en liquéfaction. Il en est ainsi de tous les corps de la même nature. Mais venez-vous à verser dans de l'eau pure une certaine quantité d'acide sulfurique, il se dénotera, au contraire, une élévation de température très-considérable. Pourquoi ? Parce que l'acide sulfurique déjà liquide emprunte peu à l'eau pour s'étendre dans ce menstrue, et se trouvant, au contraire, très-éloigné de mouvement avec ce liquide, il s'établit un phénomène de choc, tel que nous l'avons défini aux principes généraux, d'où il résulte nécessairement une diffusion de mouvement qui devient sensible aux objets extérieurs. L'acide sulfurique partage la propriété d'émettre ainsi du mouvement libre avec beaucoup d'autres liquides ; et cela arrivera, nous le répétons, chaque fois que le dissolvant et les corps liquides seront suffisamment éloignés de la condensation intime. La liquidité étant le milieu dans lequel ces phénomènes de combinaison s'effectuent, doit nécessairement, par sa nature spéciale, absorber la plus grande partie des effets calorifiques qui en résultent; mais les choses ne se passent pas autrement que dans l'air, où la combustion se comporte comme une vraie liquidité, avec cette différence, disons-nous encore, d'un milieu [˙ ˙ ns absorbant: la liquidité, opposée à un milieu aériforme beaucoup plus ténu et, par conséquent, beaucoup plus dispersif. Aussi les phénomènes de combinaison qui peuvent se passer dans l'air sont-ils particulièrement remarquables par l'intensité de leurs effets lumineux et calorifiques, comme si, dans la liquéfaction, la plus grande partie du mouvement dégagé dans le choc de rencontre, se trouvait arrêté au passage par la composition toute particulière du menstrue. Nous disons ici du menstrue et non de la liquidité, car on peut, en étudiant les cas si variés de combinaison dans les liquides, voir que le choc, en proportion des différences de condensation des corps rapprochés, sera constamment modifié par la liquidité de chaque menstrue en particulier.

Il existe aujourd'hui une grande unanimité parmi les physiciens, pour reconnaître l'atomisme, c'est-à-dire l'insécabilité de la matière au delà des molécules constituantes. Cette opinion date, on l'a deviné, du jour où les *proportions multiples, connues de l'école ancienne*, furent définitivement consacrées par les travaux de Dalton, de Wollaston et de Gay-Lussac. On ne concevait pas, avec ces théories nouvelles, la possibilité de concilier une combinaison arrêtée par des nombres toujours entiers, conservant une relation invariable avec des molécules divisibles à l'infini, et d'après la doctrine pouvant amener des combinaisons indéterminées. Aujourd'hui donc, disons-nous, l'atomisme explique tout. Nous serions tenté cependant de présenter une objection : est-ce que cet atomisme, placé à la base de la formation des corps, et qui conséquemment ne peut avoir fait une seule évolution, justifie réellement les complications par séries de chiffres qui font la base des proportions multiples? Là où il n'y a qu'un point de départ, il ne peut exister qu'un point d'arrivée, et nous ne croyons pas la théorie daltonienne mieux fondée par l'atomisme que par la divisibilité indéfinie. Un seul phénomène de physique, pour nous, tend à donner raison des combinaisons remarquables dont nous entendons parler : c'est le phénomène de la division du monocorde, qui correspond, point pour point, chiffre pour

chiffre, à la série des combinaisons daltoniennes. Les divisions
de la résonnance s'effectuent en effet, tantôt par 1, 2, 4, 8, tantôt
par 1, 2, 3, 4, 5, 6, 7, 8. Il y a mieux : par l'acoustique on trouve
la vraie conclusion que Berthollet et Proust cherchèrent si vainement dans cette lutte, devenue aussi célèbre que radicale pour les
doctrines chimiques. Les deux champions avaient raison dans une
certaine mesure : Proust, en défendant les proportions définies,
qui effectivement se présentent ainsi dans les cas les plus sail-
lants des combinaisons chimiques; mais Berthollet aussi avait
raison en un point, car les combinaisons s'effectuent en toutes
proportions, dans certains cas contenus en dehors des limites dans
lesquelles les propositions de Proust devaient être maintenues.
Ici on reconnaît évidemment l'analogie qui s'établit entre la résonnance typique et la combinaison normale. De même que les
termes 1, 3, 5, 8, en acoustique, sont presque rigoureux dans leur
projection sérielle, de même aussi les termes intermédiaires restent facultatifs et sans relation nécessaire. En chimie, les mêmes
faits se représentent : il existe des points fixes, dans lesquels la
combinaison ne peut varier; mais, hors de ces limites particulières, on trouve également d'autres points qui offrent des
maxima et des *minima* d'écartement ou de diversité dans la
combinaison.

Ce qui peut fournir l'idée la plus exacte de la résolubilité des
déterminatives sur les résolutives, c'est, sans contredit, l'effet
qu'on éprouve en entendant ces énormes musettes embouchées
par les paysans italiens des Abruzzes. Généralement ils sont trois
pour composer l'orchestre de danse. Le premier, sur lequel on
pourrait dire que tout repose, est armé d'un long tube, donnant
le son fondamental bas, et encore très-éclatant. Ce tube a deux
annexes fixes, qui exécutent en même temps la tierce et la
quinte. Quand le premier musicien se trouve seul, il fleurit
cette harmonie invariable, au moyen de trous percés sur le tube
de l'une ou l'autre annexe, tierce et quinte. Mais, quand il est
accompagné de ses deux acolytes, ce sont surtout ces derniers
auxquels sont dévolues les finesses de la broderie. Cependant,
lorsque le vin et les baïoques ont été abondants, les trois artistes
se font un devoir de montrer tous ensemble leur reconnaissance,

et l'édifice harmonique est ébranlé par un déluge de notes de *passage*. De quelque façon qu'ils agissent, en brodant prudemment l'harmonie première, ou en la compromettant même par les excès de la *forme*, on sent que tout ce qui n'est pas l'accord fondamental n'a aucune fixité, aucune persistance dans la résonnance musicale. En dehors de la tonique, de la quinte et de la tierce, les notes résolubles passent évidemment à travers cette résonnance générale, comme on voit sortir et rentrer en bourdonnant, par l'orifice étroit de la ruche, l'essaim affairé des abeilles.

Le fait le plus important, pour le musicien, dans cette stratégie des joueurs de musette, consiste en ce que des notes de passage, ou dissonances inclassées et inclassables se succèdent, s'enchevêtrent, sans que l'oreille du public villageois en soit choquée ; mais, au contraire, ainsi qu'on peut s'en convaincre par expérience, il est impressionné très-fortement par l'improvisation capricieuse de l'artiste ambulant. Ceci tend à prouver qu'en dehors de la résonnance normale, il y a bien moins de fixité de principes qu'on ne le suppose : car les appoggiatures les plus osées se compliquent à plaisir sans scandaliser personne, tandis que, si l'un des corps de hautbois donnant octave, quinte, tierce, venait à se fausser, tout le monde crierait immédiatement *huro !* Voilà une observation dont on n'a jamais tiré parti en physique, en chimie, etc., quoique nous vivions complétement au milieu des séries fixes, enveloppées de combinaisons transitoires.

C'est ainsi, par exemple, que les chimistes n'ayant admis dans le principe, que des oxydes, des acides en *eux* et des acides en *ique*, se sont trouvés surpris par des faits nouveaux, des sous-oxydes, des superoxydes et des hypoacides des deux genres. Chose remarquable, dans cette subdivision dernière, les faits, comme en acoustique, tendent à multiplier si bien les points intermédiaires, qu'on ne saura bientôt plus comment régler des nuances qu'on pourrait étendre encore, nous n'en doutons pas, bien au delà des limites qui les renferment aujourd'hui. Nous pensons donc qu'il se produit en chimie des combinaisons éphémères, difficiles à fixer, que nous ignorons dans leur réalité, parce que nos moyens ne portent encore que sur les points fixes de Proust; mais les

subdivisions de combinaison, déjà si augmentées depuis quelques années, recevront bien autrement d'amplitude dans l'avenir. La doctrine des proportions définies, multiples ou non, qui date en chimie de cinquante ans à peine, a été introduite dans la musique d'Europe depuis une époque qu'il est impossible de fixer aujourd'hui historiquement; mais — pour des raisons qu'il est inutile de déduire ici — nous les rattachons à l'invasion des peuples du Nord sur le sol de l'Europe centrale. L'*enharmonisme*, ou système des proportions facultatives, *en dehors des termes* principaux, est né en Orient, et y domine encore présentement sans partage. Au contraire, la proportion définie dans tous les points de la résonnance, est le caractère fondamental de la musique septentrionale. La chimie organique, qui fait si souvent faux bond aux proportions multiples — qui sait même? — aux proportions définies, représente les tendances enharmoniques des Orientaux, comme la chimie minérale, chimie des solides lourds et inertes, se rapproche mieux de la musique du Nord par ses proportions définies. L'insécabilité des atomes, logiquement, est un point de doctrine qui fut mis au néant dès le temps des philosophes éléates en Grèce, 464 ans environ avant J.-C. Il faut donc l'aplomb imperturbable de notre époque, pour l'avoir remis ainsi sur le tapis, sans souci du passé, sans souci de l'avenir. Nous l'avons dit une première fois: un emprunt aussi flagrant à la vieille ontologie, n'est pas permis quand on se montre si cassant comme expérimentateur; dans toute autre circonstance, tenons-nous dans la même voie si nous voulons être logiques, ou tout métaphysiciens, ou tout expérimentateurs. Entre l'ergoterie scolastique et les enseignements pratiques de l'acoustique, y a-t-il un instant à balancer?... S'il n'existait pour les corps que deux états différents de combinaison, on serait fondé à prendre pour base l'atome et la particule; mais, en chimie, les combinaisons ou proportions multiples s'élèvent au moins à cinq, si ce n'est à sept. Au lieu de l'indivisibilité atomique empruntée à l'antiphysique, pourquoi ne pas rester dans les phénomènes naturels? Voici ce qu'on trouve dans tous les livres de physique, et que nous empruntons spécialement à M. Péclet (Ier vol., *Tr. de phys.*) :
« Lorsqu'une corde est mise en vibration et qu'elle produit un

son grave et soutenu, une oreille attentive distingue facilement, outre le son fondamental, deux autres sons plus aigus, l'octave de la quinte et la double octave de la tierce. Par exemple, si le son fondamental est *ut*, on entend très-nettement *sol*$_2$ et *mi*$_3$; une oreille exercée reconnaît même encore les deux octaves de *ut*, ou *ut*$_2$ et *ut*$_3$. Or, en représentant le son fondamental par 1, la tierce sera 5/4, sa double octave 5, la quinte 3/2, et l'octave 4; enfin, les deux octaves du son fondamental seront 2 et 4; on distingue donc les sons 1, 2, 3, 4, 5. Il est infiniment probable que la corde rend tous les autres sons représentés par la suite de la série des nombres naturels 6, 7, 8, 9, 10, etc., mais que ces derniers restent inappréciables à nos organes, à cause de leur peu d'intensité. On ne peut expliquer la production de ces sons nommés harmoniques qu'en admettant que la corde se sous-divise d'elle-même en même temps en 2, 3, 4, 5, etc., parties égales, et que toutes ces fractions différentes de la corde vibrent ensemble sans se troubler ni se confondre. La possibilité de la coexistence de ces vibrations se conçoit aisément, d'après ce que nous avons dit sur la propagation des ondes sonores. »

Maintenant, rapprochez cette genèse chromatique de la genèse harmonique, vous aurez toutes les combinaisons possibles de la résonnance et des proportions en chimie.

La théorie atomique a été inventée, comme on le voit, pour expliquer cette divisibilité sérielle qu'on ne savait pas tirer des phénomènes. On créa une division des corps par atomes, pour nombrer les rapports de leurs séries, comme on le fait avec des équivalents en ce qui concerne la faculté de saturation. Pour cela, on s'est appuyé sur des recherches de Gay-Lussac, d'où il résulterait que « *les gaz étant influencés de la même manière par les effets extérieurs de température et de pression, doivent nécessairement avoir la même composition atomique.* »

Première hypothèse aussi illogique qu'imprudente. En effet, si, comme nous croyons l'avoir établi, l'état gazeux représente le transport de la matière, par un mouvement en excès de quantité et de condensation acquise; le mouvement ayant vaincu sa résistance et cherchant d'autres limitations, il est clair que dans cet écartement particulier des molécules solides, les effets de pression et de température n'agissent absolument que sur le mouvement lui-même, qui, quoi qu'on dise, par son état spécial de condensation, est très-accessible à nos moyens d'action. Les fluides aériformes se conduisent en ce cas d'une façon complexe comme matière à mouvement, mais uniforme dans les résultats, de même que si la matière avait en quelque sorte disparu, pour ne laisser agir que ce mouvement. Et cela est si vrai, que les lois de Mariotte, de Gay-Lussac et autres, vérifiées avec un rare talent par M. Régnault, ont perdu de leur exactitude quand elles ont été critiquées à des pressions particulières, négligées par tous ces physiciens. Pourquoi cela? Parce que, comme l'a dit fort bien M. Régnault, la diversité des pressions constituant une série de formules en progression, le premier terme peut et doit être modifié lui-même en raison de ces progressions. Nous dirions, nous, tout bonnement, que les corps gazeux, modifiés par la température et la pression qui ôte ou rend quelque prédominance à leur mouvement dominant, se rapprochent ainsi ou s'éloignent de la liquidité et de la solidité, dans lesquels la matière possède un équilibre tout différent, une existence, tranchée comme la substance spéciale qui la compose. Après les irrégularités que nous venons de constater pour les gaz, on concevra difficilement que l'*atomisme* ait fondé là-dessus son point d'appui, qui devait expliquer la composition des solides eux-mêmes. Tels sont pourtant les faits. On se laisse aller jusqu'à couper des atomes insécables, pour en construire des tronçons, convenables à l'édification des théories. C'est donc avec une perspicacité remarquable que M. Dumas a déclaré, dans ses leçons de philosophie chimique, que, « *s'il était le maître, il effacerait le mot atome de la science, parce qu'il va plus loin que l'expérience.* » Nous pensons que de l'incapacité dont les gaz sont frappés à dévoiler une force, une nature spéciale sous les changements de température et de pression, on ne peut pas conclure que leurs molécules se trouvent à égale distance, quelle que soit la composition intime de ces gaz. Nous pensons, au contraire, que le mouvement en excès dissimule l'individualité des corps, et voilà tout. La théorie atomique, fondée sur ce principe, que les gaz renferment en conséquence le même nombre d'atomes pour un même volume, ne nous semble donc pas fondée, et nous sommes forcé.

comme toujours, de recourir à l'expérience, au phénomène acoustique, pour expliquer en chimie les divisions de composition aussi bien que ceux de combinaison. Maintenant, que les corps, portés à l'état gazeux, après les magnifiques expériences de Gay-Lussac, se combinent en volumes d'un rapprochement simple, il y a peu à s'en étonner, mais c'est tout à fait en dehors de la question que nous venons de discuter.

Des substitutions dans les composés chimiques.

La théorie des équivalents chimiques, et tout ce qui s'y rapporte, fournit l'exemple d'un fait assez ordinaire dans les sciences, mais peu connu. Ce fait consiste à trouver merveilleuse, mirobolante, la conséquence toute naturelle et philosophique de principes fondamentaux en d'autres sciences. Ainsi les chimistes, qu'on croit de si grands clercs en algèbre, grâce à des constructions de ce genre :

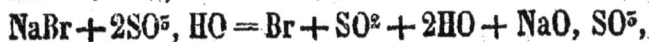

$$NaBr + SO^3, HO = NaO, SO^3 + HBr.$$
$$NaBr + 2SO^5, HO = Br + SO^2 + 2HO + NaO, SO^5,$$

— tout cela pour exprimer la formation de l'acide bromhydrique ; explication très-modeste encore, si l'on songe qu'en la retournant à satiété, on eût pu nous en faire des volumes ; — les chimistes, disons-nous, n'ont pas compris que la loi des équivalents n'est juste que la conséquence de ce principe élémentaire d'algèbre : Deux quantités, dont on établit la proportionnalité avec une troisième quantité, acquièrent entre elles une proportionnalité rigoureuse.

En effet, vous prenez deux bases, vous les mesurez en face de l'acide sulfurique, par exemple, pour connaître leur capacité de saturation ; la première donne 1, la seconde donne 2 ; mettez-les maintenant en face d'autres acides : ces bases doivent rester proportionnelles dans leur saturation, autrement dire égales dans leur inégalité, dans leurs différences ; car proportionnel veut dire égal dans une inégalité constante : voilà tout le mystère

des équivalents chimiques. Le premier acide joue le rôle d'un éta-
lon, d'un mètre; à ce compte d'étonnement, on devrait s'étonner
aussi qu'on puisse comparer des mètres de soie avec des mètres
de laine, de coton, etc. Ce que nous venons de montrer pour
l'idée philosophique des équivalents, va se reproduire pour les
substitutions d'une manière plus fâcheuse encore.

Tout le monde connaît aujourd'hui la théorie des radicaux
hypothétiques, et la théorie des *substitutions* surtout, regardées
par la jeune chimie comme un effort énorme, victorieux peut-
être, pour sortir du chaos dogmatique dans lequel elle languit,
non sans ronger son frein.

Mais, si quelque pauvre musicien disait aux *substituants* que
le mal dont ils sont si laborieusement travaillés est déjà vieux
en musique, chez les écrivains didactiques qui ont traité de la
composition, et que tout cela n'intéresse plus personne : en vérité, nous le croyons fermement, ou les substituants resteraient
bien ébahis; ou, ce qui est plus probable encore, ils tourneraient
dédaigneusement le dos au malencontreux observateur, le ren-
voyant aux *futilités* de son art d'agrément. Il n'y a pourtant rien
d'aussi vrai que ce que nous dénonçons en ce moment. Avec Rameau, naquit, en musique, l'ère des proportions définies; avec
Reicha et son école, la théorie des substitutions. C'est qu'elle est
déjà une vieille science, cette musique, dont la langue connaît si
peu d'interprètes, qu'aujourd'hui encore elle consiste, presque,
en une sorte d'initiation refusée aux profanes.

Depuis près de vingt ans, M. J. Viallon professait, au Gym-
nase-Musical, une théorie sur les *substitutions* sous le nom de
DOUBLES ASPECTS, dont l'originalité et la profondeur étonneraient
singulièrement les chimistes : au moyen de cette théorie, munie
d'une notation bien plus perfectionnée que la notation chimique,
il fait passer tour à tour, sous un même radical, les combinaisons
possibles des séries harmoniques. De sorte qu'en prenant un motif dont on cherche l'accompagnement, ce n'est pas une *réalisation* unique qu'on obtient, chiffrée sous le motif en cause, mais
des myriades d'accompagnements, auxquels on ne voit plus de
limites, quand ce qu'on appelle la FORME s'en mêle. Cela nous
rappelle les quatre cent mille ammoniaques de M. Dumas, dont

les doubles aspects sont réellement la confirmation par similitude. En chimie, M. Dumas est un *voyant* qui a prévu de lui-même, sans en avoir la moindre idée peut-être, nombre de mystères déjà éclaircis par l'acoustique. Seulement, on nous avouera qu'il est bien regrettable de trouver dans un même pays, dans la même maison quelquefois, à des étages différents, des hommes voués au fond à la même idée théorique, et qui ne se doutent pas plus des travaux qu'ils réalisent mutuellement que si jamais l'un ou l'autre n'eût existé ; à ce point qu'un tiers comme nous, apportant le travail de l'un à l'autre travailleur, semble un antiquaire qui vient de fouiller une crypte très-obscure de Pompéi ou d'Herculanum. Quel ravalement de l'idée abstraite !... Voilà où conduit la confusion des langues, scientifiquement parlant, c'est-à-dire l'abandon de l'idée absolue, de l'analyse logique générale ; et pourtant les sciences se tiennent. La chimie, qui s'adresse aux intérêts matériels, à l'estomac, fait la renchérie devant la musique, qui joue, elle, si souvent le rôle de la cigale vis-à-vis de la fourmi ; et la chimie se tient sérieuse, comme il sied à celui qui garde les cordons de la bourse, ce qui ne veut pas dire, le moins du monde, que ses théories soient plus profondes ou plus avancées que celles de sa sœur, de sentimentales habitudes. Comme la chimie, la musique s'est trouvée un beau jour face à face avec la genèse de ses combinaisons harmoniques. D'où vient ceci, d'où vient cela ?... Il a fallu répondre tant bien que mal à la curiosité d'enfant terrible, que les élèves se permettaient au milieu de mainte leçon, assez pesante pour simuler la gravité. Là-dessus les plus malins se sont mis en campagne, et chaque série harmonique a été creusée et retournée en tous sens pour révéler sa généalogie, si faire se pouvait. Les uns, les vieux, comme, en chimie, Berzélius, voués à la *touche fixe*, à la combinaison roide, invariable, ont soutenu que les accords ne devaient et ne pouvaient sortir que de la base fondamentale ; les autres, les jeunes, en ajoutant des substitutions, ont tiré du débat une conclusion en faveur des septièmes, des neuvièmes, etc. ; selon le goût ou la propension individuelle du discoureur. Le fait en était là il y a cinq ans, lorsque nous avons entrepris de prouver, en musique, que de genèse spéciale il n'existait rien, et qu'en dehors de la consonnance sérielle harmonique, les combinaisons étaient purement facultatives, quoique classables d'après certaines données, pour la commodité du langage et de l'observation.

Les musiciens, bien entendu, continuent à faire leurs substitutions, comme les chimistes continueront à développer les leurs; c'est un fait tout naturel, et sans lequel les choses d'ici-bas manqueraient d'une certaine gaieté. Quoi qu'il en soit, les principes existent, parallèles, similaires dans les deux cas, et nous pensons que c'est un point capital que de les rapprocher. Quand M. Dumas indiqua les changements qu'on pouvait tenter sur la genèse de l'acide sulfurique SO^5, considéré comme SO^2+O, autrement dire comme un acide sulfureux oxygéné, M. Berzélius se récria en disant que les changements de cet ordre conduisaient à disloquer toutes les formules les plus solides, les plus vénérables, et qu'il était impossible de savoir où s'arrêterait un pareil esprit révolutionnaire, qui ne tendait à rien moins qu'à *substituer*, jusqu'au point qu'il n'y aurait plus rien de reconnaissable dans les faits primitifs; on se rappelle involontairement ce fameux couteau dont la lame et le manche avaient subi, eux aussi, de si cruelles substitutions, qu'il devenait très-osé d'affirmer, si réellement on devait le considérer comme légitime représentant du couteau primitif. M. Dumas soutint bravement la lutte, malgré les chances défavorables que lui suscitait la position unique que M. Berzélius occupait alors parmi les chimistes; l'instinct philosophique du savant français l'a sans aucun doute emporté, aujourd'hui, sur les récriminations séniles du chimiste suédois.

Alors les *substitutions* ont raison? Oui et non.

Oui, si, dans leurs substitutions, les substituants se montrent complétement radicaux, s'ils subordonnent la genèse de composition au type sériel sur lequel ils travaillent actuellement et relativement. Non, s'ils enveloppent la substitution nouvelle dans la roideur de la combinaison ancienne, et si la nature, pour eux, reste aussi obscure qu'elle le paraissait à la vieille chimie. La question de substitution, complétement en retard en ce qui concerne les chimistes, doit aujourd'hui être saisie hardiment et avancée de vingt ans peut-être, en s'étayant de ce qui s'opère eu musique, où elle dépasse d'autant d'années au moins ce qui se fait en chimie. Il faut arriver, en un mot, à se demander si vraiment il y a quelque chose de fixe, d'arrêté, non pas dans telle ou telle formule, mais si une formule elle-même peut avoir quelque valeur réelle, en dehors de certains points de repère, qui sont posés là par la nature toute relative des combinaisons subterranéennes. Voilà où l'on en est en musique, au moins il nous a semblé l'avoir prouvé, et nous croyons fermement être en mesure d'en faire autant pour la chimie, quoique nous ajournions le travail pour un moment mieux choisi. Si l'on se rappelle ce que nous avons dit des phénomènes qui se produisent dans le chromatisme et l'enharmonisme, on saisira immédiatement la base sur laquelle nous appuyons ces prétentions, et, comme dans bien d'autres phénomènes, il sera prouvé que les points fondamentaux du type sériel chimique ou musical constituent seuls des éléments d'une fixité convenable pour appuyer les recherches et les points de doctrine; et qu'en dehors de ces points fondamentaux, la formule, soi-disant arrêtée, nage, au contraire, dans un vague infini, qui n'a d'issue que par l'absurde ou l'escamotage, et d'appui que l'ignorance des auditeurs.

Cette grave question des substitutions, si grave que la science en sera tenue longtemps en échec, sans aucun doute, n'est pas résoluble, nous le croyons, dans le domaine de la chimie, parce que là les phénomènes sont trop entachés d'erreurs matérielles pour qu'on puisse se mettre aisément d'accord sur un point aussi épineux. Nous sommes donc convaincu que la question ne se décidera que du jour où les chimistes, faisant trève entre eux, se porteront d'un commun accord vers ce *substratum* des sciences physiques que nous appelons l'acoustique; et que, loyalement, sincèrement, ils en auront étudié et discuté toutes les parties pour asseoir un jugement définitif. Notre opinion à nous ne peut être douteuse; elle est acquise à la formule typique seule 1, 3, 5, et, pour quelque commodité, à certaines combinaisons toutes relatives qu'on peut lui adjoindre.

Maintenant, nous demandera-t-on, quand pensez-vous que les chimistes descendent à de pareilles vues? Nous répondrons que, si cela arrive, ce ne sera pas de sitôt. Les chimistes sont trop haut placés dans l'estime du public, pour qu'ils puissent croire possible de se permettre l'étude d'une science ravalée présentement au rôle d'histrion ; et ces connaissances, à quoi Pythagore, Platon, Descartes, Kepler, Newton, Euler, d'Alembert, n'ont pas craint de demander des inspirations; comme une moderne pestiférée, ne doivent pas approcher du public au delà de la rampe fumeuse de nos théâtres, à moins qu'on ne lui fasse subir les ironiques triomphes des pianotages de salon.

La question la plus grave concernant les affinités ne peut plus porter, comme autrefois, sur la prééminence absolue de telle ou telle substance, par exclusion à telle ou telle autre. Berthollet s'est chargé de déblayer le terrain, de façon à ce que jamais nul ne songe à y revenir. Mais ce partage, parfaitement démontré, du reste, et sur lequel Berthollet fonda ses nouvelles théories, ne présente-t-il rien qui doive attirer l'attention des penseurs?

Laissons de côté, tout d'abord, ces cas très-tranchés où les combinaisons s'opèrent immédiatement par élimination *ascensum* ou *descensum*, et arrivons directement aux cas plus compliqués des accouplements déterminés facultativement par une intervention active; comme cela appert dans la cristallisation alternative du chlorure de sodium, et du nitrate de soude, du chlorure de sodium et du sulfate de magnésie. Demandons-nous si le partage existe dans la dissolution *a plano*, avant l'intervention de la circonstance prédisposante; ou si seulement le partage ne se produit qu'en fin de compte, au moment de la réalisation; en un mot, si dans la dissolution il y a *partage* réalisé, ou simplement *communauté d'action*. Quoi que Berthollet ait dit de très-remarquable là-dessus, et que les contemporains y aient ajouté, nous pensons que l'*état de dissolution* est incompatible avec un partage quelconque. Qui dit *dissolution* dit, pour nous, mise en commun des éléments dissous; et le partage que deux acides ou deux bases opéreraient dans la liqueur serait la négation de la dissolution, ou plutôt une élimination des groupes formés *per ascensum* ou *per descensum*.

A cela on nous répondra immédiatement par les exemples très-connus du sulfate de cuivre perdant sa couleur bleuâtre et passant au vert par l'introduction d'un élément chloré, du carbonate de potasse jaune revêtant les tons plus rubiques de l'acide chromique, etc. Tout cela prouve, pour nous, non pas un partage, qui amènerait certainement un dicroïsme, comme on en trouve d'assez nombreux exemples ailleurs, mais cette mise en commun que nous annoncions il y a un instant, et qui joue un rôle tout à fait méconnu dans les combinaisons complexes. Les proportions multiples étant aujourd'hui très en faveur, il serait bien dangereux de s'attaquer à elles, si les *substitutions* ne commençaient déjà à les battre en brèche, sans trop se l'expliquer. Il n'en est pas moins vrai que dans les dissolutions, qu'on *substitue* ou non, les corps s'unissent probablement en toutes proportions. A cela on nous dira : Qu'en savez-vous? et surtout à quoi cela avance-t-il, puisqu'on ne peut rien connaître là-dessus que par le résultat final, la cristallisation?

Voilà où nous attendons l'école moderne : la cristallisation. Depuis Haüy, et malgré l'amère critique de Berthollet sur cette manie absorbante des études cristallines, on ne sort pas des créations plus ou moins arrêtées de ces solidifications cristallines; comme si la nature entière était comprise entre cinq ou six catégories polyédriques, qu'on appelle les systèmes cristallins. De sorte qu'un chimiste actuel, si fort lorsqu'il raisonne avec ses pareils, devient d'une ânerie ridicule en face du plus mince praticien; à moins qu'il ne paye d'audace, ce qui s'est vu quelquefois, dit-on, et cela à propos de tout.

S'agit-il, en verrerie, de produire le pourpre de Cassius, le chimiste reste court, la cristallisation n'ayant rien à faire en cet endroit. Faut-il apprendre à fabriquer de l'outremer artificiel, du bleu de Berlin, différent, comme on sait, du bleu de Prusse par un cuivrage plus prononcé, le chimiste répond : *Tour de main.*

Mais tour de main il y a partout dans l'application, à ce point, qu'il faudrait faire ici une encyclopédie industrielle pour parcourir les cas innombrables dans lesquels la proportion multiple et sa fille la cristallisation se trouvent complétement en défaut. Comment fait alors le praticien? Il se règle d'instinct, en s'aidant de son mieux des théories générales, et en arrachant à l'expérience le secret de ses travaux, à force d'argent et de tâtonnements. De sorte qu'un chimiste de laboratoire, consulté sur de semblables manipulations, serait inévitablement tenté de dire, comme ce général autrichien qui recevait en Italie de si belles piles de Napoléon : Que voulez-vous, il ne sait pas se battre suivant la tactique : que voulez-vous, l'industrie ne connaît pas la chimie! Mais l'industriel ne connaît pas plus la physique, et cependant ce sont les opticiens qui réussissent le mieux à combiner leurs faces optiques. Sans rappeler la trop célèbre histoire de Newton, niant MATHÉMATIQUEMENT l'achromatisme, réalisé par le fabricant Dollond, tout le monde connaît l'histoire de ce pauvre fondeur de verres, à qui deux illustres physiciens optiques ne cessaient d'apporter des courbes et des lignes irréalisables; et qui eut la maladresse de leur avouer, dans un jour de fâcheuse confidence, qu'il avait réussi d'instinct. Quelque temps après, la fabrique était déserte, et l'artiste obligé d'aller en Russie chercher un refuge contre l'échec des vanités humaines. On ferait un bien beau livre de toutes les excellentes choses qui, non-seulement se pratiquent en dehors des théories chimiques, mais qui, en plein laboratoire, sous l'œil du maître, s'exécutent contre ces mêmes théories. Quoi qu'il en soit, rien n'est plus grave, sans aucun doute, parmi tous ces faits, que la légèreté avec laquelle on traite les dissolutions complexes, cristallisables ou non. On croit beaucoup faire quand on lance les mots de *dimorphisme, polymorphisme, isomérie*, etc., etc. Le principe, dans toute son importance, le voici : Toute dissolution complexe agit comme si les éléments qui la composent étaient mis en commun, et cela en *toute proportion!* Si avec cela on veut bien se rappeler la genèse des corps que nous avons essayé d'esquisser, on comprendra comment l'introduction d'un ou de plusieurs de ces corps pourra modifier presque à l'infini l'action résultantielle de la solution complexe.

Voulez-vous un exemple? Prenons le sulfate de cuivre. Sa couleur est d'un bleu lapis; si l'on ajoute de l'acide chlorhydrique, la couleur bleue tirera au vert : la théorie vous dira que, dans ce cas, il se forme un chlorure vert de cuivre qui colore la liqueur. Mais continuez, ajoutez encore de l'acide nitrique, la dissolution passera au jaune ou même se décolorera. Pourquoi? Le nitrate de cuivre est justement vert aussi, quand il n'est pas bleu? Cependant, revenez-vous sur vos pas en saturant le tout par de l'ammoniaque, la couleur bleu céleste apparaîtra, couleur pure, sans partage. Est-ce tout? Non, on peut descendre plus bas dans les nuances du spectre, et cela, sans l'emploi de l'ammoniaque. Si vous ajoutez à la liqueur l'acide de Nordhausen, déjà si puissant en soufre et dans lequel, cependant, vous aurez préalablement introduit un excès de ce dernier corps; le cuivre, au contact de tant de soufre, descendra plus bas en mouvement qu'au contact de l'ammoniaque, et vous aurez une dissolution du plus beau violet qu'il soit donné à l'homme d'entrevoir. Quand on sature par l'ammoniaque, dans le cas précédent, on pourrait dire que l'ammoniaque, ayant absorbé tous les acides, ne laisse plus voir que cet ammoniure de cuivre qu'on connaît sous le nom d'eau céleste; mais dans le cas de l'acide sulfurique soufré en contact avec d'autres acides de nuances si différentes, où est le partage? que devient la mixtion des couleurs? Nous croyons devoir prévenir les personnes peu familiarisées avec les réactions de couleur, que le sulfate doit être employée à sec, et que la dose des acides, sans eau aussi, est très-délicate à rencontrer. Souvent il faut revenir avec l'acide chlorhydrique pour atteindre la couleur bouton d'or, dont nous voulons parler, couleur qu'on réaliserait très-bien encore avec un excès d'acide chlorhydrique seul. Il est clair que si l'on met de l'eau, c'est à l'eau qu'on a affaire comme réactif colorant, bien plus qu'aux acides seuls. Dans le cas où, sur la liqueur jaune, on s'avise d'ajouter de l'eau avec précaution, il se passe un phénomène très-bizarre; l'eau ne se mêle pas, et la partie de la couche surnageante qui touche à la liqueur acide se revêt d'une nuance violette par dichroïsme. Avis aux physiciens! Rien dans la science n'est plus digne d'attirer l'attention que ceci; seulement, nous ne pouvons nous y arrêter en ce moment. Pour arriver à des effets étranges, il faut surtout balancer les deux liqueurs; alors l'eau, qui se mêle légèrement aux acides, prend les tons violets qui sont l'expression de son complémentarisme d'occasion, en face de deux agents de mouvement aussi puissants que l'acide nitrique et l'acide hydrochlorique. Enfin, lorsqu'elle se mêle intimement, elle passe au bleu, par diminution de mouvement, donnant, avec la liqueur, une résultante qui suit en tout point notre théorie-principe du *bleu de Prusse*.

Certes, c'est là ou jamais qu'on peut surprendre les allures intimes de la matière !...

Les corps, croyons-le bien, agissent par leur masse résultantielle, comme nous le voyons plus clairement dans les alliages, où les propriétés nouvelles sont loin de répondre exactement à une mixtion proportionnelle, à un partage exact, en un mot; mais affectent un état purement résultantiel, souvent très-compliqué, comme nous le verrons plus tard. Tout est mouvement en ce monde et condensation de ce mouvement. Le pouvoir rotatoire, lié si intimement aux phénomènes que nous étudions en ce moment, a paru un instant fournir des conclusions très-brillantes sur la difficulté du *partage* et des *combinaisons*; mais on n'a pas tardé à voir que ces espérances étaient exagérées. Une étude plus attentive des faits eût fait comprendre que la rotation est peu usuelle industriellement, et qu'elle ne place pas les substances en voie de comparaison assez étendue. Cependant, même dans les études rotatoires, les faits se groupent exactement d'après nos vues; il suffit, pour cela, de consulter les beaux travaux que M. Biot a consignés dans un de ses derniers mémoires. La nicotine, par exemple, dévie à gauche le plan de polarisation; son hydrochlorate le dévie à droite, le mouvement en moins s'est changé, au contact du chlore, même hydrogéné, en un mouvement en plus qui porte la rotation vers la droite.

Lois de Berthollet.

Nous avons dit que les lois de Berthollet répondent aux phénomènes d'une manière très-heureuse; cette opinion prouve de notre part et la déférence extrême que nous professons pour ce grand homme, et le peu d'animosité que nous entendons mettre dans la discussion des doctrines, lorsque, comme celles qui nous occupent, ces doctrines ont réellement une valeur philosophique sincère. En effet, Berthollet, imbu du dualisme newtonien, consacre la première partie de sa *Statique* à en expliquer le mécanisme dans les rapports qu'il lui suppose avec les faits chimiques. Tout le monde sait aujourd'hui que cela l'a même entraîné dans des erreurs de fait à propos de la cohésion, et, par conséquent, de la solution, puis, plus tard, à propos de l'intervention de la masse et de son partage dans les combinaisons. Aussi relisez Berthollet : avec l'aide de ces quelques réflexions préliminaires, vous apercevrez immédiatement, sous sa didactique, la charpente scientifique, le ponsif mécanique des forces centripètes et centrifuges tirées du système de Newton, avec un enchaînement strict, qui a bientôt fermé à Berthollet les voies admirables que son génie naturel lui avait ouvertes, lorsqu'il ne s'étayait que de l'analyse phénoménale. Les lois de Berthollet, toutes merveilleuses qu'elles sont, par l'effort analytique qui les a constituées, n'ont pas moins un précédent très-célèbre dans ces idées alchimistes qui considéraient la combinaison des corps comme s'effectuant de deux manières principales : *per ascensum* et *per descensum*. Joignez à cela un autre axiome trop peu compris de Berthollet : *Corpora non agunt nisi soluta*, et vous aurez une théorie élémentaire, dont les lois de Berthollet ne présentent réellement que la paraphrase.

Commençons par la première idée, l'*ascensum* et le *descensum* alchimistes. N'est-il pas évident qu'elle contient en somme tout ce que Berthollet a dit sur les modes de la combinaison, sans vouloir en aucune manière diminuer la valeur de la classification analytique de Berthollet, qui est aussi belle qu'utile. Pour être court et clair autant que possible, supposons que nous prenions un matras tubulé quelconque, et que, en suivant les tablettes d'un laboratoire, il nous plaise de jeter dans ce matras une partie grande ou petite de tous les corps qui se présenteront sous notre main. S'il se trouve dans le ballon un liquide, comme l'eau, susceptible de dissoudre ces corps dans une proportion quelconque, il arrivera, après avoir abandonné quelque temps le ballon à lui-même, qu'il se sera opéré des mutations dans l'union préexistante des corps qu'on y a introduits. L'homme étranger aux lois de la chimie ne verra, dans le fait accompli, qu'un dépôt de matières solides et une solidification plus ou moins complète du liquide dissolvant. Mais le chimiste ira bien autrement loin que ce simple aperçu, s'il suit les doctrines de Berthollet ; il admettra que tous les corps, à l'*état simple ou composé*, se sont unis suivant qu'ils peuvent former des combinaisons volatiles ou insolubles, suivant qu'elles pouvaient s'unir, en un mot, *per ascensum* ou *per descensum*. Analysez les lois de Berthollet, nous défions que tous les termes de ces lois ne puissent pas se ramener à cette expression condensée, et surtout qu'on en puisse tirer autre chose.

Faut-il le dire? c'est la force centripète et la force centrifuge qui font les frais de toute la démonstration. Mais n'y a-t-il que cela, en vérité, dans le phénomène des corps qui tombent ou qui s'élèvent? Et la solution, donc!... Est-ce que le liquide reste pur, dégagé de toute union avec les corps dissolubles? Point ; dans beaucoup de cas, et des meilleurs pratiquement, le liquide va contenir le secret de bien des travaux importants.

Il n'existe donc pas que *deux termes* dans l'affinité de combinaison, il en existe trois comme dans tous les phénomènes naturels, et là, comme ailleurs, il faut lutter encore avec le dualisme impitoyable qui a tout envahi sous son sceptre tyrannique. Si un instant, dans une aperception philosophique indépendante, nous élevons notre esprit au-dessus des idées newtoniennes, au-dessus même des lois phénoménales de Berthollet, nous cherchons à saisir le sens que la nature a prétendu choisir dans la marche de ses combinaisons; nous sommes frappés de cette constance de sériation qui s'impose aux phénomènes les plus rebelles en apparence, à cette division ternaire que la physique seule croyait posséder dans l'enseignement de l'optique et de l'acoustique. Dans les affinités, outre les corps qui tombent et qui s'élèvent, il existe donc encore des substances solides comme les premiers, en de certaines circonstances, qu'un simple tour de main peut déterminer, et des corps — souvent les mêmes corps — qu'un autre tour de main peut volatiliser. C'est-à-dire que, comme en acoustique, outre la contexture ternaire des affinités, les agents de combinaison peuvent être déplacés suivant cette loi de l'inversion des termes de mouvement que nous avons démontrée par l'acoustique, et qui fait la richesse des combinaisons chimiques. Il est inutile de revenir ici sur ce que nous avons déjà exprimé là-dessus, sur l'inconvenance de ranger les acides ou les bases en acides forts, ou bases fortes, et en acides faibles ou bases faibles. Nous pensons avoir indiqué la voie qui s'ouvre pour la chimie nouvelle dans l'étude approfondie de la genèse des corps acides, ou bases, au point de vue de la composition de leur mouvement intime. Il est clair que les affinités se détermineront abstractivement entre les corps riches en mouvement pour former les volatilisations, pauvres en mouvement pour amener les précipitations, enfin, entre les corps capables d'obéir à la liquidité pour ceux que le menstrue s'assimile. Seulement, nous ne saurions trop recommander de ne pas confondre l'état intime du corps simple, avec l'état physique ou extérieur, en quelque sorte, qu'il peut revêtir par son union avec d'autres corps, ou même par différents états qu'il subit dans son rapprochement avec des condensations particulières de mouvement, comme la chaleur, la lumière, l'électricité, etc. Ces deux ordres de faits sont si tranchés et si importants, qu'on ne saurait trop se mettre en garde contre la confusion qui les a tous entassés pêle-mêle. Les corps étant des condensateurs de mouvement à proportion non-seulement de leur nature intime, mais encore des circonstances dans lesquelles on les place, doivent par conséquent être envisagés sous ce double aspect, dont chacun des termes ne semble se céder en rien réciproquement. L'acide carbonique n'est pas identique avec les états du carbone qui lui donnent naissance. Bien mieux, qui oserait le comparer à lui-même dans l'état gazeux, liquide et solide? Il en sera de même, à plus forte raison, quand il s'agira de lui assigner une place dans ces combinaisons organiques où l'imagination ne rencontre plus de bornes.

Nous venons de montrer en peu de mots la base philosophique des lois de Berthollet, leur insuffisance pour cause de dualisme, et nous avons indiqué, en passant, l'origine sérielle qu'elles affectent invinciblement; il faut que nous revenions à cet axiome radical, *corpora non agunt nisi sint soluta*, par lequel nous aurions dû commencer notre exposé, si la routine actuelle ne nous eût pas forcé, pour plus de clarté, d'en reléguer le développement après des faits qui n'en sont pourtant qu'une conséquence immédiate. *Corpora non agunt nisi sint soluta!...* Tel est l'axiome qui a été autrefois très en vogue, auquel on semble revenir au-

jourd'hui, mais qui un moment fut assez délaissé à cause de
quelques expériences mal saisies. Il manque un mot à cet
axiome, nous allons bientôt voir lequel. Il est bien certain que
nous ne nous amuserons pas à discuter ici les phénomènes de la
solution ; telle n'est pas notre idée. Comme pour l'analyse des
lois de Berthollet, il faut se placer plus haut. Qu'est-ce que la solution des corps ? Déjà nous avons répondu à cette question à
l'endroit de la liquidité ; mais nous devons y revenir, sous un
point de vue plus général qu'il s'agit de spécialiser ici.

A l'égard des affinités, la solution est une tonalisation préalable, une équilibration nécessaire, qui, détruisant dans le menstrue les forces d'union préexistantes, permet, en un moment
donné, cette élection entre les mouvements intimes, d'où naissent les combinaisons dont l'affinité est l'expression purement
rationnelle. La solution est donc une trêve passagère entre les
mouvements comparatifs des substances, une situation indépendante qui ouvrira la voie à la sériation typique. Nous pensons
fermement que, si l'on avait mieux compris jusqu'ici la *solution*,
philosophiquement parlant, on aurait aussi beaucoup mieux
compris cette polarisation sérielle, qui s'effectue toujours avec une
régularité si singulière, que son principe doit être d'une ampleur
bien remarquable. Ce qui fait aujourd'hui la confusion dans les
études d'affinité, c'est qu'on confond le rapprochement de deux
corps, la combinaison même de ces corps, à l'état isolé, avec le
phénomène général de l'électivité typique d'où sortent les vrais
phénomènes. Vous rapprochez deux corps, vous pourrez souvent
les unir, même à l'état solide, par des actions plus ou moins
mécaniques ; mais vous ne déterminerez pas évidemment une sériation typique normale. *Non agunt* ne veut pas tant dire que
les corps n'auront pas d'action les uns sur les autres, *que cette
action ne sera pas indépendante, normale*, en un mot, naturelle,
dirions-nous, si l'on n'avait pas étrangement détourné la signification de cette expression.

Mais le mal à cela ? direz-vous. Il n'y en a aucun !... bien loin
de là, la plupart de nos procédés scientifiques d'*application*, en
chimie comme en botanique, en médecine, en industrie, consistent justement à faire dévier l'affinité typique, par des circon-

stances qui contrarient les élections naturelles. Sans des circonstances spéciales, qui nous dit que le blé ne serait pas resté éternellement une sorte d'ivraie? En tout cas, la rose courait grand risque de dépenser toute sa coquetterie quintipétale au milieu des broussailles. De même que l'association des corps simples entre eux, leur situation physique actuelle est une cause immense de la variété des condensations, qui s'opère dans le mouvement, de même aussi la chimie industrielle ne vit que des déviations que la série normale subit sous l'influence d'agents extérieurs. Mais la science, elle, ne procède pas ainsi; avant la déviation, il faut édifier les principes absolus, et ce sont ces principes que, dans les affinités, nous réduisons à deux uniquement :

Le premier établit que les corps, pour se combiner NORMALEMENT, (le mot manque dans le *corpora non ugunt nisi sint soluta*), ont besoin d'être placés dans cette situation tonale, indépendante, équilibrée, qui constitue la solution;

Le second, que dans cette solution équilibrée les unions se feront librement ou sous l'influence d'un phénomène extérieur, en conséquence rigoureuse du type ordinaire de mouvement sériel; c'est-à-dire *dans l'ordre des mouvements comparatifs*. L'état solide, liquide, gazeux, répondant aux corps précipités dissous ou volatilisés, eût dû mettre sur la voix de la sériation normale; car à partir du fond du vase, non-seulement ces états se suivent régulièrement, mais dans chacune de ces divisions, solide, liquide ou gazeuse, l'union sera en raison de la puissance comparative des corps qui y sont rangés. Les plus insolubles déplacent les moins insolubles, les plus liquéfiables; les plus solubles précipiteront les moins solubles, et, enfin, les plus gazeux passeront avant les moins gazeux; c'est-à-dire que la *nuance* existe là comme dans le spectre lumineux lui-même.

Voulez-vous scientifiquement obtenir le type normal, montrez-vous difficile sur l'indépendance des dissolutions et des circonstances dont vous les entourerez. Prétendez-vous, au contraire, obtenir des déviations industrielles, variez vos menstrues et leur état physique, et enchaînez la combinaison par une dissolution anormale.

Dans les affinités chimiques la combinaison s'établit, sans

doute, entre des corps antagonistes, déterminatifs contre résolutifs, acides contre bases, pour satisfaire à la loi nécessaire du complémentarisme sériel ; mais, en dehors de ce fait bien connu, ces mêmes corps se rassemblent suivant les rapprochements plus ou moins importants de leur nature intime, c'est-à-dire que les acides les plus condensateurs de mouvement choisissent les bases les plus condensatrices de mouvement, tandis que les acides les moins condensateurs de mouvement s'unissent aux bases les plus rebelles à cette même condensation ; ce qu'on a établi, en disant que les acides les plus forts s'emparent des bases les plus fortes, et *vice versa*. De sorte que le chlore, l'oxygène, l'azote, prendront de préférence les bases, comme la soude, la potasse, etc.; tandis que les acides sulfurique, phosphorique, carbonique, oxalique, etc., se porteront sur les corps les plus rebelles au mouvement, comme la baryte, l'argent, le mercure, la chaux, etc.

Rien n'est plus confus en chimie que les phénomènes qui regardent les affinités. Cela se conçoit très-bien si l'on se rappelle que les sciences modernes ont procédé le plus souvent sans analyse, s'arrêtant paresseusement aux premières généralités qui tombaient sous la main pour en déduire le reste. Ainsi la force ou la faiblesse des acides a été déterminée d'après leur pouvoir de déplacement, au lieu de la chercher dans la dissolubilité, qui indique véritablement la force en plus, inhérente à toute substance assez saturée de mouvement pour en prêter aux solides qui doivent atteindre les étapes supérieures de la matière : liquidité ou gazéification; ou encore dans toute autre étude du mouvement libre. L'acide sulfurique passe aujourd'hui pour le roi des acides, non parce qu'il est capable de telle ou telle saturation basique, ce qui aurait au moins une excuse, mais, comme nous le faisions remarquer plus haut, parce qu'il déplace d'autres acides très-puissants. Le fait vulgaire et si répété dans les démonstrations de la précipitation des hydrates, des chlorures, des azotates de baryte par les moindres traces d'acide sulfurique et des sulfates, clôt la bouche à tout ce qu'on pourrait dire contre cette conclusion. Un autre fait également très-usuel vient se joindre au premier.

L'indigo, dont la couleur est détruite par l'acide azotique, par les chlorures d'hydrogène, etc., se dissout sans peine et surtout sans changement dans l'acide sulfurique, et dans quel acide? ne passons pas légèrement sur ce fait, dans l'acide de Nordhausen, c'est-à-dire dans un acide du soufre, surchargé de cette base. Qu'on réfléchisse un instant au rôle que l'oxygène joue avec les métalloïdes, qui, sans exception, se comportent avec lui comme des bases, quoique, par leur union, ces corps donnent naissance à des acides, et l'on verra clairement que le soufre, ici, contre l'idée si généralement reçue, loin de se rapprocher théoriquement de l'oxygène dans ses combinaisons, se comporte, au contraire, comme un antagoniste, une base, une substance, en un mot, essentiellement douée d'une condensation négative; comme l'oxygène, le chlore, l'iode, le brome, le fluor, etc., paraissent doués d'une qualité positive. Dans l'acide sulfurique, l'oxygène sert uniquement de déterminatif au soufre, corps éminemment résolutif; et, si dans les compositions qui répondent aux formules SO^3HO : $2SO^3HO$ et les autres acides du soufre plus ou moins chargés de ce résolutif, la fonction déterminative de l'oxygène se fait jour avec tant d'insistance, il ne faut absolument l'attribuer qu'à des rapports spéciaux entre les proportions de ces corps, entre l'état physique spécifique, que l'on devrait appeler la situation octaviale, dont la science chimique ne s'est jamais préoccupée, n'ayant pas le moindre soupçon sur l'existence de ces phénomènes, radicaux pour l'intelligence des études.

Pour nous, l'acide sulfurique de Nordhausen, ou fumant, $2SO^3HO$, est un composé acide qui frise de si près les résolutifs dans sa composition intime, qu'il est non-seulement capable de dissoudre le soufre comme le ferait un corps alcalin, quoiqu'en de moindres proportions, mais de ménager dans l'indigo la propriété colorante bleue, spéciale aux résolutifs en général; sans aucun doute, parce que la composition résinoïde de l'indigo a un rapprochement plus grand que nous ne le pensons avec la composition de $2SO^3HO$. En voulez-vous une autre preuve tirée d'innombrables expériences exécutées par nous sur un corps également résinoïde contenu dans les ammoniaques impurs? Prenez de l'acide sulfurique fumant, et, bien mieux encore, le même acide dans lequel vous aurez fait préalablement dissoudre du soufre, ce que nous exprimerions, nous, en disant de l'acide sulfurique surchargé de soufre; et, sur quelques gouttes de cet acide, déposées au fond d'un verre à expérience de petite capacité, pour obtenir une plus grande sécurité d'observation, versez goutte à goutte de l'ammoniaque impur contenant des corps organiques en dissolution : la coloration de ces résinoïdes ou de ces corps résinifiés par leur contact avec l'acide sulfurique, non-seulement pourra conserver une couleur acquise dans cet acide, mais bien mieux en prendra une à ce contact; et quelle est cette couleur? le rouge vif inhérent aux acides puissants dont $2SO^3HO$ fait partie? Pas le moins du monde; mais une teinte ou rouge livide comme une lie de vin sordide, ou un purpurin si violacé, qu'il ne tarde pas à abandonner bientôt un précipité sombre, noirâtre, qui, redissous dans telle ou telle combinaison acide, fournit du bleu et du rouge pourpre. Pendant que vous êtes sur ce sujet, vous plaît-il de faire la même expérience avec l'acide chlorhydrique, azotique, etc.; la coloration de l'ammoniaque impur suivra une proportion du pourpre violacé au rouge et au jaune, suivant la genèse que nous avons attribuée aux déterminatifs qui les composent, et l'ammoniaque sera coloré en carmin admirable par CL,H, en carmin déjà jaunâtre par AZ,O^5, qui, bientôt passera complétement au jaune jusqu'à la décoloration complète. Nous ne doutons pas un seul instant que l'indigo ne se produise industriellement d'après les mêmes principes, quoique les substances soient loin d'être aussi identiques en apparence; et les résultats que nous avons obtenus nous-même nous laissent l'espoir le plus complet, malgré leur insuffisance actuelle, que très-prochainement l'indigo et bien d'autres couleurs du même genre pourront se confectionner dans nos laboratoires sans avoir besoin de les demander à la nature végétale, d'une façon aussi immédiate. Que faut-il faire pour cela? varier les corps dissous que l'ammoniaque abandonne aux acides, et varier aussi ces acides de façon à produire par eux les colorations cherchées. Mais, si nous revenons à l'influence que les acides ont sur la coloration de l'ammoniaque impur, nous ne tardons pas à voir bientôt que cette influence est fortement augmentée quand, au

lieu de prendre un acide simple, on emploie plutôt le même
acide déjà joint à un corps plus ou moins basique : de sorte
qu'avec quelque calcul on peut obtenir des résultats fort importants, et toujours marchant du violet au jaune. Les sels solubles
dans les acides peuvent tous servir. Pour nous, qui fermement
ne croyons ni à la nomenclature actuelle, ni même aux proportions définies de Dalton, *comme nécessité d'action*, mais seulement comme *aide-mémoire* et constatation de faits généraux,
nous restons effrayés devant la richesse immense, la multiplicité
infinie des compositions facultatives que la nature a mises à notre
disposition, en marchant sur la trace des enharmoniques acoustiques. Ce que nous avons fait en musique, où nous avons démontré dès 1849 que la nomenclature et les proportions définies n'é-
taient qu'une façon de se représenter des phénomènes, de mode
et de préjugé, nous espérons le produire aussi pour la chimie, où
les découvertes de tous les jours se succèdent dans le sens de
notre opinion, avec une telle multiplicité, qu'il faut plutôt se
garantir du trop, de peur de diffusion, que se plaindre du manque. Nous avons dit ailleurs ce que signifie pour nous la série
thionique, comment doivent être envisagés les sels redoublés,
chlorures chlorurés, sulfures sulfurés, ferroso-ferriques, etc., etc.,
appelés chloro-sels, sulfo-sels, phospho-sels, plombo-sels, ferro-
sels, etc.; c'est un torrent de composés sans nombre qui se rue
sur les cases trop étroites de la nomenclature moderne et qui les
entraînera à vau-l'eau. La mémoire s'égare, l'esprit s'hébête
aujourd'hui à suivre dans les cours le dénombrement sans liaison
de composés tellement compliqués, rien que dans la chimie minérale, cette partie de la science, si arrêtée jusque-là, si peu re-
muante en face de la révolutionnaire chimie organique, que, dans
dix ans d'ici, on ne saura plus en vérité laquelle des deux sera
plus envahissante que l'autre. Tout y passera, jusqu'à cette royale
liqueur qu'on employait pieusement pour dissoudre l'or, cette
eau régale, mélange bonhomme d'acide azotique (AZO^5)+CLH,
avant que M. Baudrimont n'en eût fait l'acide nouveau AZO^3CL^2.
Là le principe que nous professons est flagrant; pourquoi cet individualisme accordé au mélange de deux corps acides, à l'exclusion de tant d'autres composés qui se créent de la même manière?

Avez-vous bien étudié tout ce qu'on peut faire sortir de ces associations, qui n'ont l'air de ne connaître aucune limite que l'impuissance de nos analyses? Il n'y a pas de corps dans la nature,
composé ou non, qu'il s'appelle oxygène, soufre, chlore ou acide
azotique, chlorhydrique, etc., qui ne soit susceptible de se dédoubler, en déterminatif et résolutif, d'une façon si peu sensible que
ce soit. L'oxygène et l'ozone commencent une série qui se poursuit avec les séparations liquides du chlore, du phosphure d'hydrogène liquide, etc., etc. Tout dans la nature se polarise, se
série en mineur et majeur, et de leur union naît l'accord, le sel,
la lumière, etc. Dans les composés salins, Berthollet remarqua
il y a longtemps que les sels solubles formaient par le repos des
sels plus basiques, qui se précipitaient. L'acide azotique lui-même
se décompose en acide azoteux, AZO^3, et acide azotique. L'acide
sulfurique des combinaisons sursulfurées, qu'on a trop souvent
confondu avec des dissolutions et des combustions de matières
organiques, n'y manque pas plus, quoique ces dernières aient
aussi une très-forte part dans le phénomène. Que n'aurions-nous
pas à dire si nous continuions ainsi le rapprochement avec tous
les autres acides?

Mais, pour les corps équilibrés complexement, comme les végétaux et les animaux, la sériation de polarisation devient un
fait capital. De là ces colorations intenses, constantes, et surtout
ces créations nouvelles qui s'unissent pour former des corps inconnus dans la nature inerte. L'équilibre n'étant jamais complet
dans ces unions composées, la coloration ou détonalisation partielle en résulte nécessairement. Ces faits d'élection de mouvement complexe ou de sériation polarisée dominent tout ce que
l'homme peut embrasser dans ses connaissances, de quelque ordre
qu'on les suppose. Quel est donc le chimiste assez osé pour limiter la combinaison des corps aux aperçus méthodiques d'un enseignement inconscient de lui-même? et sait-on ce dont l'esprit
humain est capable le jour où, brisant les langes du préjugé scolastique, il s'élancera, dans le domaine de l'inconnu, sur cette
mer poétique des créations chimiques, où les mouvements intimes des corps pourront se mouvoir, sans entraves, immenses
comme celui qui leur donna naissance?

La chimie ne comprend rien au parti qu'on peut tirer de l'union, ou, pour mieux dire, de la combinaison des acides entre eux, des bases entre elles, et, finalement, des composés surcomposés des bases et des acides. Les engagem nts pris avec les *combinaisons multiples*, résultat d'analyses impuissantes, lui défendent de sortir de son contrat. Elle essaye simplement de le tourner, au moyen des *substitutions*, que, dans son enfantine audace, elle croit des idées bien osées, et dignes tout au moins d'un *fort pensum*. Il n'y a qu'un malheur à cela, comme nous venons de le voir : c'est que, du temps de Rameau déjà, cette théorie fut introduite en musique, et il y a plus de vingt ans qu'on ne fait plus sur elle, pour l'explication des phénomènes, qu'un fonds très-médiocre. Osez, chimistes, osez donc ! la musique vous couvre de son ombre ; et, lorsque le temps, ce vieil acide rongeur, aura fait un petit voyage d'une vingtaine d'années, vous pourrez aller trouver les musiciens ; ils vous diront comment on sort des substitutions. Quand on passe en revue les faits si inexpliqués de l'ozone, des métalloïdes, inactifs en certains cas, et même l'inactivité des acides les plus énergiques, purs ou dans un certain état d'hydratation très-restreint, on ne peut se défendre de l'idée que le dédoublement résolutif seul est capable d'entrer en combinaison ; c'est-à-dire que l'union des corps, dans tous les cas, serait au fond une véritable précipitation. L'oxygène n'attaque certains corps, même le phosphore, qu'à la condition d'être uni à un autr corps azoté, et il deviendra actif rien que par son rapprochement avec des bâtons de phosphore, qui resteront intacts pour leur propre compte. D'autres gaz ne s'uniront que sous l'effort des éponges ou de la poudre de platine, etc.

Tous ces phénomènes cachent bien certainement un phénomène de sériation par condensation, en tout semblable à ce qui se passe d'une façon plus ostensible dans les affinités ordinaires. L'acide azotique pur ne produit pas de phénomènes d'oxydation avec les métaux ; s'il se dédouble en un azoture moins oxygéné, il acquerra la faculté immédiate de précipiter l'iode des iodures, le soufre des sulfures, en un mot, de se substituer réellement à des corps qui semblent le primer en cette circonstance. De même, il colore en brun les sels de fer au minimum ; en vert, le cyanoferrure de potassium, qu'il diminue de mouvement, comme le ferait le fer lui-même, qui les pousse au bleu, ou seulement au vert, selon les proportions de charbon qui lui sont opposées.

Tous les corps de la nature, même les corps simples, peuvent revêtir les couleurs les plus variées en descendant de mouvement intime, par leur union ou même leur simple rapprochement avec des corps doués d'un mouvement en plus ou en moins. On ne conçoit pas, en vérité, que les phénomènes si anciens des papiers réactifs sur lesquels, matériellement et empiriquement surtout, la chimie tout entière semble fondée, n'aient pas ouvert les yeux d'une façon plus raisonnable aux chimistes, qui les ont constamment entre les mains. Un corps n'est guère dit acide, — à moins de quelques rares exceptions peu justifiées, et nous verrons comment, — s'il ne rougit pas la teinture de tournesol ; de même on ne lui accorde la propriété alcaline que dans le cas où il se montre apte à ramener au bleu une couleur déjà rougie par un acide. Mais cette balance chromatique, dans laquelle vous pesez tous les corps, est effectivement le seul mode d'observation qui nous soit accordé pour découvrir rapidement et sûrement la nature intime des substances. Seulement, le rouge et le bleu chimiques, pas plus que le négatif et le positif physiques, ne sont la représentation réelle, complète, sincère, des phénomènes. Vous tronquez la série en n'en acceptant que les points extrêmes. Tous les corps de la nature sont susceptibles de revêtir les nuances les plus opposées. Quand vous prenez l'acide permanganique et que vous le traitez par l'acide sulfureux, ne croyez pas qu'il soit seul à descendre du rouge au vert, au bleu, etc. Le sel, qui oxyde le fer, n'est-il pas dans le même cas, et tant d'autres combinaisons métalliques qu'il est inutile de relater et dont les composés cyanurés, rouges, jaunes, verts, bleus du fer ne sont que le type le plus apparent et le plus vulgaire ? Les acides ne manquent pas plus à l'appel, dans ce chromatisme nécessaire de toute la création, ce qui appert si clairement dans la dissolution du soufre au milieu de son propre acide, l'acide sulfurique de Nordhausen, $2SO_3, HO$, qui passe du brun rouge au vert et au bleu, selon la dose de soufre dissoute dans l'acide. Il en est de même de l'acide azotique, selon les additions d'eau qu'on effectue. Enfin, les corps simples eux-mêmes présentent les mêmes phénomènes. L'oxygène, l'hydrogène, soit seuls, soit en état de combinaison, affectent des colorations spéciales dont la plus curieuse, sans aucun doute, peut s'observer très-bien lorsqu'on introduit un tube de verre, long et froid, sur la flamme d'un chalumeau à gaz hydrogène en pleine ignition. La flamme restera jaune rougeâtre, c'est-à-dire de la couleur dominante de l'oxygène, quand la flamme sera maintenue dans l'axe du tube, tandis qu'elle deviendra d'un bleu d'outremer quand on portera cette flamme sur les côtés du verre où l'hydrogène trouve sans doute un refuge partiel contre l'atteinte de l'oxygène, en même temps qu'un abaissement de température, un appui co-résolutif sur les parois du verre. La photographie nous a fait connaître le chromatisme du chlore, du brome et de l'iode. L'amidon ne fait que compléter ce qu'on avait appris à cet égard. Mais ce qu'on sait moins, c'est que l'acide hydrochlorique lui-même est susceptible de passer par toutes les nuances, depuis le rouge jusqu'à l'indigo, en le faisant agir sur de la farine de froment, ainsi que sur beaucoup d'autres matières organiques plus ou moins azotées, ce qui ferait presque supposer que le brome et l'iode ne seraient qu'une modification simple du mouvement intime du chlore.

Quand on choisit l'acide sulfurique de Nordhausen, $2SO^3HO$, pour dissoudre l'indigo du commerce, on agit, ainsi que nous l'avons fait remarquer, d'abord par similitude de composition intime, en ce que cet acide étant plus chargé de soufre, moins oxygéné que $SO^3 + HO$, l'indigo, qui est une matière résinoïde, très-basse de mouvement, est plus disposé à se dissoudre dans cet acide que dans tout autre. Mais, en outre, la décoloration y est bien moins à craindre, non pas parce que $SO^3 + HO$ contient quelquefois de l'acide nitrique ou chlorhydrique, qui agit sur l'indigo par décoloration, mais parce que déjà l'acide $SO^3 + HO$ se trouve trop oxygéné, trop délayé dans $+ HO$, ou peut-être même supérieur partiellement et occasionnellement à la formule SO^3, et, en un mot, peut contenir O en des proportions plus grandes, plus fortes que celles qu'on lui assigne généralement. Les erreurs commises jusqu'ici, en chimie, sur le compte de l'acide sulfurique, dont on se croyait, dont on devait se croire si sûr, ne laissent guère de confiance pour ce qui reste.

Les corps agissent sous des influences si extraordinaires, si peu attendues, dans les dissolutions, que la moitié des formules officielles de la chimie disparaîtrait devant un examen aussi sérieux, aussi attentif que celui que M. Marillac vient de faire subir à l'acide sulfurique. En voyant les différences qui peuvent se produire dans l'oxydation et la désoxydation, la coloration et la décoloration, etc., on est tenté de se demander si réellement il peut s'établir quelque chose de réel, de sincère dans la formule usuelle assignée à chaque combinaison, qui n'a pas passé par l'épreuve des cristallisations répétées et permanentes. Les acides du soufre ne sont-ils pas la preuve la plus éclatante de ce que peut produire l'infini des combinaisons enchevêtrées? Aujourd'hui le soufre a épuisé toutes les désinences latines et a dû se jeter sur le grec pour obtenir des noms qui le différencient suffisamment. Lavoisier, Berthollet et autres gens que nous croyons quelque peu chimistes, ne verraient plus que du feu dans ces séries thioniques, où le dithionique, trithionique, tétrathionique, pentathionique cachent seulement quatre nouveaux acides du soufre, et cela sans préjudice des combinaisons chorosulfurique $SO^2 CL$, azoto-sulfurique $S^2 AZO^5$, obtenues par *substitution* ou par *addition*, selon qu'on part de l'acide sulfureux ou de l'acide sulfurique comme base théorique. Malgré toutes ces excellentes choses, il a été fort difficile de résoudre le problème si obscur de la décoloration des matières organiques, surtout après qu'on s'était avancé, pour le chlore, à déclarer que la soustraction de l'hydrogène seule à la matière organique amenait la décoloration. Ici il retournait de l'oxygène; c'était jouer de malheur. Les colorations et les décolorations ne suivent pas, croyez-le bien, des voies aussi compliquées que celles qu'on leur assigne; le plus et le moins de mouvement comparatif sortant de la tonalité normale, blanche, voilà tout le mystère.

On se croit chimiste parce qu'on a l'idée de ce que peuvent être la naphtalidame, le thiosalicol, la pararhodiorétine, la lécanorine, l'acide cocognidique, etc., tandis que de pauvres diables savent tout au plus se reconnaître dans les sels minéraux et dans les grands chemins de la chimie organique. Il n'y a qu'un malheur à cela, c'est qu'en un laps de temps très-court le savant de la naphtalidame, du thiosalicol, etc., sera fort ignorant, par rapport à ceux qui auront inventé ou appris la catégorie toute nouvelle des sels tirés d'un hypo–chloro-nitro-sulfate de pissenlitine ou de pissenlitadame, selon la gravité des circonstances et l'exigence des classes à formuler. Du moment où l'on fonde son talent, ses connaissances sur les faits de détails, il faut s'attendre à être renversé, à être traité de perruque par une génération distante seulement d'une dizaine d'années. Au théâtre, il est admis qu'on peut, après cet espace de temps, exhumer tout le répertoire et piller ce qui convient.

Dieu n'a pas entendu baser la dignité de notre entendement sur des connaissances de détail ; et si nous ne pouvons atteindre l'infini dans l'objet en soi, il nous a pourvu d'une conception bien autrement digne et bien autrement commode : l'aperception de l'abstrait dans le concret. De sorte que, sans sortir de nous-même, par une simple manœuvre du cerveau, au moyen des abstractions, nous arrivons aux limites du possible. Le chimiste routinier, comparé au savant didactique, ressemble à l'homme ignorant qui ne pourrait arriver à l'idée d'un cheval BLANC qu'en voyant tous les chevaux de la création ; tandis que le chimiste dogmatique serait, au contraire, l'homme auquel il suffit de voir un cheval blanc pour en déduire la possibilité et la nature de tous les autres chevaux de même espèce. Les sciences n'ont donc aucun intérêt à multiplier les voies de division dans lesquelles la chimie est plongée jusqu'au cou en ce moment ; moins encore que la botanique, sans doute, qui, selon l'expression si vraie de Berthollet, « au rebours de toutes les sciences, tend toujours à s'embrouiller, à se compliquer, au lieu d'éclaircir ses méthodes. » De sorte qu'il serait de beaucoup plus court d'étudier les myriades de plantes qui recouvrent la terre que d'apprendre les subdivisions sans nombre dans lesquelles la science à cru devoir entrer ; subdivisions bientôt plus nombreuses que les plantes qu'elles sont chargées de classer et d'analyser. Le savant, sur les traces que Dieu lui a imprimées, par l'exemple de notre intellect, n'a absolument de progrès à faire que dans la condensation des principes abstraits. Tout autre tentative peut devenir une bonne spéculation d'argent ou de position relative, mais elle n'entrera jamais dans les données de l'avenir, elle n'obtiendra point la considération de la postérité.

Théorie réelle de l'affinité, ou succession des combinaisons chimiques.

On doit se représenter les mouvements de composition et de décomposition des corps, en chimie, comme s'effectuant, par analogie, dans les mêmes principes qui dirigent ce qu'on appelle la consonnance et la résolution des accords en acoustique. Un accord est composé de *tétracordes sous-entendus*, tellement sous-entendus, qu'il n'en apparaît absolument que le terme extrême, déterminatif ou résolutif. Ainsi, dans l'accord *sol*, *si*, *re*, *fa*, quoique *sol*, *la*, *si* soient ou puissent être liés ensemble mélodiquement, en ce qui touche la résonnance harmonique; *sol*, premier terme, fait fonction de *base*, comme *si* fait fonction de déterminative. Nous en dirions autant de *re*, *fa*, qui jouent un rôle analogue, quoique doués d'un mouvement retourné; et, par conséquent, convergent sur *ut*, *mi*, terme définitif de la résolution consonnante, point d'arrivée naturel de la marche harmonique. Analysons de même une consonnance chimique, le sulfate de potasse, par exemple; comme dans l'accord ci-dessus, nous rencontrons deux déterminatifs, deux résolutifs, marchant en sens contraire, quoique d'une façon convergente. L'oxygène de l'acide sulfurique est le déterminatif du soufre, dont le caractère est complétement basique à son égard.

L'oxygène de la potasse est encore un déterminatif attaché au résolutif potasse; mais cet oxygène de l'oxyde de potassium, tout en marchant dans un sens convergent pour former la combinaison sulfate de potasse, n'en marche pas moins aussi dans un sens différent que l'oxygène de l'acide sulfurique. Pourquoi cela? Parce que les points d'arrivée sont différents, et que les appuis de chaque terme de la combinaison se détermineront justement en raison de ce qui leur sera ultérieurement présenté. De sorte que, en affinité chimique, nous retrouvons absolument la marche des phénomènes qui existent dans l'acoustique du mouvement. Ces faits sont complétement appuyés en chimie par la loi de Berzélius, qui établit la proportion constante entre l'oxygène de l'oxyde et l'oxygène de l'acide.

Les points d'arrivée!... Nous engageons le lecteur à retenir cet arcane nouveau d'une science qui n'existe pas encore, la vraie science des affinités; avec cela on pourra prévoir tous les cas de combinaison possible, le jour où l'on aura acquis une connaissance convenable des caractères déterminatifs ou résolutifs des corps simples. Malgré que cette étude soit à peine ébauchée par nous, nous croyons cependant déjà y voir assez clair à nous diriger passablement dans ce labyrinthe des combinaisons chimiques. Mais, jusqu'à ce que les chimistes puissent en arriver là, il faut que, bannissant tout préjugé ridicule pour des hommes de science, ils veuillent bien s'appliquer quelque peu à l'étude si importante de l'acoustique nouvelle.

D'après cela, on pourra comprendre pourquoi les affinités, que Geoffroy Bergman, Fourcroy et autres crurent pouvoir fixer dans des tables immuables, ont, au contraire, conservé une si grande inconstance dans leur marche complexe. Pour les étudier sûrement, il faut remonter à la source métaphysique du mouvement, à cette loi admirable des *déterminatifs* et des *résolutifs*, si incomprise encore aujourd'hui, même par les musiciens. Pour établir la résolution consonnante de *sol si ré fa*, comme celle de SO^3 HO, il n'y a que trois chemins à prendre, en agissant par les mêmes principes sur chacun des deux termes de la consonnance séparément; nous choisissons ici le second pour notre démonstration. 1° *Fa* peut descendre sur *mi*, si vous lui présentez un accord qui contienne cette note convenablement appuyée; 2° *fa* peut rester en place; 3° *fa* peut monter d'un degré en se diésant.

Traduisons ceci en langage chimique. Mais, avant de prendre la parole nous-même, rappelons qu'un des hommes les plus éminents de notre époque, M. Dumas, a entamé, dans le premier volume de son traité de chimie des développements sur ce sujet, d'un intérêt tout à fait grand; et, si nous ne commençons pas l'exposition de notre idée par la citation de cette étude, c'est qu'elle est de beaucoup trop étendue pour pouvoir être insérée dans un volume déjà fort chargé de matières, et qu'il faut bien se garder de la tronquer. Dans M. Dumas, il n'y a pas, jusqu'à la combinaison des signes symboliques qui ne simule un travail acoustique.

Nous avons vu déjà que, dans les affinités, les corps ne s'unissent d'abord qu'à leurs antagonistes pour opérer, en quelque sorte, ce complémentarisme sériel si normal dans la nature. Ainsi les métaux forment des oxydes, des chlorures, des sulfures, etc. Mais, dans la seconde évolution de combinaison, les corps déjà composés se trouvent munis de la déterminative de mouvement, oxygène, chlore, etc.; elles semblent ne plus tendre qu'à constituer des combinaisons similaires par rapprochement de mouvement. Donc les corps pourront former d'abord des oxydes, etc.; mais plus tard, dans les sels, ils se rapprocheront entre eux en raison de leur position dans la hiérarchie du mouvement, sans presque avoir égard à la présence de ces déterminatives, dont l'adjonction ne sert qu'à exciter le mouvement, par la condensation supérieure qu'elles amènent. C'est, comme on sait, ce qui arrive en acoustique à l'égard des tétracordes et des accords. Nous regardons notre analyse de ces deux phénomènes de combinaison comme extrêmement utile à retenir, car, par ce moyen, on évite de tomber dans ces grandes erreurs qui ont fait dévier les chimistes, en ne leur montrant le phénomène d'affinité de combinaison que sous un seul point de vue. Il y en a deux très-distincts, puisqu'ils marchent en sens contraire : d'abord le complémentarisme des premières unions, répondant aux tétracordes; l'accouplement hiérarchique, répondant aux accords, aux sels, etc.

Dans ce cas, les composés binaires se composent ou se décomposent mutuellement d'après une loi singulière, qui porte bien moins sur chaque corps envisagé dans son affinité absolue, que sur chaque corps comparé au corps qui lui est opposé. En un mot, dans le rapprochement de deux sels, les acides sont partagés de façon à donner à chacune des bases le plus de solidité possible dans la circonstance en action. Ainsi la potasse, en présence d'une combinaison particulière, choisira l'acide sulfurique pour former le sulfate de potasse, sel assez insoluble, eu égard à l'extrème solubilité des sels de potasse; tandis que cette même potasse, mise en contact avec une autre combinaison, pourra choisir, au contraire, tel autre acide. De même l'acide acétique, qui déplace l'acide carbonique en *présence de l'eau*, sera déplacé, au contraire, par ce dernier dans l'alcool, où l'acide carbonique reste insoluble dans plusieurs combinaisons, comme pour le carbonate de potasse, par exemple. De sorte que l'affinité, loin de porter sur un seul corps absorbant, se règle suivant la convenance double de la solidification la plus exacte des deux composés en présence. La loi, ici comme partout, est donc celle de la meilleure limitation du mouvement dans ses condensations. L'affinité, dans son principe, est absolue, comme on peut le voir; mais dans les faits, dans chaque corps en lui-même, il est inutile de le chercher ainsi; car, obéissant justement à un phénomène de pondération tout relatif, elle suit les exigences de cette pondération, et reste toute relative en fait, en raison de son principe absolu. On conçoit parfaitement, avec ces idées, comment Berthollet put battre en brèche les tables d'affinités de Bergman, de Kirwan et même de Fourcroy, au moyen de certaines circonstances amenées pour déterminer le départ ou la précipitation de telle ou telle substance. C'est ce qui arrive encore quand, au milieu d'une dissolution complexe, on détermine une cristallisation élective, en introduisant un cristal tout formé dans la dissolution complexe. La chaleur, le froid, la lumière, l'électricité, le magnétisme, produiront les mêmes résultats, suivant qu'ils pourront également agir d'une manière plus ou moins intense, et *non proportionnelle*, sur les corps en dissolution. L'adjonction du mouvement calorique, lumineux, électrique, comme la soustraction du mouvement par un cristal ou tout autre corps matériel, amènent au même but, quoique par des voies opposées. L'un agissant par en haut, par *plus*, l'autre agissant par en bas, par *moins*. Bien mieux, la température agit aussi sur une dissolution complexe comme un point fixe de solubilité relative. La précipitation, la cristallisation et toute espèce de solidification, étant un effet de la diminution du mouvement tonal, qui se divise pour gagner ses limitations ordinaires, il est clair que *affinité* n'est qu'un mot, exprimant une simple *apparence*, au moins un simple résultat dans les destructions de tonalité, ou équilibre de mouvements complexes. Le fait réel n'est-il pas le groupement des corps en vertu de leur mouvement propre, intime ? Ce qui donne l'accouplement volatil, ou élimination *per ascensum*, et l'accouplement solide, ou élimination de l'équilibre *per descensum*. Que peut-on exprimer par les mots d'*affinité* entre deux corps, l'acide sulfurique et la baryte, par exemple, si ce n'est que l'introduction de l'un d'eux en présence de l'autre suffit pour rompre l'équilibre tonal ; rupture constituant un premier fait incompris et non analysé, d'où naît cependant, comme première conséquence, la précipitation des deux corps ci-dessus, à l'état de sulfate de baryte insoluble ? On serait tenté, en vérité, de donner quelque lumière à ces faits obscurs en les plaçant en parallèle avec ce qui se passe dans la dynamique. Quand, dans une balance, vous placez un kilogramme dans chacun des plateaux, si la balance et les poids sont justes, l'équilibre doit s'ensuivre nécessairement ; mais si, d'un côté seulement de cette balance en équilibre, vous venez à ajouter un nouveau kilogramme ? la balance trébuchera, et il s'opérera une précipitation du plateau, contenant les deux kilogrammes, opposés au kilogramme placé seul dans l'autre plateau. Dira-t-on, dans ce cas, que le kilogramme nouvellement adjoint a de l'affinité pour le kilogramme placé du même côté antérieurement, *et vice versâ?* Non. On ne voit là vulgairement et scientifiquement qu'un rapport de pesanteur.

Pourquoi en est-il autrement dans l'équilibre des dissolutions? Parce que, ici, le fait n'est pas aussi simple que dans la balance dynamiqu . On peut apporter dans les plateaux, non-seulement des corps pesants, mais encore des corps destructeurs de pesanteur. De sorte que les chimistes, ignorant la nature pondérante des corps qu'ils déposent dans leurs dissolutions, ne savent encore s'exprimer sur leur compte qu'avec l'aide d'un mot symbolisant l'apparence seule : l'AFFINITÉ. Dans tout apport de matière au milieu des dissolutions, il peut arriver plusieurs cas :

L'équilibre restant le même ;

La précipitation d'un composé ;

La volatilisation d'un composé ;

La redissolution d'un précipité.

Si l'équilibre reste le même, le corps nouveau n'a aucune influence en plus et en moins capable de troubler les rapports existants, c'est-à-dire qu'il s'arrange de la tonalité existante et qu'il s'y joint. S'il opère, au contraire, une précipitation, c'est que son poids propre, joint à la dissolution, fait trébucher la tonalité, et qu'il en résulte immédiatement une précipitation; non pas de deux corps conjoints par une affinité mystérieuse, mais de tous les corps de même nature existant dans la même dissolution. Voilà un fait sur lequel nous désirons attirer l'attention d'une manière toute spéciale; un seul homme peut-être en a compris la portée radicale : c'est Berthollet. On ne comprend pas même qu'il ne se soit pas servi de cet argument avec plus de bonheur contre cette théorie uniquement bilatérale des affinités, qu'il combattit avec tant d'insistance contre Bergman et contre Kirwan. Quand, par l'adjonction de corps nouveaux dans une dissolution très-complexe, la tonalité est détruite, ce n'est pas un seul corps qui se joint au corps précipitant, pour former une combinaison insoluble, c'est toute une catégorie de corps, *s'il y a lieu*, et cela, en raison du poids en moins ou en plus du nouveau corps adjoint.

Berthollet a si bien mis ces faits en lumière, qu'il serait ridicule d'insister là-dessus. Seulement ce grand homme, n'ayant pas un point de vue suffisamment arrêté dans sa théorie, a trop laissé dans l'ombre ce point, qui, on peut le dire, est l'acte culminant de la théorie des combinaisons chimiques.

Par là, l'*électivité* ancienne est détruite, puisqu'un corps spécial ne va pas en saisir un autre pour le précipiter seul, mais peut précipiter en même temps tous les corps précipitables, bien entendu en des proportions qu'on peut prévoir et définir.

Ce que nous disons pour les précipitations solides reste tellement identique avec les volatilisations, que nous devons nous borner à joindre les deux faits sans autre explication. Quand le corps nouveau redissout un précipité déjà formé, c'est alors qu'il agit par son mouvement en plus, et qu'il dénonce cette propriété particulière à certains corps que nous signalions il y a un instant. Comme si, au lieu d'un kilogramme de fer mis dans le dernier plateau, vous ajoutiez un ballon rempli d'hydrogène, calculé de façon à détruire, au contraire, tout ou partie de la pesanteur de l'un des poids qui s'équilibraient dans le principe. Dans tous ces phénomènes, l'analyse ne laisse apercevoir réellement que deux principes : le premier indique la rupture de la tonalité équilibrante, le second l'accouplement des corps complexes en trois groupes spéciaux : les pesants, doués de mouvements *en moins*; les volatils, doués de mouvements *en plus*; les indifférents, qui conservent une sorte d'équilibre dans la liqueur.

Analyse chimique.

Tout le monde sait que l'analyse chimique est basée, en grande partie, sur la coloration des substances au contact de certains réactifs et sur la précipitation ou la volatilisation des composés qui peuvent en naître, ou des corps simples qui y apparaissent. En tous cas, nous le répétons, l'analyse chimique, sans les colorations, resterait dans les ténèbres les plus épaisses. Or c'est par les colorations qu'on prétend déceler ces partages, admis comme base des théories d'affinités; de sorte que nous devons, avant tout, jeter un coup d'œil sur la coloration en analyse chimique, pour conclure en connaissance de cause dans cette question du *partage* ou de la *communauté* des dissolutions, sur lesquels nous venons de nous étendre. L'analyse chimique, se plaçant très à tort sur un terrain presque absolu, vous dit : Si, à la dissolution d'un cyanure vous ajoutez un sel inconnu qui détermine une coloration bleue, vous avez affaire à un sel de fer. Et ainsi du reste. Mais, si quelqu'un venait répondre à l'analyste : Les colorations que vous établissez comme normales ne sont que relatives; bien mieux, d'un relatif si facile à faire dévier, qu'un seul corps, l'acide sulfurique $2SO^3 + HO + S$ va faire complétement chavirer les lois ordinaires, et cela, d'après des principes fixes, dont les phénomènes découlent avec une rare exactitude.

L'analyste resterait fort surpris, nous n'en doutons pas, et cependant rien n'est plus réel que cette supposition apparente. Prenez quelque corps que ce soit, pourvu qu'il soit coloré, et certains corps doués de mouvement en plus, autrement dire, doués d'une somme de mouvement qui les place dans la partie rubique

du spectre tonal; ces corps vont faire passer vos dissolutions colorées par les phases qui leur correspondent. Il en sera tout autrement des autres corps doués d'une faible dose de mouvement; ils
tireront les dissolutions colorées en sens inverse. Quand nous disons : des corps doués de mouvement *en plus*, de mouvement *en
moins*, nous usons d'une ellipse de déduction; en ce sens que,
considérant les corps comme doués d'une faculté particulière de
condensation, propre à s'emparer du mouvement dans une certaine mesure, nous admettons cette condensation spéciale de
mouvement comme déjà réalisée. De sorte que nous marchons de
la PUISSANCE à la RÉALISATION, pour abréger le discours. Quand
vous mettez un cyanoferrure de potassium en contact avec un
courant de chlore, le sel, de jaune serin, devient rouge gre-
nat; c'est-à-dire que ce cyanure subit l'influence du chlore en
augmentant son propre mouvement intime. Si, au lieu de cela,
vous prenez un cristal de cyanoferride de potassium et que vous
le placiez dans l'acide 2 SO³ + HO + S, il se formera une dissolution, non plus rouge, ni même jaune, mais jaune verdâtre, ou
vert-émeraude, suivant les intensités; tandis qu'un cristal de cyanoferrure jaune, déjà placé dans les mêmes circonstances, descendra jusqu'au bleu. Et ce que nous venons de voir pour les sels cyanurés doit s'entendre exactement des deux chromates de potasse
dont la ressemblance est si grande déjà du côté de la couleur. Les
effets de diminution de mouvement se trouvent, pour eux, identiques avec ceux que nous venons de décrire. Il suffit qu'une dissolution sorte de la tonalité incolore, en plus ou en moins, par les
rouges et jaunes, ou par les verts, bleus et violets, pour qu'il
soit très-facile de lui faire traverser à volonté l'étendue du spectre
au moyen de réactifs convenablement appropriés. C'est ainsi que
le cuivre, dont la couleur ne descendait, pour le chimiste, qu'au
bleu céleste, par son union avec l'ammoniaque, passe au violet
extrême du spectre, au moyen de sa dissolution dans l'acide
très-soufré 2SO⁵ + HO + S.

Les faits que nous venons de citer, tout radicaux qu'ils soient
en analyse, ne présentent que des recherches qui nous sont per-
sonnelles, et leur intérêt disparaîtra bientôt devant la variété
considérable que le temps et le zèle peuvent faire sortir de ce

principe. Cependant, voulez-vous d'autres preuves irrécusables de divers partages de mouvement, tirés, entre mille, de ce que l'on voit tous les jours? veuillez réfléchir aux quelques cas suivants :

Le sublimé corrosif précipite l'albumine comme les composés galliques. L'acide nitrique ne peut faire descendre la coloration des alcaloïdes, quinine, etc., que jusqu'au pourpre, à cause de la difficulté qu'il éprouve à les saturer de mouvement, lui qui jaunit si facilement les autres matières organiques. L'alcool, en réagissant sur l'alun de chrome, qui est jaune, s'oxyde, passe à l'état d'acide acétique, et l'alun de chrome devient vert par ce partage du mouvement entre lui et l'alcool devenant vinaigre. L'antimoine, qui donne un si beau jaune à l'état de sulfure simple, passe au violet lorsque, dans l'émétique, il s'associe au tartre, matière organique très-dispersive. Le minium n'est aussi qu'un effet de partage entre deux oxydes de plomb, dont l'un est violet, l'oxyde puce, et l'autre jaune, la litharge, le massicot. La théorie générale des colorations d'oxydes n'a pas d'autre fondement. Mais le per oxyde de chrome rose va jusqu'à enflammer l'alcool par une grande difficulté de communication de son mouvement. De même que le potassium, ne pouvant aussi se mettre en équilibre, lorsqu'on le projette sur l'eau qu'il décompose, opère des mouvements giratoires dont on n'a pas su tenir compte. Les acides très-dispersifs par leur radical, comme cela arrive à presque tous les acides organiques, n'agissent sur les réactifs chimiques que par un rouge vineux seulement. Le sulfure de carbone fait passer l'iode du rouge au violet. Le protoiodure de mercure est vert, le biiodure est rouge; comme le protosulfate de fer est vert aussi, tandis que le sesquisulfate est jaune rougeâtre. On pourrait, sur ces deux exemples, établir une théorie exacte des sels colorés, en tenant compte des hydratations; car tel sel vert passe au bleu par l'affusion de l'eau, comme les chlorures de cuivre; c'est ce que nous avons amplement développé ailleurs. Quand le chlore décolore l'indigo, il le laisse jaune ou rougeâtre bien plus souvent qu'il ne le porte au bleu, où il faut un excès, cela se comprend. L'acétate basique de cuivre est bleuâtre; l'acétate neutre passe au vert.

On comprend très-bien, avec les exemples ci-dessus, que nous relatons pour mettre sur la voie du reste, qu'il nous serait parfaitement loisible de reprendre toute la chimie et de l'expliquer de la sorte. Mais nous avons assez de confiance en la sagacité du lecteur pour penser qu'il suffira de lui-même à la tâche. Ceci est le canevas sur lequel il faut broder.

En ce qui touche la question de partage, l'analyste, aujourd'hui, raisonne beaucoup trop comme certaines gens qui demandent humblement qu'on leur accorde un postulat, au commencement de leur discussion, et qui, deux minutes après, arguent de ce postulat comme du plus sacré des axiomes. L'analyste en chimie représente encore ces œuvres musicales écrites dans un certain ton, hors duquel toute combinaison sonnerait à faux si tout le reste n'était pas transposé en même temps. Dans les circonstances actuelles de laboratoire, nos livres peuvent nous guider; mais, si la pratique ou le hasard changent des rapports factices, adieu tout l'échafaudage, et il faut recommencer sur de nouveaux frais. Au lieu d'un sulfate de fer vert, il s'en présentera un carmin; au lieu d'un sulfate de cuivre bleu, vous en rencontrerez un violet; au lieu du chromate de potasse jaune, il s'en produit un du vert le plus éclatant. Pourquoi cela? Parce que la gamme des mouvements respectifs est transposée.

Et cela n'arrivera pas seulement une fois, deux fois par hasard, au milieu d'une expérience de cours : la nature opère ces mutations à chaque instant, au point qu'on serait tenté de se demander si cette exception prétendue ne serait pas bien plutôt la loi générale. Dans cette question du partage, soutenue si brillamment par Berthollet, nous sommes donc obligés de conclure négativement, et d'attribuer à la communauté liquide la puissance que les phénomènes nous présentent à chaque instant; de sorte que les colorations indiquées à l'appui de ce partage ne sont, pour nous, qu'une modification résultantielle dont les effets restent proportionnels à l'association actuelle, et mobiles comme cette association. Avant de quitter cette matière, nous ne devons pas passer sous silence ces phénomènes de tonalisation, c'est-à-dire de retours à la série incolore des dissolutions les mieux colorées en présence de certaines substances. Les acides ou les bases, dont l'effet, en de certaines proportions, est de colorer ou de modifier seulement les colorations, quand on les emploie en excès; ils font rentrer la coloration dans la tonalité blanche ou incolore, que ces corps appartiennent à des substances qui condensent peu ou beaucoup le mouvement. Il en est de même de l'état actuel, physique, dans lequel on présente les corps les uns aux autres. Si, sur un cristal de chromate de potasse, vous ajoutez une ou deux gouttes d'acide sulfurique 2 $SO^3HO + S$, la réaction donnera du rouge; une quantité d'acide capable de baigner le sel portera la coloration au vert; enfin, une quantité plus considérable d'acide fera passer le vert au jaune, et, finalement, au blanc. L'ammoniaque agit exactement de même dans beaucoup de cas, de sorte qu'il faut avoir particulièrement égard à ces affusions de liquides, si bien condamnées, du reste, par les analystes, et, auxquelles M. Balard, dans son cours du collége de France, attribuait si spirituellement la plus grande partie des légèretés, inhérentes à l'inhabileté des commençants. La tonalité incolore est portée aux deux coins extrêmes des colorations, en plus et en moins, de sorte que coloration et détonalisation sont tout à fait correspondants.

Bases probables de l'analyse chimique.

Lorsqu'on prend une dissolution violette de cuivre, obtenue par l'acide de Nordhausen fumant, additionné de soufre, et qu'on y ajoute du cyanoferrure de potassium en poudre, il ne se produit, dans ce cas, aucune coloration violette rouge, qui distingue le mélange des sels de cuivre avec le cyanoferrure. On peut croire que, dans ce cas-là, la présence d'un acide aussi énergique paralyse l'effet de la réaction? et c'est à juste titre, parce qu'un mélange de sulfate de cuivre ordinaire et de cyanoferrure de potassium, délayés dans le même acide, produisent évidemment le même résultat : une non-coloration. Mais si, dans le premier mélange, on ajoute petit à petit une certaine quantité d'acide sulfurique ordinaire, pour ménager l'hydratation progressive de $2SO^5 + HO + S$, et du sel de cuivre qui s'est formé, il arrive un moment où l'on peut ajouter de l'eau, sans détruire l'influence acquise sur le cuivre par la combinaison soufrée $2SO^5+HO+S$. Alors la dissolution se trouve amenée à un état particulier qui la rend impropre à révéler la présence des réactifs, que l'analyse établit comme étant les plus aptes à déceler le cuivre. On peut croire que, dans ces divers traitements subis par le cyanoferrure, il y a eu décomposition de ce sel. Nous verrons bientôt ce qu'on doit penser à cet égard. Nous ne parlons pas du cuivre, on le comprend bien, la fixité des corps simples, et surtout d'un métal de la nature du cuivre, ôte tout prétexte d'insistance à cet égard. Le moment où la dissolution cuivreuse revêt l'indifférence aux réactifs est décélé par une coloration d'un blanc jaunâtre; si l'on ajoute de l'eau, la liqueur passe au jaune, puis au vert, par un repos suffisamment prolongé. Nous disions qu'on peut craindre que le cyanoferrure ait subi une décomposition quelconque; le plus simple, alors, est d'en ajouter à la liqueur. Eh bien, dans ce cas, loin de prendre la coloration marron qui affecte les sulfates de cuivre ordinaires, la dissolution passe au vert avec précipité, et même, s'il y a excès de cyanoferrure, elle atteint la nuance et les apparences du bleu de Prusse. Ceci soit dit sans préjuger en quoi que ce soit cette composition ultime. Le fait important ici, c'est la déviation de la coloration du cuivre en présence du cyanoferrure. Car, en faisant la contre-épreuve avec le sulfate ordinaire et l'acide sulfurique, au moment où l'on dépasse cette demi-tonalisation jaune qui se trouve sur la limite de l'hydratation des deux liqueurs, les sulfates SO^3,HO, passent au marron rougeâtre, tandis que les sulfates sulfurés passent au jaune et au vert. Il est très-utile d'ajouter aussi que l'ammoniaque, ce réactif vulgaire du cuivre, reste sans aucune action sur la liqueur, soit simple, soit tonalisée, soit additionnée d'eau. Voilà donc les deux agents d'investigation les plus énergiques, les plus connus, qui ont perdu leur action sur la liqueur cuivreuse. Pourquoi? On le comprend sans peine en analysant les faits. Le cuivre, en présence d'un acide sulfurique sulfuré, passe du bleu des sulfates ordinaires au violet, qui est une couleur plus basse dans l'ordre du mouvement. De ce premier pas fait dans la série élémentaire, le reste doit s'effectuer dans l'ordre des réactifs, pour peu qu'on s'arrange de façon à ne pas détruire brusquement, par une hydratation intempestive, les résultats primitivement obtenus. Le cyanoferrure donne du rouge avec les sulfates $CuO,SO^3,5HO$; il ne donnera plus que du jaune, du vert ou même du bleu, selon les cas. L'ammoniaque pouvait, en redissolvant les précipités, fournir ce bleu si justement appelé *eau céleste*; l'ammoniaque, déplacée dans son action, reste dans les limites tonales que nous avons vues se placer aux deux points extrêmes des combinaisons colorées. En effet, si l'on verse l'ammoniaque dans la liqueur cuivreuse avant son hydratation, il se forme un précipité d'une blancheur éclatante.

Avec le fer, les faits se passent dans le même ordre, et l'on peut dire d'une façon plus saisissante encore, à cause des préjugés de manutention, qui nous ont si singulièrement habitués à l'invariabilité des colorations de bleu de Prusse. Le point tonal pour le fer est d'un blanc de neige. Cela se conçoit de soi, quand on se pénètre bien de sa position relative à l'égard du cuivre. Venez-vous à ajouter de l'eau, ce n'est plus du bleu que vous obtenez avec le ferricyanure, mais du jaune, que les acides virent au rouge; avec le ferrocyanure, c'est un vert-jaune, et l'ammoniaque ne colore rien et ne précipite rien. Il nous est même arrivé avec chacun des cyanures de n'obtenir aucune espèce de coloration. Cela dépend, comme toujours, des proportions d'hydratation introduite dans la liqueur. Ce fait d'hydratation, que nous invoquons à chaque instant, est-il cause ou effet dans les phénomènes que nous développons? Nous répondrons plus tard à cette question, au rôle avec des faits; le moment n'est pas venu de conclure, mais de développer. Seulement il est une chose importante dans ces recherches que nous ne devons pas laisser plus longtemps en oubli. Il s'agit de ce rôle contradictoire que l'affusion de l'eau, toute idée d'hydratation mise à part, joue dans la coloration des dissolutions. Si, dans un nitrate de cuivre primitivement vert, on ajoute de l'eau, la liqueur passe au bleu. Au contraire, dans un sel de fer violet, que nous allons apprendre à former, l'affusion de l'eau fait passer le violet au bleu, même au bleu verdâtre. Cette contradiction n'est qu'apparente, on le devine immédiatement. Ce rôle double, joué par l'eau, est similaire en cette position acide ou basique qu'elle prend, à l'occasion, en présence des divers corps simples et de leurs composés. Cela prouve uniquement que l'eau n'est en tête d'aucune liste, soit du mouvement *ultra*, soit du mouvement *en moins* ; et que, selon qu'elle se trouve en deçà ou au delà des forces qui l'accompagnent, elle agit comme dépositaire de mouvement en plus ou de mouvement en moins. Nous venons de voir le sulfate de cuivre perdre les réactions les plus marquantes qu'on lui connaisse ; on peut continuer le jeu qui trouble ainsi toutes les réactions de l'analyse officielle, en constituant, rien qu'avec des sulfates de cuivre et le cyanoferrure, les teintes les plus importantes du spectre, et pour cela il suffit d'un peu de soufre de plus ou moins dans les acides unis au métal. Le rouge s'obtiendra par la réaction vulgaire du cyanoferrure sur le sulfate de cuivre $CuO, SO^3, 5HO$; le jaune, par la réaction que nous avons indiquée précédemment, et qui consiste surtout à mettre peu de cyanoferrure en contact avec le sulfate sulfuré de cuivre. Le vert sera produit par le même moyen, mais avec un peu plus de cyanoferrure. Le bleu, par l'introduction de l'ammoniaque dans le sulfate ordinaire. Enfin, le violet de teintes quelconques, par l'addition proportionnée d'acide ordinaire dans la dissolution de cuivre dans l'acide $2SO^6+HO+S$. Nous donnons plus loin la composition d'un spectre coloré, beaucoup plus commode à réaliser et plus complet que celui-ci.

Passons au fer. Si l'on prend la liqueur pourpre, telle que la fournit l'action de l'acide fumant soufré sur ce métal, qu'on y jette une pincée de cyanoferrure de potassium, puis qu'on ajoute de l'alcool goutte à goutte, on jouira de la vue d'un bleu se produisant graduellement par en bas, c'est-à-dire du côté extrême-bas du spectre, le violet ; tandis que, comme on sait, le bleu de Prusse marche de haut en bas, du rouge, du jaune, du vert, au bleu plus ou moins violâtre. Si, avec le sulfate pourpre, on va petit à petit, les teintes partiront du lilas, en passant par tous les violets, pour arriver au plus magnifique outremer. Ces effets sont produits, comme dans l'outremer véritable, par l'existence d'un corps insoluble, mais d'un blanc parfait, qui reste dans la liqueur. Cet outremer, par une hydratation imperceptible, sans doute, en tout cas par une augmentation de mou-

vement puisée dans notre atmosphère, monte du violet au bleu
de Prusse, avec un temps suffisant. Ceci est une preuve de plus
en faveur des effets d'hydratation, ou plutôt d'affusion aqueuse,
que nous signalions il y a un instant. L'air, les corps gazeux
ambiants, aussi bien que tout corps de la nature, en contact avec
un autre corps, rayonnent un mouvement relatif qui agit en plus
ou en moins sur les liquides, comme depuis longtemps le fait a
été établi à l'égard du calorique. C'est ainsi seulement que s'expliqueront d'eux-mêmes ces changements de couleur, à l'air libre
ou non libre, que la science dédaigne ou ne sait prévoir. La teinture de gaïac, rouge dans l'alcool, jaunâtre dans l'eau, ne bleuit-
elle pas par son exposition à l'air? Mais ce que le temps amène
seulement, peut être réalisé de suite en versant de l'ammoniaque
dans la liqueur. L'indigo se trouve dans le même cas, soit au
moment de sa production, soit même au moment de son emploi
en teinture, lors du passage de l'indigo blanc à l'indigo bleu. Le
gallate de fer de nos encriers, qui noircit seulement au contact
de l'air, suit les mêmes principes. D'un autre côté, la décoction
de bois de marronnier, entre autres, d'abord dicroïque et bleue
en excès, perd cette dernière nuance pour passer au rouge vif
monocroïque. Tout cela, nous le savons, est attribué à l'oxygénation, moyen commode pour se tirer d'affaire, mais qui a échoué
pour l'action de l'acide sulfureux, mis en regard de celle du
chlore, sur les matières organiques. Nous prouverons plus tard
que ces phénomènes doivent être pris de bien plus haut. Dans la
coloration du fer en bleu céleste, *sans précipité*, qui assimile ce
métal au cuivre dissous dans l'ammoniaque, on peut se donner
le singulier spectacle d'une liqueur identique à l'ammoniure de
cuivre, et que l'ammoniaque décolore. Si vous tentez d'obtenir
les mêmes résultats avec les sulfates de fer ordinaire et l'acide
sulfurique SO^3,HO, vous diminuez évidemment son mouvement
par l'alcool et le rapprochez des sulfates violets; mais la liqueur, d'abord blanche, passe du vert d'eau au bleu, presque
sans transition, et l'espèce de dissolution alcoolique que vous
obtenez ne possède pas ces tons pourprés des sulfates soufrés
qui distinguent particulièrement l'eau céleste. Au contraire, par
ces tons de bleu pâle, elle se rapproche des carbonates de cuivre;

enfin, elle précipite très-rapidement. Mais l'alcool ne produit pas seul ce nouveau bleu céleste, réservé jusqu'ici particulièrement au cuivre; tous les corps abaisseurs de mouvement et missibles à l'eau en font autant : l'esprit de bois, le sucre , etc. On peut se figurer l'action de tous les agents de mouvement, et leurs condensations infinies, comme exerçant des actions extrêmement complexes les uns sur les autres. De sorte que les phénomènes incompris de composition, de décomposition, de coloration, de décoloration, de gazéification ou de précipitation, ne sont pas autre chose que des influences de condensation extérieures et prochaines, s'exerçant à des distances relatives et par des communications qui restent complétement à déterminer.

Pour tout cela, est-il besoin de créer des lois nouvelles d'affinité? Rien ne le prouve; tout, au contraire, semble contredire cette nécessité. Les corps, doués de plus ou moins de stabilité, acquièrent un excès de mouvement, ou résistent à cet excès, suivant des circonstances faciles à prévoir; et, si l'on a bien compris les habitudes de la matière à se rapprocher suivant les groupes sériels, on saisira immédiatement le composé nouveau qui se formera, lorsqu'on sera fixé sur la position relative de la combinaison primitive. Pourquoi les composés de soufre non oxygénés abandonnent-ils du soufre, comme cela se voit, pour l'acide sulfhydrique? Parce que la combinaison, déjà peu munie du mouvement, ayant par conséquent assez de mal à soutenir son soufre, doit le lâcher au moindre partage qu'elle effectuera de ce mouvement avec les corps ambiants. Il arrivera le contraire pour l'acide sulfureux, qui passera volontiers à l'état d'acide sulfurique par l'action incessante de l'oxygène qu'il porte déjà, et de celui qu'il recueille autour de lui. Nous pourrions assimiler à ces faits la faculté qu'on reconnaît à certains corps, de s'unir d'une manière habituelle à tel ou tel nombre équivalent d'eau; sans doute que ces équivalents hydriques correspondent à la capacité présente du composé pour le mouvement. En effet, si l'on se sert des réactions du fer par l'acide sulfurique de Nordhausen soufré, dont nous venons de nous occuper, pour s'éclairer un peu dans ces questions difficiles, on voit que le mélange de fer pourpre et de cyanoferrure, avec du sirop de glucose, passe à la couleur verte la plus tranchée, la plus brillante; tandis que le sirop de sucre ordinaire, de canne, de betterave, etc., n'atteint que la couleur bleue, dicroïque il est vrai, c'est-à-dire contenant un peu de ce vert que le glucose détermine uniformément. De sorte qu'on a sous les yeux un de ces effets de glaçage si chatoyants dans les soieries mélangées de bleu et de vert. Cette expérience vient confirmer ce que l'état rotatoire des deux dissolutions avait déjà établi si bien. C'est que le mouvement du glucose est en plus sur celui du sucre ordinaire cristallisable, comme ce dernier, une fois chauffé et caramélisé, cesse d'obéir aux mêmes réactions et à la même cristallisation. Ne doit-on pas penser que le sucre ordinaire est doué d'une condensation de mouvement inférieure aux sucres obtenus au contact des acides, soit naturellement, comme dans les fruits aigres; soit artificiellement par des acides minéraux ? Heureux celui qui trouvera un corps abaisseur de mouvement qui rétablisse la capacité de cristallisation, ou une substance saccharifiante qui agisse sans la détruire ! Certes, le problème est loin d'être irréalisable, surtout lorsqu'on sait dans quelle voie il faut marcher maintenant; un peu de science, beaucoup de chance, amèneront sans nul doute ce que tant de chimistes ont vainement tenté jusqu'ici.

Si l'on veut obtenir une réaction bien plus nette qui constate la différence de mouvement qui existe entre le glucose et le sucre cristallisable, on peut prendre l'eau céleste obtenue par le fer, comme nous l'avons indiqué ci-dessus; alors, en versant dans cette liqueur d'un si beau bleu le sirop de sucre cristallisable, la couleur change, il est vrai, son bleu par l'hydratation, c'est-à-dire que le bleu passe du bleu-violet, qui fait la base de la couleur outremer, au bleu plus mouvementé verdâtre, essentielle au bleu de Prusse; mais, en définitive, la liqueur reste bleue sans précipiter de longtemps. Le sirop de glucose, lui, pousse immédiatement au vert l'eau céleste, et, comme nous venons de le dire, la réaction est d'autant plus nette, qu'ici les faits se passent avec la même simplicité que si l'on se servait uniquement de la teinture de tournesol. Il ne faut pas croire que cette réaction si différente soit particulière aux sels de fer obtenus par l'acide de Nordhausen soufré; qu'on dissolve un peu de fer dans de l'acide sulfurique ordinaire, qu'on y jette un peu de cyanoferrure en poudre, afin qu'il ne s'établisse aucune coloration tout d'abord, puis, qu'on essaye les deux sirops sur ce mélange? comme tout à l'heure, il se produira une liqueur bleue, pour le sucre ordinaire cristallisable, une liqueur verte, pour le sirop de glucose.

Tonalisation des couleurs.

On pourrait dire que Lavoisier, dans la conception de sa chimie, est parti d'une seule expérience; quand on réfléchit au rôle important qu'a dû prendre, dans son esprit si analytique, l'oxydation et la désoxydation du mercure. Le phlogistique, la théorie tout entière de la combustion, la genèse des oxydes, des acides, des sels, tout cela sortait comme par enchantement de cette oxydation et de cette révivification du mercure. Dans la nature, en effet, il suffit d'un fait bien observé en sa coordination pour établir des conséquences de la plus haute valeur. Car tout se tient, et, si nous devons multiplier nos expériences, les points de vue de travail, ce n'est, au fond, que pour entreprendre la critique de ce que nous étudions mieux ailleurs et dans un seul phénomène. Nous avouons qu'après avoir successivement demandé des enseignements à la coloration des acides, sous l'influence des corps bas en mouvement; après avoir étudié les points d'analyse chimique dans lesquels la coloration est la base du phénomène, nous sommes insensiblement revenus à la théorie du bleu de Prusse, comme présentant le champ le plus vaste au déploiement des forces chimiques. Pour la tonalisation des couleurs, qui fait le sujet de ce chapitre, nous allons donc encore être forcé de recourir aux effets du bleu de Prusse, pour faire voir les effets réels, inattaquables, de la tonalisation dont nous venons de parler. Mais établissons d'abord une règle générale : *Les corps ne se colorent qu'en sortant d'une tonalité* dont la couleur est nulle primitivement, ou dissimulée dans ce qu'on appelle la limpidité de dissolution. Pour obtenir une coloration, autrement dire pour faire sortir les corps de la position d'équilibre qu'ils occupent dans la liquidité, il faut agir sur eux par des corps qui les entraînent dans une situation

41.

différente, en rompant l'équilibre; et cet équilibre sera rompu
aussi du côté indiqué par la nature spéciale du corps nouveau,
mis en présence du premier corps non coloré. Seulement le phénomène ne suit pas, ici, les lois de cette combinaison des couleurs
qu'on remarque en peinture; dans ce dernier cas, ce sont deux
corps colorés qui agissent l'un sur l'autre en absorbant l'intérêt
de l'œil au profit de l'un ou de l'autre de ces corps. Ici, un corps
incolore lui-même peut agir sur un autre corps incolore et colorer la dissolution complexe. Nous avons montré ailleurs comment l'ammoniaque impure, mise en contact avec des acides,
dans de certaines circonstances bien choisies, colore la dissolution en un rouge très-éclatant, d'un carmin admirable. Il en sera
de même de beaucoup de matières organiques, du sucre, par
exemple, et de quantité de combinaisons dont la revue serait
oiseuse. Seulement il est utile de remarquer, dans le premier
exemple cité, que l'excès du réactif fait disparaître la coloration
et ramène dans la tonalité blanche ou plutôt incolore. Les cas de
coloration, en analyse chimique, sont si nombreux du côté du
mouvement en excès, à cause de notre richesse en acides, que
nous devons négliger ce premier point pour attirer l'attention de
l'autre côté de la série octaviale; en un mot, vers l'extrémité du
spectre qui comprend le violet. En faisant de la théorie plus élevée, nous nous trouverons en même temps amenés à éclaircir un
point très-grave pour l'industrie, la décoloration des bleus de
Prusse sous l'influence des alcalis. Nous avons vu que, si on faisait digérer *ensemble* un cyanure de fer et de potassium dans de
l'acide sulfurique de Nordhausen soufré, avec du fer en fil, il se
produit, malgré la présence du cyanure, une liqueur pourpre
contenant du fer et du cyanure en dissolution. Dans quel état?
Ceci reste à déterminer, et on comprend très-bien que ce n'est
pas le moment; on fait mal à la fois deux choses aussi importantes que de la théorie générale, et de la pratique, de par la balance. Or, si l'on prend de cette dissolution complexe et qu'on l'é-
tende rapidement d'eau, la liqueur prendra immédiatement une
couleur jaune très-vif, à peu près la couleur du cyanoferrure de
potassium. Si on va lentement dans l'affusion de l'eau, on aura
un vert-émeraude très-vif, très-tranché. Alors, si l'on essaye de

décolorer ce vert émeraude avec la soude ou la potasse caustique, on ne parviendra jamais à faire descendre le mouvement vers la tonalité que jusqu'au jaune. Les alcalis ne décolorent donc pas les bleus de Prusse, comme on le prétend, pas plus qu'aucun corps de la nature, *spécialement*, sans doute, ne décolore une dissolution. Les corps opèrent comme agents de mouvement : et le plus souvent, ils ne sont aptes à faire franchir qu'un échelon aux colorations, dans la série tonale. C'est ce qui arrive ici; de quelque façon qu'agissent les alcalis sur le vert-émeraude ci-dessus, ils ne font que le porter au jaune, le descendre ou le monter d'un cran, selon que le phénomène sera compris et discuté postérieurement. Dans le cas où on fait digérer du fer et du cyanoferrure dans de l'acide sulfurique ordinaire, le cyanoferrure éprouve un effet de tonalisation qui fait que, étendu brusquement d'eau, il reste complétement incolore pendant assez de temps; après quoi on voit apparaître petit à petit la couleur bleue. De sorte que, comme dans le cas précédent, si vous introduisez un écheveau de coton dans cette liqueur, aussi limpide qu'incolore, il se teindra, par le temps et le repos, d'un bleu intense, suivant les cas. En sera-t-il de même à l'égard d'un sulfate de sesquioxyde de fer mis en contact avec le cyanoferrure dans les circonstances usuelles? Non. Les alcalis caustiques vont réellement décolorer le bleu qui se produit quand il n'y a pas d'acide en présence. Mais, et voilà l'important, la décoloration du bleu va arriver à la tonalité incolore, en passant par le violet. Ce fait peut être aperçu de tous ceux qui étendront avec précaution la liqueur bleue par une addition ménagée d'alcali caustique. Prenez un chlorure, un nitrate, au lieu d'un sulfate de fer, et vous n'aurez ni une coloration jaune, comme avec la liqueur vert-émeraude, ni un violet comme avec les sulfates, mais un jaune rougeâtre, de couleur rouille, attribué, bien entendu, à la précipitation de l'oxyde par la potasse. Que ce soit l'oxyde ou non qui colore la dissolution ou le précipité, il n'en est pas moins vrai que le chlore du chlorure, l'oxygène de l'azotate, le soufre du sulfate, ont une action colorante quelconque, puisque les sulfates voient leur fer précipité en vert bleuâtre par la potasse, et les chlorures, les azotates, en jaune plus ou moins rougeâtre. Revenons à cette couleur du

bleu de Prusse obtenu directement par le sesquisulfate de fer
avec le cyanoferrure. Pour observer les faits d'une manière satisfaisante, sans être inquiété, lorsqu'on le désire, par la précipitation d'un oxyde de fer en excès, il faut d'abord verser une
quantité assez considérable d'eau dans un verre à expérience, de
moyenne dimension; puis on ajoute une seule goutte de cyanoferrure comme de sulfate de sesquioxyde de fer, et l'on remue
jusqu'à ce qu'on ait obtenu la couleur, suffisamment limpide. C'est alors qu'on verse l'alcali goutte à goutte. Il est
facile de voir, en ce moment, que les alcalis sont bien de véritables abaisseurs de mouvement ; car chaque goutte, au
lieu de décolorer le bleu, le porte au bleu indigo, ou plutôt à
une sorte d'outremer foncé, et cela, *jusqu'au violet* et *au blanc*,
dan   quel se perd *toute coloration*. Nous dis ns toute coloration dans le moment de l'expérience, parce qu'il est très-difficile
de saisir un équilibre qui laisserait le fer sur la limite de sa précipitation par les alcalis. En s'y prenant d'après les indications
ci-dessus, il est certain au moins qu'on suivra le phénomène de
tonalisation dans tous ses détails sans être troublé en quoi que ce
soit par la précipitation intempestive de l'oxyde métallique. Lorsqu'au lieu de sesquisulfate de fer et de cyanoferrure de potassium, on emploie le protosulfate et le cyanoferride, la coloration violette devient si intense, qu'on a bien de la peine à la
chasser à force d'alcali.

Coloration des hydratations.

La dernière expérience que nous venons de développer nous
met sur la voie, de la façon la plus rigoureuse, de ce qui se passe
dans les hydratations des sels. En effet, si, prenant un sulfate de
fer quelconque, vous y joignez, dans une dissolution concentrée,
une certaine dose de potasse ou de soude caustique, disons plutôt d'un corps déplaçant, qui soit un abaisseur de mouvement, le
précipité de fer se colorera généralement en vert bleuâtre, le plus
souvent dicroïque, par un violet d'encre, qui se tient vers les
parties de la dissolution où le mouvement lumineux *éprouve le*

plus de résistance; principe commun *à tout ce qui est dicroïque.*
Mais si, au lieu de cela, vous étendez d'eau la dissolution, de la
manière dont nous venons de l'indiquer dans le chapitre précédent, pour obtenir la réaction violette des alcalis, la précipitation de l'hydrate de fer dans une masse d'eau aussi considérable
ne restera plus ni violette, ni verte, ni même jaune; elle arrivera
le plus souvent à la couleur rouille ou jaune rougeâtre, parce que
l'eau en si grand excès agit évidemment par sa masse, comme
les chlorures, les nitrates, agissent par leur constitution intime
seule; et l'on retrouvera en cela le phénomène de balancement
que l'eau exécute dans la constitution des corps. Il y a même des
cas où la précipitation de l'oxyde se fait avec un blanc de neige.

Ce que nous avons observé dans les sels de fer, quant à leur
hydratation, se reproduit partout avec le sulfate vert bleuâtre
de cuivre; l'alcali donne du bleu turquoise, comme s'il s'agissait
d'un sel de fer et d'un cyanure. En poursuivant ces expériences,
sans doute que toute l'analyse chimique y passerait.

Théorie du bleu de Prusse.

Nous le répétons, rien, assurément, n'est plus étrange que la théorie des bleus de Prusse, parce que cette combinaison a pour base
deux sels extrêmement variés dans leurs colorations. Les quelques
exemples que nous donnons ici sont pris entre mille, au point que
nous ne savons quoi choisir; et que nous nous arrêtons même dans
nos citations, de peur de dépasser, dans une introduction, les limites des développements permis. Nous avons vu le fer pourpre,
mis en contact avec le cyanoferrure, puis additionné d'alcool,
goutte à goutte, donner des outremers ou des bleus à base violettée.
Maintenant, sans changer de sels, nous pouvons partir du point
opposé, du jaune, et obtenir des dissolutions vertes et bleues. Pour
cela, il faut dissoudre ensemble le cyanoferrure, et le fer métallique, *en fil,* dans l'acide 2 $SO^3 + HO + S$. La dissolution du
cyanoferrure ne s'opère pas sans quelque difficulté; et cependant
on y arrive par un biais : dans le fond d'un verre à expérience
on jette de la poudre de cyanoferrure, puis on y met une goutte

ou deux d'eau ; après cela on verse l'acide. Il se fait un trouble blanc ou rosé, et, si l'on étend suffisamment d'acide, au bout d'un certain temps, la partie devenue limpide de ce dernier tient en dissolution tout ce qu'il faut de cyanure pour opérer. Alors on fait à la lampe un de ces petits tubes fermés d'un centimètre de diamètre, en verre fort, pouvant résister très-facilement au bouchage ; et l'on bouche, en effet, pour empêcher l'hydratation de l'acide par l'atmosphère, lorsqu'on a introduit préalablement avec l'acide cyanuré quelques morceaux de fil de fer. La liqueur, au bout d'un jour ou deux, prend ces belles teintes groseille dont nous avons assez parlé dans une autre circonstance ; et cela malgré la présence du cyanoferrure en face du fer. Dans cette circonstance, le soufre agit, sans doute, sur les deux sels de la même façon, quoiqu'à des titres très-différents ; car, si l'on prend de cette dissolution complexe, très-éclatante, et qu'on en verse quelques gouttes dans un verre, l'addition de ces quelques gouttes d'eau la fera passer au bleu de Prusse. Mais si on pousse au delà de quelques gouttes, la liqueur devient d'un jaune bouton d'or ; et, dans ce nouvel état, la liqueur ne subit plus de changement par une affusion d'eau quelconque. On croirait peut-être qu'il y a décomposition des substances primitives, sulfate de fer et cyanoferrure de potassium. Cela ne doit guère exister, puisqu'une goutte de sulfate ordinaire de fer fournit immédiatement du bleu de Prusse. De même, une goutte de cyanoferrure de potassium non modifié donne une liqueur vert émeraude, ce qui n'indique aucune transformation quelconque du fer dans la nouvelle combinaison. Vous avez donc une liqueur jaune d'or, sur laquelle ni acides, ni alcalis ne peuvent rien ; de sorte que toutes les réactions du fer se trouvent interverties ; car le cyanoferride n'est pas plus apte à ramener le bleu de Prusse ; son introduction dans la liqueur ne change rien. La liqueur jaune, obtenue par l'affusion de l'eau sur la dissolution complexe, n'est portée qu'au jaune plus intense avec le cyanoferride, au vert-émeraude avec le cyanoferrure, au jaune rougeâtre seulement avec le sulfocyanure. Mais, si dans cette liqueur jaune si limpide vous trempez une étoffe blanche, ou un écheveau de coton débouilli ; au bout d'un temps variable, le bleu de Prusse renaît, comme sort de l'indigo blanc soluble, l'indigo bleu insoluble. Quant à la solidité relative des deux combinaisons, la pratique seule peut en faire juger. A propos des changements infinis de ces cyanures de fer et de potassium, il nous est impossible de passer sous silence un fait des plus curieux : c'est que les deux cyanures de fer mis en digestion dans l'acide $2SO^3+HO+S$, et descendus au bout de quelques jours à une couleur verte intense, sont devenus incapables de dénoncer la présence du fer dans les dissolutions au moyen de la coloration bleu de Prusse. Les dissolutions restent limpides, les cyanures de fer éprouvant ainsi une sorte de tonalité qui les empêche de former le bleu de Prusse, distinctif de l'union des cyanures avec le fer. Que conclure de tous ces faits ? C'est que les principes définis sur lesquels se base l'analyse chimique, aujourd'hui, n'ont aucune fixité absolue. Certes, dans les circonstances où nous nous trouvons placés généralement, les réactions suivent une routine constante; mais on doit se méfier cependant des interversions singulières que la nature apporte à chaque instant dans son immense variété.

Le mouvement, introduit diversement dans les corps, les rend condensateurs ou dispersifs, de façon à les faire réagir sur la lumière d'une façon toute différente. Cela est si vrai, qu'on pourrait bouleverser, sans aucun doute, les réactions de toute l'analyse chimique, si, s'emparant de nos idées, sur l'influence de certains corps dans la liquidité tonale, on s'attachait à les faire descendre ou monter dans la hiérarchie chromatique. Nous n'avons cru devoir insérer ici que des expériences très-faciles à comparer, afin de ne pas fatiguer le lecteur et l'entraîner dans des détails oiseux. Ce que nous montrons pour quelques dissolutions colorées ne peut-il pas être imité à propos de toute autre combinaison ? Il saute aux yeux que, si nous nous bornons au cadre que nous avons choisi, c'est par pure discrétion. Et les chromates donc?... Nous pensons qu'un chimiste habile arriverait, de la sorte, avec du temps et quelque sagacité, à intervertir bout pour bout tous les faits établis par l'analyse chimique. Il est donc de la plus grande utilité de revenir à la saine doctrine, celle des tonalités générales, pour comprendre et pour suivre des effets qui, sans cela, se déroberaient à la connaissance de l'expérimentateur.

Pour cela, nous le répétons, il suffit de voir dans la liquidité une résonnance complexe, tonalisée, d'où on peut faire sortir à volonté tous les chromatismes, selon les moyens qu'on a à sa disposition; et, parce que l'effet s'est montré très-obscur jusqu'ici, dans ses interprétations, ne pas repousser la cause réelle, supérieure.

L'esprit humain, par ses longues négligences, donne trop souvent raison à la pensée condensée dans le rhythme du poëte :

Si latet effectus oculis, tum causa negatur...

Heureux rhythmes!... pour vos chants, l'instinct populaire n'a pas fait fausse route, comme le savant à l'égard des études naturelles. Il y a longtemps qu'on vous reconnaît la *condensation* et la *dilatation* sous les noms de *brève* et de *longue*. Le sentiment, la foi, la poésie... seraient-ils créés pour dominer la raison?... Il est certain que l'homme s'est rarement trompé en matière de sentiment.

De la condensation et de la dilatation en physiologie.

Quand les phrénologistes ont voulu asseoir leur doctrine sur la localisation des fonctions du cerveau, ils ont rencontré une difficulté radicale dans ce qu'ils appelaient la proéminence de l'organe spécialisé; et voici pourquoi. En physiologie, l'expérience de tous les jours a démontré qu'un organe se nourrit souvent aux dépens d'organes ses voisins, si l'on donne à cet organe une existence absorbante, par un usage immodéré. Les phrénologistes, généralisant cette idée d'une exactitude complète, démontrèrent victorieusement la prééminence des races humaines, des types, des individus, par la variation de la capacité crânienne. Tant qu'ils restèrent dans cette limite, tout fut bien. Mais lorsque, venant à localiser, ils ajoutèrent que le plus gros lobe, *le plus vaste*, était aussi celui qui dominait l'organisme, là, ils tombèrent dans le complexe, même dans la contradiction physiologique. Car il est avéré, également en physiologie, qu'un organe plus long que ne le comporte une certaine harmonie relative, est frappé de défaillance, au moins de faiblesse comparative. On cite, à l'appui de cette opinion si vulgaire, les longs cous, les longs bras, les longues jambes, etc.; tandis qu'un homme dit trapu est l'expression la plus énergique pour exprimer une force qui a son principe dans la condensation musculaire. On voit par là que les phrénologistes se trouvaient en face d'un danger de contradiction très-apparent. En effet, il ne fut pas difficile de leur prouver, par des faits malheureusement trop nombreux, que beaucoup de fronts vastes et rebondis ne recèlent que des intelligences lourdes, épaisses, entêtées; ce qui est pour le cerveau une paresse spéciale à se décider; tandis que beaucoup de fronts fuyants sont des types d'imagination. Les phrénologistes se rabattirent sur une harmonie de l'ensemble, et ils firent bien, car la distension des lobes n'était pas commode à justifier du point où ils partaient. S'ils eussent pris le contre-pied, peut-être auraient ils mieux réussi. En dehors des exemples que nous rappelions tout à l'heure, qui ne connaît l'imprudence, l'indiscrétion, le défaut de tact, des yeux à fleur de tête? la résignation, la mélancolie, la torpeur, des yeux en amande? l'impatience, la finesse, la ruse, la mauvaise foi, et enfin, la vivacité, des yeux petits et couverts? tout cela, dans une proportion gardée. Ce que dit le public des bouches pincées exprime plus que tout ce que nous pouvons peindre de leur caractère; il en est de même d'une *bouche fine*, qui caractérise le friand, comme une grande bouche, des lèvres distendues, dénotent une incontinence d'appétit et de paroles. Quand la *bouche pincée* se mêle de calomnie, son action ressemble à la piqûre du scorpion; la *grande bouche* s'étend en une bave hideuse. Un nez trop court n'est pas ennemi du bien d'autrui; l'espèce féline nous en montre l'exagération dans la gent animale. Et quand, à la contraction excessive des appareils olfactifs il se joint des yeux petits et enfoncés sous une vaste arcade sourcilière, fournie de poils nombreux et roides, gardez-vous des lieux solitaires avec de pareils compagnons. Un long nez, symbole de la sensualité explorative, n'a pas besoin de commentaires. Des cheveux longs, plats, fins, ou des cheveux crépus, serrés, changent bout pour bout un caractère. Tant que l'enfance ne doit passer que par de douces affections, ses pilosités restent à l'état de duvet; la puberté dérange tout cela. De sorte que le physiologiste devra avoir égard, dans ses calculs, non-seulement au nombre des téguments pileux, mais encore à leur force, à leur consistance, à leur écartement, etc. De cette étude, faite avec sagacité, on pourra tirer un grand fruit dans le classement des genres. Nous poursuivrions cette analyse des pieds à la tête, que nous arriverions à conclure pour l'homme ce qu'on doit conclure dans le reste de la nature pour les animaux, les végétaux et même les sels: c'est qu'une distension *comparative* est toujours un signe de dispersion du mouvement. Cet immense principe de la condensation relative s'applique à tout, et nous avons fait quelquefois de singulières découvertes, à étonner ceux qui nous entouraient, en décrivant avec une exactitude bizarre le caractère d'une personne qu'on nous présentait pour la première fois. Et cela, devant le sujet même, qui n'osait nier des tendances qu'on peut toujours resserrer, avec un certain tact, dans les bornes d'une politesse très-sévère. Quoique les observations et les idées de Lavater, de Spurzheim, de Gall, et surtout des anciens, soient d'un prix inestimable, nous pensons qu'on peut se passer, quelquefois, d'une étude aussi diffuse, aussi volumineuse; en entrant profondément dans l'examen d s rapports que la condensation et la distension des organes peuvent offrir à la première vue. Qu'a-t-on besoin, en effet, de recourir aux phénomènes si cachés des replis cérébraux pour discerner les caractères? Sans doute, c'est un grand aide qu'ils peuvent apporter en cas d'hésitation, car, bien certainement, leur contexture est établie parallèlement avec le reste de l'organisme, dont ils sont le résumé; mais le résumé très-complexe, très-mystérieux, très-difficile à atteindre, en un mot. Au contraire, les organes des sens, synthétisant d'une façon ostensible les aptitudes, les penchants de la nature à explorer, nous pensons que la partie instinctive, bestiale, de l'humanité notamment, doit être particulièrement cherchée dans les organes des sens, parmi lesquels le cerveau figure sous un titre double; comme organe des sens spécial, celui du raisonnement, puis ensuite comme organe synthétisant le reste *in abstracto*.

De la diminution du mouvement, au point de vue chimique.

Si les anciens ont pu dire avec justesse : *Corpora non agunt nisi sint soluta*; si, encore aujourd'hui, il est assez bien établi que le corps anhydres sont dénués de toute ou de presque toute action les uns sur les autres, on peut regarder, d'après cela, l'action des substances, les unes sur les autres, comme ayant lieu au *sein* de la *liquidité*. Or qui dit au sein d'une liquidité dit aussi, comme nous l'avons établi, au sein d'un composé tenu en équilibre, et dont les propriétés sont susceptibles de plus et de moins de mouvement introduit dans de certaines proportions que nous connaissons depuis longtemps par l'habitude. Nous pourrions donc nous figurer un acide, comme un corps qui pousserait une dissolution à un mouvement en plus, tandis qu'un alcali, au contraire, diminuerait le mouvement du liquide au-dessous de son équilibre moyen. il en serait de même pour les autres corps simples ou composés, dans des proportions diverses; et les substances insolubles ou peu solubles interviendraient elles-mêmes dans la mesure du mouvement qu'elles ont acquis, avec le dissolvant auquel elles ont été soumises; en tenant compte, par conséquent, des différences que présentera un chlorure avec un sulfate, un nitrate avec un tartrate, etc.

Nous voudrions pouvoir ne pas répéter encore que par *mouvement en plus, mouvement en moins*, nous entendons bien moins peut-être un fait acquis, d'accaparement antérieur du mouvement général, qu'une faculté particulière de condensation, apte à s'emparer constamment du mouvement diffus, dans une proportion donnée. Les corps étant rangés dans la nature, uniquement en parties dilatées, en parties contractées, comme un vrai prisme, tout ce que nous pouvons saisir du jeu des combinaisons est seulement la nuance que chaque corps revêt proportionnellement à la hiérarchie typique. Nous pouvons nous rendre très-bien compte de la position que tel corps occupe dans cette hiérarchie; mais pouvons-nous savoir comment et en quelle quantité il retient le mouvement? cela est plus difficile, pour ne pas dire impossible.

Les corps, en un mot, dans la balance de la liquidité, devront intervenir quand ils auront eu recours à une association préalable quelconque pour se dissoudre, en proportion exacte de chaque corps simple ou non, qui leur aura communiqué la faculté de dissolution.

Ainsi vue, la liquidité embrasse d'un vaste coup d'œil toutes les phases de la chimie ; elle les enserre dans un principe unique, uniforme et sans exceptions ; nous ne laissons pas même de côté les travaux de la voie sèche, dont la liquidité ignée, pour être moins connue et moins bien appréciée, ne s'écarte guère ; mais, au contraire, se confondant avec la liquidité aqueuse, quant aux principes et aux résultats qui la dirigent. En chimie donc, ne laissons pas notre esprit s'entortiller dans les détails des phénomènes, immenses comme la nature ; posons-nous résolûment en face de la liquidité abstraite, que nous regarderons comme une balance, dans laquelle nous pourrons souvent, à notre gré, jeter tel ou tel corps d'une pondérabilité différente, et cherchons, à ce nouveau point de vue, quels sont réellement les moyens d'actions dont nous pouvons tirer parti.

On dirait que jusqu'ici les chimistes se sont uniquement préoccupés des voies qui peuvent constituer le mouvement en plus dans les dissolutions. C'est à peine si l'on soupçonne l'utilité du mouvement en moins. (La liquidité neutre étant prise, bien entendu, toujours comme un terme de comparaison relatif.) On pourrait dire que ces idées, inconscientes bien certainement encore dans la tête des chimistes, ne sont venues à ceux qui ont pu les avoir qu'en présence de quelques faits nouveaux d'une vaste application scientifique. Commençons par l'iodé ! En voyant un corps simple, coloré en jaune rougeâtre, devenir bleu et d'un bleu très-intense sous l'influence de certaines substances, les farines, la fécule enfin, la curiosité s'est vivement émue. Malheureusement, au lieu de se porter sur l'idée philosophique, chacun s'est tourné du côté de l'analyse ; on a songé combien il serait heureux de pouvoir déceler des iodures dans un composé, et bien plutôt encore la présence des fécules si utiles, si répandues aujourd'hui dans l'industrie. Enfin, M. Niepce de Saint-Victor, le neveu de l'illustre Niepce, auquel nous devons tant déjà, a voulu augmenter nos dettes envers sa famille, en nous dotant d'une invention admirable de reproduction par les iodures d'amidon, dont l'utilité pratique n'a encore acquis que des développements très-minimes, en comparaison de l'importance immense de la découverte-principe. Nous comprenons parfaitement que l'analyste et l'inventeur, chacun dans leur ressort, se soient jetés sur les iodures d'amidon pour en tirer parti. Mais il existe des chimistes logiciens; comment se fait-il qu'ils n'aient pas songé à chercher le pourquoi de ces colorations si importantes, comme cela se voit à chaque pas dans la vie usuelle? L'iode, au contact des fécules, comme l'acide hydrochlorique au contact des farines azotées, comme les sulfates au contact de toutes les matières organiques, comme les nitrates au contact des métaux et des substances organiques, n'éprouvent qu'un seul et même phénomène très-facile à prévoir : — *Ils diminuent de mouvement.* L'iode se colore, le chlore hydrique se colore, l'acide nitrique se colore, etc., etc. Les substances dont nous venons de parler ont donc la faculté de détonaliser leur couleur, quelquefois blanche, comme dans les acides hydrochlorique, nitrique; ou de faire varier les nuances dont ils étaient pourvus, comme pour l'iode, le brome, etc. Tout le monde sait que les sulfates se changent également en sulfites, ou même en sulfures, selon la présence de corps qui s'emparent plus ou moins de leur mouvement acquis. Tous ces faits ont été mis sur le compte de l'oxygène, tant qu'on a pu. Il est évident que dans les corps oxygénés, l'oxygène que nous connaissons, comme kinésiphore, porteur de mouvement, a dû jouer le principal rôle; mais, lorsqu'il n'y a plus d'oxygène à faire valoir, tel que dans les chlorures, les iodures, se colorant différemment et changeant leurs propriétés, on est resté muet; comme on est resté muet devant le phénomène de blanchiment opéré par l'acide sulfureux, qui contredit la théorie de cet autre blanchiment obtenu par les hypochlorites.

Et pourtant, soyez-en sûr, le principe est le même. La nature ne se permet jamais aucune exception, les exceptions n'étant possibles que dans le domaine de la convention, du compromis; ces corps, tous sans exception, au contact d'une matière organique, voient leur mouvement diminuer, et, pour certaines combinaisons, cette diminution de mouvement s'effectue de façon à faire rentrer dans la tonalité blanche des corps, organiques ou non, qui en sortaient par une teinte quelconque, comme il arrivera au contraire à l'acide nitrique, à l'iode, de faire passer des substances organiques au jaune et au bleu. Nous sommes tellement convaincu de la réalité de ce principe, que nous regardons les corps halogènes colorés, chlore, brome, iode, comme la fraction d'un autre corps dont ils subissent la déteinte. Ce corps, quel est-il?... En examinant les propriétés explosives des corps halogènes, on ne peut les rapprocher que de l'azote. Aussi avons-nous inscrit leur nom entre l'oxygène, dont ils se rapprochent par un côté immense, et l'azote, auquel ils empruntent également diverses propriétés.

Nous ne saurions trop répéter que les colorations sont toujours comprises entre ces deux tonalités incolores ; comme les nuances du spectre, les notes de la résonnance existent-elles même entre le blanc et les octaves. Prenons un exemple entre mille, celui du chlore à l'état d'acide hydrochlorique, mis en présence avec une substance organique azotée, la farine de froment, par exemple. Au moment où vous versez l'acide sur cette farine, la bouillie reste parfaitement blanche. Au bout de quelques instants, elle passe au jaune, puis au rouge ; à ce moment, l'acide semble avoir acquis le *summum* de son action sur la farine, et il n'a plus qu'à perdre. Ses forces épuisées le livrent en entier à la puissance de la masse organique ; et cela est si vrai, que si l'acide est en excès sur la farine, ou la farine trop en excès sur l'acide, les résultats seront complétement déviés. Quand le chlore a subi le contre-coup de la substance organique, la couleur prend les tons les plus admirables de l'outremer, puis il se forme une réaction en sens contraire, qu'on peut arrêter longtemps, en empêchant l'introduction de l'air, agissant par son oxygène ou non, et plutôt encore, en ne laissant pas la lumière pénétrer jusqu'à l'expérience ; alors, disons-nous, le bleu outremer passe au violet pur, puis au violet sale, au violet verdâtre, quelquefois au vert jaunâtre, et le plus souvent au noir, tonalité qui indique une absorption quelconque de mouvement. Nous pourrions suivre les faits dans bien d'autres cas ; dans la fabrication du cyanoferride de po-

tassium, le cyanure rouge tiré du cyanure jaune par le simple contact du chlore en vapeur, qui lui communique un mouvement excédant, une condensabilité si différente que le cyanure jaune reste
diamagnétique, tandis que le cyanure rouge devient magnétique.

Le plus bel exemple que nous puissions fournir d'une tonalité .
complète opérée sur le même composé chimique, est évidemment
celui que présente les sels de cuivre additionnés de cyanoferrure
de potassium. Nous allons décrire une suite de réactions au moyen
desquelles l'on peut composer, sans sortir du même corps, non-
seulement toutes les nuances possibles du spectre, mais, bien
mieux, et là est l'important, la réalisation patente, affective, des
deux tonalités blanches, par en haut et par en bas, en un mot,
par les acides et par les bases. De sorte qu'après être sorti de la
tonalité incolore, suivant les nuances les plus infinies du spectre,
on rentre dans cette tonalité blanche par des moyens opposés.

BLANC : Pour obtenir ce blanc tonal qui se place du côté de la condensation, il faut prendre une dissolution aqueuse de sulfate de cuivre $CuO, SO^3 + 5HO$; y ajouter quelques gouttes
de cyanoferrure de potassium, et décolorer le tout par l'affusion suffisante d'un acide azotique très-limpide.

ROUGE : Dissolution de sulfate de cuivre, ci-dessus cyanoferrure de
P., aiguisés d'une faible addition acide.

JAUNE : Toujours la dissolution primitive, le cyanoferrure, avec
acide nitrique jusqu'à ce que la liqueur atteigne cette coloration jaune.

VERT : Sulfate de cuivre rendu bleu par la potasse caustique, additionnée de cyanoferrure de P. jusqu'au vert désiré.

BLEU : Sulfate de cuivre, cyanoferrure, potasse.

INDIGO : Eau céleste de cuivre et cyanoferrure.

VIOLET : Sulfate de cuivre, cyanoferrure de P. précipité usuel,
traité par un alcali, l'amoniaque surtout, jusqu'au violet.

BLANC : (Par la dispersion) sulfate de cuivre, cyanoferrure de potassium ; et l'on détruit toute coloration par un excès d'alcali.

Mais si l'on prétendait s'étendre sur ce sujet, la chimie est à
refaire ! Seulement, voici notre conclusion : les chimistes ont attaché et attachent encore une importance trop grande à l'union

effective des corps entre eux; ils négligent, d'une manière dangereuse pour la science, l'explication beaucoup plus simple, plus
vaste, plus intelligible, de la pondération générale du mouvement
dans les liquidités sèches ou humides. Nous demandons pardon
d'employer des expressions qui semblent hurler de se trouver ensemble, liquidité sèche!... Il faut bien qu'on nous absolve, ou alors
qu'on prenne notre expression tout expérimentale de TONALITÉ,
calquée, elle, sur un phénomène, ce qui l'empêchera toujours de
tomber dans des non-sens. La liquidité est une tonalité parce
qu'elle rassemble en un tout homogène, ou équilibre, des choses
très-hétérogènes, souvent même fort antagonistes.

Nous ne voyons aucune différence entre une liqueur contenant
des nitrates, des sulfates, des chlorures, des chlorates, des phos-
phates, etc., de soude ou de potasse, de soude et de potasse
même; de façon que l'observateur n'y reconnaisse qu'un liquide
clair et homogène, et la tonalité blanche de la lumière, où le
rouge, le jaune, le bleu, se trouvent en présence entre les termes
des gammes, si dissemblables, si antagonistes, confondues harmonieusement dans la tonalité résultante du monocorde; c'est
pourtant ce qu'on rencontre sur le même corps résonnant, et appliquées dans toute leur dureté native, avec le plus heureux résultat, dans ces *pleins-jeux* d'orgue, où l'on entend, réunis par la
main de l'homme, l'ensemble, ordinairement si susceptible pour
l'oreille, d'une masse de dissonances, qui ne tombent jamais
pourtant dans la discordance.

Si les chimistes veulent se débarrassser de cette catalysie qui
devient un danger redoutable pour la clarté et la réalité de l'enseignement, cela est bien facile. Qu'ils laissent un peu de côté
leur système, — non pas des proportions définies, — mais des
combinaisons effectives, nécessaires, ce qui est loin de se confondre l'un avec l'autre. Qu'ils admettent, s'ils veulent, que les corps
ne s'unissent qu'en des proportions quelconques, pour présenter
l'état cristallin, par exemple, en admettant aussi, toutefois, cette
liquidité générale, cette tonalité des dissolutions qui permet aux
corps, à des corps qui n'entrent pas en combinaison définie, d'agir
par leur mouvement propre, sur la combinaison, ou les combinaisons qui peuvent se dégager de la liquidité en expérience. Sans

cela, tout ce qu'il y a de curieux, souvent même de très-important, dans la science, restera sans explication possible. Tout le monde connaît aujourd'hui l'action opérée sur les fécules par la seule présence de l'acide sulfurique, d'où naît le dextriné et le glucose, à volonté. Or ce que nous venons de détailler pour l'action du chlorure hydrique sur la farine pourrait se répéter touchant les effets de l'acide sulfurique sur les fécules. M. Beaudrimont a fort bien remarqué, il y a déjà longtemps, que dans l'acte de la saccharification sulfurique, il se formait nécessairement une coloration brune, indice le plus certain de la terminaison de l'œuvre saccharifiante. L'acide sulfurique n'agit pas autrement ici que le chlore n'agit sur les farines. Seulement, la nature intime du soufre, très-basse de mouvement, lui permet de convertir la fécule en sucre, sans lui communiquer, comme le ferait l'acide nitrique, un mouvement en trop dont, malheureusement, nous n'avons guère besoin en cette opération. Le sucre, pour cristalliser, semble avoir besoin du moins de mouvement possible, puisqu'il dévie à gauche le plan de polarisation, tandis que le sucre de fruits le dévie à droite, signe d'un mouvement en trop qui conduit, sans doute, à ces équivalents d'eau, dont l'industrie se passerait si bien pour atteindre la cristallisation. Tous nos efforts doivent donc tendre à communiquer aux fécules assez de mouvement intime, — d'après notre principe de réaction par limitation, — pour passer à l'état de sucre, mais pas plus qu'il n'en faut pour rester dans les limites de la cristallisation. Les nombreuses expériences que nous avons faites sur l'eau céleste de fer, dans son action de coloration avec le glucose, nous permet d'espérer dans l'avenir quelques résultats fructueux. Car il est certain qu'en mettant du glucose nouvellement préparé à digérer sur une farine, le glucose subit, en cela, l'effet que subit l'acide hydrochlorique lui-même, il abandonne de son mouvement intime pour se rapprocher du sucre cristallisable. Mais que dire d'expériences tentées pendant le travail si ardu des généralisations analytiques que nous livrons aujourd'hui à la publicité? Peut-on avoir, en même temps, l'esprit à la théorie et à la pratique? L'une ou l'autre, certainement, en souffrirait. Nous donnons ici la pensée qui nous a dirigé, afin que de moins distraits et de plus habiles que nous partent de là pour arriver plus haut. Nous croyons la chose, sinon facile, du moins très-possible, lorsqu'on se sera bien pénétré des vastes principes auxquels nous devons nous-même le peu que nous avons appris. Seulement, qu'on nous permette une simple réflexion, basée sur de très-nombreuses expériences. Ce qui fait particulièrement l'insuccès, dans la convérsion du glucose en sucre très-cristallisable, est bien plutôt encore la non-désorganisation de la fécule que toute autre chose. Il y a un moyen très-facile de s'en rendre compte, non pas par le microscope, cet instrument est insuffisant, mais en faisant évaporer une dissolution de glucose dans un alcarazas à large ouverture. Ce qui restera après le départ de l'eau, c'est une moisissure, signe toujours certain d'une organisation dissimulée. Une moisissure constitue bien cette faculté des corps organisés à se revêtir de pointes, ou pilosités, pour accaparer le mouvement diffus, nécessaire à toute organisation. Nous avons fait voir ailleurs les détails physiologiques d'où on peut inférer de tels phénomènes ; ici, nous devons insister d'autant plus, que, en chimie, les expérimentateurs peuvent tirer grand parti d'une remarque trop peu connue jusqu'ici. Quand un habile chimiste, que tout le monde connaît, interroge un élève de l'École normale sur la figure des sels, et que celui-ci répond malencontreusement par le mot d'AIGUILLE, pour exprimer des prismes allongés qu'on est dans l'habitude de confondre sous cette apparence générique : le professeur, nous a-t-on assuré, ne manque jamais de lui demander comment est fait le *chas* de cette aiguille. Cette spirituelle boutade est parfaitement justifiée par une idée très-profonde de la nature minérale, qui ne procède que par plans. Mais, dans la nature organique, nous trouvons juste le contraire. La pointe est inhérente à l'être organisé ; c'est le point initial de la formation végétative, et la moisissure, si mal comprise des physiologistes, nous présente un rudiment d'organisation qui précède de beaucoup, dans la hiérarchie organique, les éléments les plus radicaux des organes connus et spécifiés. Et cela se poursuit très-haut dans l'échelle physiologique, si haut, qu'elle atteint le plus compliqué des végétaux ; que disons-nous ! le plus compliqué des animaux, l'homme lui-même. Le duvet de l'enfance est chose si connue, que l'expression a servi plus tard à baser des comparaisons très-bizarres ; mais ce qui est bien moins connu, c'est l'importance de ce duvet dans le premier âge de la vie des plantes. Les jeunes pousses des plantes les plus lisses dans leur virilité, dont les feuilles semblent être le plus rebelles à toute pilosité, se revêtent de tant de pointes, que l'extrême verticille du rameau ne semble plus qu'une houppe cotonneuse. Comme si, au moment de faire son entrée dans la vie végétative, chaque organe avait besoin d'accaparer le mouvement par toute sa surface. Une feuille plus loin, l'espèce prend le dessus, et la surface supérieure de cette feuille se vernisse, à mesure qu'elle gagne en force et en âge, jusqu'au moment où toute pilosité disparaît, dessus et dessous, avec les approches de l'hiver. Le peuplier d'Italie, la fougère, se font remarquer entre tous par cette fonction des pointes sur les jeunes pousses. Chez la fougère cela va si loin, que bien des gens ont pris pour une chenille la pointe recroquevillée des tiges de cette plante. Dans les parasites, au contraire, l'absence de pilosité, au moins, son importance relative, est-elle très-frappante. Déjà nous avons rappelé très-sommairement ce qui a trait à la vie animale ; nous croyons devoir y joindre le pendant nécessaire qui se rapporte à la vie végétale. Ainsi le gui, ce *tœnia* des grands arbres, que la symbolisation célèbre des druides semble, en vérité, avoir posé comme la glorification du parasitisme ; le gui, disons-nous, est remarquable, non-seulement par l'absence de téguments pileux, mais par la forme singulièrement mousse de ses feuilles.

Ce que nous avons essayé de démontrer pour la physiologie générale doit descendre jusqu'au laboratoire du chimiste, pour le renseigner sur les dissolutions complexes qu'il étudie. Nous nous croyons donc très-fondé à déclarer que, là où il y a moisissure, autrement dire pilosité, là aussi il existe une organisation quelconque dissimulée. Dans le glucose, le fait est frappant et décèle, pour l'esprit attentif, la cause du non-succès qui empêche d'arriver à la cristallisation complète de ce sucre. Ce que nous disons du glucose, on peut l'étendre à tous les produits incristallisables, même aux mélasses, dans lesquelles l'organisation est encore trop persistante. La baryte doit peut-être son effet économique sur les mélasses à une action désorganisatrice de ces substances, qui les pousse postérieurement à la cristallisation inorganique ou minérale; tandis que, dans la nature, la vie végétale ou animale semble cristalliser par pilosités, croître et vivre en un mot, au moyen des pointes. Plus tard, nous verrons pourquoi l'abaissement de mouvement dans ces corps, quoique doués d'organisation, se traduit par une couleur dispersive, vert, bleu, violet, etc., comme cela se remarque dans les moisissures du pain, des farineux, des sucres, etc., bien mieux, dans quelques maladies cutanées de l'homme, qui sont restées un véritable mystère jusqu'ici. Dans ces derniers cas, la tonalité générale de l'organisme est détruite, et fait place à une organisation individuelle toute végétative, au moins, réduite aux rudiments de l'animalité.

Mais revenons aux généralités. Il n'y a pas un corps dans la nature, — doué d'un mouvement en plus ou en moins, — qui ne puisse changer ce mouvement d'une manière diverse, selon les circonstances dans lesquelles il se trouve placé. Tous les jours la chimie s'émerveille devant de nouveaux faits de détail, et ne s'aperçoit pas que ces faits, dont elle s'amuse, ressemblent à des coins introduits dans les fissures d'un vieux bâtiment en ruines; le bâtiment tombera. Hier c'était l'oxygène qui, sous le nom d'ozone, attirait l'attention curieuse du monde savant; puis le phosphore rouge, puis même ce phosphore qu'on va peut-être appeler ozonisé, depuis qu'on sait qu'il agit diversement sur les substances, selon l'état qu'on lui donne, en les soumettant à des circonstances spéciales de contact. Puis l'acide arsénieux vitreux et non vitreux; puis les divers soufres; — il y en a tant, qu'on ne peut plus les classer sommairement; — puis le chlore insolé, etc. La théorie n'en est encore qu'au polymorphisme, c'est-à-dire à l'écorce de l'idée. Le *morphisme* est-il donc tout dans la science, et la nature intime des corps doit-elle être rejetée dans les lointains de l'inconnu?

Est-ce que le verrier, le teinturier, le marchand de couleurs, etc, demandent des produits définis et cristallisés? Ils demandent de l'outremer incristallisable, du pourpre de Cassius incristallisable, de l'indigo artificiel, sans doute aussi incristallisable. Ils demandent des produits usuels, et l'explication théorique de ceux qu'ils produisent eux-mêmes, que nul, jusqu'ici, n'a su rattacher à un principe quelconque : le pourpre de Cassius, l'outremer, l'indigo bleu, voire même le bleu de Prusse, le bleu de Prusse obtenu, *par accident,* au moyen d'une bouteille sale, comme tant d'autres choses, hélas! dont on ne se vante pas dans un compte-rendu.

A ces exemples on doit joindre ce changement de coloration des muqueuses, qui, après la mort ou même vers la mort, quittent le rose, indice de la vie, pour le bleu ou le violet, indices du trépas, comme cela est si frappant dans la PÉRIODE BLEUE du choléra. Non-seulement la peau des malades revêt les tons violacés que nous signalons, mais cette couleur significative siége, comme ecchymosée, sur la partie inférieure de la cornée et de la conjonctive. Quelquefois le froid seul, ou une émotion très-violente, la peur, etc., produisent le même résultat, mais passagèrement. Sans aller plus loin dans l'abaissement du mouvement, que ce qui se produit pour les cas morbides; il n'est pas sans intérêt de dire un mot sur la diminution des condensations du mouvement vital, au moins, sur la perception de ce mouvement qui peut être effectuée :

Ainsi, la graisse étant une des substances les plus dispersives du mouvement, il semble que, dans le corps humain, elle ait été jetée sur l'organisme pour affaiblir les condensations violentes qui pourraient s'y établir. Cette pensée avait frappé déjà Hippocrate, et il n'y a pas un physiologiste de talent qui ne l'ait consacrée après lui. Nous trouvons une exagération de ce phénomène dans la ladrerie des porcs, chez lesquels une couche de graisse énorme paralyse la sensation du mouvement condensé, c'est-à-dire aperceptible, comme on détruit une condensation électrique, si forte qu'elle soit, par l'interposition des corps dispersifs. Ne décharge-t-on pas impunément une batterie électrique foudroyante, au moyen d'un chétif excitateur à poignées de verre? Quand des marchands forains ont acheté un troupeau de porcs parmi lesquels il se trouve des traînards, il n'est pas rare de rencontrer quelques-uns de ces animaux les plus gros, les plus obèses, engagés dans un fossé, sur le bord de la route. Si le propriétaire n'a pas soin de faire sa revue, l'animal est souvent attaqué par le rat des champs, qui, la nuit, lui ronge le dos, et s'établit dans les profondeurs de la couche adipeuse. Votre cœur va se soulever à la

pensée d'une semblable torture, vous allez déplorer le sort cruel
de la pauvre bête. Ce serait bien souvent une sensibilité inutile.

La perception du mouvement, la perception de la souffrance
n'arrive pas jusqu'à l'animal, tant que les parasites s'arrêtent à
la couche graisseuse, c'est tout au plus s'il se sent chatouillé ;
comme l'enfant harassé par les acares voraces, et chez lequel la
puissance de la nature l'emporte sur l'agacement ; l'animal pousse
parfois un grognement de mauvaise humeur, mais il ne tarde pas à
s'endormir du sommeil du juste. Les personnes très-maigres sont
généralement inquiètes et turbulentes. L'excessive obésité ne peut
être mieux symbolisée que comme l'ont fait les Chinois par la
figure béate de ces poussahs, dont le branlement de tête semble
toujours et tout approuver. De même que la nature des corps,
dispersifs ou condensateurs de mouvement comme la graisse, est si
nécessaire à sonder quelquefois, de même aussi les couleurs de
certains végétaux doivent intéresser le chimiste, beaucoup plus
qu'on n'est habitué à le voir aujourd'hui. Nous connaissons tel praticien de talent qui n'a jamais lu un livre de physiologie. De la
cuisine…, beaucoup de cuisine ! Cependant n'est-il pas étrange que
la digitale, l'aconit, la belladone, la jusquiame, le datura, ces terribles hôtes de la toxicologie, affectent un fond, ou des raies vio-
lacées, c'est-à-dire les couleurs de la dispersion extrême du mouvement ? Beaucoup de métaux dangereux ne doivent agir que par
cette dispersion excessive, d'autant plus funeste qu'elle a pour corollaire une condensation initiale relative, basée sur leur nature
métallique, comme des vases d'une grande capacité qui seraient
ouverts à toutes les influences de la dispersion. Il n'est donc pas
extraordinaire de voir souvent les sels les plus vénéneux être en
même temps de grands antisceptiques. On croirait qu'ils éparpil-
lent le mouvement nécessaire à la fermentation putride à mesure
qu'il se rassemble. Nos yeux sont aptes à saisir ce phénomène
dans les verres de plomb, qui sont connus, avec les boro-silicates,
comme si dispersifs. Une bonne théorie physique de la dispersion
minérale et organique peut seule faire avancer et l'optique, et la
médecine, et tout ce qui est une application des substances chimiques. C'est un monde à découvrir certainement ; mais on y arrivera, il suffit en ce moment de soulever un coin du rideau.

En chimie, nous sommes très-abondamment pourvus des moyens utiles à augmenter la quantité relative de mouvement; les acides, les corps halogènes, ne font pas défaut. La physique, par le calorique, l'électricité, le magnétisme, la lumière, vient encore ajouter à ces moyens d'action; mais pouvons-nous en dire autant des corps chargés d'abaisser le mouvement en trop? Tout le monde sait que, en dehors des bases, ni la chimie, ni la physique, ne possèdent rien de réellement bien organisé; en tous cas, on peut affirmer que ce qui existe, si ce n'est le froid, est employé par routine et le plus inconsciencieusement du monde. La galvanoplastie, avons-nous montré ailleurs, est un effet complexe de diminution de mouvement par sériation, ce qu'on appelle polarisation. La décomposition de l'eau, celle des sels, sont aussi plutôt une sériation qu'une diminution seule. Tout est donc à créer dans cette voie. Nous avons proposé l'action de substances organiques comme une première donnée dont le seul aperçu peut faire naître d'heureuses pensées à des chercheurs plus compétents que nous; nous devons en dire autant en physique, où l'emploi intelligent de la force négative peut créer de très-grands résultats. Nous devons déjà à la force négative de limitation l'industrie du daguerréotype, c'est-à-dire la coloration des sels d'argent par sériation, sous l'influence des rayons extrêmes, du spectre du côté du repos; la fixation des vapeurs d'iode sur les parties obscures des substances colorées, de M. Niepce de Saint-Victor, toujours d'après le principe d'affinité par sériation que nous tentons d'introduire en chimie, et sans lequel, on le voit, les faits les plus curieux restent sans explication aucune. Enfin, la lumière électrique elle-même n'est qu'un effet de résistance au mouvement du pôle positif sur le pôle négatif de la pile; effet solitaire aujourd'hui, mais qui peut être repris et fécondé à bien d'autres titres que ceux qui se rapportent uniquement à la production de la lumière.

Il reste donc à inventer, en physique, pour le mouvement libre, répondant à nos machines électriques, etc., un instrument de maniement commode, en dehors des machines de Nairne, ou de l'électrode négatif des piles, qui serve à abaisser le mouvement des substances, comme ces derniers instruments servent à l'augmenter. Ou, se servant de ces instruments avec plus d'intelligence des principes, doit-on seulement les perfectionner, pour en tirer tout le parti désirable? En chimie, les charbons décolorants, les corps absorbants, peuvent mettre aussi sur la voie de nouveaux essais. Mais ce qui reste à faire, en physique comme en chimie, doit dépasser certainement tout ce que nous possédons déjà.

Résumé explicatif de la genèse chimique.

Nous voici arrivé au moment où il est bon de résumer nos idées sur la constitution des corps. Pour obtenir un résultat saisissant, nous ne croyons pas devoir mieux faire qu'en nous servant du moyen graphique qui nous est tout tracé par le type des séries optique et acoustique. Seulement, rappelons-nous que l'oxygène, l'hydrogène et l'azote, placés à la tête de toutes les différentiations de la matière, sont contenus en des condensations relatives qu'on peut exprimer par trois quantités que représente la figure première. (*Voy.* Figure 1re.) A supposer la ligne médiane horizontale 1—5 divisée par moitié, l'azote se placerait de 3,0 à 3♮; l'hydrogène, plus dilaté, irait de 3♮ à 2; enfin, l'oxygène, plus contracté, ne s'étendrait que de 3♮ à 4. Avec ces considérations préliminaires, écrivons sur la droite horizontale 1, 3, 5, désignant abstractivement la tonique, la tierce, la quinte, dont la résonnance, avons-nous dit, est le type de la série acoustique. Puis, en chiffres plus petits, indiquons 2, 4, qui expriment la seconde et la quarte. Dans notre pensée, comme dans la nature elle-même, la portion 1, 2, 3, composée d'un intervalle majeur + d'un intervalle mineur, est plus dilatée que la portion 3, 4, 5, composée d'un demi-intervalle majeur + d'un seul intervalle majeur. Il suffit d'une faible observation pour voir ensuite que la portion 2—4, seule, varie dans le phénomène, se trouvant flanquée, à droite et à gauche, de deux intervalles majeurs égaux, dont on peut faire abstraction d'après les règles les plus simples de l'algèbre. C'est donc sur la portion comprise entre 2 et 4 que doit porter toute notre attention. Malheureusement rien au monde n'est plus inconnu que ce que nous allons développer; bien mieux, rien

ne s'est couvert d'autant d'erreurs, de préjugés et de fausses considérations. L'école de Pythagore, autrefois, a-t-elle compris sainement la nature des propriétés élémentaires du mouvement typique? Voilà ce qu'il est très-difficile de décider aujourd'hui.
Cela ne nous paraît pas probable, si nous nous en rapportons
aux habitudes de division qui caractérisent sa méthode ordinaire.
Cependant, qu'elle ait placé ses constructions graphiques n'importe sur quelle portion de la résonnance, il est certain pour nous,
par la considération des seuls résultats auxquels elle est arrivée,
en physique, qu'elle a dû connaître la véritable genèse du mouvement élémentaire ; car ici, ne nous y trompons pas, nous allons chercher à découvrir les propriétés essentielles elles-mêmes
de ce mouvement. Les néo-platoniciens, dont les connaissances
s'étaient sans doute retrempées à la source, par leur contact avec
les nations asiatiques, nous semblent plus avancés que l'école
italique; et les alchimistes, dans ce qui nous reste d'eux, montrent également que les Arabes s'étaient ménagés les vrais éléments des sciences abstraites, par leur séjour dans l'Orient et
peut-être par leur origine même. Mais, dans les temps modernes,
dans la science exotérique surtout, représentée par Kepler, Mersenne, Newton, Descartes, etc., la vraie intelligence des phénomènes a dévié, l'étude a fait fausse route. Est-ce là ce qui a
entravé le génie immense de Kepler? est-ce là ce qui a rendu infécondes les tentatives, si brillantes déjà, de Newton dans son
Optique? voilà ce qu'on ne peut décider aussi ; mais qu'une lecture fort attentive de l'*Optique*, comme de l'*Harmonique du
monde*, semblent confirmer.

Les modernes se sont presque toujours attaqués à la gamme,
en acoustique, quand ils ont prétendu construire ces grandes
analogies scientifiques qui, si elles étaient réellement découvertes, nous donneraient une fois pour toutes la clef des voies de la
nature. Ils ont surtout péché par une fausse conception de l'abstrait et du concret, n'apercevant pas que les propriétés fondamentales du mouvement partent de l'infiniment petit, pour s'é-
lever à l'infiniment grand à travers des complications qui
reproduisent sans cesse l'idée première sans y rien changer.
Étudier une gamme, bien mieux, l'accord parfait lui-même, en

cherchant mécaniquement des analogies pétrifiées, d'intervalle à intervalle, c'est se montrer indigne de fonder un rapport, de constituer un principe. Le rapport cherché doit s'élever du simple au composé sans nuire à l'ensemble comme à la fraction, et toute la nature doit reproduire les mêmes phases, quelque côté que vous choisissiez chez elle pour l'exprimer. Nous, qui sommes parti depuis longtemps le bâton de voyage à la main, pour tout instrument de travail, l'acoustique nous ayant pourvu du seul viatique qui fût nécessaire dans l'intelligence des phénomènes, en traversant les ruines éparses, mutilées, de l'antiquité, comme celles du moyen âge, nous n'avons pu et nous ne pouvons encore que soupçonner leurs intelligentes appréciations, sans avoir les moyens d'en apporter la preuve. Mais les fautes de Pythagore, nées de l'esprit mathématique *ultra-diviseur*, ont été si exagérées par l'esprit moderne, que tout a dévié sous l'influence pernicieuse d'une semblable méthode. Dans la figure première, l'intervalle 2 à 4 doit nous fournir la conception complète des allures du mouvement, ou tout espoir de rien entendre à l'organisation du mouvement serait à jamais perdu.

Considérons cette ligne tirée de 2 à 4 : il se formera immédiatement une partie dilatée relativement de 2 à 3♮ et une partie contractée de 3♮ à 4. Si nous nommons la première partie, celle qui est dilatée, *hydrogène*, et celle qui est contractée, *oxygène*, nous aurons déjà effectué un rapport applicable à la genèse des corps. Maintenant admettons que, de 3♮ à 3♮, il existe un mode d'action du mouvement se balançant dans une sorte de synthèse, de la contraction et de la dilatation; nous pourrons appeler ce point vacillant *azote*, ce qui terminera l'édification des bases cherchées.

Hydrogène. — Azote. — Oxygène.

Ceci est fort joliment amené, nous dira-t-on, et ne serait pas hors de mise dans un roman; mais qui le prouve? qui le prouve! La nature... les faits... Malheureusement, ou l'on a perdu la trace de ces conceptions élémentaires, ou on ne les conçoit nullement aujourd'hui. L'acoustique en dehors des maîtres, livrée à des praticiens trop heureux quand ils peuvent construire, sans encombre, leur accompagnement, est bien déchue de la haute position scientifique que l'antiquité lui avait conservée; c'est à peine si aujourd'hui on connaît son histoire. Que diraient les grands philosophes de la Grèce, s'ils tombaient parmi ces néo-barbares qui décrètent si orgueilleusement le *nec plus ultra* des connaissances humaines? Malheureux savants qui adorent Dieu, un, quoique trinitaire, sans savoir ce qu'ils disent, quand ils ne se tournent pas pour rire plus à leur aise ! « Et pourtant, dit-on, la nature est faite à l'image de Dieu? »

Eh bien, en acoustique, la tierce-azote a bien et réellement la constitution que nous venons de lui attribuer; seulement il faut sortir de l'obscurité qui existe aujourd'hui dans l'enseignement de la musique, philosophiquement parlant. Il faut recourir à des travaux admirables, mais obscurs, qui sont les véritables lettres de noblesse de cette pauvre musique si délaissée, dans les belles recherches de Burette, de Villoteau. On verra que la tierce, la médiante, n'a pas de fixité réelle, phisiologiquement parlant, puisque chaque époque de l'histoire, chaque nation, aujourd'hui, chaque coin d'une nation, ne comprennent pas la tierce de la même manière. Sans aller chercher les Arabes, les Asiatiques, qui lui donnent les trois positions indiquées sur notre tableau, 3♭, 3-0, 3♮, en France, en France même! le paysan emploie de préférence le 3-0, inconnu sur nos théâtres, et presque irréalisable dans nos orchestres. C'est ce qui constitue ces mélodies rêveuses, mélancoliques, dont l'intelligence se perd à la ville, écrasée qu'elle est par les voies de fer incommutables, dans lesquelles s'emprisonne la musique moderne. Nous avons traité ceci ailleurs (*Acoustique nouvelle*) avec tant de développement, qu'il est inutile de s'y arrêter plus longtemps. Seulement il nous faut conclure le balancement de la tierce, de la médiante, et comme conséquence de l'azote, qui n'en est que la matérialisation chimique. Entre la contraction-oxygène et la dilatation-hydrogène, où entre le mouvement de la quinte et le repos de la tonique, nous devons donc placer le balancement, l'équilibration relative, éphémère de la tierce-azote, synthèse bizarre des deux termes extrêmes antagonistes.

Dans une première accolade, à gauche, vers 2, se trouve l'hy-

drogène, comme l'accolade qui s'appuie sur 4 présente l'oxygène.
La réunion de ces deux éléments donne de l'eau H + O. Lorsque
vous partirez de l'hydrogène en y joignant l'azote, vous aurez
l'ammoniaque, comme vous aurez l'acide azotique en partant de
l'oxygène et y joignant l'azote.

Commençant par en bas, choisissez-vous l'oxygène et l'azote
en d'autres proportions? Vous aurez l'air atmosphérique oxygéné, chloré, bromé, iodé, etc., suivant les cas ; comme, en marchant de l'hydrogène vers l'azote, vous aurez un air atmosphérique carburé, hydrogéné, sulfuré, métallisé, etc., en des
proportions encore inconnues, puisque la connaissance de ces
éléments de l'air ne date que de quelques années seulement. Ainsi
qu'il appert des travaux de Saussure, de Thénard, de Dupuytren,
de Boussingault, etc., desquels il résulte une explication beaucoup plus simple qu'on ne le pense des phénomènes de précipitation sulfurique, nitreuse, etc., constatés par M. Fusinieri dans
les phénomènes d'électricité atmosphérique. Nous reviendrons
plus amplement sur ce sujet, en traitant la théorie des aérolithes.

Maintenant, si l'on veut bien réfléchir à ce balancement du
mouvement élémentaire, suivant l'inclinaison duquel apparaissent immédiatement les combinaisons matérielles les plus importantes autour de nous, et dans l'ordre où nous pouvons les
constater, on avouera que ces rapprochements sont l'expression
d'une vérité phénoménale, ou, au moins, constituent de bien
étranges analogies!... Nous avons dit, en commençant, que de
1 à 2 comme de 4 à 5 des intervalles semblables flanquaient la
partie mutable 2 — 3 — 4. On comprend très-bien, d'après cela,
que dans ces intervalles on doive aussi adjoindre à l'hydrogène,
qui les dirige, la classe de tous les corps doués d'une faible condensation) ou plutôt *rangeables* dans les dilatations relatives,
tels que : le phosphore, l'arsenic, le bore, le silicium, etc.
Comme on ne doit pas oublier de placer sous l'oxygène les spécifications de condensation de mouvement qui sont à notre connaissance : magnétisme, électricité, chaleur, lumière, ozone,
oxigène, fluor, chlore, etc. De même de 2 au 3½ l'hydrogène acquérant identiquement la même constitution, ou peu s'en faut,
que de 1 à 2 et de 4 à 5, on peut encore y rappeler la série des

corps dilatés : hydrogène, phosphore, arsenic, etc. De sorte qu'on aura horizontalement une sorte de hiérarchie des condensations et des dilatations relatives, tandis que verticalement les cases identiques montreront la reproduction constante des mêmes faits dans un ordre particulier ; en s'élevant toujours du simple au composé, de sorte que le type sériel analysé dans son premier élément de 2 à 4, se représente dilaté de 1 à 3♮, par comparaison de la contraction établie de 3♮ à 5. On pourrait continuer ceci avec le même succès sur la gamme (fig. 3ᵐᵉ), en la considérant de 1 à 5, de 5 à 1 ; et sans doute bien plus avant encore, en des tonalités plus composées. Dans cette transformation de l'élément abstrait — 2-3-4 en octave, le balancement azote se trouve déplacé ; il se porte de 3 en 5 de façon à produire la résonnance octaviale 1-3-5-1' : ou, si l'on veut spécifier, 1-2-3-4-5-6-7-1'. Voilà comment, ce nous semble, il eût fallu comprendre la constitution des gammes, en partant du simple pour aller au composé, et l'on serait arrivé, non pas seulement à saisir le rapport d'un simple intervalle des octaves, mais le rapport de balancement qu'il faudra bientôt poursuivre entre des tonalités plus composées, si l'on veut atteindre les phénomènes, complexes aussi, de la combinaison du mouvement dans la nature. Comme si la base philosophique de la *psychologie* nous poursuivait toujours, quelque position qu'on prenne, dans la matière comme dans l'entendement :

Thèse. — Synthèse. — Antithèse.

Seulement il est évident que dans la matière, toutes réserves faites psychologiquement, nous avons à faire bien moins à une synthèse absorbante et définitive qu'à un balancement.

ÉQUILIBRE RELATIF...

Voilà le dernier mot de la science, en ce qui concerne les productions de la matière combinée.

Il n'y a pas jusqu'à la physiologie humaine qui ne vienne nous mettre sur la voie de semblables enseignements. Un médecin allemand, — tout le monde l'eût deviné, — a eu la patience de calculer, pendant des années nombreuses, la différence que les cheveux pouvaient subir, quant au nombre, dans un espace donné. Il a vu que les cheveux blonds étaient, relativement, les plus nombreux; tandis que les cheveux bruns présentaient la proportion contraire. Les roux se tenaient entre les deux. Qui ne connaît l'adage : « Rouge, tout bon ou tout mauvais ? » Nul, en effet, ne présente un caractère plus versatile que le roux; à moins qu'il ne penche fortement du côté de l'albinos, comme en Danemark, ou du côté du brun, comme à Venise. Dans ce dernier cas, il possède une ubiquité singulière, qui le porte à volonté du côté de l'énergie ou du côté de la faiblesse. Jésus-Christ était rouge, dit-on.

Emmanuel Kant a l'éternel honneur d'avoir instauré la liberté dans la science philosophique, laissant au sentiment, à la foi humaine, le soin de s'élever au delà; et comment cela? en démontrant que l'esprit ne peut atteindre que les faits à notre portée.

Dieu nous traite comme l'homme raisonnable traite la femme qu'il désire épouser : il nous met à l'épreuve!... Quel mérite aurions-nous à nous porter vers lui, si notre jugement était appuyé par des preuves certaines, convaincantes, de sa justice, de sa puissance et de sa sévérité? Dieu alors agirait comme ce monarque de vaudeville qui dit : « C'est aujourd'hui ma fête, ceux qui ne s'amuseront pas, je les fais empaler!... » Dieu veut être aimé pour lui-même. Aussi semble-t-il cacher avec un soin infini tous les témoignages matériels, toutes les assurances directes qui pourraient fixer irrévocablement notre jugement à cet égard. Certes, il y a bien des genres de preuves de l'existence de Dieu; mais nous n'en connaissons guère d'inattaquable par le raisonnement. Comme l'a dit si profondément Kant dans sa critique de l'ontologisme, la meilleure preuve, c'est la plus mauvaise!... celle qui, partant d'une cause finale, ou, autrement dire, d'une idée morale, nous conduit jusqu'à la connaissance de la vérité.

La philosophie, la raison... ne peuvent aller au delà de :

Oui, — Non,
Peut-être.

Car, dans la stratégie de l'entendement, il y a toujours autant de raisons pour que de raisons contre. Par le sentiment, par la foi, par la religion... Enfin, une semblable incertitude n'est plus de mise. Dieu a mis dans nos cœurs, à cet égard, tout ce qu'il faut pour nous attirer à lui. La philosophie, le raisonnement, sont bien plutôt une sorte de déblayement de l'esprit, qui fixe cette liberté de sentiment dont Dieu semble se montrer si jaloux, qu'un moyen réel de conviction. Cela est si vrai, qu'en philosophie on a toujours regardé comme un grand coupable celui qui prétendrait enchaîner la liberté de la raison : tandis qu'en religion aucune limite ne paraît avoir été tracée à la foi, à l'amour de Dieu.

Dans ces derniers temps, l'Allemagne a essayé de réhabiliter le panthéisme en le transportant de la matière à la personne, de l'objet au sujet. Certes, on est ébloui des magnifiques résultats auxquels arrive le raisonnement en faveur de la dignité humaine ; jamais l'homme n'a semblé si beau, si grand, si noble, et cela se comprend facilement : de cet homme on fait un Dieu !...

Mais au fond de cette ontologie, si ample, si généreuse, le critique perspicace voit apparaître le *collier du mâtin :* cet asservissement de la foi au raisonnement, le pire de tous les esclavages. Combien nous préférons la liberté dont Kant nous a doté dans sa sagesse ! Si nos cœurs, libres de se décider, se portent vers la religion, au moins nous en gardons tout le mérite, et chacun, à cet égard, en prend à sa mesure ; tandis que, par le panthéisme philosophique, l'esprit humain s'engage à jamais dans une voie dont il n'a plus le droit de sortir. Comment récuser et refaire plus tard une situation posée et acceptée de par la logique ?

Disons-le bien haut, la vraie logique ne conduit pas plus au panthéisme qu'à aucune autre ontologie. La logique fonde notre liberté. C'est du sein de cette liberté sans taches que, semblable à la fiancée immaculée, nous passons dans les bras de la foi, que nous atteignons à l'amour de Dieu.

Quand l'homme abandonne les rêveries ontologiques pour se porter vers la science, vers cette science qui dénote l'œuvre d'un être supérieur, si immense et pourtant si simple, la confiance en Dieu doit lui arriver de tous côtés. Et c'est avec bonheur qu'en sortant de la vie, appuyé sur la foi religieuse, il doit prononcer les paroles du psalmiste :

In manus tuas, Domine, commendo spiritum meum. . . . . . .

ADDITIONS.

Nouveaux baromètres, ou véritables dynamomètres [1].

Avant de quitter ce livre, et quoique les expériences ne nous semblent pas encore assez multipliées au gré de nos désirs, nous croyons cependant devoir parler d'un nouvel effet de barométrie complétement inconnu, et que nous regardons comme tout ce qu'il y a de plus étonnant et de plus grave en physique. Nous voulons parler des mouvements réguliers que subit une aiguille de tôle de fer, abandonnée à elle-même à *l'air libre,* dans un endroit exempt de courants d'air. Jusqu'ici, la pesanteur des couches atmosphériques, puis, parallèlement, l'hygrométrie de certaines substances organiques, comme les cheveux, etc., ont joui exclusivement de la fonction d'indiquer les mouvements

---

[1] Le mot dynamomètre, en physique, nous montre l'exemple d'un de ces mots mal employés que le progrès des sciences doit faire disparaître petit à petit. Dynamomètre, appliqué à un coup de poing, n'a nullement la signification abstraite du δύναμις grec. Cette opinion ne nous est pas personnelle seulement ; elle est graduellement étayée du sentiment de M. A. Pillon, le savant helléniste. Les connaissances humaines semblables à une vaste nécropole, ont besoin d'être retournées à diverses époques, pour que chacun y trouve sa place.

principaux de l'atmosphère. L'hygrométrie, comme les mouvements du baromètre, a été ramenée à une même cause, la pesanteur relative des couches atmosphériques. Nous avons déclaré
déjà combien nous étions peu édifiés, quant à nous, sur le fait
unique de la pesanteur de ces couches à l'endroit du baromètre; il
s'agit de le prouver aujourd'hui en apportant non-seulement la
preuve matérielle de ce fait, mais en en tirant un parti d'application d'une grande valeur dans la vie usuelle. Pour arriver là,
voici comment nous avons raisonné, et cela complétement *à
priori* : une aiguille de boussole étant un barreau métallique
trop dévoué aux impressions spéciales du magnétisme terrestre,
par la coercition spéciale aussi, qu'on a introduite en elle, nous con-
struisîmes des aiguilles de simple tôle, avec la pensée bien arrêtée que si un mouvement diffus existe dans l'atmosphère, il se
condenserait sur le fer, en tant que métal condensateur de mouvement libre; et alors le mouvement de la terre serait diminué
d'autant dans sa direction connue du sud au nord; tout cela,
comme on le voit, par une extension des idées, encore trop étroites,
en physique, sur l'inclinaison et la déclinaison de l'aiguille aimantée. L'expérience est venue en tout point, cette fois, confirmer
une idée tirée de l'*à priori* le plus abstrait. Nous avions vécu
jusque-là dans la croyance que l'aiguille d'acier, et l'*aiguille aimantée* même se montrait seule sensible au mouvement magnétique, — cela d'après tous les livres, d'après Berzélius lui-même, que
nous tenons en ce moment sous nos yeux, n'osant pas croire à une
semblable aberration de science; — eh bien, premier point, l'aiguille de fer, et l'aiguille *non aimantée*, se conduit absolument
comme une aiguille d'acier aimantée. Seulement, — mais som-
mes-nous assez fous pour nous en plaindre, — elle obéit aussi,
dans une certaine mesure, aux autres mouvements diffus dans
l'atmosphère. Ce qui la dévie à droite ou à gauche du pôle nord,
d'une quantité toute proportionnelle à ces mouvements diffus
et correspondant, *dans une certaine mesure* encore, à l'inclinaison et à la déclinaison des boussoles. Depuis près d'un an que
nous avons placé une aiguille de tôle sur une aiguille à coudre,
servant de pivot, au milieu d'un guéridon placé sous un excellent baromètre, nous sommes chaque jour émerveillé, et de la

puisance de ce nouveau baromètre, et des conséquences énormes
qu'il peut présenter aussi bien pour les observations météorologiques que pour les investigations de l'hygiène publique. Il n'y
a plus à arguer ici de la pesanteur des couches de l'atmosphère,
le corps étant horizontal et oscillant à toutes les impressions;
nous avions donc bien raison quand nous établissions que le
baromètre non-seulement mesure la pression de l'air, mais se
conduit aussi comme condensateur du mouvement par son élément métallique. Certes voilà ici, dans cette aiguille de tôle, la
preuve la plus évidente de ce que nous avançions. Mais combien
le baromètre ordinaire est loin de présenter et la même sensibilité, et les mêmes ressources! Que de fois notre baromètre res-
tait-il muet pour indiquer un effet météorologique, tandis que
l'aiguille prenait des positions saisissantes. Singulier baromètre
qu'on peut enfermer dans un portefeuille!... Si vraiment, comme
nous en sommes parfaitement convaincu, le mouvement diffus,
dans notre atmosphère, s'élimine d'auprès de nous, ou plutôt s'a-
moindrit fortement en des circonstances qui amènent depuis les
épidémies terribles de la peste, du choléra, etc., jusqu'aux simples
contractions nerveuses du malaise, c'est par la mesure d'intensités
du mouvement diffus, si bien accusé par l'aiguille de tôle, que
nous découvrirons et la cause et le remède à ces plaies de l'humanité. Combien de chances de salut la connaissance d'un mal
n'apporte-t-elle pas dans la balance de nos recherches? Depuis
longtemps, la science n'a pu s'adresser qu'à des condensations de
mouvement trop grossières pour qu'elle arrivât au but que nous
lui indiquons. L'électricité n'est qu'un *accident* du mouvement
diffus qui nous substante; il en est de même de la pesanteur
barométrique, etc. Mais si nous nous adressons au mouvement
libre lui-même, à ce qui fait notre vie, notre bonheur et notre
malheur; et que nous puissions atteindre jusqu'à lui, oh! alors
que ne devons-nous pas espérer dans l'avenir? Or, le magnétisme
semble bien plutôt le représentant du mouvement simple que
l'électricité. Le magnétisme n'est pas un état aussi anormal du
mouvement, puisqu'il porte avec lui l'angulaison complète de ce
mouvement, la série condensée sans doute, mais la série entière;
au contraire, l'électricité a perdu sa partie antagoniste, puis-

qu'elle ne se révèle à nous que par un côté négatif et un côté
positif. Dans ce dernier cas, le mouvement élémentaire est dé-
doublé, quoique condensé par tension en des proportions au-
dessus de la moyenne sans aucun doute. Ce qui nous fait vivre,
ce n'est donc pas l'électricité, qui est pour nous le plus souvent
une cause de perturbation organique, une tension, en un mot,
aussi mauvaise qu'une congestion sanguine, l'excès d'un principe particulier, quelconque, dans l'organisme. Le magnétisme,
lui, complet dans sa nature, n'apporte point de perturbation; il
apporte des condensations, voilà tout. C'est, pour le mouvement,
l'état neutre, tandis que l'électricité serait un dédoublement,
tantôt acide, l'électricité positive; tantôt alcalin, l'électricité négative, comme cela a été établi par nombre de physiciens, mais
jamais d'une manière aussi complète dans les rapprochements
chimiques que par Berzélius. De même que l'eau, corps le plus
neutre peut-être que la nature présente, se montre si propre à
nous fournir un aliment radical dans notre existence, de même
aussi le mouvement diffus, magnétique ou non, est sans doute
aussi la grande source où puise la matière organisée. De sorte
que le plus ou le moins de mouvement diffus, amené par des
circonstances tout occasionnelles, est sans contredit l'unique
source des affections générales que subissent les populations.
Nous avons soif de mouvement, comme nous avons soif des liquides, de même qu'un trop-plein nous atteint encore dans les
mêmes proportions. Notre vie ne s'arrange que de la neutralité;
voilà pourquoi les fonctions humaines se présentent comme édi-
fiant un organisme tonalisé. Nous existerions difficilement en
ingérant uniquement des acides et des alcalis, tandis qu'une
nourriture neutre est et de tous les temps et de tous les lieux.
L'emploi de ces deux moyens, séparément, doit être dirigé particulièrement dans le but de rétablir l'équilibre. Dans notre pensée, il ne faut pas croire que le mouvement, plus ou moins élémentaire, soit une simple théorie. Nous ne saurions trop dire
que nous lui reconnaissons des myriades de condensations en
dehors et au-dessous de l'électricité, de la lumière, du calorique, etc., et que c'est l'intelligence de ces condensations multiples, quoique unitaires dans leur principe, qui fait l'avenir de

nos connaissances. Non-seulement en physique et en chimie, mais et bien plus encore en médecine, en botanique, en zoologie, etc., etc., la science, en se parquant dans l'électricité, fera fausse route pour longtemps si on n'a pas soin de l'en détourner.

Si l'on a bien saisi les idées que nous venons de développer, et qu'elles ne répugnent pas trop à nos affreux préjugés, on comprendra bientôt combien le maniement exercé des moyens magnétiques aura d'influence, pour l'avenir, entre les mains de l'homme intelligent. Tout improvisée que soit la découverte des aiguilles de tôle, nous pensons qu'en attendant mieux elles seront d'un grand secours pour commencer les investigations de l'*hygiène préventive*.

Une feuille de tôle vaut dix centimes dans cette épaisseur. Or, avec cette feuille, il y a de quoi pourvoir d'aiguilles barométriques la population de tout un village.

Maintenant que nous croyons, par cette Introduction, avoir embrassé les généralités de la science en leurs développements les plus utiles, nous passerons à des applications de détails tres-multipliées dans le volume suivant.

FIN DU VOLUME.

TABLE DES MATIÈRES.

BIBLIOTHÈQUE IMPÉRIALE IMPR.

La Chimie Nouvelle, par Louis LUCAS

Fig. 1ère.

ACCORD PARFAIT, TYPE DE LA SÉRIE.

Violet. Indigo. Bleu. Vert. Jaune. Orangé. Rouge. Pourpre.

Rapports du Spectre Optique avec les sons et avec la Genèse chimique.

Matières

Mouvement-Résolution.

Condensations in connues
Magnétisme
Électricité
Chaleur
Lumière
Ozône

Oxigène.
Fluor
Iode
Brôme
Chlore

Azote.
Phosphore
Soufre

Hydrogène.

Sélénium
Tellure
Silicium
Bore
Arsenic

Carbone.

Potassium
Sodium
Lithium
Barium
Strontium
Calcium
Magnésium
Aluminium
Glucinium

Yttrium
Zirconium
Cérium
Manganèse
Fer
Étain
Bismuth
Urane
Cuivre
Mercure

Partie condensée, représentée par l'Oxigène,
et du Pourpre au Jaune dans le Spectre.

Partie dilatée, représentée par l'Hydrogène, et du Vert au Violet.

Or
Platine
Iridium
Osmium
Palladium
Rhodium
Argent
Chrôme
Antimoine
Molybdène
Tantale
Cerbium
Thorium
Vanadium
Titanium

Fig. 2ème.

Lib. Goyer, 7 Rue Dauphine Paris

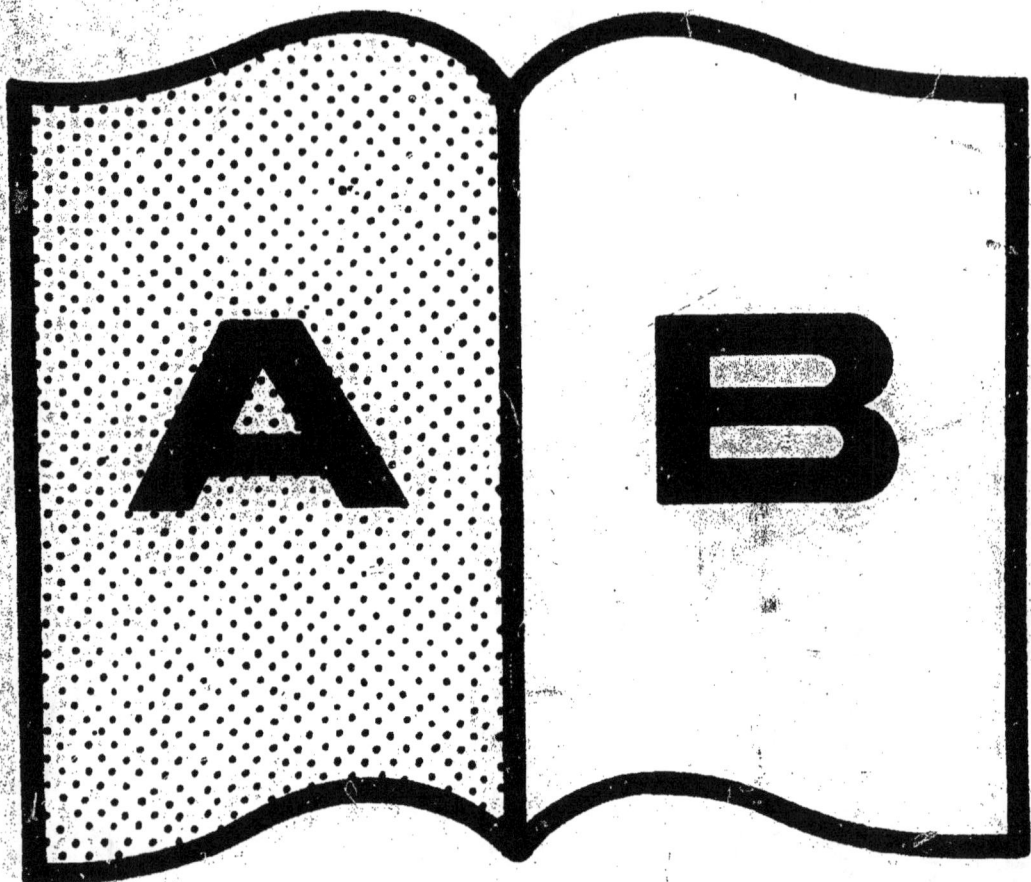

Contraste insuffisant

NF Z 43-120-14

www.ingramcontent.com/pod-product-compliance
Lightning Source LLC
Chambersburg PA
CBHW060911220326
41599CB00020B/2929

9 782012 679825